우주 이야기
The Universe Story

THE UNIVERSE STORY
Copyright ⓒ1992 by Brian Swimme and Thomas Berry
Korean translation copyright ⓒ2008 by Kang Won Yong Foundation
Korean translation rights arranged with The Marsh Agency Ltd.
through EYA(Eric Yang Agency)

이 책의 한국어판 저작권은 EYA(Eric Yang Agency)를 통해 The Marsh Agency Ltd.와
독점계약한 '재단법인 여해와함께'에 있습니다. 저작권법에 의하여 한국 내에서
보호를 받는 저작물이므로 무단전재와 무단복제를 금합니다.

태초의 찬란한 불꽃으로부터 생태대까지

우주 이야기

THE UNIVERSE STORY

토마스 베리 · 브라이언 스윔 지음
맹영선 옮김

재단법인 **여해와 함께**

저자 서문

　　초기 구석기시대와 신석기 촌락공동체로부터 5천 년 전 출현했던 고전 문명에 이르기까지, 우리 지구인은 상당히 다양한 방식으로 우주에 대한 이야기를 해왔다. 인간 역사의 그 모든 다양한 상황 안에서, 우리는 우주 이야기를 통해 존재 그 자체와 생명에 의미를 부여해왔다. 우주 이야기는 인간이 마련한 정교한 의식儀式 안에서 경축되어왔으며, 인간에게 일어나는 일련의 사건들 안에서 모양 지어져 지속적인 에너지와 어떤 지침을 우리에게 제공해왔다. 또한 우주 이야기는 개인과 공동체의 행동 양식에서 무엇이 근본인지를 우리에게 가르쳐주었으며, 사회적 권위의 바탕을 확립해주었다.

　　현대의 우리는 총체적인 우주 이야기 없이 살고 있다. 역사학자들은 세계의 역사를 서술할 때조차 전체 세계에 대하여 취급하지 않는다. 마치 인간이 지구 이야기나 우주 이야기와는 전혀 상관없는 어떤 존재이거나 또는 추가된 어떤 부록인 것처럼 단지 인간에 대해서만 언급한다. 과학자들은 우주에 대하여 상세한 보고를 하고 있지만, 오로지 우주의 물리적 차원에만 집중하고 우주의 인간적 차원은 무시한다. 이런 맥락에서 우리의 교육 체계는 우주의 과학적 국면과 인간적 국면을 분리하고, 그 두 국면이 서로 독립되어 있는 것처럼 취급한다.

 모든 지식과 과학적 통찰을 다 동원한다 해도, 우리는 아직 우주에 대하여 어떤 의미 있는 접근에 도달하지 못했다. 그 결과 현재 지구상에 존재하는 인간의 존재 양식은 뒤틀려버렸다. 우리는 우리가 완수해야 할 기본적인 역할을 제대로 하지 못하고 있다. 즉, 우리는 의식적인 자기-인식conscious self-awareness이라는 특별한 양식 안에서 지구와 우주가 스스로를 성찰하고 그 안에 품고 있는 깊은 신비를 경축할 수 있게 하는 역할에 실패하고 있다.

 이제 우리는 새로운 형태의 과학뿐만 아니라 새로운 형태의 역사가 필요하다. 그동안 우리는 과거 몇천 년 동안의 기록된 보고들만을 역사로 간주하고, 수메르 문명 이전의 모든 시대를 그저 선사시대로만 다루어왔다. 그러나 이제 다양한 문명이 어떻게 그 권력을 이어왔고, 얼마나 많은 전쟁을 치렀으며, 어떠한 평화조약을 체결했는지를 일일이 열거하면서 역사를 설명하던 시대는 이미 지나갔다. 뿐만 아니라 인간 이야기를 생명 이야기 또는 지구 이야기 또는 우주 이야기와 별개의 것으로 다루던 시대도 지나갔다.

 확실히 우리는 우주에 대한 과학적인 이야기를 통해, 실재 세계를 우주의 물질적이고 기계적인 국면과 동일시했던 시대도 넘어섰다. 사실 최근 수세기 동안의 과학 시대는, 인간의 모험심에 영감을 불어넣었던 자연세계와 친교를 맺을 수 있는 능력을 인간에게서 제거했다. 자연세계와의 친교는 시인, 음악가, 예술가와 영적인 인물들로 하여금 자연세계를 경축하는 그 모든 장엄한 작품을 만들게 한 통로였다. 우리는 그 작품들을 그들 인격의 완성으로서 가장 심오한 양식과 연관시킨다.

 이러한 새로운 상황은 우주에 대한 새로운 형태의 설명, 즉 최근에야 겨우 표현되기 시작한 새로운 이야기를 요청하는 것으로 보인다. 이 새로운 이야기는 창발하는 우주에 대한 설명을 그 일차적 근거로 한다. 우리는 관찰에 입각한 과학을 통해, 그러니까 새로운 도구들을 가지고 유용한 증거들을 판독할 수 있는 능력을 통해 우주와 소통하고 있다. 우리의 새로운 도구들은 엄청나게 먼 곳으로부터, 그리고 엄청나게 오랜 세월을 통해 전달된 우주로부터의 통신을 놀라운 감도로 수신한다. 우리는 지금 우리 앞에 놓인 엄청난 양의 자료를 막 읽기 시작했을 뿐이다. 보다 큰 문제는 자료가 얼마나 충분한가가 아니라, 우리가 이미 가지고 있는 자료들의 그 깊은 의미를 얼마나 제대로 이해할 수 있느냐이다. 우리는 우리 자신과 우주 자체에 대한 이해에서 새로운 시기를 맞이할 만큼 이 자료들을 충분히 소화하지 못하고 있다.

　20세기의 가장 중요한 변화는, 우주에 대한 우리의 인식이 '질서 정연한 우주cosmos'에서 '생성 중인 우주cosmogenesis'로 이행한 것이라고 생각한다. 인간 의식이 시작된 이래, 죽음과 재생의 순환 속에서 늘 소생하는 계절의 연속은 인간의 사고에 매우 강력한 영향을 주었다. 이러한 의식의 방향은 현대의 우리 문화에 이르기까지 인간의 모든 문화를 특징지어왔다. 현대, 특히 20세기에 우리는 늘 새로워지는 계절의 순환으로 경험되는 공간적인 시간 의식에서, 비가역적 변형의 진화 단계로 시간이 경험되는 '시간에 따라 발전하는 time-developmental' 의식으로 나아갔다.
　'시간에 따라 발전'한다는 의식 안에서 우리는 우주의 역사를, 그 총체적인 차원과 충만한 의미를 이해하기 시작했다. 이것은 특히 우리가 행성 지구를 신비로운 행성으로 확실하게 간주할 때 진실이다. 태양계 안의 다른 행성들과 지구를 어떻게 비교하든지, 우리는 지구가 그 표현의 다양성과 진화의 복잡성 면에서 보다 빛난다는 것을 관찰할 수 있다. 지구는 마치 존재의 즐거움을 경축하려는 아주 단순한 목적을 위해 진화하는 실재처럼 보인다. 이것은 다양한 식물과 동물의 배색配色에서뿐만 아니라 만개한 봄꽃과 철에 따라 이동하는 제비의 비행飛行에서도 볼 수 있다. 이 각각의 사건이 지구상에 등장하기 위하여 무려 10억 년 이상의 무한한 창조성이 요구되었다. 이제야 겨우 우리는 이러한 지구 이야기가 지구에 존재하는 모든 존재의 이야기일 뿐만 아니라 우리 인간의 이야기임을 이해하기 시작했다.

우리는 이제 우리의 새로운 의미, 새로운 이야기가 만들어지는 흥분된 순간을 경험하고 있다. 이 이야기는, 지금 우리 시대 사람들에게 신석기시대의 부족민들과 초기 고전 문명 시대의 사람들에게 제공되었던 신화적인 우주 이야기를 제공해줄 수 있는 유일한 방법이다. 이 이야기의 궁극적인 혜택은 우리 인간공동체가 보다 큰 지구공동체 안에서 상호-증진하는 방식으로 존재할 수 있게 해준다는 점이다. 우리는 이 이야기가 이 책과 같은 단순한 서술이 아니라 시와 음악 그리고 현대문명의 전 범위에 걸쳐 우주적 규모로 치르는 의식儀式 안에서도 표현될 수 있기를 희망한다. 사실 그러한 표현만이 모든 강과 모든 별과 모든 동물이 들려주는 이야기로 인간을 감응시킬 수 있다. 우리의 목적은 책을 읽는 것이 아니다. 우리 주변에서 일어나는 모든 이야기를 읽는 것이 우리의 목적이다.

이 우주 이야기가 제대로 기능함으로써 어떤 효과를 창출하기를 기대할 정도로 우리 시대는 위급한 상황에 있다. 현재 지구 생명 체계의 붕괴는 너무 광범위해서, 우리 인간은 과거 6천7백만 년 동안 지구의 생명 과정에 주체성을 제공했던 신생대의 종말을 초래할 수도 있다. 인간이 출현하기 이전의 신생대 동안 생명은 엄청나게 눈부시도록 번창했다.

그러나 인간은 지금 지구 생명 체계에 대한 광범위한 통제권을 넘겨받았고, 그 결과 지구의 미래는 예전엔 결코 꿈도 꾸지 못한 정도로 인간의 결정에 따라 좌우될 것이다. 우리 인간은 어떤 생물 종이 생존할 것인지 혹은 멸종할 것인지를 결정하고 있다. 우리는 흙과 공기와 물의 화학적 조성을 결정하고 있다. 우리는 야생 지역이 그들 나름의 자연스러운 모습으로 기능하도록 허용해주는 지도도 그리고 있다.

이 모든 것이 위험과 가정으로 가득 차 있다. 만일 이렇게 어려운 결정을 내려야 하는 상황에서 우리를 안내해줄 어떤 길이 있다면, 그 길은 아마 자연세계에 대한 가장 친밀한 차원의 이해를 통해서만 발견될 것이다. 이것은 우리의 과학이 일반적으로 관심을 갖는 것, 그 이상의 무엇이다. 새로운 비책이 요구된다. 그러나 그 비책은 최상위 수준의 총체적 지식 그리고 비판적 능력과 연관되어 있는 것이어야 한다.

역사상으로 새로운 이 시기를 **생태대**Ecozoic era라 부를 수 있다. 생태대는 인간의 확장된 역할과 그 변화의 규모가 예전에 비해 대규모임을 의미하는 용어이다. 새로운 생물학적 시기의 이러한 성취는 행성 공동체 모든 구성원의 통합적인 참여를 요구한다. 우리는 지리학적 구조에 따라 지구를 분할하는 **생태 지역**bioregion을 다양한 종으로 이루어진 더욱 통합된 공동체의 기초로서 간주해야 한다. 이러한 새로운 방향 감각이 완전하게 표현된다면, 우리는 국가들의 연합united nations을 넘어 우리 모두가 속한 총체적인 공동체로서 종들의 연합united species으로 가는 운동을 일으킬 수 있을 것이다. 이러한 개념은 1982년 UN 회의가 통과시킨 「세계자연헌장the World Charter for Nature」에서 최초로 나타났다.

우리는 이 모든 변화가 보다 거대한 우주 이야기의 다음 국면임을 예견한다. 이 변화들은 우리의 제도뿐만 아니라 언어 안에서도 점차 표현되고 있다. 인간사를 지배하는 패러다임에서 일어나는 모든 변화는 실재와 가치에 대한 우리 의식 안에서뿐만 아니라 이러한 관심들을 나타내는 수단인 언어 안에서도 광범위한 변화를 요구한다.

　이 책은 일차적으로 일반 독자들을 위한 것이다. 따라서 전문 용어의 사용을 최소한으로 줄였다. 또한 이 이야기에 관련된 여러 에피소드에 대한 학문적 논쟁도 피했다. 예를 들어 은하계, 원핵생물과 문명들의 등장을 이야기할 때 가장 신빙성 있는 가설로 간주되는 것을 사용했다. 그러나 미래에 새로운 증거가 더 나오고, 보다 깊은 이해가 이루어진다면 다른 대안적인 가설이 채택되어야 한다는 것을 우리는 알고 있다. 보다 세부적이고 상세한 논의에 관심이 있는 독자들은 책 뒤에 첨부되어 있는 참고 문헌을 참조하면 된다.

　이 책은 또한 인문과학과 자연과학을 공부하는 학생들을 위한 프로그램을 제공할 수 있을 것이다. 실로 이 책은, 인문계와 자연계로 구분되는 현 교육과정의 관행을 뛰어넘고 있음을 보여준다. 사실 모든 학생에게 이러한 책은 시급히 요구된다. 왜냐하면 지금 학생들은 자신이 공부하는 학문과 관련하여 우주에 대한 어떤 적절한 해석도 아직 갖지 못하고 있기 때문이다. 학생들은 우주와 행성 지구의 기원, 그리고 그 오랜 진화 과정에 대한 조리 있는 이야기에 더욱 관심을 기울일 필요가 있다. 이 이야기가 교육과정의 기초에서부터 다양한 전공의 최고 훈련 과정을 통하여 교육과정에 새로운 통일성을 제공하길 바란다. 이런 방법으로 우리 문화의 모든 직업과 제도가 다시 새로워질 수 있을 것이다.

우주 진화의 과정 안에서, 그리고 그 변화의 각 과정이 갖는 의미의 깊이 안에서 이야기되는 우주 이야기는 의심할 여지 없이 미래를 포괄하는 총체적인 맥락을 확립할 것이다. 이 우주 이야기를 통하여 이미 지구상의 다양한 사람이 자신이 존재하는 시간과 공간을 확인했다. 또한 자신이 지구공동체의 다양한 생명체와 무생물 요소와도 관계되어 있음을 알아차렸다. 이 이야기를 통하여 우리는 우리가 진화라는 유전적인 공통의 발생 경로를 갖고 있음을 배운다. 지구의 모든 생명체는 다른 모든 생명체의 사촌이다. 심지어 우리는 생명체의 경계를 넘어서 태초의 찬란한 불꽃이 갖고 있던 에너지라는 공통의 기원을 갖는다. 그 에너지로부터 우주의 모든 국면이 유래했다.

'우주 이야기'는 물론 이 책의 제목이지만, 그것은 오직 이차적으로만 그렇다. 우리의 제목이 우선적으로 가리키는 대상은 우주 전체에서 일어나는 위대한 이야기이다. 우주의 이 창조적인 모험은 너무도 미묘하고 압도적이며 신비로워서 명확히 포착하기가 어렵다. 따라서 우리는 아주 신중하게 우주 이야기를 들려주는 모험을 하려 한다. 우리의 목적은 독자들에게 위대한 우주 이야기에 대한 감수성을 일깨워줌으로써, 현재 진행 중인 우주의 모험에 동참할 수 있게 하려는 것이다. 우주에 대한 이 간략한 서술을 내놓으면서, 우리가 놓쳐버린 부분을 다른 사람들이 채워주고, 또한 부적절하게 표현한 것을 교정해줌으로써 우주 이야기에 대한 이해를 보다 깊게 해줄 것을 희망한다.

| 차례 |

저자 서문 4

프롤로그 : 그 이야기 17

1 태초의 찬란한 불꽃 Primordial Flaring Forth 33

2 은하들 Galaxies 57

3 초신성 Supernovas 83

4 태양 Sun 109

5 살아 있는 지구 Living Earth 137

6 진핵생물 Eukaryotes 163

7 식물과 동물들 Plants and Animals 191

8 인간의 출현 Human Emergence 239

9 신석기 촌락 Neolithic Village 267

10 고전 문명들 Classical Civilizations 295

11 국가의 번성 Rise of Nations 329

12 현대의 계시 The Modern Revelation 349

13 생태대 The Ecozoic Era 375

에필로그 : 경축 407

역자 후기 417
시대표 425
용어 설명 438
참고 문헌 448

●●● 보츠와나의 스토리텔러,
쿵 부시맨(Kung Bushman)

프롤로그: 그 이야기

138억 년 전, 태초의 찬란한 불꽃과 함께 우주는 존재로의 탄생을 추진했다. 태초의 찬란한 불꽃이 갖고 있던 에너지는 그 후로 다시는 그와 같은 강도로 타오를 수 없을 만큼 강하게 타올랐다. 이렇게 자신의 힘으로 가득 찬 우주는 모든 방향으로 소용돌이쳐서 그 기본 입자들을 안정화시켰으며, 최초의 원자적 존재인 수소와 헬륨의 출현을 가능하게 했다. 요동 상태로 수백만 년이 지난 후, 들떠 있던 입자들은 조용해졌다. 태초의 불덩어리 fireball는 수많은 덩어리로 분해되었다. 모든 원자는 제각기 시간이 시작되는 검은 우주로 날아올랐다.

수십억 년 동안 지속된 밤은 우주 스스로 다음 단계로의 거시우주적 변형을 준비할 수 있도록 했다. 이 깊은 침묵 속에 우주는 은하의 형성에 필요한 광대한 창조성으로 전율했다. 우주는 은하, 즉 우리의 은하수 은하뿐만 아니라 안드로메다 은하, 처녀좌 은하, 페가수스, 화로자리, 마젤란 은하, M33 은하, 코마 은하, 조각가 Sculptor 은하, 헤라클레스 은하 등 수백만 개의 은하를 창조했다.

이러한 거대한 바람개비 구조는 우주 공간의 빈터에 모든 수소와 헬륨을 쓸어 모아 수없이 많은 자기조직self-organization을 하는 체계들과 체계들의 무리들, 그리고 체계들의 무리들의 무리를 만들었다. 각각의 은하는 우주 안에서 자신만의 독특한 형태를 나타냈고, 그 내부에 자신만의 고유한 역학을 가지고 있었다. 각각의 은하는 자신이 가지고 있는 물질들을 이용해 수십억 개, 수조 개에 달하는 무수히 많은 태초의 별을 만들어냈다.

가장 빛나던 별들은 그들만의 자연발생적 변형의 연속 과정을 서둘러 거치면서, 수십억 개 별의 광휘에 맞먹는 거대한 초신성 supernova으로 폭발했다. 초신성은 은하의 도처에 자신을 구성하고 있던 물질들을 분출했다. 수십억 년에 걸친 별들의 핵 융합stellar nucleosynthesis 과정을 통해 합성되었던 물질들로부터 새로운 별들이 형성되었다. 최초의 별들이 기본적으로 탄소, 질소, 산소, 몰리브덴, 칼슘, 마그네슘과 그 외에 백여 가지의 다른 원소를 창조해 놓았기 때문에, 2세대의 별들은 보다 풍부한 잠재력과 복잡한 내부 구조를 갖게 되었다. 시간이 시작된 후 약 50억 년의 시간이 흐른 뒤, 우리의 나선형 은하 안에 별 티아마트Tiamat가 등장했다. 티아마트는 자신의 그 불타는 내부에 모든 경이로움을 짜 넣은 다음, 초신성 폭발로 자신의 몸을 스스로 희생시켰다. 티아마트의 이 초신성 폭발은 새로운 원소들을 모든 방향으로 분산시켰다. 그렇게 우주의 모험은 더욱 깊어졌다.

지금으로부터 50억 년 전, 우주가 폭발하여 약 100억 년 동안 팽창하고 발전을 거듭한 후, 우리의 은하수 은하는 평화롭게 떠다니던 티아마트 잔재의 먼지 구름에 충격을 가하면서 1만 개의 새로운 별을 탄생시켰다. 그 별들 중 몇몇은 갈색왜성dwarf stars 으로 축소되었다. 다른 별들은 청색의 초거성이 되어 재빨리 새로운 초신성의 백열광을 발했다. 또 다른 별들은 안정적으로 오랫동안 타오르는 노란 별이 되었고, 나머지는 활동을 그친 적색거성이 되었다. 다양성을 고집하는 우주는, 우주에 떠돌아다니는 원소 구름으로부터 우리의 태양 또한 만들어냈다. 일단 자신의 실존을 허락받자 태양은 스스로 자기조직 하는 능력을 보여주었다. 태양은 그때까지도 자신의 주변을 떠돌아다니는 원소 구름을 거의 모두 폭파시키고, 나머지는 여러 개의 띠를 가진 원반형 물질로 만들어 회전시켰다. 여기에서 태양과 수성, 금성, 지구, 화성, 목성, 토성, 천왕성, 해왕성으로 연결된 하나의 체계가 발생했다.

전하를 띤 초기의 행성들은 녹아 있는 액체 또는 기체 상태의 물질로 끓고 있었다. 수성, 금성, 화성에서는 화학 결합이 서서히 일어나 바위와 대륙과 행성의 외피를 형성했지만, 역학을 너무 압도하여 결국 중대한 창조 활동은 끝났다. 목성, 토성, 해왕성, 천왕성에서는 화학적 창조 활동이 보다 단순한 화합물의 합성 이상으로는 진전하지 못하고, 수십억 년 동안 주로 기체 상태로 계속 휘저어지고 있었다. 지구는 그 고유한 내적 역학의 균형과 태양계 구조 안에서의 위치 덕분에 물질들이 고체, 액체, 기체 상태로 존재할 수 있었다. 또한 지구의 이러한 물질들은 하나의 형태에서 또 다른 형태로 변형되어가면서, 40억 년 전 살아 있는 **최초의 생명 세포 아리에스**Aries가 탄생하는 데 필수적이었던 창조적인 화학적 자궁을 제공했다.

최초의 세포였던 원핵생물 아리에스는 별이나 은하들과 마찬가지로 스스로 자기조직 할 수 있는 힘을 가지고 있었으며, 더 나아가 깜짝 놀랄 정도의 새로운 재능들을 갖고 있었다. 원핵세포들은 중요한 정보들을 기억할 수 있었다. 심지어 살아 있는 다른 세포들과 함께 굳게 결합하기 위하여 필요한 패턴까지도 기억할 수 있었다. 또한 그 세포들은 새로운 창조 활동 체제를 지니고 있었는데, 태양이 광속으로 던지는 에너지 다발을 그들의 화학적 장갑으로 잡아내 그 광양자를 식량으로 사용할 수 있었다.

나선형 은하들은 끊임없이 별을 만들어낼 수 있는 힘을 가지고 있었다. 그러나 그들이 만들어낸 몇 개의 행성은 목성과 태양 주위를 돌고 있는 다른 행성의 경우와 마찬가지로 일시적으로만 번영했고, 그들의 중대한 진보는 중단되는 운명을 맞게 되었다. 수십억 년 동안 계속 펼쳐질 수 있었던 우주는, 20억 년 전 살아 있는 행성 지구와 같은 이런 창조력의 큰 솥 속에서조차 모든 의미심장한 발전이 중단될 수도 있었다.

아리에스와 아리에스의 후예인 원핵세포들은 태양으로부터 수소를 모아 지구 체계에 산소를 방출했다. 방출된 산소는 육지와 대기와 바다를 서서히 포화시켰다. 폭발적인 힘을 지닌 이 물질, 산소는 지구의 화학 조성을 변화시켰다. 원핵세포들은 자각하지도 못한 채 지구 체계를 극도로 불안정한 상태로 몰고 간 셈이 되었다. 그리고 마침내 상황은 원핵세포들의 능력으로는 더 이상 지탱할 수 없는 지경에 도달했던. 머지않아 지배적이었던 원핵세포 생물 군집은 그 내부가 산소에 의해 불타버림으로써 사라졌다. 그러나 살아 있는 행성의 생명력 자체를 위협하는 이 위기로부터, 새롭고 또한 철저하게 혁신적으로 진보된 존재 바이캥글라Vikengla가 지구에 등장했다.

최초의 진핵세포 바이캥글라는 그 자신만의 고유한 목적을 위하여 산소의 독성을 온전히 견뎌낼 수 있었을 뿐만 아니라 유해한 산소를 에너지화할 수 있었다. 이렇게 바이캥글라는 창조성으로 용솟음쳤다. 이들 진핵세포는 감수분열에 의한 유성생식을 창안했다. 유전적으로 상이한 두 개의 존재가 통합되어 각각의 존재로부터 유전적으로 물려받은 성질들이 보다 혁신적인 새로운 존재를 재생산할 수 있게 되자, 우주의 다양성은 수백 배로 확대되었다. 진핵세포들은 또한 살아 있는 존재를 먹을 수 있는 습관을 창조했다. 이렇게 하여 진핵세포들은 지구공동체에 성적 결합에 의한 친교뿐만 아니라 포식자-피식자라는 생태학적 관계에 의한 친교도 심화시켰다. 결국 진핵세포들이 지구 체계에서 가장 진보된 유기체로 존재했던 시대의 말엽에 이르렀을 때, 이들은 수조 개가 함께 결합하기 위한 더 큰 목적에 자신들을 몰두시키는 대담한 시도를 하여 최초의 다세포 동물인 아르고스Argos를 등장시켰다.

6억 년 전 질적으로 확실하게 구분되는, 다양한 구성의 몸을 갖는 다세포 유기체가 등장했다. 이 다세포 유기체들 중에는 산호, 지렁이, 곤충, 대합, 불가사리, 해면동물, 거미, 척추동물, 거머리, 그리고 멸종된 다른 형태들이 포함되어 있었다. **중간우주**mesocosm 의 **생명**이 시작되었다. 지렁이들은 부드러운 먹이를 얻으려고 구불구불 몸을 움직이는 법을 배웠다. 그다음 바다로 갈 수 있도록 몸에 지느러미가 돋아나게 했다. 다른 생물들이 껍질을 개발하자 그들은 이빨을 만들어냈다. 바다의 파도는 해조류들이 뜨거운 바위에서 가닥을 꼴 수 있도록 바위 위로 실어 올려놓았다. 기어서 집으로 돌아갈 수 없게 된 이 식물들은 **목질 세포**wood cell를 창안했다. 이들은 석송나무처럼 바닷가와 강을 따라 살 수 있도록 곧게 서 있는 법을 배웠다. 머지않아 이들은 모든 대륙을 생명으로 가득 덮어버릴 수 있었던 겉씨식물로 스스로 변형되었다. 식물의 뒤를 이어 동물들이 육지에 나타났다. 20억 년 동안 생명 없이 바다 위를 떠돌던 지구의 외피인 육지는 양서류와 파충류, 곤충, 그리고 햇살에 반짝이는 숲속에서 수천 개의 잎을 뜯어먹으려고 눈을 이글거리는 거대한 공룡으로 가득 차게 되었다.

지구에서 일어난 이 모든 창조 활동은 여러 가지 각기 다른 안정성에 의존했다. 즉, 태양이 안정적으로 수소를 연소시키고, 지구가 태양 주변을 안정적으로 공전하고, 지구 전 체계에 걸쳐 이루어진 수십억 개의 화학 결합이 제공하는 안정성에 의존했다. 그러나 은하는 거대한 집이었고, 주기적으로 재난이 지구를 찾아왔다. 가장 혹독했던 것은 다른 천체 물질이 지구와 지구상 정교한 생명체의 직조물과 충돌하는 것이었다. 6천7백만 년 전 발생한 천체의 지구 충돌은 지구의 대기와 기후를 너무나 변화시켜 거의 모든 형태의 동물 생명체가 생활 형태를 재창조해야 했거나 또는 멸종되었다. 대규모 멸종은 공룡의 뒤를 이어 수많은 동물이 죽어서 사라짐을 뜻했다. 그러나 이러한 멸종은 새로운 가능성 또한 열어주었다. 그 중에서도 특히 조류와 포유동물들은 기회를 잘 포착하여 그 재난에 이어 더욱 번창하고 융성해질 수 있었다.

2억 년 전 포유동물이 지구 생명체로 등장했을 때, 그들은 신경계 안에 우주를 느낄 수 있는 새로운 능력, 즉 정서적 감각을 개발했다. 특히 신생대 6천7백만 년 동안 이 세계의 아름다움(즉 깃털의 아름다움, 정신을 잃게 할 정도로 현란한 꽃들의 아름다움과 과일의 탐스러움 등)과 공포(어두운 밤 숲속의 공포 등), 어미-자식 사이의 원형적인 결속의 힘 등이 모든 포유동물(즉 고래, 설치류, 바다사자, 박쥐, 코끼리, 호저, 말 땃쥐shrews, 사슴, 침팬지, 그리고 인간)의 정신적 특성에 깊은 자국을 남기게 되었다. 희귀한 예로, 대부분의 진화된 포유동물, 특히 영장류 목目에서 이러한 포유동물의 정서적 감각이 신경계에 관련된 또 다른 능력인 의식적인 자기-인식으로 깊어지게 되었다. 이 두 가지 능력을 모두 부여받은 인간은 자신이 속해 있는 지구공동체 안에서 자신만의 독특한 생태적 지위niche를 탐색했다.

4백만 년 전, 아프리카에서 인간은 두 다리로 직립했다. 2백만 년 전, 인간은 자신의 자유로운 손으로 지구에서 얻은 자원들을 가지고 도구를 만들기 시작했다. 1백50만 년 전, 끊임없이 무엇인가를 하려는 인간의 손은 불을 조절했다. 인간은 나뭇가지에 저장되었던 태양 에너지를 이용했다. 인간의 작업은 점점 진보했다. 약 3만 5천 년 전경, 인간은 마치 존재의 놀라움을 더 이상 억제할 수 없는 것처럼, 새로운 수준의 의례儀禮를 거행하기 시작했다. 즉, 지구의 깊숙한 곳에 동굴 그림을 그려 인간 스스로를 표현했고, 밤을 축제와 음악으로 가득 채웠다. 인간은 친구의 죽음과 계절의 바뀜에 대한 전례典禮를 만들었으며, 그들 심연을 사로잡은 아름다움의 일부를 어떤 동물의 아름다움에 대한 예술적인 묘사로 포착하는 등 새로운 차원의 경축을 시작했다.

2만 년 전, 지구는 인간이라는 요소를 통하여 씨앗과 계절 그리고 우주의 원초적 리듬의 패턴들에 대한 의식적인 자기-인식을 시작했다. 이러한 패턴의 일부는 수십억 년 동안 지구가 만들어놓은 것이고, 최초의 인류가 이미 그 패턴 안에서 수백만 년 동안 그들 스스로를 조직해온 것이긴 했다. 그렇다 하더라도 1만 2천 년 전, 인간은 식물의 경작과 동물의 가축화를 통해 이러한 패턴들을 의식적으로 구성하기 시작했다. 즉 보리와 밀과 염소는 중동에서, 쌀과 돼지는 아시아에서, 옥수수와 콩과 알파카는 미국에서 경작되고 가축화되었다.

안전하게 식량을 공급하게 되면서 인구는 폭발적으로 증가했다. 수천 명 이상의 인구를 유지할 수 있었던 최초의 신석기 촌락은 1만 년 전 에리고, 차탈 휘윅, 하수나 등이었다. 인류의 대부분이 수렵채집에서 정착된 촌락 생활로 생활 방식을 바꾸면서 신석기 촌락이 지구상에 등장했다. 이것은 인류의 모험에 있어서 유례가 없을 만큼 가장 혁신적인 사회 변화였다. 이러한 새로운 인간 상황을 배경으로 인간은 도자기를 만들고 직조와 건축술을 발전시켰다. 인간은 우주의 주기적 리듬을 뚜렷이 밝히는 달력을 만들었으며, 위대한 어머니 신大母神에게 바치는 제례祭禮와 사당을 보다 정교하게 만들었다. 이것이 구석기시대 동물에 대한 토템 신앙을 대체했다. 가장 의미 있는 것은, 인류가 유전적으로 부여받은 재능을 활성화할 수 있는 원형적 상징인 인간 언어들 중 힘 있는 말의 상당수가 이때 정립되었다는 것이다. 1만 년 전에서 5천 년 전 사이의 기간 동안 언어, 종교, 우주론, 예술, 음악, 춤 등에서 결정적인 발전들이 가장 활발하고 원초적인 형태로 이루어졌다. 따라서 뒤이어 등장한 도시 문명은 신석기시대에 설립된 문화 패턴들 위에서 보다 더 정교해질 수 있었다.

  5천 년 전, 인류의 모험은 새로운 삶의 방식인 도시 문명으로 변화되었다. 진핵세포들이 자신들의 변형적 개입으로 복잡한 동물 유기체가 발생되었다는 것을 전혀 짐작하지도 못했던 것같이, 수메르의 신석기 촌락에 운집했던 사람들 역시 자신들의 집중적인 사회적 상호작용이 인간사의 과정 안에서 새로운 힘의 중심지들, 즉 도시(바빌론, 파리, 페르세폴리스, 바나라스, 로마, 콘스탄티노플, 시안, 아테네, 바그다드, 마야의 티칼, 카이로, 메카, 델리, 아즈텍의 테녹티탄, 런던, 잉카의 태양의 도시 쿠스코 등)의 융성을 초래하게 될 것임을 전혀 짐작하지 못했다.

계급주의적 권위 관계를 갖춘 관료 체제가 발명되고, 전문화가 강조됨으로써 인간과 자연의 과정에 대대적인 변화가 가능해졌다. 강은 경작지를 위한 관개 시스템으로 이용되었다. 대상隊商들은 전 세계를 횡단하면서 모든 나라의 에너지를 끌어들였다. 산림은 선박 산업에 의하여 변화되었다. 인구와 부富가 급격히 증가했다. 정교한 사원, 요란스럽게 장식된 사당, 사치스러운 궁전, 그리고 성당과 함께 피라미드가 솟아올랐다. 이렇게 부와 권력이 집중된 도시 중심지를 보호하고 정부가 제정한 법령의 통치하에 지구의 광활한 영토를 보유하기 위해 인간은 군사 체제를 만들었다. 그들은 무장했고 강해졌다. 그리고 장기적인 전쟁이 전체 대륙을 휩쓸었다. 이것을 뒷받침하는 배후에는 인류 사회의 일차적 상징이었던 위대한 어머니 신을 대신하게 된 전투적인 신이 있었다.

이러한 사회적 교란 가운데, 인간 조건의 비애감pathos과 그 비애를 넘어선 초월적 왕국에 대한 약속, 즉 도道, 브라만-아트만, 천국, 열반 등이 인간의 마음을 감동시켰다. 이러한 것들이 불교, 기독교, 이슬람교 등의 보편 신앙을 발생시켰다. 이 신앙들은 유럽을 거쳐 북아프리카와 인도로, 그리고 유라시아 대륙을 통하여 중국과 동남아시아로, 행성 지구의 문명 중심지들로 널리 퍼져 보급되었다. 단지 아프리카 사하라 지역 아래, 아메리카 대륙, 오스트레일리아와 일부 원주민의 고립된 골짜기만이 중동, 유럽, 인도, 중국의 4대 문명 체계의 통제와 영향으로부터 벗어나 있을 수 있었다.

5백 년 전, 유럽 사람들은 인류 역사상 세 번째 방랑을 시작했다. 첫 번째는 직립원인인 **호모 에렉투스** Homo erectus 가 아프리카로부터 북으로 가서 유라시아를 통하여 전파되었다. 두 번째는 현생인류인 **호모 사피엔스** Homo sapiens 가 아메리카 대륙과 오스트레일리아에 도착할 때까지 방황했다. 16세기와 17세기 사이에 발생한 근대의 돌파구가 이전의 방랑과 근본적으로 다른 차이점은, 세 번째 방랑을 시작한 유럽인들이 어디를 가든 그곳에서 인간을 만날 수 있게 되었다는 것이다. 유럽인들은 이제 우수한 기술과 함께 그들이 갖고 있는 장비와 관료주의적 사회 체제로 무장하고 지구 전역의 민족들, 특히 아메리카 대륙과 오스트레일리아를 식민지화했다. 19세기에 이르러 인도가 식민지로 추가되었고, 일본과 중국은 유럽 기업들과의 교류 양식 속에 강제 편입되었다. 따라서 인류의 정치적, 문화적 상황은 각기 다른 인간공동체가 서로 교류하면서 예전에는 결코 볼 수 없었던 방식으로 공동 운명을 향해 방향 전환함에 따라 극단적으로 변화되었다.

이렇듯 지구상의 정치적 교류가 일어나는 가운데, 유럽에서는 고유한 정부를 갖춘 국민국가의 형태로 내적 변화가 발생했다. 이 자유민주주의 운동은 지구 전역에 걸쳐 전파되었다. 1776년에 아메리카 혁명이, 1789년에 프랑스 혁명이 격렬하게 폭력적으로 시작되었다. 19세기와 20세기 전체를 통하여 이러한 국민국가들은 통합 공동체를 마련했고, 이전까지 있었던 무리, 촌락 또는 주위의 영토와 함께 수도 도시의 형태로 교체되었다. 국민국가의 신성한 비책은 민주주의, 진보, 민주적 자유, 개인의 사유재산과 경제적 소득에 대한 개인의 권리 같은 이상理想에서 발견할 수 있다. 따라서 국민국가들 간의 갈등은 이러한 신성한 이상으로 인해 거룩한 전쟁의 성격을 띠게 되었다. 이러한 전쟁은 20세기 전 세계를 집어삼킨 유럽 내부의 긴장으로 절정에 도달했다.

이러한 과정에서 부상한 지배적인 실체는 어떤 특정한 국민국가가 아닌 다국적 기업이었다. 이러한 새로운 기관은 직접적으로 막대한 과학적, 기술적, 재정적 그리고 관료적 힘을 총동원하여 인간을 위한 경제적 이득을 얻기 위하여 지구 과정을 통제하는 방향으로 나아갔다. 20세기 말에 이르자, 오히려 산업적 약탈에 의한 자연계 파괴가 더 중대해져 국가 간 전쟁이 남긴 파괴가 위축되고 미미해 보일 정도가 되었다. 지질학적 견지에서 보면 20세기 인간의 활동은 신생대라 불리는 6천7백만 년 동안의 지구의 모험에 종말을 초래하고 있다.

산업계에 종사하는 인구가 수억으로 불어나 전체 지구의 복잡한 조직들 중에서 가장 많은 수를 차지하게 되었다. 이들이 결정적으로 행성 지구의 전역에 걸친 생태공동체들 속으로 단호히 뛰어들어감에 따라, 지구의 다양성은 극적으로 쇠퇴했다. 전체 지구 생산량gross earth product이 인간의 사회 체제 속으로 흘러가도록 유도되는 과정에서 중대한 인간 의식의 변화가 발생했다. 이제 인류는 우주가 단순히 존재하고 있는 배경이 아니라, 우주 그 자체로서 하나의 발전하는 존재들의 공동체임을 발견하게 되었다. 인류는 경험적인 관측을 통하여 지난 138억 년 동안의 우주 변화 과정 속에서 지구가 복합적인 기능으로 참여하고 있음을 알게 되었다. 코페르니쿠스, 케플러, 갈릴레오, 뉴턴, 뷔퐁, 라마르크, 허튼, 라이엘, 다윈, 스펜서, 허셜, 퀴리, 허블, 플랑크와 아인슈타인 그리고 현대과학의 모든 연구가 이룩한 업적을 통해, 끈질기고도 폭력적이기까지 한 서구 지성의 지구 연구는 우리가 우주에 대해 혁명적인 새로운 이해를 하도록 만들었다. 우주는 단순한 하나의 천체로서의 우주cosmos 라기보다는 생성 중인 우주cosmogenesis, 발전하고 있는 공동체로서, 그 우주공동체의 발전 과정에서 우리 인간이 중요한 역할을 맡고 있다는 철저하게 새로운 이해를 가져다주었다.

138억 년을 거치는 동안 우주는 별, 은하, 초신성, 최초의 원핵세포, 진보된 진핵세포 생물들, 번창한 동물과 식물들, 그리고 지구공동체의 수많은 구성 요소에 매우 깊이 침투하는 의식적인 자기-인식을 불러일으켰다. 인간이 지구 과정의 유전 부호 속에까지 너무도 깊이 스스로를 삽입했기 때문에, 지구공동체의 미래는 인간이 내리는 결정에 따라 달라지는 중대한 방식으로 놓여 있다. 이 미래는 인간만을 위한 자원을 얻기 위해 지구를 더 한층 착취하게 되는 기술대Technozoic era로의 위탁, 그리고 전체 지구공동체의 안녕이 일차적 관심사가 되는 새로운 형태의 인간-지구 관계인 생태대Ecozoic era로의 헌신 사이의 긴장 속에서 펼쳐질 것이다.

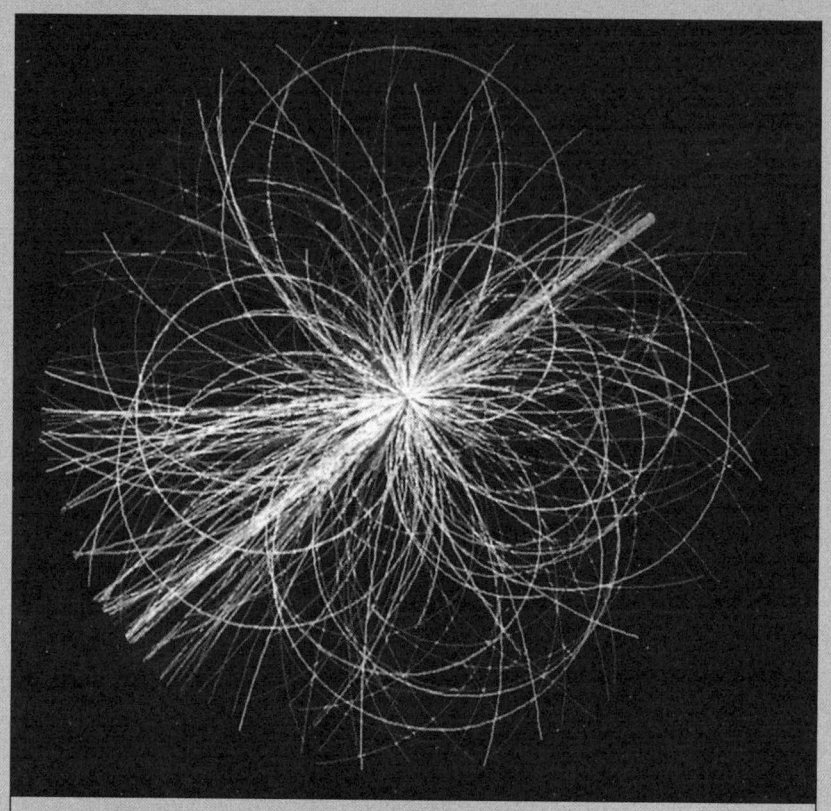

●●● 소립자 트랙, 글루온(Gluons)

1 태초의 찬란한 불꽃 Primordial Flaring Forth

　태초의 근원적인 힘이 우주를 탄생시켰다. 시간의 흐름 속에 존재할 모든 에너지가 단일 양자로 분출되어 특별한 선물을 남겼다. 그것은 바로 존재existence였다. 긴 시간이 흐른 다음 별들이 생겨나 반짝거리고 그 별빛 아래 도마뱀이 눈을 깜빡거리게 된다면, 그 또한 시간이 시작되었던 태초, 바로 그 순간 불타올랐던 것과 같은 그 신비한 에너지 때문이다.

　우주 그 어디에도, 우주를 탄생시킨 그 근본적인 태초의 힘과 분리되어 있는 공간은 없다. 우주에 존재하는 모든 사물의 뿌리가 바로 그곳에 있다. 시간과 공간조차도 태초의 근원적 실체에서 매 순간 흘러나와 거품처럼 휘저어져서 생성된 존재이다. 이렇게 거품처럼 생성된 10^{21}개의 입자 하나하나는 태초의 근원적 실체인 양자 진공quantum vacuum 상태에 기반을 두고 있다.

　우주의 탄생은 '시간' 속에서 일어난 사건이 아니다. 시간은 존재의 탄생과 동시에 시작되었다. 우주를 탄생시킨 영역 또는 힘은 시간 안에 있었던 한 사건도 아니고, 공간 안에 있었던 한 영역도 아니다. 그보다는 우주 공간에서 어떤 조건에 의해 순간적으로 등장한 바로 그 모체matrix라 할 수 있다. 비록 태초의 근원적인 힘이 138억 년 전에 우주를 탄생시켰지만, 그 힘의 영역은 그 순간에만 머물지 않고 과거와 현재 그리고 미래에 우주에서 일어나는 모든 사건의 조건이 되었다.

태초에 소립자들과 빛, 그리고 시간이 창발emerge했다. 잠재해 있던 공간 역시 펼쳐져 나와, 그 후 우주가 존재하는 매 순간마다 계속해서 펼쳐졌다. 태초에 공간은 거품처럼 부풀어 올라 광대한 소용돌이 속에서 팽창하는 우주를 창조했다. 그렇게 우주의 모험은 시작되었다. 만일 태초의 힘이 용솟음쳐 세계를 형성하는 공간과 시간을 펼쳐내지 못했다면, 우리 우주는 순식간에 사라져 $1/10^{18}$초라는 찰나밖에 존재하지 못했을 것이다. 즉시 소멸되어버리고 말 일시적 사건에 불과했을 것이다. 138억 년 동안 이루어진 우리 우주의 모험은 태초의 공간nascent space을 계속적으로 새롭게 펼쳐져 나오게 한 힘의 영향 덕분이다.

우주 공간의 출현 속도 역시 태초의 절묘함premordial elegance을 보여준다. 만일 우주 공간이 조금만 더 천천히 펼쳐졌더라면 팽창하던 우주는 수십억 년 전에 양자 거품의 형태로 붕괴되고 말았을 것이다. 만일 우주 공간이 $1/10^{12}$퍼센트만 더 늦게 펼쳐졌어도 우주는 붕괴되었을 것이다. 만일 우주 공간이 조금 더 빨리 펼쳐졌어도 똑같이 불행한 결과를 맞이했을 것이다. 우주를 구성하는 요소들이 너무 멀리까지 흩어져버려 어떤 흥미 있는 일도 일어나지 않았을 것이다.

태초의 우주는 스스로 섬세하게 자기 몸의 균형을 유지하고 있었다. 만일 공간의 생성 속도나 중력이 어느 한쪽으로 쏠렸다면 우주의 모험은 중단되었을 것이다. 예를 들면 우주는 살아 있는 세포가 출현하는 시기에 결코 도달하지 못했을 것이다. 작열하는 여름의 태양 아래 돌고래가 파도처럼 높이 굽이치면서 헤엄쳐 나아가는 것과 같은 바로 그 생명력은 우주 태초의 절묘한 역학力學, dynamics과 직접적인 연관이 있다. 우리는 돌고래와 태초의 찬란한 불꽃을 완전히 분리된 사건으로 간주해서는 안 된다. 우주는 다종다양한 창조적 사건이 이음새 없이 깔끔하게 연결되어 서로 긴밀하게 결합된 통일성 있는 하나의 덩어리이다. 우주 태초의 절묘한 팽창은 다음 세대 우주에 생겨날 모든 존재에 생명을 불어넣어준 '피'였다.

이러한 팽창의 법칙은 존재가 맨 처음 탄생하던 그 순간에 확정되었다. 그러나 그때까지 다른 법칙들은 아직 확립되지 않았다. 태초에 소립자들 간의 상호작용은 고정되어 있지 않았으며, 오늘날 그것들이 결합하는 방식으로 결정되어 있지도 않았다. 아직은 그 상호작용들에 영향을 미치는 자유와 무질서가 있었다. 전자, 포지트론positrons, 쿼크quarks, 중성미자neutrinos는 아직 자신의 정체성을 확보하지 못한 상태였다. 그들은 조만간 허용되지 않을 그 혼돈의 자유chaotic freedom를 즐기고 있었다. 비록 대부분의 입자가 태초부터 타고난 정해진 종류의 강도만큼 이 상호작용에 영향을 끼쳤지만, 모든 상호작용은 어느 정도 자유도 가지고 있었다. 그러나 그 자유는 다음 시기에 사라지게 된다.

찬란한 불꽃으로 이야기할 수 있는 우주의 첫 시대는 자유롭게 대칭을 이루던 상호작용들이 하나의 형태로 고정되면서 끝났다. 갑자기 우주 전체가 새로운 국면으로 접어들었다. 자유롭게 대칭을 이루던 상호작용은 이제 정해진 강도를 갖는 특정한 상호작용으로 고정되었다. 중력 작용과 전자기적 상호작용 그리고 핵의 두 가지 상호작용(강한 핵 작용과 약한 핵 작용)이 그것이다.

이들 네 가지 상호작용의 법칙은 이론적으로는 수, 강도 및 그 특성에 있어서 서로 크게 다르다. 이러한 네 가지 상호작용이 왜 특별하게 나타났을까? 아마도 이 법칙들의 최종 형태는 소립자들이 자유로웠던 그 이전 시대에 행했던 실험과 탐험에 어느 정도 의존했을 것이다. 이들의 구조는 자유롭게 대칭을 이루고 있었던 그 이전 시대의 어떤 힘에 의해 결정되었을 것이고, 바로 그때 순수하기만 했던 태초의 작용이 어떤 특정 형태를 갖추게 되었을 것이다. 그렇다면 이들 네 가지 상호작용은 태초의 우주가 행했던 활동 양식과 유사한 것으로 간주할 수 있다. 태초의 우주가 행했던 하나의 활동은 이제 네 가지 다른 작용으로서 나타날 것이다.

이러한 전환의 국면에서, 우주에 존재하는 상호작용의 기본 구조가 확정되었다. 어디에 가장 큰 별이 생길 것인지는 아직 확실치 않았지만, 이제 그 별의 크기와 강도의 한계가 정해졌다. 얼마나 많은 행성이 존재하게 될지는 아직 불확실했지만, 각 행성에 있는 가장 높은 산의 눈에 보이지 않는 한계가 확정되었다. 왜냐하면 각 산을 구성하는 요소들이 어떤 강도로 상호작용 할지가 이때 정해졌기 때문이다. 이매패二枚貝, bivalve mollusks의 존재 여부가 결정된 것이 아니라 그 껍질의 가능한 크기가 이제 결정되었다. 포유류와 같은 동물의 존재 여부 또한 분명하지는 않았지만, 그 동물이 얼마나 높이 뛰어오를 수 있는지 그리고 얼마나 세게 물어뜯을 수 있는지에 대한 기본적인 범위가 정해져 우주의 '힘줄'이 되었다.

우주는 그 공간을 펼쳤던 방식과 유사한 방법으로 놀랄 만큼 절묘하게 기본적인 물리적 상호작용을 확립시켰다. 만일 우주가 상호작용을 조금 더 강하게 설정했더라면, 아마 다음 세대의 모든 별은 짧은 시간 안에 바로 폭발했을 것이고 생명의 탄생은 불가능했을 것이다. 만일 우주가 중력을 아주 조금만 다르게 설정했더라도 미래의 모든 은하는 그 어느 것도 제대로 모양을 갖추지 못했을 것이다. 우주의 통합적인 모든 본성은 우주 자신의 작용을 통해 드러난다. 우주는 스스로 팽창하고 기본적인 통일성을 확립함으로써 우주 작용의 절묘함을 드러냈다. 이 우주의 절묘한 작용들은 미래에 번창하게 될 거대하고 복잡한 모든 가능성을 열어두고 유지하는 데 필요했다.

법칙들을 창조해낸 태초의 불덩어리 안에서 그 자체로 충분한 것은 아무것도 없었다. 상호작용들이 확립되자마자 상전이phase transition에서 방출된 잠열latent heat이 소립자들의 거대한 폭풍을 발생시켰다. 그러나 그 소립자 폭풍은 잠시 나타났다가 사라졌고, 새로운 소립자들의 세계로 대체되었다. 각각의 입자는 갑자기 나타난 물질이었고, 주어진 에너지의 농축체였으며, 존재의 세계에 새롭게 나타난 우발적이고 순간적인 존재였다. 거대하고 찬란한 불꽃 안에 있던 각각의 입자는 아주 짧은 순간만 존재했다. 왜냐하면 기본 법칙들이 완성되기 전에는 태초의 우주에서 영원한 것은 아무것도 없었기 때문이다. 모든 입자, 즉 쿼크, 전자, 양성자, 뮤온muon, 광자photons, 중성자들은 그 반입자antiparticles와 함께 여러 단계에 걸쳐 생성되었다가 다음 단계에서 다른 입자들과 서로 상호작용을 한 다음 사라져버렸다. 그 입자들은 어디로 갔을까? 그다음 단계로 그 입자들은 자신을 탄생시켰던 동일한 암흑 속으로, 무無 존재의 세계로, 태초의 심연 속으로 다시 빨려 들어가 힘을 잃고 우주의 '척수'가 되었다.

만일 어떤 양성자가 뮤온과의 충돌을 아깝게 놓친 후 신비롭게도 다른 순간의 존재에 달라붙어 존재하게 되는 경우, 그리고 그것이 기적적으로 다른 수백만 개의 양전자, 중성자 그리고 반양성자와의 충돌도 놓치고 다른 입자를 만날 수밖에 없는 태초의 자유분방한 우주 춤cosmic dance의 끝없는 소용돌이 속으로 들어가는 경우에는 두 입자 모두 존재계로부터 사라지기 마련이었다. 그들의 짧고 빛나는 여행은 그 여정 내내 그들과 함께했던 거대한 힘 속으로 영원히 사라져버렸다.

태초에 작고 약해서 금방 소멸되고 말 불꽃이 있었다. 불꽃의 모양이 새롭게 생겨나듯이 매 순간 우주는 새롭게 창조되었다. 태초에 우주는 불꽃이었다. 명멸할 때마다 새롭게 이글거리는 불꽃을 창조해내는 이 빛을 제외하고는, 어떤 존재도 태초의 이 시련을 견디지 못했다. 태초의 찬란한 불꽃의 강도와 농도 그리고 그 빛이 너무나 강렬했기 때문에 전체 우주 안에 존재하는 어떤 물질도 그것을 견딜 수 없었다. 모든 물질은 나타나자마자 거의 사라져버렸다.

빠르게 팽창하는 붉은 불덩어리라는 이미지만으로는 우리는 '태초'라는 우주의 시작이 갖는 아주 중요한 사실을 포착할 수 없다. 그것은 바로 태초에는 '외부가 없었다!'는 사실이다. 우리는 우리 눈으로 볼 수 있을 정도의 거리 밖에서 타오르는 그런 찬란한 불꽃을 상상해서는 안 된다. 우주의 모든 지점이 그 불덩어리 안에 있었고, 우주라는 크게 소용돌이치는 불꽃 안에 잠겨 있었다. '만일 우리가 불덩어리 안에 있었다면 과연 무엇을 볼 수 있었을까?'라고 묻는다면, 이 사건이 가진 극단적인 본성을 제대로 이해하지 못한 것이다. 태초에 탄소에 기초한 어떠한 생명체가 있었다 하더라도 즉시 증발하고 말았을 것이다.

우리는 지금 초록빛 단풍나무 잎의 세계에 살고 있다. 우리는 지금 어두워지는 코발트빛 하늘에 뭉게구름이 떠다니는 세계에 살고 있다. 우리는 지금 넓은 바다 위에 트롤선들이 일렁거리며 떠다니고, 어부들이 버린 작은 물고기 위로 바다갈매기들이 끽끽거리며 날아다니는 그런 세계에 살고 있다. 우리는 지금 수평선 너머 반달이 떠 있는 세계에 살고 있다. 우리의 감각과 상상력은 그런 세계에서 형성된 것이다. 우리의 몸과 감각은 지금 여기에 있다. 그러나 이 세상의 모든 것은 자신의 직접적인 기원이 되는 사건을 가지고 있다. 그리고 그 사건들은 지난 2백만 년 동안 인간이 존재하면서 경험한 모든 체험과는 그 차원이 전혀 다르다. 이러한 태초의 세계에서는 히말라야의 가장 거대한 산도, 아이가 만든 모래성이 거대한 파도에 휩쓸리는 것보다 더 갑작스럽게 무너질 수 있다. 태초의 시간에서는 고체인 지구도 연기처럼 사라진다. 인간의 가장 짧은 백일몽, 즉 어느 여름날 의식하기 어려울 정도로 깜박 조는 그 한순간이 태초에서는 하나의 시간 간격일 수 있다. 그 순간의 시간 동안 태초의 불덩어리는 수천 개의 우주를 소멸시키고 그 수만큼 새로운 우주를 만들어낼 수도 있다.

고요한 열대우림의 기저에는 이러한 우주의 폭풍이 자리 잡고 있다. 해초들의 생장대 기저에는 모든 것을 새로 시작할 수 있는 엄청난 강도의 돌풍이 자리 잡고 있다. 우주에 있는 모든 존재는 기묘하고 이해하기 힘든, 미시우주의 씨앗 같은 근원적인 사건에 기원을 두고 있다. 이 사건은 138억 년을 지나는 그 거대한 틈 사이로 1천억 개의 은하를 뿌릴 수 있는 힘으로써 미시우주의 티끌 같은 실체들을 만들어냈다. 오늘날 우주와 우주에 존재하는 모든 것의 본성은 이 태초의 찬란한 불꽃의 본성과 밀접한 관계가 있다. 우주는 시공간 연속체 space-time continuum 라는 직조물 위에 각각의 개별적 사건이 다른 사건들과 함께 얽히고설키면서 어울려 직조된, 하나이면서 다양한 형태를 가진 진화하는 존재이다.

단 1초도 지나지 않아서 우주의 두 번째 거대 전이macro-transition가 시작되었다. 그러나 이 시간 동안 우주는 스스로 수백만 번 전환을 했다. 우주는 광자 에너지가 우주의 옥토인 양자 진공으로부터 새로운 입자를 더 이상 끌어내지 못하는 지점까지 팽창했다. 존재와 비존재 사이에 있던 변화무쌍한 불꽃은 꺼져가고 있었다. 이제 입자들은 그들의 반反입자를 만나 빛 속으로 사라졌다. 광자들은 더 이상 새로운 입자를 만들지 않았다. 입자의 전체 개수는 계속 줄어들었다.

이러한 거대 소멸이 끝나자, 우주에는 단지 초기 물질의 10억 분의 1 정도만이 남아 있었다. 초기 우주의 이 작은 조각들만이 태초의 바늘구멍을 겨우 통과하여 새로운 존재의 단계로 들어가게 되었다. 이 거대한 소멸에서 살아남은 입자들은 이제 영속성을 갖게 되었다.

이때부터 입자들은 상호작용을 통해 소멸되지 않고 존재할 수 있었다. 더 나아가 그들은 영속적인 관계 맺기를 시작할 수 있었다. 하나의 양성자와 하나의 중성자가 결합했다. 두 개의 양성자와 두 개의 중성자가 결합했고, 두 개의 양성자와 하나의 중성자도 결합했다. 이러한 기초적인 영속 관계가 처음으로 생겨났다. 우주 최초의 안정된 상태 때문에 이러한 관계가 나타났다. 그것이 별이든 행성이든 또는 대륙이든 간에, 모든 미래의 땅에서 세계의 첫 번째 토대로부터 온 그 힘을 발견할 수 있다.

이러한 거대 전이에서도 우주는 공간을 펼쳐내던 그 절묘한 힘을 드러냈다. 만일 그 펼쳐짐이 조금만 더 느렸다면, 그래서 우주의 온도가 보다 천천히 저하되었다면, 원자핵 입자의 견고한 결합을 가능하게 하는 '창문'이 더 오랫동안 열려 있었을 것이다. 그랬다면 양성자와 중성자들은 헬륨이나 리튬에서 멈추지 않고, 철의 핵을 형성할 때까지 결합을 계속했을 것이다. 만일 그러한 일이 일어났더라면 우주의 모험은 축소되어 생명력 없는 철의 핵이 더욱 확산되었을 것이다. 그러나 우주는 매우 섬세한 방식으로 '칼날 위의 상태를 스스로 절묘하게 유지'하면서 팽창해서 태초의 가장 가벼운 원소인 수소의 핵을 안정화시킬 수 있었다. 그리고 그 가벼운 수소의 핵은 최초의 살아 있는 세포의 출현에 필수적이었다.

'우주가 스스로 유지했다'는 말의 의미는 무엇일까? '우주'가 행위의 주체란 말일까? '유지하다'란 말이 그 행위 주체의 일부를 잘 간직했다는 의미일까? 또한 '칼날'이라는 표현은 우주 물질이 다른 상태였을 수도 있음을 암시하는 것일까? 아니면 물질들은 현재 상태로 존재하도록 미리 결정되어 있었고 '칼날'이라는 표현은 환상에 불과한 것일까?

전통적으로 우주론 작업은 우주와 우주에서의 인간의 역할을 이해하는 데 그 목적을 두고 있었다. 그러나 지난 3세기 동안 우주론이 '수학적 우주론'을 뜻하면서 우주론은 일련의 핵심적인 질문에 답할 수 있는 경험주의를 바탕으로 한 연구를 지칭하게 되었다. 여기서 일련의 핵심적인 질문이란 우주의 크기는 얼마인가, 우주의 나이는 얼마인가, 우주는 무엇으로 이루어져 있는가, 우주의 구조는 어떻게 진화되었으며, 그 구조는 얼마나 오래 지속될 것인가 하는 것들이었다. 이러한 질문들은 우주가 가진 다양한 물리적 측면에 각각 초점을 맞추고 있으며, 최소한 이론상으로는 그 질문들을 만족시킬 만한 수학적 해답을 가지고 있다.

그래서 과학적 우주론이 우주의 물리적 측면에 온전히 집중할 수 있도록, 인간 존재의 의미와 역할에 대한 전통적 우주론의 질문들은 다른 학문 분야로 분리되었다.

광대한 우주를 '저기 저 밖에' 있는 것으로 간주하는 한, 이렇게 우주론 연구를 분리하는 것, 즉 물리적인 우주와 인간의 역할을 별도로 연구하는 것은 합리적이었다. 왜냐하면 눈에 띄지도 않는 한 행성 위의 티끌 같은 인간들이 가진 생각과 느낌은 거대한 물리적 우주와 무관해 보였기 때문이다. 그러나 바로 그 물리적 우주에 대한 심도 깊은 과학적 연구를 통해 우리는 이제 우주가 단지 거대한 '저기 저 밖에' 있을 뿐만 아니라 지금 '여기 안에' 있는 것임을 알게 되었다. 신비한 태초의 불꽃은 138억 년간의 창조 과정을 거쳐 움직이는 진화의 마지막 지점인 '지금 여기'에 와 있으며, 공교롭게도 '지금 여기'에 생명공동체가 포함되어 있다. 바로 이러한 과학적 연구가 가치 있는 삶의 길을 추구하는 우리 인간과 같은 생물 존재와 태초의 찬란한 불꽃이 가졌던 추진력 사이의 관계를 분명하게 밝혀주고 있다.

이제 적어도 전통적 우주론에서 공통적으로 다루던 일반적인 질문이 과학적 우주론의 사실적 연구와 통합되어야만 한다는 것이 명백해졌다.

수학적 우주론자들은 자신의 주변을 돌아보고 별과 은하를 관찰한 후 다음과 같이 질문한다. '이와 같은 우주 구조를 발전시킨 불덩어리의 본성은 무엇인가?' 우리는 그들이 발견해낸 사실들을 바탕으로 대담하게 다음과 같은 질문들을 던질 수 있다. '산에 핀 들꽃이 이와 같다면, 태초의 그 찬란한 불꽃의 본성은 무엇인가? 모차르트의 교향곡이 이와 같다면, 이 구조를 가능하게 한 우주 역학의 본성은 무엇인가? 어린 새를 돌보는 어미 종달새의 모성이 이와 같다면, 우주는 무엇으로 구성되어 있는가? 인간이 행성 지구의 기능에 직접적으로 영향을 미친다면, 우주의 진화 과정에서 인간 활동이 맞이할 먼 미래의 결과는 무엇인가?'

우주론의 목적은 인간이 성공적으로 우주와의 관계라는 그물 속으로 들어갈 수 있게 하기 위해 우주의 역사를 명백하게 밝히는 데 있다. 우주 전체의 역사 안에서 본다면 이 시도는 전통적이지는 않다. 왜냐하면 어떤 존재든 그 안의 관계들은 주기적으로 창조되어 탐색되고, 발전하여 종말을 맞고, 다시 창조되기 때문이다. 우주에서의 네 가지 기본 상호작용의 확립은 입자 수준에서 이루어진 우주의 활동을 보여주며, 앞으로 우리는 우주 이야기에 등장하는 다른 사례들도 보게 될 것이다. 실로 우리 시대의 우주론 작업은 정확하게, 강력한 창조성의 정점에 위치해 있다. 왜냐하면 그만큼 관계의 그물 안에서 인간의 역할이 너무나 급격히 변화하고 있기 때문이다.

우리는 우주 안에서 우리의 새로운 방향을 명료하게 밝히기 위해 지금까지 없었던 언어를 사용할 필요가 있다. 왜냐하면 현재 사용하는 언어들은 각각 자신의 고유한 태도와 가설 그리고 고유한 우주론을 품고 있기 때문이다. 따라서 세계 안에 있는 우리의 관계에 대하여 새로운 이야기를 한다는 것은 그 의미가 함의된 현대 언어 중 하나를 골라 사용하거나 또는 그 의미의 범위를 넓히거나 좁히거나 하면서 사용한다는 뜻이다. 결국 기존 세대에 속하는 표준 사전들 중 하나만 사용해도 완전히 이해되는 언어를 사용하는 우주론은 시대에 뒤떨어진 우주론이다.

인간을 새롭게 창조해야 하는 것이 우리 시대의 위대한 과업이다. 이에 적합한 우주론은 반드시 어느 정도 재창조된 언어를 필요로 한다. 미래의 사전은 주변 환경과 인간의 관계 그리고 인간의 역할을 적절하고 명료하게 정의하기 위해 우리 시대의 우주적 탐험에 대한 정의를 필수적으로 다시 언급할 것이다. 이러한 이유 하나만 보더라도 새로운 우주론과의 만남은 상당한 시간에 걸친 창조적인 응답이 필요한 어려운 과제이다. 의도적인, 의미심장한 이 방향을 이해하기 위해서는 인간의 언어가 변형되어야 할 뿐만 아니라 궁극적으로는 인간 의식이 변형되어야 한다.

그렇다면 '우주는 칼날 위의 상태를 스스로 유지한다'는 말은 무엇을 의미할까? 설명에 앞서 우리는 중력의 본성을 탐구할 필요가 있다. 중력이란 무엇인가? 고전적인 기계론적 이해에 따르면 **중력**이란 말은 단순히 사물들이 가지고 있는 특별한 인력, 즉 서로 끌어당기는 힘을 가리킨다. 뉴턴의 이론에서는 이것을 **힘**force이라고 부르며, 아인슈타인의 이론에서는 다양한 시간과 공간으로 이루어진 **복합체의 곡률**the curvature of the space-time manifold이라 부른다. 사람들은 기본적으로 지구와 지구의 모든 물질 사이에 있는 강한 결합을 알고 있었다. 뉴턴이 지식인들에게 사과가 지구에 떨어지는 것처럼 지구와 달과 모든 별도 서로 결합되어 있음을 확신시키기 전까지는, 태양과 달과 별들은 이 결합과는 무관한 것처럼 보였다. 20세기 관측 기술이 점점 발달하면서 우리는 중요한 사실, 즉 우리가 사는 은하수 은하와 완전히 분리되어 있는 수백만 개의 은하가 있고, 이 은하들 역시 우주에 퍼져 있는 태초의 인력引力에 의해 서로 결합되어 있다는 사실을 알게 되었다. 그러나 뉴턴과 아인슈타인 그리고 다른 과학자들의 발견을 거쳐온 지금까지도 우리는 중력의 본질에는 조금도 더 가까이 다가가지 못했다.

  우주에 있는 각각의 물질이 그 밖의 다른 물질들과 중력으로 결합하는 것은 단순한 우주의 작용이다. 우리는 이 결합을 태초의 결합 또는 근본적인 결합이라고 부른다. 왜냐하면 우주에서 이 작용 아래 있지 않은 것은 아무것도 없기 때문이다. 우주의 모든 존재는 이 작용 아래에 있거나 뒤에 있거나 또는 위에 있거나 내부에 있다. 중력 작용에 의한 결합을 근본적이라고 부르는 이유는, 존재하는 것이 무엇이든 그것은 이 단순하고 고유하며 기초적인, 이 순수한 중력 작용의 예증이기 때문이다.

돌이 지구로 떨어진다고 말하면 이 사건의 능동성을 놓쳐버린다. 중력이 돌을 지구로 끌어당긴다고 하면 실제로 어떤 근거도 없는 메커니즘을 제안하는 것이다. 지구가 스스로 돌을 당긴다고 말하면 우주를 이루고 있는 존재들 사이의 상호성을 포착하지 못한다. 우주에 의해 행성 지구와 바위가 결합 관계로 이끌렸다고 말하는 것이 보다 유용하다. 이 결합 작용은 단순하게 일어나며, 간단히 존재한다. 결합은 우주의 불변하는 사실이다. 결합은 매 순간 발생하며, 분리될 수 없는 물질의 통합을 이루어낸다.

근대의 의식 안에서 '우주의 작용'이란 구절을 받아들이기는 매우 어렵다. 우리의 무능력은 근대의 '다분절화된 pluriverse' 사고에서 드러난다. 여기서 '다분절화'라는 것은 우주의 작용을 기본적으로 구별되는 하위 작용으로 나누는 전통을 말한다. 중력은 전자기력과 구별된다고 여겨졌다. 이 두 힘, 즉 중력과 전자기력은 열역학 제2법칙에서 분리되었다. 과학의 연구 방법은 분할이고 전문화이며 추상화이다. 이런 방식으로 한 특정 분야에 관심을 제한해야만 우주의 작용에 대한 보다 깊은 이해를 기대할 수 있다. 만일 명석한 사람들로 구성된 어떤 집단이 그들의 지식과 상상력을 중력에만 집중한다면, 확실하게 중력에 대한 이해가 진전되는 것을 기대할 수 있을 것이다. 그리고 실제로 그런 일이 발생했다. 이렇게 해서 모든 지식은 중력 분야, 강한 핵 상호작용 분야 및 기타 등 등의 분야로 세분화되었다.

이렇게 세분화된 연구들을 통해 놀라운 사실들이 축적되었다. 맥스웰James Clerk Maxwell(1831~1879)의 연구는 이 변화의 흐름을 예고했다. 맥스웰은 전기와 자기라고 불리던 두 상호작용이 실제로는 두 개가 아님을 알게 되었다. 그는 수학적 방법을 통해 자기와 전기가 보다 근본적 실재인 '전자기'임을 밝혔다. 특정한 조건에서 전자기는 그저 단순히 전기로 보이고 다른 조건에서는 또 자기로 보였지만, 사실 전자기적 상호작용과 분리된 것으로 여겨졌던 전기는 물리적인 실재가 없는 지적인 추상 개념일 뿐이었다.

아인슈타인Albert Einstein(1879~1955)은 맥스웰이 밝혀낸 것이 우리의 우주 이해에 있어서 중요한 함의를 가지고 있음을 확신했다. 아인슈타인은 자신의 창조적이고 과학적인 모든 능력을 이 계통의 연구에 쏟아부었다. 비록 이 연구 분야에서 아인슈타인의 업적이 모호하긴 하지만, 아인슈타인의 직관은 물리학자들이 전자기 작용과 방사능의 원동력인 약한 핵 작용이 사실상 둘이 아님을 논증하면서 확인되었다. 전자기 작용과 약한 핵 작용은 두 개가 아니라 전자기약작용electroweak이라고 불리는 보다 근본적인 힘의 다른 표현이었다.

오늘날 이론물리학에서 가장 흥미롭고 매력적인 연구는 모든 상호작용의 통합적인 본성에 대한 연구이다. 이 '모든 것의 이론 theories of everything'은 우주가 복수의 우주pluriverse가 아니라 하나의 우주 universe라는 과학적인 통찰을 보여준다. 우리가 제안하는 이 우주론에서, 하나로 통합된 자유로운 상호작용이 우주의 고정된 물리법칙으로 전환되는 찬란한 불꽃의 첫 번째 시기를 설명하는 데 우리는 이 분야의 착상을 이용했다.

이제 우리는 '우주가 통합된 방식으로 활동한다'라는 말의 뜻을 막 이해하기 시작했다. 하지만 미래의 사람들은 이것을 당연하게 여길 것이다. 그들은 네 개의 기본적인 상호작용 또는 다섯 개 또는 여섯 개, 아니면 그보다 더 많은 수의 상호작용이 존재하는 것이 아니라 모든 상호작용이 기본적인 우주 작용 primordial universe activity의 다른 표현임을 이해할 것이다. 핵을 묶어두는 강한 핵 작용이 전자기와 구별된 채 유지될 수도 있지만, 결국 이 둘은 분리되지 않는다. 이 모든 힘은 보다 근본적인 어떤 힘의 다양한 모습이다. 우리가 제안하는 이 우주론에서, 우리는 강한 핵 작용도, 중력 작용도, 엔트로피를 향한 열역학적 동력학도 모두 우주의 작용이라고 간단히 말한다.

그러나 보다 중요하고 이해하기 어려운 문제는 대칭성 symmetry이 깨지면서 중력이 다른 힘들로부터 떨어져 나온 후에도 중력은 분리된 작용으로는 일어나지 않는다는 것이다. '중력'이 아무리 중요하고 강력한 지적인 추상 개념이라 해도, 우주는 언제나 전체가 작용하는 것이지 중력 단독으로 작용하지는 않는다. 우리는 돌이 땅으로 떨어진다고 여기고 중력의 값을 계산할 때 전자기적 상호작용을 무시한다. 이렇게 계산하는 것은 정당한데, 왜냐하면 떨어지는 돌에 미치는 전자기력의 효과는 무시할 만하기 때문이다. 그러나 돌이 떨어지는 궤도를 있는 그대로 살펴보면 그 순간 발생하는 사실이 변하지는 않는다. 어떤 돌이 떨어진다 하더라도 전자기적 상호작용과 약한 핵 작용이 활성화되어 사물에 영향을 미친다. 우주의 다른 상호작용은 잠들어 있는데 중력만 홀로 작용하는 경우는 결코 없다. 중력은 작용하는 존재가 아니며, 작용하는 독립적인 힘이 아니다. 다른 상호작용들 또한 작용하는 존재가 아니다. 전기 또한 독립적인 힘이 아니다. 언제 어느 곳에서나 그 모든 것을 포괄하는 모든 작용에 일차적으로 작용하는 힘은 바로 우주이다.

이제까지 '우주'가 한 문장의 주어로 사용될 때 갖는 의미가 무엇인지 설명했다. 우리는 이제 우주가 단순한 하나의 사물이 아니라 모든 만물의 존재 양식이라는 주장을 가지고 이 생각을 발전시킬 수 있다. 모든 존재는 특정한 존재 양식과 보편적 존재 양식, 즉 '미시적 국면 microphase'과 '거시적 국면 macrophase'을 갖는다.

이 주장의 의미를 설명하기 위해, 양성자에 대하여 이야기하려 한다. 우주는 탄생 후 10만 년 동안 지름이 1백만 광년까지 팽창했다. 그 태초의 불덩어리 안에서 발생했던 우주 작용은 대부분 바로 양성자의 탄생이었다. 양성자 이야기를 하기 위해서 우리는 무엇을 고려해야 할까? 지난 3세기 동안 있었던 근대 과학의 연구 결과로 그 답은 명백해졌다. 우리는 양성자를 둘러싼 작은 영역 이외의 모든 것을 무시할 수 있었다. 시공간 속에서 그 위치 주변에 그려진 작은 원만으로도 양성자를 이해하는 데 충분했다. 모든 과거, 현재, 미래는 한쪽으로 밀어놓으면 되었다. 물리적 특성을 뜻하는 양성자의 본성은 그 작은 원 하나에만 집중함으로써 설명될 수 있었다.

한 사물의 본성이 그 가장 가까운 주변 환경에 의해 결정된다는 가정은, 사물 자체가 한순간 그 가장 가까운 주변에 포함된다는 가정과 같다. 과학사에서 이러한 가정이 중요한 가치를 갖는다는 것은 이미 입증되었다. 그러나 처음부터 이 가정의 타당성에 대한 의문이 제기되었다. 뉴턴의 이론에서조차도 한 입자의 존재가 우주와 동일한 넓이를 차지한다는 주장을 이해하기 위한 한 부분으로 이용되었다. 그러나 이런 함축적인 의미는 뉴턴과 그 시대 사람들이 이해할 만한 범위를 벗어났다. 결국 뉴턴은 손을 들어버렸다. 뉴턴은 자신이 만든 방정식이 가진 의미는 설명하지 않겠다고 말하면서, 다만 그 방정식이 정확한 결과를 제공한다는 주장만 했다.

역사상 뛰어난 몇몇 지성들 역시 사물의 위치와 존재에 대한 문제에 몰두했다. 이들 중 대표적인 사람들로는 17세기의 아이작 뉴턴과 라이프니츠 Leibniz, 양자의 시대인 20세기의 아인슈타인과 닐 보어 Niels Bohr가 있다. 그러나 우리 세기의 논의와 초기의 논의 사이에는 하나의 커다란 차이점이 있다. 지난 3세기 동안 과학적 발견을 통해 매우 섬세한 기구들이 제작되었다. 1970년대의 과학 기술 덕택에 프랑스의 알랭 아스페 Alain Aspect 와 미국의 존 클라우

저 John Clauser 는 경험적인 실험에 대해 논의할 수 있었다. 이런저런 실험들을 반복하면서, 과학자들은 어떤 입자와 사건이 특정한 위치locale 에 의해 완전히 결정된다는 생각은 타당하지 않음을 확인했다. 우주의 다른 곳에서 발생하는 사건들은 그 상황의 물리적 변수들과 직접적이고 동시적으로 관련을 맺는다.

잠정적인 해석에 따르면, 태초의 불덩어리에서 특정 영역에 있는 양성자의 본성을 이해하려고 할 때 직접적인 시공간만 설명해서는 충분하지 않다. 다른 사건들도 포함해야 한다. 반대로 양성자 전체를 이해하려고 할 때 가까운 영역에 있는 영향만을 묘사해서는 충분하지 않다. 왜냐하면 불덩어리에서 먼 영역도 양성자에서 일어난 사건들과 직접 관련을 맺기 때문이다. 이러한 관계는 동시적이며, 시간과 공간에 의해 매개되지 않는다. 이 관계가 직접적인 것으로 보아, 다양한 시공간 속의 사건들이 시공간을 초월하여 관계를 맺는 어떤 방식이 있는 게 틀림없다.

우리는 과학의 영역에서 이런 탐구를 이제 막 시작했을 뿐이다. 결론과 해석은 잠정적일 수밖에 없다. 상식에 따른다면 분명히 먼 곳에서 발생하는 사건이 미치는 영향력은 몇 가지 드문 경우를 제외하고는 무시할 만큼 아주 작다고 간주해야 할 것이다. 그러나 여기서 실제성은 논의의 대상이 아니다. 중요한 것은 이런 효과들이 일으키는 물리적 강도가 아니라 양성자의 본성에 대한 정확한 이해이다.

이런 방향의 연구를 통해 우리는 양성자를 특정한 시공간에 제한되어 있는 분리된 입자로 말하는 것은 존재에 대한 미시 차원의 말하기이며, 어느 정도 타당하지만 불완전한 이해라는 뜻밖의 결론을 얻게 된다. 거시 차원에서의 양성자에 대한 이해가 필요하다. 즉, 양성자 그 자체는 양성자가 관련된 모든 입자를 포함하며, 과거에 상호 작용했던 모든 입자를 포함한다. 우주는 하나의 씨앗에서 개화되었으므로, 양성자를 완전히 이해하기 위해서는 우주에 대한 완전한 이해가 필요하다는 뜻이다. 태초의 불덩어리는 10^{18}개로 분리된 입자들과 그 입자들의 상호작용으로 이루어져 있었지만, 각각의 입자가 가진 본성은 분리될 수 없는 전체로서의 우주를 나타내고 있다. 지금 존재하는 어떤 부분도 현재와 과거 그리고 미래의 다른 부분들과 분리될 수 없다.

따라서 앞에서 제시된 이해에 따르면, 하나의 양성자 이야기는 태초의 불덩어리 안에 있는 다른 모든 입자의 이야기를 함께할 때 완전해진다. 입자 하나가 가진 전체 이야기를 하기 위해 우리는 우주 이야기를 해야만 한다. 왜냐하면 모든 입자는 어떤 방식으로든 우주에 있는 다른 모든 입자와 밀접하게 관련을 맺으며 존재하기 때문이다.

우주가 막 탄생했고 기본 법칙이 확립되었다. 우주 그 자체는 중입자baryon와 단순한 핵들로 안정되었다. 수십만 년 동안 우주는 팽창하며 냉각되어갔다. 그리고 찬란한 불꽃의 마지막 순간, 우주는 스스로 태초의 원자인 수소와 헬륨으로 자신을 변형시켰다. 들뜬 상태의 양성자는 자유롭게 상호작용 하는 최초의 전자들 중 하나와 재빨리 새로운 관계를 맺었다. 이들의 단단한 결합 관계는 격렬했던 이전 시기에는 불가능했지만, 이제 이들은 지배적인 현실 형태가 되었다.

이 원자들의 탄생은 우주의 창조만큼이나 깜짝 놀랄 만하다. 그 이전의 수십만 년 동안 원자가 출현할 조짐은 전혀 없었다. 이 역동적인 나선형 물질은 태초의 신비에서 튀어나와 즉시 새로운 방식으로 우주를 조직했다. 전자가 양성자를 잡아두었을까? 아니면 그 반대일까? 그도 아니면 전자기 상호작용이 전자와 양성자를 잡아두었을까?

아니, 그보다 이 현상은 우주에 의해 시작된 하나의 사건이었다. 우주는 양성자와 전자를 이음새 하나 없이 깔끔하게 연결된 공동체로 만들어 우리가 수소라고 부르는, 새롭고 신비로운 존재를 창발시킴으로써 이 사건을 완성시켰다.

외관상으로 미시우주의 사건처럼 보이는 수소와 헬륨 원자가 생성되었다. 태초의 불덩어리의 근본적인 성격은 계속 변했다. 수소와 헬륨은 빛이 자신들을 통과하도록 허용했다. 우주는 스스로를 분산시켜 거시우주의 완전히 새로운 모험의 시대를 시작했다. 이 새로운 모험은 최초의 수소와 헬륨이 가진 창조성 덕분이었다.

●●● 나선 은하, 메시에 81(Messier 81)

2 은하들 Galaxies

　찬란한 불꽃의 거대한 힘은, 양자의 무질서로부터 우주의 기본적인 법칙과 최초의 안정된 기초를 확립했다. 공간이 불덩어리 속에서 펼쳐져 나올 때 균일한 상태였을 것 같은 그 안에서, 아주 정교하지만 겉으로 보기에는 중요하지 않은 작은 동요가 나타났다. 이 작은 움직임이 아니었다면 완전히 잔잔하고 단조로운 일만 있었을 것이다. 불덩어리 속에 있는 물질과 에너지 밀도는 가볍게 요동치고 있었다. 다시 말하면, 조금 더 강한 뜻밖의 에너지가 형성되기 시작했다. 그 당시 감각이 있는 어떤 존재가 그곳에 있었다 하더라도 그 요동 fluctuation의 떨림을 느끼지 못했을 것이다. 그러나 우주의 여정에서는 하찮게 시작된 사건들이 종종 엄청나게 큰 힘으로 성장한다. 바로 이런 하찮은 요동에 의한 파동 때문에 미래에 은하, 별, 행성 혹은 생명들까지도 출현하게 된 것이다.

　어떻게 그렇게 미세한 요동이 우주의 진화에서 결정적인 실체가 될 수 있었을까? 만물이 시작될 때의 생성 가능성으로부터 우주의 씨앗을 불러일으켰던 태초의 근원적인 힘은 빠르게 우주 안에 공간을 주입시켰다. 그 힘은 그로 인해 미시우주적인 사건들을 거시우주적인 실체로 변환시켰다. 시공간의 거품에서 끊임없이 발생하고 있던 양자 요동은 비존재로 소멸되지 못했다. 이런 소멸은 우리 시대에는 평범한 일이지만, 갑자기 미래 모든 존재의 우주적 원형이 되었다. 불꽃 안에서 특별하고 우발적이며 무질서한 형태를 가진 이 특수한 양자들의 폭발은 엄청난 크기로 급격히 확대되었다. 가장 미미했던 파문이 갑자기 우주 여정의 뼈대를 결정하는 거대한 실체가 되었다. 왜냐하면 이 파문들이 우주가 팽창하는 것보다 조금 더 빠르게 물질과 에너지를 모아들였기 때문이다.

우주는 균일한 물질과 에너지가 시공간 전체에 퍼져 있지 않고 기본적인 구성 요소 안에서 요동치며 머물러 있었다. 우주의 그러한 움직임은 마치 육지의 모든 해변에 물결의 흔적을 남기는 파도와 비슷하다. 멀리서 보면 해변은 매 순간 파도 때문에 평평해져 아주 잔잔해 보인다. 맨발로 해변 가까이 가서 관찰할 때에만 그 섬세한 리듬의 흔적을 볼 수 있다. 그 섬세한 리듬의 원천은 해변을 따라 복잡하게 움직이는 거친 파도이다. 파도의 이러한 움직임은 수조 개의 별 모두와 연결된 지구, 태양, 달이 가진 중력의 리듬을 보여준다. 이렇게 근원적인 구조 위에 파문을 새겨놓는 이 거대하고 복잡한 우주와 바다라는 두 체계 사이의 유사성을 비교함으로써 그 파문들이 어떻게 생성되는지를 보여줄 수 있다. 그러나 이 유비 analogy 는 궁극적으로는 틀렸다. 왜냐하면 해변의 파문들이 미래에 있을 바다의 진화를 결정짓지는 않기 때문이다. 그러나 이런 유비가 하찮은 파문이 은하를 탄생시킨 그 놀라운 상황을 이해하기 위해 필요할 수도 있다.

태초의 찬란한 불꽃이 일으켰던 파문이 우주의 형태를 만들기 위해서는 태초의 원시 원자들이 필요했다. 불덩어리가 냉각되고 우주가 수조 입방마일로 팽창되던 그 순간에 수소와 헬륨이 창발했다. 수소와 헬륨은 역동적인 작용의 중심이다. 만일 우주가 은하계 안에서 스스로를 만들어가는 방식을 이해하려면, 우리는 수소와 헬륨이 거대한 우주의 본성을 변형시킨 방식을 증명할 필요가 있다.

태초에 시간이 시작될 때의 그 힘이 자신 안에서 거대한 공간을 스스로 펼쳐내는 우주를 이끌어냈다. 그다음 그 힘은 원자 집단의 수준에서 다양한 힘의 중심을 통해 스스로를 명료하게 드러내 보였다.

수소는 비활성 물질이거나, 또는 죽어 있거나 수동적인 물질이 아니다. 오히려 각각의 수소 원자는 스스로의 에너지로 매 순간 계속 끓어오른다. 수소 원자는 자신을 구성하는 요소인 양성자, 전자와 광자의 지속적인 상호작용 communicative 을 이끌어내는 하나의 성취 accomplishment 이다. 전자, 양성자와 광자를 통일된 하나의 전체로 응집시킨 그 주체, 그 작용의 역동적인 중심이 수소이다. 수소는 우주의 새로운 힘이고, 작용의 새로운 중심이며, 우주 안에 나타난 새로운 존재였다. 수소야말로 새로운 방식으로 작용하는 새로운 실재였다.

　수소는 태초의 우주 작용으로부터 창발했지만 자신만의 독특한 운동 양식을 갖는다. 전자는 혼자 있을 때 특정한 종류의 광자와 상호작용을 한다. 그러나 같은 전자라도 수소 원자 안의 전자는 그 광자와 상호작용을 하지 않는다. 하나의 전자가 거대한 우주와 맺는 상호작용은 수소 원자 내에 존재하느냐 존재하지 않느냐에 따라 달라진다. 수소 원자 내에서 새로운 존재 양식이 확립된 것이다.

　광자와 수소, 수소와 수소, 또는 수소와 헬륨 사이의 상호작용은 완전히 새로운 것이었다. 초기 원소 입자들 사이에 형성된 법칙은 지속되었지만, 이들 원시 원자의 탄생과 함께 새로운 질서를 갖는 조합법이 등장했다. 수소는 이미 형성되어 고정된 우주에 새로운 존재로 나타난 것이 아니라 새로운 우주에 등장해서 새로운 우주를 만들어냈다. 원시 원자의 창발은 우주의 새로운 규약recode을 구성했다. 이 새로운 규약에는 소립자들elementary particles에 의해 확립된 질서가 기록되어 있었지만, 이제 거대한 우주의 구조가 새롭게 창조되었다.

　사람들은 대부분 헬륨을 미키마우스 모양의 근사한 풍선으로만 떠올린다. 이 헬륨으로 충전된 풍선은 축제를 장식하고 때때로 아이들의 손을 떠나 푸른 하늘로 높이 날아가는 바람에 눈물과 슬픔을 안겨주기도 한다. 헬륨에 대한 이런 경험 때문에 우리는 헬륨을 보이지 않는 불활성 기체로서 수동적인 기체 또는 물질 정도로 쉽게 가정하게 된다. 그러나 실제로 각각의 헬륨 원자는 활발하게 작용한다. 헬륨이 인간을 재채기하게 만드는 경우, 하나의 헬륨 원자는 이 세상에 존재하기 위해 수십억 개의 서로 다른 소멸되는 사건들을 조직해야만 한다. 헬륨 원자의 업적 가운데 하나는 자신이 가지고 있는 전자들과 결합하려고 달려드는 대부분의 광자로부터 자신의 전자를 지켰다는 것이다. 헬륨이 눈에 보이지 않는 기체로 존재하는 것 또한 매우 중요한 성과이다. 이는 매 순간 계속되는 운동을 이끌어내며 우주를 변환시킨 중요한 업적이다.

헬륨과 수소가 등장하기 전에는, 에너지가 넘치는 우주의 강력한 광자 폭풍은 광속으로 움직여 순식간에 다른 입자들과 서로 부딪치고, 흩어지고, 이동하고, 변형되고, 파괴되었다. 그리고 그다음 순간에 또다시 비슷한 작용을 되풀이했다. 그러나 태초의 원시 원자들이 탄생하면서 모든 광자는 그 순간 향하고 있던 방향으로 영원히 쏘아 올려졌다. 그 광자들은 빠르고 조용히 새로운 존재들의 구름 속으로 날아가 그들을 관통하여 여행을 계속했다. 수소는 눈에 보이지 않았다. 왜냐하면 광자가 아무런 장애물도 만나지 않고 곧장 자기를 통과할 수 있게 하는 방식으로 스스로를 조립했기 때문이다.

우주는 투명해졌다. 지난 수백만 년 동안 광자가 행사하던 압력이 갑자기 사라졌다. 이전에는 그리 중요하지 않던 불덩어리 속의 파문이 갑자기 위력을 발휘하면서 물질들을 그 파문 속으로 잡아끌었다. 갑자기 우주는 수소와 헬륨으로 구성된 수조 개의 분리된 성운으로 발전했다. 새로운 존재가 탄생했다. 각각의 성운 안에서 자기를 결정하는 힘이 분출했다. 이로써 은하들이 탄생했다.

우주는 스스로 팽창하고 시공간의 미세한 파문을 거대한 파동으로 전환시켜 수조 개의 조각으로 쪼갬으로써 은하 구름을 탄생시키기 시작했다. 이렇게 보면 우주는 수소와 헬륨으로 구성된 은하 구름을 존재하게 하는 힘이었지만, 일단 이들 구름이 한번 형성된 후에는 그 구름이 가지고 있는 자기조직 역학이 진화의 여정을 지배하게 되었다.

우주를 일으킨 그 힘은 은하 구름의 형태로 새로운 힘을 불러일으켰다. 새로운 양식의 힘을 가진 존재들을 불러일으킨 이 힘의 역학이 원시 원자를 탄생시켰을 뿐만 아니라 은하도 탄생시켰다. 바로 이 힘이 138억 년에 걸친 우주 진화의 근본 주제이다.

은하는 즉각적으로 활동을 시작하여 자신의 거대한 외연을 물질과 에너지가 모여 있는 중앙으로 쓸어 담아 시간과 공간의 구조에 구멍을 만들었다. 은하계 중심에 있는 이들 '블랙 홀'은 초당 수천 회 이상의 빠른 속도로 그 거대한 덩어리를 회전시켰다. 전체 은하에서 시작된, 밀도를 가진 이 파문이 은하 구름 속으로 침입했다. 이 새로운 물결들은 커지기도 하고 작아지기도 하면서, 때때로 전 우주가 생성시킨 요동을 삼켜버리기도 했다. 새로운 밀도를 가진 이들 파문은 수소와 헬륨으로 구성된 구름에 충격을 주어 한꺼번에 아주 빠른 속도로 수천 개의 별로 응축되었다.

10억 년 후 우주는 약 1조 개의 구름으로 분화되었다. 각각의 구름은 고유한 역동성을 가진 덕분에 우주의 팽창으로부터 벗어날 수 있었다. 구름 사이의 공간은 점차 멀어져갔지만 구름 각각의 지름은 그대로 유지되었다. 은하들은 수소 구름을 붕괴시켜 별로 만들었다. 우주는 다시 한번 빛을 내뿜었다. 차가운 암흑 물질들dark matters을 내부에 가지고 있는 거대한 우주 거품의 표면에서 별은 가장 강력하게 형성되었다. 불덩어리의 시기가 끝난 후, 즉 태초의 찬란한 불꽃이 꺼진 후, 우주는 10억 광년의 시공간을 가득 채우는, 수백만 개의 아름다운 레이스가 달린 베일 형태의 은하계로 다시 한번 더 불타올랐다.

이들 얇디얇은 천의 가느다란 실 한 가닥에 처녀자리 은하단이 달려 있었다. 이 처녀자리 은하단은 스스로 수천 개로 갈라진 은하들을 한곳으로 모았다. 처녀자리 은하단에는 상당히 많은 성단이 결합되었으며, 여기에는 극점이 두 개인 24개의 은하로 구성된 나선형 성단도 포함되어 있었다. 이 극점의 한 끝이 안드로메다 은하이며 다른 한 끝은 우리가 속해 있는 은하수 은하이다. 은하수 은하 안에서 우리는 그 중심으로부터 2만 8천 광년, 즉 은하의 중심에서 은하 가장자리까지의 약 3분의 2쯤 되는 곳에 있는 별의 체계에 살고 있다. 은하수 은하는 자신 안에 수천억 개의 별을 회전시키고 있으며, 이들 별은 각자 서로 '결속된bonded' 관계 속에서 회전하고 있다. 우리의 태양은 그 수십억 개의 별 가운데 하나이다. 또한 은하수 은하는 우주에 있는 수천억 개의 다른 은하 모두와 결속되어 있다. 왜냐하면 우주는 매 순간 계속해서 결속된 공동체로 스스로를 창조하기 때문이다.

　우리가 왜 우주를 이 글에서 한 문장의 주어로 사용하는지, 그 의미에 대해서는 이제 충분히 이야기한 듯하다. 이제 감성적 친밀함과 동물의 감정이라는 의미를 담고 있는 '결속된'이라는 단어의 사용에 대하여 성찰할 필요가 있다. 동물의 감정이 존재하기 수십억 년 전에 발생했던 어떤 사건을 이야기하면서 동물의 감정이 충만한 언어를 사용하는 것이 과연 타당한 것일까?
　우주를 이야기로서 발견하기 전에 우세했던 세계관에 따르면, 우주를 묘사할 때 사용되는 모든 '인간' 언어는 의인화된 언어로 간주되었다. 이것은 우주를 생명력이 없고 감정도 없는 존재로 이해하는 인간 내면 감정의 반영이었다. 사람들은 중립적인 언어를 사용하기 위해 언어에 묻은 의인화의 얼룩을 지워내고 닦아내는 데 모든 노력을 기울였다. 물론 모든 시도 가운데 최고는 수학을 이용하는 것이었다. 수리물리학의 방정식이 우주를 표현하는 모든 인간 언어가 따라야 할 이상적인 모형이 되었다.
　이런 관점에서 보면 '결속된'과 같은 단어를 사용하여 은하에서 일어나는 일을 묘사하는 일은 불합리하다. 또한 인간 사이의 결합이 갖는 의미로 잘못 이해될 소지가 있기 때문에, 어떤 경우에도 피해야 하는 사용법으로 볼 수 있다. 보다 명확하게 표현한다면, 양성자와 중성자 사이의 중력에 의한 상호작용이나 전자와 양성자 사이의 전자기적 상호작용은 암거위와 수거위의 결합에서 발생하는 관계와는 완전히 다른 것이다. 따라서 양성자를 설명하면서 거위를 묘사하기에 적절한 언어를 사용한다면, 전혀 관계가 없고 동떨어지고 부적절하게 묘사된 언어들 때문에 양성자 실체에 대한 설명이 혼란스러울 것이다.

특별히 인간적인 만족감으로 채워진 언어를 제거하려는 시도는 사물 그 자체, 사물의 본성, 그리고 우리가 직면하고 있는 그 너머에 존재하는 진정한 본질과의 결합을 확립하려는 욕망에서 나왔다. 서구의 지성은 우주의 물리적 차원에 완전히 매혹되었다. 서구 정신은 어떤 비용을 치른다 해도 직접적인 관계를 확립시키려 했다. 의인화를 제거한 모든 언어가 추구되었다. 모든 인간의 환상과 희망으로부터 자유로운 언어가 가장 이상적인 언어였다. 일의적인 univocal 언어, 즉 관심을 두고 있는 특정한 물리적 측면과 직접 일대일 관계로만 대응하는, 하나의 뜻만 가진 언어가 필요했다. 이렇게 하여 사람들은 우주를 표현할 기계화된 mechanomorphic 언어를 위해 의인화된 언어를 폐기했다.

이와 관련된 예가 바로 만유인력에 대한 이론을 발표한 아이작 뉴턴 Isaac Newton 이다. 뉴턴은 우주 물체들에 대한 복잡한 문제를 질량에 대한 한 문제로 환원했다. 태양 주위를 도는 지구의 운동을 계산하는 데 있어서 지구의 질량 이외에는 아무것도 필요하지 않다. 철, 실리콘, 금, 산소, 또는 다른 원소들이 지구를 구성하는 성분이라는 사실은 중요하지 않다. 또한 지구의 형태도 중요하지 않다. 지구의 역사 또한 문제시되지 않는다. 행성 지구에 생명체가 존재하는지 아닌지도 중요할 게 없다. 중력의 역학에 관한 한 오직 질량 하나만으로 충분했던 것이다.

과학의 위대한 업적은 단지 수리학뿐만 아니라 모든 자연과학에서 세상의 물리적 차원을 단순하게 분리하는 힘을 증명했다는 점이다. 생물학 분야에서 오랫동안 연구자들을 괴롭혀왔던 유전에 대한 의문들도 세포핵 안에 있는 독특한 화학 물질, 즉 DNA deoxyribonucleic acid 에 주목하도록 훈련됨으로써 확실하게 해결되었다. 예를 들어 어떤 유기체가 겸상적혈구빈혈증 sickle cell anemia 으로 발전하게 될지의 여부를 판단하기 위해서, 우리는 단지 유전 물질 사슬만 분석하면 된다. 이런 연구 결과 덕분에 인간은 이전 세대에는 꿈조차 꿀 수 없었던 힘과 지식을 갖게 되었다. 환원주의자들이 사용하는 기계화된 언어가 근대 문화 전체에 걸쳐 지배적인 언어가 된 것은 당연한 결과이다.

수세기 동안의 분석을 통해 우리는 생명의 경이로운 진행 과정에서 탄소가 어떤 역할을 하는지 충분히 이해하게 되었다. 생명은 탄소 이외에도 기본적으로 수소, 산소, 질소, 황, 인을 포함하고 있다. 이러한 물질들에 대해 아는 것은 생명의 실제적이고 환원할 수 없는 특성을 상세하게 본질적으로 아는 일이다.

그렇다면 탄소는 무엇인가? 우리는 어떻게 탄소를 알 수 있을까? 탄소는 단순히 여러 원소들 가운데 하나의 원소가 아니다. 우주 안에서 탄소의 존재는 특별하다. 탄소의 특별한 능력은 탄소 그 자체의 본성에서 나온 것이다. 그 힘은 그 존재가 가진 고유한 힘과 관계한다. 탄소의 원자 구조를 이야기하거나 다양한 탄소의 동위원소isotopes를 다루거나, 또는 탄소의 상이한 핵종nuclides에 대해 이야기하는 것은 곧 탄소의 성분에 대해 말하는 것이다. 그러나 완전한 실체로서의 탄소는 직접 접근해야만 한다. 우리가 어떤 사물을 이해하려면 그 사물이 우주에서 무엇을 할 수 있는 능력을 가졌는지를 이해해야만 한다. 즉, 어떤 사물의 본성은 우주 안에서 그것이 맡고 있는 역할로 알 수 있다. 어떤 것을 이해한다는 것은 그것이 우주 안에서 보여주는 그 어떤 능력을 이해하는 것을 의미한다.

우리는 1장 '태초의 찬란한 불꽃'에서 양성자의 본성과 양성자의 존재 방식, 즉 자기 주변 어딘가 한곳에 자리를 잡지 못하는 그 방식에 대하여 탐구했다. 양성자의 가장 기초적인 물리적 매개 변수를 다룰 때조차도 거대한 공간 영역, 심지어 우주 전체가 필요했다. 비슷한 방식으로, 어떤 존재의 본성을 이해하기 위해서는 그 존재의 성분들이 분리되던 과거를 알아봄으로써 그것을 해석할 필요가 있다. 또한 시간을 앞질러 나아가 미래의 관계를 탐구할 수도 있다. 어떤 의미에서, 한 사물의 중요성이나 의미는 전체 우주 그리고 과거와 현재 그리고 미래에 어느 정도 의존하고 있다.

탄소는 여섯 개의 양성자와 여섯 개의 중성자, 여섯 개의 전자로 구성되어 있다. 다음 장에서 다루겠지만, 탄소는 별들의 중심에서 만들어졌다. 이 모든 사실은 탄소를 이해하기 위한 필수 지식이다. 그러나 우리는 또한 탄소가 사고思考와 생명 그리고 미학적이고 정서적인 체험 등과 관련된 화려하고 놀라운 속성 또한 소유하고 있음을 알아야 한다. 행성 지구를 화학적으로 분석해보면, 생명체 안에서 탄소가 가지는 중심적 역할은 실로 하나의 충격이다. 지구 안에는 막대한 양의 철, 니켈, 규소가 있지만, 생명은 이들을 거의 또는 전혀 사용하지 않는다. 지구 안에는 엄청난 양의 산소가 존재하므로, 생명체 안에서 산소의 존재는 크게 놀랄 일이 아니다. 그러나 탄소는 행성 지구의 구성 성분들에서 차지하는 비율이 1백만분의 1도 되지 않는다. 그러나 이 탄소로부터 오징어와 개미핥기 그리고 올림픽 육상 선수가 생겨났다. 탄소의 특별한 성질이 없었다면, 지구는 분명히 탄소를 창조 과정에 끌어들이지 않았을 것이다.

단순하게 탄소를 원자 조성組成으로 아는 것 또는 흑연 형태로 아는 것은 탄소 원소에 대해 지극히 제한된 지식을 갖는 일일 뿐이다. 왜냐하면 탄소는 행성 지구에 있는 다양한 생명체 안에서 살아가면서 생각하기 때문이다. 심지어 우리는 탄소를 '생각하는 원소' 또는 '생명의 원소'라고 말할 수도 있다. 물론 여기에서 사용하는 생명이나 사고와 같은 단어들은 일의적인 의미보다는 유비적인 의미를 갖는다. 인간 안에서 일어나는 생각은 독립된 탄소 원자 안에서 일어나는 작용과는 구별된다. 그러나 탄소 원자 안에서의 활발한 움직임과 생각하는 인간에게 일어나는 활동 사이에는 놀라운 관련성이 있다. 즉, 탄소 안에서의 전기 폭풍이 바로 존재를 흔들고, 끊임없는 움직임으로 사고 과정에 필수불가결한 힘을 실제로 만들어낸다.

한 그루의 참나무를 이해하려면, 그 참나무를 성분 원소들로 분해하여 분석할 수 있음을 이해해야만 한다. 마찬가지로, 원소를 이해하려면 그 원소의 고유한 작용 안에 참나무를 만들 수 있는 잠재력이 있음을 배워야 한다. 그 각각은 다른 존재에 대한 진실을 알려준다. 참나무는 탄소를 드러내고, 탄소는 참나무를 드러낸다. 우주에 있는 모든 존재도 마찬가지이다. 우리는 사물을 이해하기 위해 지적으로 그 구성 성분을 분석할 필요가 있다. 또한 전체 안에서 부분들의 기능이 통합되어 있음도 지적으로 이해해야 한다. 이 두 가지 방향의 접근을 통해 얻는 지식을 가지고 사물을 대할 때에야 비로소 우리 앞에 놓인 사물의 통합적인 본성을 담은 온전한 지식에 도달한다.

우주의 초기 성분인 수소와 헬륨에만 관심을 갖는다면, 우리는 은하수 은하의 진실을 깨달을 수 없다. 물론 수소와 헬륨에 대한 관심은 우리에게 은하수 은하에 대한 아주 중요한 사실을 알게 할 것이다. 그러나 그 은하수 은하가 펼쳐낸 다음 세대의 존재 양식이 생각하고 느끼고 창조하는 능력을 가졌다는 사실 또한 고려하지 않는다면, 우리는 진정한 은하수 은하 그 자체를 만나지 못할 것이다. 은하수 은하가 내면의 감정을 재조직하여 형태를 만들 능력이 없다고 말할 때, 그 은하수 은하는 하나의 관념적인 은하수 은하를 말하는 것이다. 그런 관념적인 은하수 은하는 실체적 존재를 갖지 않는다. 이 우주 안에서 은하수 은하는 자신이 가진 내적 깊이를 에밀리 디킨슨 Emily Dickinson의 시를 통해 표현한다. 왜냐하면 디킨슨은 은하수 은하 진화의 한 차원이기 때문이다. 만일 디킨슨이 은하수 은하의 재료로 구성되어 있다고 자신 있게 말할 수 있다면, 우리는 디킨슨 자신의 인격과 그의 시 안에서 우리 은하수 은하의 내적 차원이 활성화되었다고 역시 자신 있게 말할 수 있어야 한다.

지금 우리가 최소한 하나의 은하가 장엄한 감정이 향유될 수 있는 장소를 창조해냈음을 안다 하더라도, 우리의 감정과 정서가 은하수 은하와 직접 관계한다는 것을 인식하기란 쉽지 않다. 인간 의식의 양적量的 측면에만 초점을 맞추어온 수세기 동안의 교육은 인간 정신에 깊은 습성을 심어놓았다. 이러한 양적 지향성 때문에, 갈릴레오는 색깔과 감정에 대한 자신의 경험을 무시하고 경사진 면을 따라 굴러 내려가는 공을 측정하는 데 주의를 집중할 수 있었다. 갈릴레오는 세상에 존재하는 물체들 사이의 관계 양식을 아주 자세히 논증했다. 그리고 그것은 인간 이해를 위한 새로운 방식이 되었다. 갈릴레오는 감정이나 색깔을 인간이 만들어낸 것으로 여겼기 때문에, 우주의 심리적이고 감각적인 측면을 무시할 수 있었다. 실재로서 존재하는 것은 원자와 그 위치 그리고 속도뿐이었다. 그런 고립된 존재만을 실체라고 간주했다. 왜냐하면 그 존재들을 다른 주체들과 무관하게 독립된 것으로 생각했기 때문이다.

양자물리학quantum physics은 물질을 구성하는 원소를 환원주의적 관점에서 연구한 최종 결과물이다. 그러나 양자에 대한 이해는 그 이전의 우주에 대한 모든 연구 결과를 놀랍게 비틀어놓았다. 예를 들어 고전물리학에서는 위치를 한 입자가 가지고 있는 그 무엇으로 이해했다. 우주는 고정된 용기였고, 각각의 입자는 고정된 주소, 즉 세계 안에서 자신의 위치를 가지고 있었다. 그러나 양자역학은 이와는 아주 다른 의미를 암시했다. 첫째, 고정된 용기와 같은 우주는 존재하지 않는다. 둘째, 각각의 입자에게 할당된 주소는 없다. 소립자같이 단순한 상황에서조차 우리는 소립자의 위치를 독립된 추상적 사실로 말해서는 안 된다. 그보다는 다양한 실험을 통해 얻어진 입자의 위치에 대해 말할 수 있어야 한다. 위치란 입자, 그리고 입자와 상호작용을 하는 모든 것과 관련된 세계의 업적이다. 유사한 관점에서 우리는 독립적으로 발생하는 일출에 대해 과학적으로 눈에 보이는 방식을 통해서 이야기할 수 없다. 일출은 태양과 공기와 물과 감각을 가진 존재들이 관련된 존재의 일깨움evocation이다. 한 존재만이 체험하는 독립적인 일출은 없다. 우주는 무력하게 객관적인 방식 안에서 생명력 없는 물질로 존재하는 실체라기보다는 서로의 존재를 일깨워주는 실체이다.

　생성 중인 우주 안에서 과학적 지식은 더 이상 저기 밖에 있는 객관적 세계에 대한 정보로서 이해되지 않는다. 과학적인 지식은 본질적으로 자기에 대한 지식이다. 여기서 자기self는 복잡하고 다양한 형태의 체계로서의 우주를 말한다. 과학자들의 수학 공식 설계는 인간의 한계 없는 환상이 아니다. 그것은 궁극적으로 어떤 실체를 언급하는 것이다. 다른 한편 이 설계는 의식이 제외된 수학 공식으로 존재하지 않으며, 존재할 수도 없다. 인간은 단순히 객관적인 세계의 외부 설계만을 기록하지 않으며, 오히려 그 설계의 창조물 안에 본질적으로 참여하고 있다. 이렇기 때문에 과학자들의 수학 공식은 다양한 형태를 가진 우주의 자기 이해를 보다 심화시키는 방법이라고 하는 것이 더 정확하다.

양자의 관점에서 우주 진화를 보면, 각각의 과정은 궁극적으로 분리될 수 없다. 어떤 경험도 단순하게 내적 측면과 외적 측면으로 구분할 수 없다. 여기서 '위치' 같은 외적 측면은 객관적으로 존재하는 우주를 나타내며, 내적 측면은 경험하는 존재의 주체성을 말한다. 경험의 요소들은 단순하거나 하나뿐인 원인에서 나오지 않는다. 연못 주위를 날아다니는 곤충인 잠자리의 주체성을 연못의 객관성과 단순하게 분리시킬 수는 없다. 왜냐하면 연못의 형태 그 자체가 잠자리의 마음을 형성하는 데 결정적이기 때문이다. 잠자리 하나만 보더라도 우주 전체로부터 생겨난 존재로서 잠자리를 경험한다는 설명이 좀 더 간단하고 설득력 있겠다.

예술가나 시인들의 감성은 고정된 용기와 같은 우주 안에서 분리되어 있는 사건이 아니다. 기계론적 세계관에서 보면 그렇게 믿을 수도 있다. 궁극적으로 구성 요소들로 분리 가능한 정적인 우주 개념은 동물의 경험을 많은 사건이나 사실 가운데 하나로 여기게 했다. 그러나 우리는 이제 부모가 자식을 보살피는 마음과 같은 어떤 포유류의 내면성도 은하수 은하가 별을 만드는 능력과 함께 시작된, 복잡하고 긴 창조 과정의 결과임을 안다. 월트 휘트먼 Walt Whitman은 자신의 감성을 스스로 창조하지 않았다. 휘트먼이 경험한 감정의 양식 또한 완전히 그에게 속한 것이 아니다. 휘트먼의 감성은 오히려 은하수 은하를 구성하는 하나의 조각이고, 휘트먼의 느낌은 존재의 불러냄이다. 이 불러냄은 천둥 번개와 태양 빛과 초원, 역사와 죽음을 수반한다. 휘트먼은 우리 은하수 은하가 자신의 장엄함을 느끼도록 하기 위해 만들어낸 하나의 공간이다.

우주 안에서의 인간 존재는 악기 안에 있는 소리판이다. 우리 인간의 수학과 시는 전체 우주의 가장 단순한 메아리에 불과하다. 우리는 정신적으로 가장 고양된 순간에도 작은 파편 이상을 이해할 수 없으며, 심지어 그 파편이 보내는 암호조차도 이해하지 못한다. 그런데도 인간 지식의 양적인 측면이나 지식에 대한 인식론적 관심에 현혹당하여 인식을 활성화시키는 사물의 보다 깊은 정신적 차원을 종종 망각한다. 우리는 협소한 인간 실재로 시작하여 우주 전체를 위한 소리판이 되었다.

시와 영혼의 심연이 인간 세상에 나타나는 것은, 산이 가진 내적 양식과 하늘의 불가사의한 특징이 인간 안에서 이러한 심오함을 활성화시켰기 때문이다. 탄소와 마찬가지로 산도 산을 구성하는 바위의 형태와 산을 구성하는 무기질의 유형에 따라 분석할 수 있다. 산은 또한 생성 중인 우주에 참여하는 행위자로 이해할 수 있다. 다시 말하면, 산은 행동하며 그것도 다양한 방식으로 행동한다. 산은 대기권과 수권의 순환에 관여한다. 산은 기후를 형성하고, 그 결과 좁은 지역의 생물권을 형성한다. 특정한 산은 또한 적어도 어떤 동물을 아찔하게 한다. 예를 들어 인간은 산에 오를 수 있으며, 등산을 하다가 인간이 결코 이룰 수 없는 깊은 차원의 심오한 그 무엇을 경험한다. 이제 그 사람은 결코 예전과 똑같은 사람이 될 수 없다. 산에서 경험하는 것과 완전히 똑같은 느낌은 바다나 동굴 또는 계곡에서는 경험할 수 없는 것이다. 물론 바다, 동굴, 계곡에서는 또 다른 종류의 경험을 하게 될 것이다. 산에서의 이 특별한 순간은 오직 산에 있을 때만 발생할 수 있다. 산에서의 이러한 경험은 잠재해 있던 그 무엇을 산이 끌어냄으로써 생겨나는 것이다. 산의 역학은 우주 안에서 무엇인가를 성취하고 있고, 활동하고 있으며, 실재를 변화시키고 있다.

양자의 관점에서 진화론적 우주론을 보면, 우리는 오직 부정의 연속을 통해 어떤 특별한 산에 매혹 당한 인간 실재에 접근할 수 있다. 인간 스스로 이런 느낌을 창조했거나 발명했다고 말하는 건 정확하지 않다. 이런 느낌이 산 안에 그러한 형태로 객관적으로 존재한다는 상상도 정확하지 않다. 다른 감성을 지닌 존재가 그 산에 있었거나, 다른 산에 갔더라도 이와 같은 느낌이 생겼을 것이라는 생각 또한 정확하지 않다. 이런 느낌은 동물이 가진 주관적인 환상이나 단순히 산에 대한 객관적인 경험이 아니다. 그 심오한 느낌, 심지어 인간의 위대함과 운명의 암시처럼 느껴지는 그런 감정은 산과 동물과 세상이 서로를 일깨운 것 mutual evocation이다. 태초의 존재가 가졌던 깊은 친교가 모든 존재의 근원에 자리 잡고 있다. 인간이 이렇게 가장 숭고하고 놀라운 느낌을 표현하는 것은 자신이 이런 경외의 실재들로 가득 찬 우주에 침잠해 있음을 알게 되기 때문이다. 우주 안에 있는 각각의 존재가 가진 내적 깊이는 그들을 둘러싸고 있는 우주에 의해 활성화된다.

우주 안에서 있었던 태초의 친교에 대한 감수성을 갖지 못한다면, 우주 이야기는 끝나버린다. 그 친교가 분명히 개별 유기체와 관련되어 있다는 것을 우리는 모나크 나비의 경우에서 분명하게 이해할 수 있다. 번데기 고치에서 나와 기어오를 때, 햇볕에 날개를 말리기 위해 날개를 펼칠 때, 이 나비가 우주의 목소리가 아닌 그 누구의 안내에 의존할 수 있겠는가? 나비의 이 여정은 분명히 지금까지 경험하지 못했던 위험과 가능성으로 가득 차 있을 것이다. 나비 자신의 경험과 지식에만 의존한다면 이 여정은 재앙이 될 것이다. 다행히 나비는 과거의 목소리와 다른 곤충들, 바람과 비 그리고 나뭇잎들의 목소리에 둘러싸인 자신을 발견하게 된다.

이 상호작용 안에서, 유전 물질의 정보가 정확하게 나타난다. 즉, 모나크 나비는 실제로 이로운 바람과 해로운 바람을 맞아본 후라야 그 차이를 인식할 수 있다. 바람이 나비에게 말하고, 물 맛이 나비에게 말하고, 나뭇잎의 모양이 나비에게 말하며 나비 안에 유전 암호로 들어 있는 지혜와 공명하면서 안내를 해준다. 이러한 친교는 언어의 차원보다 낮은 수준, 심지어 단순한 유전적 언어 수준에서 이루어진다. 이 친교는 최초로 접촉하는 태초의 실재로서 기능한다. 이런 안내의 근원이 나비의 내부와 외부에 모두 있다. 우주는 하나이지만 여러 형태의 존재이기 때문이다.

동물과 식물들에게 우주는 소리들의 합창이다. 이 합창에 귀 기울일 때에만 동물과 식물은 살아가면서 자기 삶을 성취할 기회를 찾을 수 있다. 숲의 소리를 민감하게 들음으로써 그들은 자신의 길을 찾을 수 있다. 우리 인간 또한 우주공동체 안에서 어떻게 이 위대한 대화들이 발생하는지 상세하게 이해하기 시작했다. 이 장에서 우리는 은하계 안에서 밀도를 갖는 파문이 별의 탄생을 촉발시킨 방법을 이미 다루었다. 아마 우리는 그 맥락으로 다시 돌아가 존재의 차원에서 '들음'의 본질을 증명할 수 있을 것이다.

은하에서 자유롭게 떠돌아다니는 수소와 헬륨의 구름을 상상해보라! 우리가 '밀도가 있는 파문이 구름을 뚫고는 휩쓸고 지나갔다!'고 말할 때, 그것은 아인슈타인의 일반상대성 이론에 의해 밝혀진 중력의 상호작용이 만들어내는 시공간 복합체의 파문을 언급하는 것이다. 그러나 이 사건의 본질에 대한 양적 통찰이 우리가 여기서 다루고 있는 궁극적인 활동에 대한 인식을 흐리게 해서는 안 된다. 중력은 그 자체로 기본적인 우주 작용의 한 차원이다. 우리가 중력 그 자체를 결코 적절하게 설명하지 못한다 해도, 중력은 관련된 다른 작용을 설명하는 하나의 방식이다. 중력과 중력의 밀도가 있는 파문은 언제 어디서나 보이지 않으며 단지 그들이 일으킨 효과를 통해서만 그 모습을 드러낸다. 이 정의에 따르면 중력은 궁극적으로 신비한 모든 활동이다. 수소 구름은 하늘을 떠다니다 보이지 않는 어떤 것이 침입함으로써 변환되었다.

수소가 듣는 방식은 그 자체로 매우 독특하다. 수소의 이 활동은 인간이 듣는 방식과는 질적으로 구별된다. 들음이라는 단어의 사용은 유비적 관점에서 볼 때 정당화될 수 있는데, 여기서 우리가 다루는 양자역학에서는 한 원자의 동역학dynamics과 감각을 가진 한 존재의 동역학이 형식적으로 대응하기 때문이다.

수소 원자는 두 가지 영향력을 조합하여 이 세계에서 활동한다. 첫째, 수소의 작용은 과거와 현재를 막론하고 우주의 어느 곳에서나 직접적이든 간접적이든 모든 상황에서 일어나고 있는 작용에 영향을 받는다. 둘째, 각각의 개별 원자가 가지고 있는 타고난 자발성의 영향을 받는다. 이 자발성은 바로 그들 본성에 의한 것이며, 다른 것들의 작용에 의해 완전히 결정된 것을 넘어선다. 물리학자들은 이 자발성에 대해 각각의 원자와 관련된 가능성의 장field을 언급했다. 베르너 하이젠베르크Werner Karl Heisenberg의 용어를 사용하면, 각각의 존재는 자기 자신과 관련된 '경향성tendencies'이라는 장을 갖는다. 이 경향성은 미래에 펼쳐질 가능성의 한 스펙트럼이다.

비록 양자의 경향성과 밀도가 있는 파문은 눈에 보이지 않지만, 파동이 구름 속을 통과하듯이 서로 영향을 미친다. 수소의 양자적 경향성은 구름을 통과하는 밀도파의 영향을 받고 그 충격파가 구름의 파열을 촉발시킨다는 설명은, 물리학의 단조로운 언어를 사용하여 하나의 사건을 서술하는 방법이다. 은유적 표현이 가능하다면, 수소는 은하의 목소리를 듣고 별을 창조함으로써 응답했다는 표현도 타당하다.

이러한 표현이 갖는 장점은 수소 구름과 은하계의 파문 모두의 능동적인 역할을 강조하는 데 있다. 수소 구름은 별을 창조한다. 일단 은하가 수소 구름의 동력학을 활성화시키면, 그 구름은 더 이상 어디에서도 도움이 필요하지 않다. 구름은 단지 스스로 별이 됨으로써 그 놀라운 상황에 응답하는 것이다. 이때의 '들음'은 그 구름 안에 있는 양자의 감수성quantum sensitivity에 대한 언급이다. 구름 안에 있는 양자의 감수성이 그 양자로 하여금 완전히 새로운 은하의 모험에서 선구자 역할을 하게 했다.

우주의 자발성을 듣고 이에 응답하는 인간의 인식 능력을 모든 대륙의 원시 부족은 깊이 이해했다. 원시 부족들이 가졌던 뛰어난 능력에 접근하기 위해서는 그들이 지닌 방대한 문화적 표현 속에서 우주의 정신적 깊이와 밀접한 관계를 형성하는 표현들을 알아채야 한다. 그들의 목적은 실재가 지니는 리듬에 공명하며 참여하는 삶이었다. 이런 이유로 북은 그들의 기본적인 악기가 되었다. 북은 인간이 우주의 춤과 하나로 어우러지도록 편곡하는 성스러운 기법 중 하나였다.

우리 선조들은 영혼 세계로, 즉 자연의 현상계 너머에 있는 차원으로 그들 안에 깨어나게 된 비전과 꿈을 북 연주와, 더 나아가 노래와 찬양과 춤으로 표현했다. 그러나 이 세계는 우주의 야생적 차원인 물질계와 통합되어 있다. 사람들은 맨 처음 의례와 자연에서의 생활에서 자신을 둘러싼 신비에 의해 그들의 깊은 심연에서 울려 나오는 음악에 귀를 기울였다. 어느 겨울 저녁 가죽으로 덮은 카약을 타고 얼음 바다를 항해하다가 바다의 그 검은 수면이 갈라지면서 엄청나게 거대하고 매끈한 존재가 등장하고, 바다 깊은 곳에서 온 이 영혼과 일대일로 갑자기 눈을 마주치게 될 때, 이것은 몇 년 동안 경축을 해야 할 이유가 되었다. 그 순간 전달된 노래는 평생 동안 삶의 의미와 완성이 되었다.

오늘 밤 모든 대륙에서 사람들은 우리 선조들이 천국으로 가는 길, 우유가 흐르는 강으로 비유했던 별무리인 은하수 은하의 가장자리를 관찰하고 있을 것이다. 우주 탄생에서 그리 중요해 보이지 않았던 파문에서 형성되었지만, 이 은하수 은하는 100억 년 동안 그 자신의 요동치는 파동으로 별들을 활성화시켜왔다. 그래서 우리가 은하수를 응시하는 것은 우리 자신을 탄생시킨 모체 matrix를 바라보는 것이다. 시간과 공간의 구조 안에 있는 새로운 파문으로서 우리 인간은 우리를 존재로 불러온 이 태초의 근원적 파문을 숙고한다.

우주의 떨림과 진동은 은하들과 별, 그리고 그들의 구성 원소를 조립해서 생명체로 만드는 능력을 끌어내는 음악이다. 이러한 음악을 듣지 못한다면 어떻게 될까? 만일 자폐증이나 난청으로 이

138억 년 사건의 어느 한순간, 그 음악을 듣지 못했다면 그 교향곡은 그 순간 조용히 사라져버렸을 것이다. 우리 인간의 책임은 우주에서 하늘을 떠다니는 그렇게 수많은 수소 원자처럼 끊임없이, 그리고 태초의 우리 조상들과 오늘날 원주민으로 살아가는 그들의 충실한 후손들처럼 깊이 있게 우주의 음악을 듣는 능력을 발전시키는 일이다. 우주의 모험은 우리의 듣는 능력에 달려 있다.

오늘 밤 사람들은 물질의 성분과 구조 그리고 물질의 역동적 진화라는 복잡한 이론으로 훈련된 정신을 가지고 눈으로, 전파망원경으로, 위성으로 그리고 컴퓨터가 지원하는 광학망원경 등으로 은하수를 관찰할 것이다. 검푸른 고래의 눈을 뚫어지게 응시하던 고대 이누이트족처럼 충실하게 기다린다 해도, 우리는 거꾸로 우리를 바라보고 있는 은하의 눈을 볼 수는 없을 것이다. 우리가 아무리 밤하늘의 그 황량한 정신세계에 몰두해도 구름 뒤에 숨어 있는 우주의 눈이 나타나지는 않을 것이다. 고대 사냥꾼들이 무엇을 깨닫게 되었는지 알기 위해 우리에게 그런 체험이 필요하지는 않다. 왜냐하면 오랜 세기 동안의 연구로 우리는 우주가 138억 년에 걸쳐 발전해왔으며, 은하수 은하를 탐색하는 그 눈이 은하수 은하에 의해 형성된 바로 그 눈이라는 것을 알게 되었기 때문이다. 은하수 은하와의 접촉을 추구하는 정신은 자신의 내면 깊은 곳을 탐색하는 은하수 은하의 바로 그 정신이다.

●●● 게 성운, 메시에 1(Messier 1)

3 초신성 Supernovas

　태초에 우주는 거대하게 빛나는 그 무엇이었다. 그 빛남은 급속하게 팽창한 후 폭발하여 수천억 개의 검은 구름이 되었다. 그 뒤로 이어진 밤의 시대에 우주 전체를 가득 채우고 있는 불가사의한 음악에 응답하여 물질들은 거대한 세포 지역으로 모여들었다. 그 후 이 거대한 은하 구름들은 스스로 붕괴하여 각각 수백만 배 더 크기가 작은 은하로 되었다. 이와 같은 방식으로 하나씩 하나씩, 그러다가 나중에는 수천억 개의 은하가 거의 동시에 새로운 화려함으로 우주를 밝혔다. 우주의 시작은 부드럽고 격렬한 불꽃이었다. 수십억 년이 지난 후, 거대한 우주가 거대하게 펼쳐진 은하들 안에서 불꽃을 튀겼고 은하들이 서로 만나는 곳에서 가늘고 긴 섬유를 달구어 세상을 빛나게 했다.

　우주 이야기는 장엄하고 아름다운 이야기인 동시에 폭력과 파괴의 이야기이며, 절묘함과 파멸로 가득 찬 드라마와 같다.

　우주가 생겨난 후 10억 년 정도가 지났을 때 은하들이 막 탄생했다. 거대한 수소와 헬륨의 층이 우리 은하수 은하의 중심 부분을 떠돌아다녔다. 우리 은하의 구름이 붕괴되면서 구름들이 울퉁불퉁하게 회전하는 나선형 은하의 부드러운 움직임 속으로 들어감에 따라, 빠르게 회전하던 물질들은 원판처럼 평평해졌다. 또다시 수백만 년이 지난 후 눈에 보이지 않는 어떤 밀도파의 팔density arm이 은하 구름 속을 휘저었다. 은하 구름은 그 충격으로 스스로 붕괴했다. 이제 은하로부터 더 이상의 에너지 공급이 필요하지 않았다. 오랫동안 방해받지 않고 조용히 떠돌아다니던 은하 구름은, 갑자기 자신의 기본 형태를 파괴하고 검은 밤의 우주 바다에 수만 개의 다이아몬드 같은 빛 무리를 탄생시키는 심오한 변형을 감행했다.

밀도파에 의해 이러한 은하 구름의 힘이 활성화된 후, 은하 구름은 자신을 수천 개의 자기내파self-imploding 체인 원시 별로 쪼개놓은 중력적 강도를 통해 자신이 가진 물질들을 재조립했다. 이 각각의 별 안에서 수소와 헬륨 원자는 상호 작용하면서 서로를 강하게 끌어당겼다. 이들은 서로 충돌하고 상호 작용한 결과 마찰열을 발생시켰다. 그 마찰열은 계속 더 높은 온도를 만들어냈으며, 은하 구름의 물질들은 계속 농축되었다. 마침내 그 열은 원자들이 감당하기 힘든 수준까지 구름의 온도를 상승시켰다. 모든 원자는 그 내파 강도로 인해 파괴되었다.

각각의 자기내파체는 열 때문에 발생한 압력이 핵연료의 연소를 촉발시키기 시작할 때까지 붕괴를 계속했다. 그때마다 수백만 톤의 물질이 에너지로 전환되었다. 각각의 별은 수소 원자를 양성자로 붕괴시켰고, 그다음 그것을 헬륨의 핵으로 변화시켰다. 수소 원자가 핵 연소로 완전히 소모되어버리자, 별들은 자신의 존재를 지속시키기 위해 헬륨 핵으로 눈을 돌렸다. 별들에게는 헬륨 핵이 있어, 이 핵을 탄소 핵으로 변화시킬 수 있는 한 중력에 의한 붕괴에 대항해서 자신을 보호할 수 있었다. 헬륨이 다 소모되어버리자, 별은 최후의 자기내파를 지연시키기 위해 탄소와 탄소보다 높은 주기의 또 다른 원소들의 핵으로 눈을 돌렸다.

수백만 년, 아니 수억만 년이 지난 후, 마침내 붕괴를 막아내던 각 별의 자원들은 모두 소진되었다. 만일 이때 어떤 별의 질량이 충분히 컸더라면, 중력이 주는 압력 때문에 그 별은 붕괴되었을 것이며 남아 있는 물질들은 서로를 향해 달려들었을 것이다. 우주에 있는 어떤 것도 이 붕괴를 막지 못했다. 별이 엄청난 밀도를 가진 중성자 덩어리 펄서 pulsar로 내파하거나 파멸의 실체이자 시공간의 특이점인 블랙홀로 한 번에 무너져내릴 때, 남아 있던 모든 구조는 파괴되었다. 수십억 년 동안 밝게 타올랐던 이러한 별들은 검은 재만 남긴 채 사라졌다. 살아 있는 육신들, 그리고 밀밭 위에 우뚝 서 있는 대성당을 창조할 만큼의 감각을 가진 생물체들에게 빛나는 에너지를 가득 퍼부어주었을 별들은 그렇게 사라졌다.

그러나 그 별들이 맹렬하게 붕괴될 때 뜻밖에도 사건의 놀라운 전환이 있었다. 그것은 바로 초신성이었다. 모든 존재가 펄서나 블랙홀로 사라져버린 것은 아니었다. 가늘고 연약하여 그다지 중요해 보이지 않았던 소립자인 중성미자가 이 붕괴에서 탈출했다. 별들이 내부로부터 폭파(내파)할 때 중성미자들은 사방팔방으로 뛰쳐나와 별의 외층을 터뜨려버렸다. 이 외층에는 탄소와 산소, 질소 그리고 그 밖의 다른 원소들이 들어 있었다. 별들의 중력적 죽음에서 벗어난 이들 원소는 그 후 밤하늘을 떠다니다가 마침내 다른 원소들과 서로 결합하게 되었다. 그들이 가진 친화력을 통해 그들은 완전히 새로운 체계를 구축했다. 새로운 별이 생성되었고, 새로운 행성이 생겨났다. 새로운 생명이 생겨났고, 아마도 이로 인해 새로운 의식 형태도 생성되었을 것이다. 확실히, 이전의 오래된 별세계를 파괴시킨 초신성의 폭발로부터 우주 이야기의 새로운 영역이 시작되었다.

이와 같은 티아마트Tiamat 별의 초신성 폭발이 우리 존재와 우리 행성계를 탄생시켰다. 우리 몸을 구성하는 원소들 대부분이 별 티아마트에 의해 만들어져서 그 별의 초신성 폭발로부터 우리에게 보내졌다는 사실을 깊이 생각해보면, 우리는 우리의 아주 오래된 기원에 자리 잡고 있는 아름다움과 절묘함과 파괴를 깨닫기 시작한다. 우리의 탄생은 질서 정연한 존재들의 공동체에 철저하고도 격렬한 파괴를 요구했다. 티아마트의 폭발은 우리의 집단적 모험을 자극하여 극단으로까지 몰고 갔다. 이것이 우리 이야기의 본성이다. 우주가 물질적-정신적 모험을 펼치려면 두 가지가 동시에 필요했다. 즉, 그것은 우주를 진행시키기 위한 것으로서 무한히 인내하면서 서서히 진행되는 과정들과 갑작스럽게 발생하는 우주적인 강화였다.

만일 장엄한 힘을 느끼게 하는 우주 사건이 있다면 그것은 바로 초신성의 폭발이다. 초신성 폭발은 발생 당시에는 대단한 장관을 이루고, 미래에는 형태를 결정한다. 초신성 폭발은 시간의 시작 때부터 준비되어온 것이었다. 초신성이라는 존재는 폭발하는 그 순간을 지배한다. 왜냐하면 그 빛의 강도가 2조 개의 별을 가진 은하보다 더 강렬하기 때문이다. 초신성 가까이 있는 별들의 모든 체계는 산산이 부서져버린다. 이러한 폭발로 인해 물질들이 외부로 확산되는 범위가 미래를 좌우한다. 왜냐하면 그와 같은 거대한 창조적 활동만이 우주의 모험을 계속할 수 있기 때문이다. 펼쳐지는 생명이나 의식 안에 싸일 운명을 가진 태초의 불덩어리는 그 어떤 부분도 우선 이 초신성 폭발이라는 우주 폭풍의 바늘구멍을 뚫고 지나가야만 했다. 그리고 이 초신성의 경험은 우주가 존재하던 첫 번째 순간에도 희미하게 느껴질 수 있었다. 기본적인 네 가지 작용 양식으로 모아진 태초의 우주 활동은 약한 핵 작용과 전자기적 상호작용 사이의 절묘한 균형을 확립했으며, 이로써 10억여 년이 흐른 후 우주가 그 자신을 초신성으로 표현할 수 있게 되었던 것이다. 만일 우주가 스스로의 활동을 아주 약간 다르게 실행했다면, 그 절묘한 조화는 깨졌을 것이고 초신성의 그 어마어마한 활동도 결코 발생하지 않았을 것이다.

초신성은 많은 의미를 가진 사건이다. 초신성은 철저한 파괴인 동시에 넘치는 창조성을 보여준다. 여기서 초신성의 격렬한 파괴의 측면에 보다 더 세심한 관심을 두는 것은, 지금 우리가 이야기하는 우주 이야기의 애매모호하거나 부정적인 측면에 초점을 맞추고 있기 때문일 뿐이다. 물론 초신성은 우주에서 일어나는 파괴들 중 하나의 예증에 불과하지만, 초신성의 변신은 우리의 관심을 우주의 이 부정적인 측면에 고정시킨다.

우리는 우주에 있는 물질들 가운데 10억분의 1을 제외한 물질들이 쌍소멸annihilate 되어버린 초기 우주의 거대한 파괴에 대하여 이미 이야기했다. 수십억 년이 지난 후 은하들이 탄생했을 때, 우주의 밀도 때문에 충돌이 일어났다. 갑각류들이 풍부하게 살아갈 만한 해변을 탄생시킬 수도 있었던 모든 은하계는 소멸의 기체로 날아가버렸고, 무수히 많은 별 속으로 흩어졌다. 겨우 충돌을 면했던 은하조차도 중력의 간헐적 파도에 너무 심하게 비틀려서 그 후 15억 년 동안 불안한 상태 그대로 남아 있었다.

첫 폭풍에서 살아남은 대부분의 은하는 그 영역 안의 밀도가 너무 높아서, 그들의 풍요로운 나선형 구조가 파괴되었다. 따라서 이들 은하는 더 이상 별을 창조할 능력이 없는 타원형 은하로 남게 되었다. 이것이 우리 은하수 은하와 다른 국부 은하들이 돌고 있는 중앙 은하 성단의 운명이었다. 4천만 광년 떨어진 처녀자리 은하단은 천여 개의 은하를 품고 있는데, 그 대부분은 타원형 은하이다. 나선형을 유지한 채 위기에서 탈출한 몇몇 은하는 다른 세계를 관통하면서 그들의 성간 기체를 흡입당했다. 그러한 은하들이 손상되지 않았다면, 아마 살아 있는 기쁨으로 번영했을 것이다. 그러나 우주의 격렬한 파괴력은 살아남을 수도 있었던 그들을 사산시키고 냉동시켜버렸다.

　나선형이든 아니든, 불안정하든 그렇지 않든 간에 관계없이, 어떤 은하도 계속되는 파괴의 현실에서 벗어나지 못했다. 우리 은하수 은하의 중심에는 블랙홀이 강하게 회전하고 있다. 마치 거미가 거미줄 한가운데에서 현란한 곤충들을 검은 무덤으로 데려가듯이, 블랙홀은 항성들을 파멸 속으로 빨아들이고 있다. 은하수 은하의 블랙홀로 빨려 들어가는 항성들이 살아 있는 항성계인지 아닌지는 잘 모르지만, 생명은 우주에 있는 오직 한 종류의 체계일 뿐이다. 그리고 그와 같은 항성의 파괴는 그 모든 체계를 포함하고 있다. 하나의 항성이 블랙홀에 사로잡혀 검은색 석판처럼 납작해져버린다면, 어떤 별을 조직하고 유지하는 데 필요한 창조성은 아무 소용이 없게 된다.

　우주의 본성을 탐구할 때, 우리는 은하가 너무 파괴적이어서 과학적으로 그것을 설명할 수 없음을 알게 된다. 예를 들면 폭발하는 에너지의 거대한 화살은 수억 마일을 가로질러 은하의 중심에서부터 각각의 행성을 뚫고 지나간다. 추론으로는 무시무시한 엄청난 블랙홀이 은하의 중심에서 그와 같은 거대한 에너지를 생산하는 것으로 알려져 있다. 우리의 은하수 은하 역시 그러한 죽음의 급상승을 일으키는 능력이 있었을지도 모른다. 만일 그러한 에너지 폭풍이 진짜 분출한다 해도, 그 폭풍이 우리에게 도달하기 전까지 우리는 그 폭풍에 대해 조금도 알지 못할 것이다. 지금도 플라즈마의 벽이 우리를 향해 분당 수백만 마일의 속도로 진격 중일 수도 있다. 그와 같은 엄청난 힘을 가졌을 경우, 그것은 별 체계를 뚫고 가차 없이 냉혹하게 파괴의 비행을 하면서 그 거대한 힘으로 우리를 원소 입자로 분해할 것이다. 그 순간 심지어 태양이나 지구조차도 그것을 알아차릴 여유를 갖지 못할 것이다.

우주는 이처럼 폭력적이다! 그러나 무한해 보이는 어둠 속을 유영하는 수많은 은하로 광대하게 펼쳐져 있는 밤하늘을 보자. 그때 우리는 이러한 파괴 중에 우주가 이루어낸 절묘하고도 복잡한 업적들을 보게 된다. 그렇다면 이 우주는 궁극적으로 파괴적인가 아니면 창조적인가? 폭력적인가 아니면 협조적인가? 138억 년의 우주 이야기 가운데 어디든 자세히 들여다보면 볼수록, 우리는 더욱더 우주가 폭력적이면서도 창조적이고 파괴적이면서도 협조적임을 깨닫게 된다. 이렇게 두 가지 극단이 함께한다는 것은 신비이다. 심지어 어느 때의 폭력이 단순히 파괴적이고, 어느 때의 폭력이 창조와 연결되어 있는지를 판단하기도 쉽지 않다.

암거미가 자신의 짝을 먹어 치울 때, 이것은 암거미의 파괴 행위일까, 아니면 수거미의 협조 행위일까? 딱정벌레 Micromalthus debilis 어미가 새끼를 낳으면, 처음에 새끼는 무력하게 어미 딱정벌레의 몸에 달라붙어 있다. 하지만 그 새끼가 점차 힘이 강해지면 여전히 유충 상태로 있더라도 마침내 제 어미를 게걸스럽게 먹어 치운다. 이런 파괴 행위는 어디에서 왔고 그 의미는 무엇인가? 이런 폭력은 식물 세계에도 있다. 처음에는 지주목에 전적으로 의존하여 삶을 영위하던 덩굴이 커가면서 천천히 그 지주목의 생명을 죄어가는 것을 생각해보라. 지구 체계 전체에 펼쳐져 있는 놀랄 만한 다양성의 아름다움은 바로 이런 폭력, 특히 양육과 교미 과정에서 나타나는 폭력에 기인한다.

폭력과 파괴는 우주의 차원이다. 폭력과 파괴는 존재의 모든 수준, 즉 원소와 지질, 유기체와 인간 등 그 어디에서나 찾아볼 수 있다. 혼돈과 파괴는 우리가 언급하는 찬란한 태초의 불꽃(불덩어리)이나 은하들의 출현, 그리고 다음 세대의 별들 또는 행성 지구 등 우주의 모든 시기를 특징짓는다.

볼프강 파울리 Wolfgang Pauli는 우주의 기본 역학을 다루는 수학 공식을 연구했고, 그의 이름을 딴 공식을 남겼다. 파울리의 배타원리 Pauli exclusion principle를 간단히 말하면 어떤 두 개의 입자도 같은 양자 상태를 점유할 수 없다는 것이다. 이 원칙은 미시우주의 세계 역시 역동적이고, 일상적인 관찰이 가능한 중간우주 mesocosm 영역에서 관찰할 수 있는 동역학을 공유하고 있음을 말해준다. 즉, 물질은 저항한다는 것이다. 만일 우리가 두 개의 돌을 서로 부딪치면 그들은 하나의 돌이 되기를 거부하며 저항한다. 망치로 나무에 못을 박으면 나무는 쪼개져버린다. 충돌하는 두 개의 별은 단지 서로를 비껴서 지나가지 않고 부딪쳐 수십억 개의 조각으로 부서져버린다. 극도로 농축된 용암은 지구의 딱딱한 외피인 지각을 붕괴하며 뚫고 나와 입자의 구름을 형성한다.

우주에 있는 모든 물질은 저항력이 있다. 왜냐하면 모든 존재와 그 존재의 공동체는 자신만의 고유한 양자 가치를 지니기 때문이다. 물질은 자신이 가진 우주적 창조력에서 생겨난 그 모습 그대로 존재하려 한다. 물질의 가장 의미 있고 중요한 표현은 세상에서 자신의 존재를 환원시키려는 모든 시도에 저항하는 것이다. 소립자 차원에서조차 우리는 각각의 개별 존재가 가진 이 비가역적인 현실을 발견할 수 있다. 우주는 소립자의 생존을 보호함으로써 아직 전개되지 않은 우주 이야기에서 갖게 될 이 소립자들의 역할과 그 입자들의 위치를 보증하게 된다.

물질의 저항은 폭력의 현실과 관련된 우주의 첫 번째 역학이다. 두 번째 역학은 에너지를 필요로 하는 물질의 요구이다. 구조를 가진 어떤 존재라도 자신의 존재를 위해 에너지가 필요하다. 수소 원자와 같은 기본적인 입자조차 그 자신의 형태와 불변성을 위해 에너지를 필요로 한다. 과학자들은 이 사실을 열역학 제2법칙으로 나타낸다. 이 법칙은 에너지에 대한 우주의 요구를 수학적으로 정확하게 표현하는 방법이다. 새로운 에너지로부터 닫혀 있는 모든 물질 체계는 결국 붕괴되기 마련이다. 따라서 원자, 동물, 도시, 생태계 또는 문명은 그들의 질서를 그대로 지속시키기 위해 그 체계를 유지할 수 있는 형태의 에너지 유입을 필요로 한다.

우주는 스스로 에너지를 만든다. 우주 전체는 자신의 발전을 위해 우주의 모든 에너지를 필요로 한다. 에너지 없이 일어날 수 있는 발전은 우주 어디에도 없다. 열역학 제2법칙에 따르면, 건설적인 활동은 에너지를 필요로 하고 필연적으로 엔트로피entropy, 즉 쓰레기를 만든다. 모든 발전에는 어쩔 수 없이 비용이 든다. 이 불가피한 비용은 창조를 위해 지불되어야만 한다. 에너지는 아름다움을 유지하기 위해 소비되어야 하며, 모든 종류의 진보는 에너지 지출을 요구한다. 이것이 우리가 폭력의 본성을 이해하기 위해 깊이 고려해야 하는, 우주의 구조가 갖는 두 번째 사실이다.

우주에서의 저항과 창조 질서를 위한 비용에 덧붙여, 우리가 알 수 있는 세 번째 사실은 모든 사물에게는 자신의 내적 본성을 성취하려는 경향성이 있다는 것이다. 물리학에서는 이 사실을 어떤 물리적 상황에서 맴도는 양자적 경향성quantum tendencies이라고 표현한다. 인공두뇌학cybernetics에서는 이것을 진화하는 별이나 성숙한 생태계와 같은 통일된 체계에서의 자기조직autopoiesis으로 표현한다. 생물학에서 이것은 특정 개체 발생 속에 들어 있는 후생적 분화 과정epigenic pathways으로 언급된다. 모든 도토리는 미래에 참나무로 자라날 운명을 내부에 품고 있다. 나뭇가지들은 더 넓게 퍼져나갈 수 있도록 그들이 그토록 갈망하는 충분한 햇살을 받지 못하면, 자신에게 필요한 것을 얻기 위한 몸부림으로 더 높이 위로 가지를 뻗칠 것이다. 이러한 경향성이 설명되지 않으면, 유기체의 펼쳐짐을 환경과 자신의 유전적 유산의 상호작용으로 이해할 길이 없다. 우주에 있는 모든 존재는 각자의 고유한 주체성 안에 자신의 잠재력을 실현하려는 경향성을 타고난다.

저항과 에너지와 꿈, 이들이 모든 폭력의 원천이다. 이들을 묘사하는 다른 방법은 과거와 현재와 미래를 언급하는 것이다. 불투명성 opacity 또는 저항은 과거의 업적을 제거하려는 시도에 맞서서 그것을 보존하려는 고집에서 나왔다. 창조의 비용인 에너지는 현재 우주의 유한한 본성을 가리킨다. 무엇인가를 유지하고 지속시키기 위해서는 에너지가 필요하므로, 우주는 지금 이 순간 에너지를 주입할 대상을 결정해야 한다. 우주가 에너지를 주입하기로 결정한 대상은 지속될 것이고 그렇지 않은 존재는 소멸될 것이다. 꿈은 태어나지 않은 존재, 아직 오지 않은 세상, 새로운 세상을 향한 막연한 기대를 가리킨다. 아직 오지 않은 미래는 자신을 새롭게 구체화하는 데 필요한 에너지 양자를 얻고자 하는 노력을 통해 현재 속에서 활동하는 '미완의 것'이다.

저항과 에너지와 꿈이라는, 이 세 개의 용어는 과학 분야에서 많은 관심을 가지고 탐구되어왔다. 앞에서 언급했듯이 우주의 저항은 물리학의 언어로 '파울리의 배타 원리'라 부른다. 체계의 지속을 위한 비용은 공식적으로 열역학 제2법칙이라고 표현한다. 우리가 꿈이라고 부르는 것은 양자역학 이론에서 양자적 경향성이라는 문구로 표현된다. 실재의 구조에 대한 경험적 연구에 따르면, 우주에는 근본적으로 불투명성, 에너지 요구, 그리고 조직화 경향이 존재한다. 이들 세 가지는 폭력과 파괴 또한 실재의 근본적인 요소임을 암시한다.

만일 진딧물 한 쌍의 욕망이 충족된다면 지구를 멸망시킬 수도 있다. 단 1년이면 이런 진딧물은 5천억 마리의 새끼를 낳는다. 대부분의 곤충과 대부분의 생명체 역시 이와 다르지 않다. 존재하고자 하는 그들의 열망은 무한하지만, 지구의 에너지는 유한하다. 이들 진딧물에게 에너지를 제공한다는 말은 다른 지역, 다른 존재들로부터 에너지를 빼앗아 온다는 의미이며, 에너지를 빼앗긴 그 다른 존재들을 소멸시킨다는 뜻이다. 우주에 있는 각각의 존재는 그 존재와 발전에 필요한 자유 에너지를 갈망한다. 각각의 모든 존재는 소멸되지 않기 위해 멸종에 저항한다. 우주에서 폭력의 역사는 지구와 태양 사이에서 발생한 중력이라는 인력만큼이나 필연적이고 피할 수 없다.

우주는 칼날 위에서 불안하게 번성하고 있다. 만일 우주가 팽창력을 조금 증가시켰다면 우주는 폭발했을 것이며, 만일 팽창력을 조금 감소시켰다면 우주는 붕괴되었을 것이다. 그러나 우주는 이 칼날 위에서 스스로를 잘 지켜냄으로써 위대한 아름다움을 펼칠 수 있게 되었다. 우리의 은하수 은하 또한 칼날 위에서 불안하게 번성한다. 그 중력에 의한 결합력이 감소되면 모든 별은 흩어져버릴 것이고, 중력에 의한 결합력을 증가시키면 은하수 은하는 스스로 붕괴할 것이다. 은하수 은하는 충실하게 긴장의 균형을 평화롭게 유지함으로써 행성 체계와 생명체들이 꽃피게 할 수 있었던 것이다.

번성하는 모든 존재는 이처럼 창조적인 긴장의 균형 상태에 있다. 한대의 침엽수림이 햇빛을 너무 적게 받거나 너무 많이 받으면 마침내 붕괴되어 다른 종류의 생물군계로 변할 것이다. 우주는 오래되고 잘 정돈된 결합 규칙을 가진 존재들의 공동체가 다양하게 모여 있는 다차원의 그물이다. 이 관계는 특별한 능력을 가지며, 이 관계가 너무 심하게 훼손되면 우주의 아름다움은 사라진다.

그러나 우주는 길이 명예로울 전통과 잘 확립된 관계가 있는 이 세상을 창조의 새로운 중심으로 삼는다. 유한한 에너지의 구성물 안에 무한한 욕망이 잠재해 있다. 모든 차원의 존재가 이런 상태이다. 바다 모래 속의 오징어, 숲속의 썩은 삼나무 안에 있는 박테리아, 한여름 가뭄기의 토네이도, 은하 중심에 있는 블랙홀…… 이들 존재는 각각 자신의 욕구를 가지고 있으며, 세상은 그 욕구를 만족시키는 데 필수적인 에너지를 강하게 억제한다.

우주는 많은 한계를 지니고 있는 이런 구조화된 공동체 안에서 작동하면서, 파괴와 창조 모두를 발생시킨다. 이러한 장애들, 이러한 경계들 그리고 이러한 한계들은 그 자체로 우주 자신의 여정을 위하여 본질적이다. 수소 구름들은 수소의 타고난 불투명성 때문에 온도를 계속 상승시키는 상호 인력의 장이 된다. 그러나 그들의 이런 움직임을 막는 저항을 통해 별이 창조된다. 별은 내파하고 있는 입자들이 직면하는 장애로부터 생겨난다. 만약 수소 구름들이 저항에 직면하지 않은 채 그 존재를 지속할 수 있었다면, 별들은 결코 출현하지 못했을 것이다. 산 역시 그런 불투명성에서 나온 결과물이다. 지구 표면에 있는 지각구조판들은 서로 충돌하고 붕괴한다. 이런 저항이 제거될 수 있었다면 대륙들이 서로 맞물려 구부러지거나 융기하지 않았을 것이다. 그렇다면 우리는 결코 알프스나 히말라야 또는 시에라네바다처럼 장엄한 모습의 산을 볼 수 없었을 것이다.

사방팔방으로 빠르게 분출했던 찬란한 태초의 불꽃에서 우리는 감각이 있는 존재들의 무한한 추구에 대한 은유를 보았다. 이 우주적 경향이 고삐를 잡히지 않고 제 마음대로 펼쳐질 수 있었더라면, 그 자유분방한 불덩어리는 결국 완전히 흩어졌을 것이다. 그러나 그 불덩어리는 자신의 움직임을 가로막는 기본적인 장애물인 중력이라는 인력을 만났다. 팽창이 중력이라는 장애를 만났기 때문에 비로소 은하가 출현할 수 있었다. 이와 유사한 방식으로 새들의 날개와 코끼리의 근육은 중력이라는 인력이 가진 부정적 측면이나 방해하는 측면을 조심스럽게 포옹함으로써 생겨날 수 있었다. 이 세상에 생겨날 수 있었던 그 어떤 형태의 생명도 그 움직임을 방해하는 중력이 없었다면 치타와 같은 해부학적 구조를 탄생시킬 수 없었을 것이다.

미시적 욕망에 대한 장애물은 거시적 구조의 존재로 이해될 수 있다. 미시적 국면은 한 특정한 창조물의 지금 여기와 관련을 맺는다. 거시적 국면은 지구와 우주의 거대함, 그리고 아직 태어나지 않은 미래의 신비라는 차원에서 지금 이 순간과 연관된 보다 더 큰 실재들을 가리킨다. 하나의 수소 원자가 다른 수소 원자에게 제공하는 장애물은 미래에 하나의 별이 출현하기 위해서는 반드시 필요하다. 물론 수소 원자 구름의 관점에서 보면 미래에 별을 탄생시켜야 한다는 생각은 없다. 그럼에도 불구하고 우리는 이 사실로부터 태초의 저항을 숙고할 수 있으며, 미래의 별을 구성하기 위한 첫 번째 기능으로 그 저항을 이해할 수 있다. 이와 유사한 방식으로 심해어들의 화려하고 예민한 눈의 구조는 어두운 바다 밑바닥에서 먹을 것을 찾던 태초의 바다 지렁이들이 겪은 어려움임을 우리는 알 수 있다.

만약 우주가 거시적인 광합성 구조를 가지려 하거나 지구가 버섯의 삼투 능력을 생성시키려 한다면 거기에는 반드시 그들의 미시적 욕망에 대한 장애물에 맞서는 초기 존재가 있어야 한다. 우주의 장애물에 직면하여 창조적인 반응을 했던 존재들은 자연세계에서 많은 창조를 이루었다. 어려움을 처리했을 때 비로소 창조가 일어나는 것이다. 굶주려 죽을 지경인 매 그리고 잡아먹히는 들쥐와 관련된 폭력은 본질적으로 매와 들쥐 각각의 창조성과 연결된다. 그들의 반응이 보여주는 아름다움은 그들 고유의 어려운 상황에서 나온다.

전체 우주 안에 있는 폭력과 창조에 대해 심도 있는 탐구를 계속하려면, 우리는 인간 세상 안에서의 폭력과 창조에 대해 특별히 주의를 기울여야 할 필요가 있다. 왜냐하면 인간과 함께 새로운 존재 질서가 출현했기 때문이다. 실제로 거시 국면의 중요성을 지닌 우주의 모든 창조물은 폭력과 창조의 특성을 변화시킨다. 한편에는 폭력, 파괴, 붕괴가 있고, 다른 한편에는 창조, 종합, 통합이 있다. 이러한 단어들은 은하의 시기, 별들의 세계, 원소의 세계, 그리고 유기체와 인간의 세계에서 각각 다른 의미를 가지는 다의적인 단어들이다.

자기반성이라는 의식 안에서, 생명은 공포 그 자체를 깨닫게 된다. 이러한 의식적인 자기인식을 통해 생명은 자신이 소중하면서도 자칫 부서지기도 쉽다는 것을 알게 된다. 폭력과 파괴를 제거하기 위한 인간의 헌신은 바로 이러한 새로운 깊이의 두려움에서 나온다. 인간과 함께 새로운 종류의 불안감이 우주에 등장했다. 절묘하게 균형 잡힌 세상의 아름다움은 인간의 자기인식으로부터 갑자기 인식되며, 때때로 이에 동반하는 공포는 인간이 창조적으로 다스리기에는 너무 크다는 사실이 입증되었다.

모든 불안, 한계, 파괴, 그리고 파괴에 대한 공포를 없애기 위해 우주를 지배하겠다는 인간 종種의 결정은 결국 인종주의, 군국주의, 성차별주의, 인간중심주의 등을 생기게 했다. 이것은 인류가 수용하기 벅찬 우주의 차원을 관리하려는 노력에서 생긴 잘못된 책략이었다.

문제는 우주의 기본 양식을 재-조작할 필요가 있는 것인지, 그래서 우리가 바람직하지 않다고 생각하는 것은 무엇이든 변경해야만 하는가 하는 것이다. 물론 지금 한쪽에서는 우리가 바람직하다고 생각하는 것을 추구할 것이다. 그러나 우리의 특별한 어려움은 지구와 우주가 가진 거시적 의미를 미시적 차원의 우리 인간 종의 과제로서 받아들이지 못할 때 생겨난다. 만일 인간이 비교적 미미한 생물종이었다면, 아마도 우주의 거시적 동역학이 우리 의식에 그렇게 주요한 초점이 되지는 않았을 것이다. 그러나 인간의 결정은 즉각 지구공동체 전체를 거쳐 거시우주의 실재에 직접적인 영향을 미친다. 우리는 보다 더 큰 공동체 안에서 조화를 이룰 수 있는 우리 인간 존재의 우주론적 의미를 심사숙고해야 한다. 왜냐하면 총체로서의 지구공동체의 향상을 위해서는 우선 우리 자신의 향상이 요구되는 것처럼 보이기 때문이다.

저항과 에너지와 꿈은 다양한 형태로 우주와 지구를 채우고 있다. 최근 인류는 저항을 파괴하고 필수 비용을 거부하며, 인류가 가진 그 모든 욕망의 강도를 확대시킴으로써 이 우주적 실재들과 관계를 맺으려고 한다. 저항을 만나면 우리는 그것을 제거하려고 한다. 발전에 들어간 비용을 우주가 청구하면 우리는 그 계산서를 피해버리는 것으로 응답한다. 반면에 어떤 새로운 인간의 욕망을 발견하면, 그 욕망이 지구의 다른 구성원들에게 그리 중요하지도 않고 큰 희생을 요구한다는 사실을 고려하지 않은 채 그 욕망을 부추기기 위해 엄청난 노력을 쏟는다. 우리는 지구공동체의 다른 구성원들에 대한 조금의 배려도 없이 공간에서의 운동 한계를 모두 무시함으로써 지구에 파괴적인 운송 체계를 만들어왔다. 우리는 소비에 대한 욕망을 제한하지 않음으로써 전 지구에 걸쳐 생태공동체의 파괴를 초래했다. 생물계의 능력을 고려하지 않고 아이를 가지려는 욕망은 인구 폭발과 함께 수십억 명의 사람에게 계속해서 고통을 안겨주고 있다.

인류가 파괴를 계속함으로써 오늘날 인간이 경험하는 신체적·정신적 한계는 실제로 다음 세대에서는 제거되거나 거부될 수 있다. 물질적 이득을 탐하는 사람들은 마치 우주를 속여먹을 방법을 탐색할 수 있는 것처럼 자신의 창의성을 소진하고 있다. 그러한 행위들 중 일부는 분명 발생할 것이다. 그러나 다른 방향도 가능하다. 우리는 바로 그 한계 안에서 자신을 나타내기 위해 애쓰는 미래의 장엄한 아름다움이 등장하는 것을 보게 될지도 모른다. 이 책의 마지막 장에서 그 매혹적인 꿈, 지구공동체의 생태대가 가진 대강의 윤곽을 볼 수 있을 것이다. 여기서 우리는 생태대가 현재의 우리 현실과 맺고 있는 관계에 대해 언급하려고 한다.

만일 별이 생기기 이전의 구름 속에 있던 수소 원자들이 말을 할 수 있었다 하더라도, 그리고 그 내적 경험을 성찰하는 능력이 있어 그들을 휩쓸고 지나갔던 밀도파의 중요성과 그들을 향해 돌진해왔던 원자들의 중요성을 깊이 생각할 수 있었다 하더라도, 그 원자들은 미래에 자신들이 되도록 운명지어졌던 그 별들에 대해 분명한 용어를 사용하여 말하지는 못했을 것이다. 설령 그 원자들이 자신들을 장악했던 그 새로운 경향을 지성적으로 말할 수 있었다 해도, 원자들은 결코 어떤 직접적인 방식으로도 자신들 덕분에 나타났던 거대한 초신성 폭발을 지적하지는 못했을 것이다. 미래는 결정되지 않았고, 언제나 뜻밖의 일이다.

우리는 기껏해야 우리의 창조력을 생성시키는 것에 대해 희미하고 모호하게 알고 있을 뿐이다. 별의 아름다움은 원시적인 방법으로 원자들을 사로잡았다. 마찬가지로 새롭게 출현하는 지구 존재들의 아름다움은 우리를 사로잡았다. 이 아름다움은 다양한 방식으로 장애, 실망, 당황, 절망 같은 우리의 모든 체험에서 중요한 의미를 갖는다. 우리는 생태대의 정확한 모습과 형태를 알지 못하고, 알 수도 없다. 심지어 우리는 지금 우리에게 필요한 것조차도 분명하게 알지 못한다.

아직 생겨나지 않은 미래의 특성은 접어두고, 우리는 부적절한 현재의 의식 구조를 다루어야 한다. 비록 미래가 결정되어 있다 해도 그 복잡성은 우리가 설명할 수 있는 능력을 넘어설 것이다. 우리는 조심스럽게 다양한 해석을 고려하고, 다양한 관점에서 나온 증거들을 조사하면서, 더 깊은 관조의 순간에 우리를 찾아오는 분별하기 힘든 희미하고 불완전한 인식에 끈질긴 인내심을 갖고 참가하는 깊고도 긴 모색의 시기를 거쳐 우리의 길을 찾게 될 것이다. 이런 좌충우돌로부터 천천히 지구에 대한 우리의 길이 나타날 것이다.

미래 인류가 언젠가 결정하게 될 세부적인 행동 계획은 접어두고, 여기에서 우리는 우주의 동역학 안에서 근본적으로 구별되는 방향을 제안한다. 우리는 창조를 위한 핵심 방법이 바로 지금까지의 익숙함에 대한 저항임을 이제 이해하기 시작했다. 이런 장애들과 때때로 이 장애들이 일으키는 고통을 받아들임으로써 우리는 인간 실존의 새로운 형태와 양식을 형성하는 데 보다 효과적으로 참여할 수 있다.

오늘날 인간들이 전체 지구공동체의 안녕well-being 을 위해 자신의 덧없는 쾌락을 희생할 수 있을까? 그렇게 하기 위해서는 인간 이해의 초기 양식 전체에 퍼져 있는 통찰에 도달해야 한다. 그것은 바로 우주에는 희생적 차원이 있다는 것이다. 우주 전체에 퍼져 있는 파괴와 폭력의 편재를 성찰하고, 이러한 파괴와 위대한 아름다움의 출현 사이의 신비한 관계를 돌아볼 때 우리는 비로소 이런 이해에 도달하기 시작한다. 생명은 본질상 많은 종류의 고난을 포함한다. 이 고난을 거절하는 것, 즉 이러한 정당한 고통을 수용하지 않으려는 것은 존재를 약화시키는 선택이다.

인생의 중심 목적을 모든 종류의 고통과 괴로움에서 벗어나는 것이라고 여기는 개인은 신경질적이고 덧없는 인생을 살게 될 것이다. 모든 고난과 고통의 제거를 주요 사회 제도의 본질적인 목표로 생각하는 사회는, 인간 실존을 평면적으로 만들고 인간을 제외한 환경을 해치는 세상을 만들 것이다. 이 경우에 지불해야 할 비용은 가공할 만하고 거대하며 기괴할 것이다.

희생이란 단어는 오랜 역사를 통해 너무 오용되어왔기 때문에 우리에게 요구되는 것을 이해하려는 힘겨운 노력에는 별 도움이 되지 않을 수도 있다. 그러나 우리 선조들에게 희생적인 행위는 성스러워지는 방법이었으며, 그 행동이 견디기 어려운 쓰디쓴 고통의 측면을 갖고 있을 때 특히 그러했다. 이런 통찰이 현대 인류에게도 그리 먼 이야기가 아니라는 것은 우리의 대중문화에서 흔히 증명된다. 자신의 손해를 감수하고 자신의 편안함을 희생하며, 재산과 지위를 버리고 타인의 안전과 안녕을 위해 모든 노력을 다하는 우리 문학 속의 영웅들은 샤먼의 본성과 그리 동떨어진 것이 아니다. 샤먼은 타인의 능력을 강화시키기 위한 방법으로 가치 있는 것, 심지어 자신의 육체적 안녕까지도 희생한다. 또한 다른 사람을 구하기 위해 불타는 집 안으로 뛰어들거나 얼어붙은 강물 속으로 뛰어드는 영웅들, 지구공동체의 개선을 위해 재산이나 칭송받는 경력을 희생하는 영웅들을 우리가 높이 평가하는 것은, 이처럼 행동하는 사람들이 바로 희생하는 사람으로서 존재의 신성한 측면을 분명히 보여준다는 것을 우리 스스로 인식하고 있다는 증거이다.

인간 세상 안에 희생과 희생하는 사람들에 대한 존경이 널리 퍼져 있음을 볼 때, 인간은 고통과 파괴가 본질적으로 존재 자체와 결합되어 있음을 알고 있는 것 같다. 인간은 존재 자체를 커다란 특권으로 여기기 때문에 건강을 스스로 버리는 모습에서 감동을 받는다. 심지어 희생 의례의 봉헌에서도 인간은 우주의 희생적 실재에 의례적인 방식으로 진입한다. 이 모든 것 안에서 인간공동체는 존재의 중심 차원을 인식하려는 시도를 하고 있고, 무의식적이고 파괴적인 방식보다는 창조적인 방법을 통해 이 실재에 들어가려 하고 있다.

원시 인류의 희생 강요는 초기에 열역학 제2법칙을 직관적으로 파악한 것으로 이해할 수도 있다. 원시 부족 사람들은 엔트로피를 향한 운동을 언급하기보다 그 많은 진정한 진보에 수반되는 근원적인 고통을 언급했는지도 모른다. 자기 자신만의 이득을 위해 고통을 추구하는 것은 모든 고통을 피하려 애쓰는 삶만큼이나 병적이다. 이때 존재의 신비는 우리에게 끔찍한 일, 곧 이해를 넘어서는 고통을 요구한다. 이러한 쓴 고통 속에서의 희망은 그 고통에 어느 정도 내재하는 창조적인 응답이다.

오늘날 지구공동체에서 발생하는 잔혹한 사건들이 응당 일어나야 할 일이 일어나는 것이라고 정당화하려는 것은 절대 아니다. 고통이라는 수수께끼에 대한 그 어떤 지적인 응답도 가능하지도 않고 요구할 수도 없다. 거대한 현상 세계 안에서 존재가 갖는 잠시의 긴장은 우리 실존의 근본적인 측면이다. 고통과 폭력에 당혹을 느끼는 것은 우리가 삶에서 발견하는 저항과 장애의 일부분이다. 위대한 예술, 기념할 만한 사변 철학, 제도와 사회의 근본적인 개혁, 획기적인 음악 작품들, 세상을 바꿀 만한 기술의 발명은 고통과 폭력에 충격을 받은 개개인이 창조해낸 것들이다. 긴장을 제거하는 것은 창조와 아름다움을 제거하는 것이다.

어떤 별의 믿기 어려울 만큼 강한 압력 속에서 수소는 융합하여 헬륨이 되었다. 헬륨은 융합하여 탄소가 되었으며, 탄소는 융합하여 산소가 되었다. 연료로 사용할 수 있는 것은 무엇이든지 중력의 내파를 피하기 위해 핵융합의 용광로 속으로 들어가버렸다.

그러나 수십억 년의 이런 노력 후에, 티아마트는 결국 기진맥진하여 벽에 기댄 채 자신이 처한 상황에서는 그 거대한 힘들 속에서 더 이상 균형을 유지할 수 있는 방법이 없음을 알게 되었다.

티아마트의 핵이 철로 변화되었을 때, 이제 더 이상 피할 수 없는 붕괴의 마지막 시간이 왔음을 알고 티아마트는 탄식했다. 우주는 눈 깜짝할 사이에 티아마트의 중력적 위치에너지를 치솟는 폭발로 바꾸었다. 일주일 동안의 밝은 섬광은 은하에 있는, 깨어 있는 모든 창조물의 관심을 끌기에 충분했을 것이다. 그러나 그 빛이 꺼지고 티아마트의 여정이 끝났을 때, 티아마트 존재의 보다 더 깊은 의미가 이제 막 드러나기 시작했다.

별의 핵에서 나오는 장엄한 긴장으로부터 티아마트는 텅스텐, 구리 그리고 바나듐을 만들어냈다. 위대한 아름다움으로 마무리를 하며 티아마트는 하나의 별로서 그 자취를 감추었지만, 그 진정한 창조성의 본질은 불소, 아스타틴, 브롬으로 일파만파 진행되었다. 티아마트가 고결함의 가장 특별한 행위로 밤하늘에 넘겨준 것은 세슘과 은과 규소였다. 티아마트는 마그네슘, 오스뮴, 갈륨, 로듐, 티타늄을 불러냈다. 이들은 각각 미래 우주의 펼쳐짐을 위하여 10^{18} 정도의 새로운 세계의 힘을 앞으로 힘차게 내던졌다. 왜냐하면 그들을 받아들일 만큼 영특한 세계는 모두 팔라듐, 게르마늄, 카드뮴의 대양 속에 있었기 때문이다. 이 강력한 원소들은 태초의 찬란한 불꽃이나 초기 은하 시대에는 나타나지 않았었다. 이 존재들은 새로웠다. 이들은 티아마트의 폭발로부터 날아온 거대한 검은 구름 안에 눈에 띄지 않게 섞여 있었지만, 그들이 가진 본질과 잠재력에서 볼 때 이 물질들은 초신성의 빛만큼이나 밝게 빛났다.

티아마트는 칼슘을 만들어냈다. 칼슘이라는 이 새로운 존재는 언젠가는 마스토돈과 벌새를 부양해줄 것이었다. 티아마트는 인을 만들어냈다. 인은 언젠가는 광합성이라는 위대한 지혜의 출현을 가능하게 해줄 것이었다. 티아마트는 산소와 황을 조각했고, 이들은 언젠가는 기쁨에 겨워 지구의 아름다움을 넘어 공중제비를 할 것이었다. 티아마트로부터 나온 거대한 파괴, 견딜 수 없는 폭력이 탄소와 질소라는 우주적 새로움을 창조했다. 탄소와 질소라는 이 두 개의 놀라운 힘은 언젠가는 생명으로, 의식으로, 유전자 부호에 새겨져 있는 아름다움에 대한 기억으로 타오를 것이었다. 그 찬란함, 그 창조성, 그 고난과 파괴를 이야기하는 티아마트 이야기는 우주의 여정을 성스럽게 강화시켰다. 티아마트의 이 이야기에서 우리는 영광의 출현, 우주가 가진 아름다움의 확장, 위험하고 즐거운 힘의 해방을 목격한다.

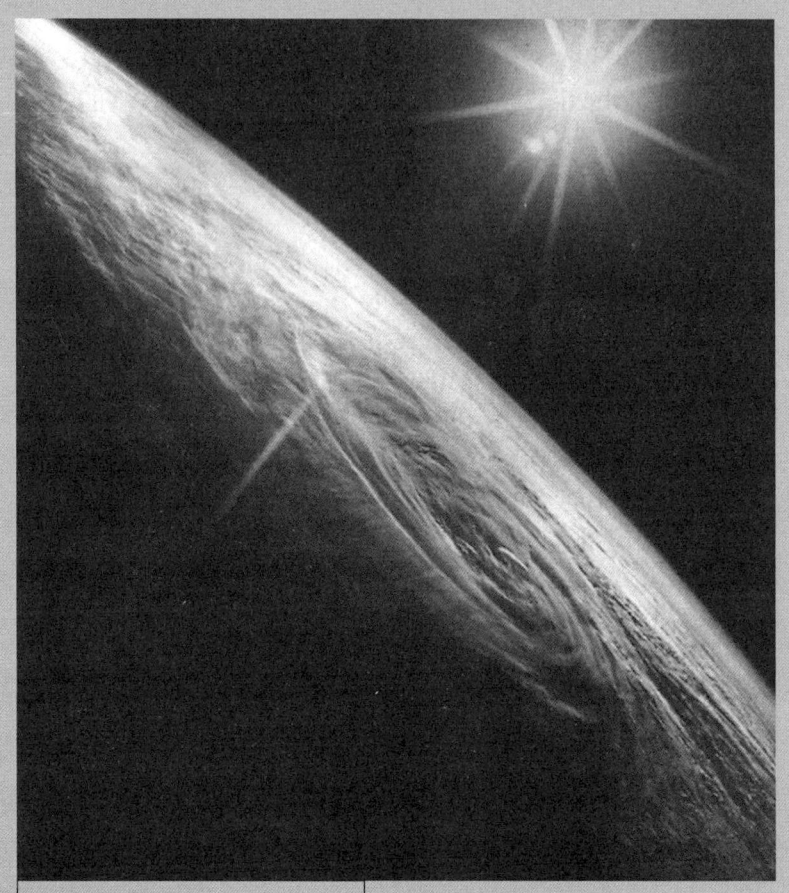

●●● 인도양의 열대성 폭풍과 태양

4 태양 Sun

　태초의 찬란한 불꽃이 분출되어 나왔을 때 우주는 특정한 활동 능력을 지닌 영역을 갖고 있었다. 기본 입자들의 법칙이 안정되자, 우주의 창조적 활동 능력은 풍부한 가능성을 지닌 새로운 틀로 나아갔다. 최초의 원자와 은하들의 출현으로 우주의 창조력은 다시 새로운 차원으로 변화했다. 수소와 헬륨 그리고 은하들의 구조는 우주가 가진 미시 차원의 특성뿐만 아니라 거시 차원의 역학도 변화시켰다. 우주가 새로운 시대를 시작할 때마다, 우주의 활동과 다양한 가능성의 창조적 변화가 이루어진다.

　초신성 이후의 은하들은 초신성 이전의 은하들과 질적으로 다르다. 별들이 내파하여 중성미자들이 터져 나왔을 때, 별들의 거대한 잔존물은 아주 빠른 속도로 흘러나와 상대적으로 짧은 시간 안에 은하의 소용돌이치는 가스와 별들 속으로 철저하게 섞여 들어갔다. 2세대, 3세대 그리고 그다음 세대의 별들은 근본적으로 다른 은하 물질로부터 발생하게 되었다.

　50억 년 전, 별들로 형성된 둥근 원판인 은하수 은하는 비교적 모든 입자를 풍부하게 가지고 있었다. 이 은하 바다 속을 쐐기가 달린 거대한 밀도파의 두 팔density arms이 휘저었다. 은하수 가장자리에서 그 속도는 초속 20마일(약 32킬로미터)에 달했다. 밀도파의 거대한 두 팔이 회전함에 따라 눈에 보이지 않는 파동들이 소용돌이치면서 수백만 개의 별을 출현시켰다. 이렇게 생성된 새로운 별들은 각각 고유한 운명을 가지고 있었다. 그러나 지금 우리는 이 은하의 진화에서 뻗은 한 가지에 초점을 맞추려 한다. 그 진화 가지의 선두에 우리의 태양이 있다.

태양이 등장하던 시공간 영역에서는 천만 년 동안 밀도파가 끊임없이 통과했다. 가장 부피가 큰 별들은 초신성으로 폭발하여 성간 물질을 보다 풍부하게 했다. 태양이 탄생할 즈음에는 아마도 별을 생성하는 파동이 수백 개는 생겼을 것이다. 그리고 마침내 긴 파동 하나가 침입하여 수만 개의 별이 한꺼번에 폭발하도록 유도했다. 이 성단에는 표면 온도가 1만 5천 도로 밝게 불타다 1백만 년 후에는 폭발하고 말 청색거성이 있는가 하면, 표면 온도는 수천 도에 지나지 않지만 수십억 년 동안 연소될 수 있는 작고 차가운 별들도 있었다. 수만 개의 별은 각각 초기 구름을 파괴한 파동에 의해 결정된 서로 다른 운명을 지녔다. 초기 구름이 쪼개져 만들어진 그러한 작은 구름subcloud 중 하나가 우리 태양계의 태양이 될 운명을 가지고 있었다. 그 구름 안에 들어 있었던 수조 개의 파편 모두, 자신이 선택된 놀라운 여행에 대해 알지 못했다.

기본적으로 태양 구름은 무엇보다 처음부터 다른 작은 구름들과 크기가 달랐다. 크기가 큰 구름들은 청색거성이 될 운명이었고, 재빨리 붕괴되거나 적색거성 단계로 바뀌었다. 이보다 작은 구름들은 좀 더 오래 존재할 수 있는 상대적으로 차가운 백색왜성과 갈색왜성으로 방향을 잡았다. 그러나 마지막에 자신이 낳을 태양의 반지름보다 5백만 배나 컸던 태양 구름은 별들이 밀집된 중심부로 모험을 떠났다.

50만 년 후 이러한 구조의 형성은 끝났다. 다른 구름들과의 상호작용에서 자유로워진 태양 구름은 점점 증가하는 비평형non-equilibrium 상태로 빠져들었다. 물질들이 중심으로 떨어졌고, 그 충돌로 인해 엄청난 열이 발생했다. 수십만 년이 지난 후, 중앙의 핵심부는 자신의 빛을 묶어둘 만큼 충분하게 두꺼워졌고 점점 더 빨리 온도가 오르기 시작했다. 핵심부는 오늘날 태양 주위를 도는 목성의 궤도만큼 컸지만, 질량은 태양 구름 전체의 1퍼센트보다도 작았다.

핵심부의 온도가 2천 도에 이르렀을 때, 수소 분자는 단일 원자 상태로 녹아내렸다. 그 핵심부는 더 많은 열을 발생시키며 자체적으로 붕괴했다. 물질들이 계속 붕괴함에 따라 그 내부의 핵과 충돌하게 되면서 온도가 상승했다. 이 상승은 모든 원자가 이온화하여 입자 상태로 돌아가 마지막 붕괴를 일으킬 때까지 계속되었다. 플라즈마 상태에 있는 핵심부의 압력은 중력과 맞먹을 정도로 커졌다. 온도가 1천만 도에 이르자 중심에 있던 수소는 헬륨을 형성하기 시작했다. 우리의 태양이 탄생한 것이다!

단 하나의 구름 안에서 동시에 수만 개의 탄생이 있었다. 그중에는 내파들 사이에서 발생한 어떤 의미 있는 붕괴도 포함되어 있었다. 다른 원시의 별들 protostars 과 충돌하던 또 다른 원시의 별은 매우 불안정해져서 별을 구성하는 작업을 결코 완성할 수 없었다. 얼마 뒤 이런 구름들은 대부분 뿔뿔이 흩어져서 떠돌아다녔다.

태양의 핵심부로 가지 못했던 대부분의 기체는 날아가버렸다. 태양은 거대한 빛의 분출과 함께 매일 태양풍의 형태로 수십억 톤의 양성자를 방출한다. 처음 50만 년 동안은 방해를 받았지만, 태양은 남아 있던 상당량의 기체를 걸리적거리지 않도록 치워버렸다. 대부분의 기체는 그렇게 날아가버렸지만, 전부 다 날아가버린 것은 아니었다. 원래 있던 태양 구름의 부속 원반들은 태양 주위를 돌고 있었고, 태양으로부터 나오는 우주적 광선에 저항하기에 적절한 정도의 크기만큼 커졌다. 단지 태양 크기의 약 100분의 1에 불과한, 태양을 만드는 주요한 작용을 끝냈을 때 남아 있던 입자들, 하위 구름의 차가운 잔재들, 잔여물, 나머지들이 소용돌이치는 원반에서 수성 Mercury, 금성 Venus, 지구 Earth, 화성 Mars, 목성 Jupiter, 토성 Saturn, 천왕성 Uranus, 해왕성 Neptune 을 탄생시켰다.

이러한 이름들을 열거하는 것만으로도 우리 대화의 또 다른 차원이 열린다. 이 이름들을 통해 우리는 우주 안에 머무는 인간에 집중했던 역사를 기억한다. 우리는 앞 문단의 마지막 문장 이전까지는 양성자들의 세계와 별들이 붕괴되는 세계에 있었다. 그 세계는 6천 도의 온도, 광속, 1퍼센트의 질량과 같은 양 quantity 이 지배하는 세계였다. 양의 세계는 비인격적인 힘과 확률적인 결과라는 의미를 내포한다. 그러나 주피터(목성) 같은 남신이나 비너스(금성) 같은 여신의 이름을 부름으로써, 우리가 태양이나 목성 또는 지구의 탄생을 말할 때 궁극적으로 어느 한 기체 덩어리의 자기조직뿐만 아니라 존재 그 자체의 깊은 신비에 대해서도 다루고 있음을 알게 된다.

태양과 행성 지구는 자신의 이야기를 우리에게 들려주려고 손짓한다. 대부분의 민족은 그들만의 태양과 태양의 탄생 그리고 그 중요성을 다룬 고유한 이야기들을 가지고 있다. 그렇게 많은 초신성의 폭발을 쫓아서 태양이 탄생한 것과 마찬가지로, 우리 역시 그렇게 많은 문화와 이야기를 쫓아왔다. 이제 태양에 대해 새롭게 이야기할 때가 왔다. 우리는 고대의 태양에 대한 모든 질문을 다시 던진다. 태양의 의미는 무엇인가? 우리는 태양과 어떤 관계에 있을까? 하나의 신성 deity 으로? 핵융합 반응이 일어나는 구球로? 태양은 어떤 식으로 특별한가? 이전 민족들이 태양을 아폴로, 혹은 솔 Sol 이라고 불렀던 것처럼 태양은 인격성 personality 을 암시하는 이름을 부여받을 만한 가치가 있는가? 그보다는 오히려 발생 과정이 일치하는 다른 수십억 개의 별과 태양은 같은 것이 아닐까? 태양의 발생은 다른 별들의 발생과 다른 것이 없지 않을까? 실제로 태양의 발생 과정이 다소 다르다면, 무엇이 다르고 무엇이 비슷한가?

우리의 우주 이야기는 이제 한 특정한 세부 가닥에 집중한다. 위의 질문들에 대답하는 일은 우리의 세부 이해를 넘어서서 다른 어느 곳에서 발생하는 진화에 대한 우리의 가정을 보다 명료하게 말하는 것을 의미한다.

서구 과학의 전통에서, 출발 가정은 가장 중요한 '원리'라는 관점에서 세워진다. 실재에 대한 그러한 해석들 위에서 그다음 연구가 시작된다. 비록 경험적으로 증명되지는 않았더라도, 유용한 증거에 기초하여 이 가정들은 우리에게 합리적으로 보인다. 우주론에서 기본 원리는 1931년 아인슈타인이 제시한 우주에 대한 정의에 기초한다. 오늘날 지구를 둘러싼 우주론의 전체 연구 작업에서 핵심적인 이 원리는 단순히 '모든 공간은 닮았다'는 명제이며, 우주론적 원리cosmological principle라고 불린다. 이는 사실fact이라기보다는 원리principle이다. 왜냐하면 우리는 지구에 기초한 관찰에 의해서만 이 원리를 알 수 있기 때문이다. 우리의 관점에서 볼 때 우주는 어디에서 보든 같거나 비슷해 보인다. 어디에서 보든 태초의 찬란한 불꽃에서 방출된 마이크로파 배경 복사background radiation는 거의 같은 덩어리로 우리에게 오고 있다. 또한 어디서나 우리는 은하들의 바다를 발견한다. 은하들의 출현은 작은 규모에서 볼 때는 불규칙하지만 10억 광년쯤 되는 거리에서 보면 균일하다. 이 정도의 규모에서 본다면 우주는 어느 곳에서나 같아 보인다.

헤라클레스 성단 안에서 우주를 보면 우주가 어떻게 보일지 우리는 실제로 경험할 수 없다. 우리는 우주가 어느 곳에서나 같을 것이라 가정하고, 그 가정을 정당화시키기 위하여 우주론적 원리를 언급한다.

우주론적 원리는 공간에 기초한다. 즉, 우주 공간 안의 모든 지점은 다른 지점들과 같다는 것이다. 여기서 우리는 우주론적 원리를 확장시키려고 한다. 뉴턴으로부터 아인슈타인에 이르기까지 수학적 우주론자들은 총체로서의 우주의 진화를 무시한 채 연구했다. 그들은 우주가 거의 변하지 않는다는 가정 아래 기본 개념을 세웠다. 오늘날 우리는 생성 중인 우주, 즉 계속 진화하는 우주에 살고 있음을 알고 있다. 우리는 확장된 우주론적 원리를 우주 생성의 원리cosmogenetic principle라고 부를 것이다. 이 원리는 우주 안에서의 모든 지점은 다른 지점들과 같다는 가정에 덧붙여, 진화의 역학 역시 우주 어느 곳에서나 같다고 가정한다. 우주론적 원리는 물질과 에너지가 우주 전역에 걸쳐 기본적으로 같다는 입장이다. 우주 생성의 원리는 이에 덧붙여 진화의 역학 역시 기본적으로 우주 전역에서 같다고 가정한다. 우주론적 원리와 마찬가지로 우주 생성의 원리는 증명해야 할 것이 아니다. 이 원리는 우주 진화에 대해 우리가 알고 있는 증거에 기초하고 있는 근본 가정이다. 우주에 있는 모든 장소를 방문해본 사람만이 직접 관찰함으로써 이 원리의 진실 여부를 말할 수 있을 것이다. 그러나 우리 자신의 관찰에 기초할 때 우주 생성의 원리는 합리적인 가정처럼 보인다.

우주 생성뿐만 아니라 그 미시 국면적 요소인 **후성설**epigenesis은 시간 안에서 진화하는 구조들과 관련된다. 우주 생성은 보통 은하와 항성계 같은 거대 구조와 관련되는 반면, 후성설은 생명계 안에서의 진화 형태와 관련된다. 우리가 관찰하는 것은 우주 안에서 생겨나 상호작용 속에서 진화하여 안정 상태에 도달한 형태와 구조들이다. 그러나 만일 비평형적 과정이 진행된다면 그 형태와 구조들은 붕괴되고 분해될 것이다. 우주 생성의 원리는 단순하게 이 역학이 우리의 시공간 영역에 나타나는 구조를 만드는 데 관여하며, 또한 우주 전체에 두루 퍼져 있어 영향을 미친다고 이야기한다. 이 원리는 한 장소에 있는 실제 구조가 우주 다른 곳에 있는 구조와 똑같다는 뜻은 아니다. 우주 생성의 원리는 단순히 여기서 형태를 생성하는 역학이 또한 우주의 다른 모든 곳에서도 작용하거나 최소한 잠재해 있다는 것을 의미한다. 이 원리는 우리의 영역이 우주의 다른 모든 영역과 이런 역학의 관점에서 같다는 말이다.

형태 생성을 위한 우리의 근본 패러다임은 태양이다. 거의 균질한 조성의 어떤 구름이 거의 평형 상태에서 표류하다가, 고도의 비평형 상태에 있는 진화하는 구조물인 태양이라는 형태가 되었다. 이러한 항성 구조는 순차적 단계 중 어느 한 영역을 관통하게 되며, 이 특별한 순차는 그 별의 환경이 갖는 조건뿐만 아니라 초기 상태에 의하여 결정된다. 그 별은 한동안 존재한 다음 자신의 형태를 완전히 잃어버리고 소진된 왜성으로 붕괴되거나 펄서 또는 블랙홀로 분해되어 자신의 형태를 완전히 잃어버린다. 우리가 관찰할 수 있는 범위에서 본다면, 하나의 별을 존재하게 하는 이 힘은 우주의 나선형 은하들 전역에 작용한다.

이미 언급했듯이 어떤 은하에서는 둥근 원판의 성간 가스가 완전히 제거되었고, 또 어떤 은하에서는 나선 구조가 파괴되었다. 이러한 경우 이 은하들은 새로운 별을 거의 만들지 못한다. 우주 생성의 원리는 만약 이런 은하들이 변형되지 않았더라면 별들을 생성할 수 있었을 것이라고 암시한다. 나선 구조가 어떤 식으로든 복구되고 성간 가스가 공급될 경우 별들이 곧 발아할 것이라는 관점에서 본다면, 별을 구성하는 능력은 최소한 잠재적으로 존재한다고 가정할 수 있다.

우주 생성의 또 다른 중요한 사례는 은하들의 탄생과 발전이다. 대부분의 은하 구조는 태초의 찬란한 불꽃 이후 수십억 년 동안 우주 전역에 걸쳐 만들어졌다는 것이 우리의 결론이다. 우리는 은하의 구조를 생성해내는 이 힘이 우주 어디에나 있다고 가정한다. 우주에서 이루어진 형태 생성의 또 다른 예는 원시 원자들의 출현이다. 우주 생성의 원리는 지구에 있는 수소 원자의 구조가 우주의 다른 지역에 있는 수소 원자의 구조와 유사하거나 심지어 완전히 같다고 가정한다. 실제로 우주 어딘가에 가서 수소를 관찰하지 않고서는 이것이 사실이라고 확신할 방법은 없지만, 수소가 어느 곳에서나 다르다는 주장에 동의할 증거도 없다. 이런 주장은 시공간 속에 있는 우리의 위치는, 그 기본적인 상호작용과 역학에 있어서 우주 전역의 다른 장소와 비슷하다는 우리의 직관적 이해를 위반한다.

우리는 우주 생성의 원리를 또 다른 중요한 법칙인 열역학 제2법칙과 비교해봄으로써 그 의미를 보다 명료하게 밝힐 수 있다. 열역학 제2법칙은 닫힌계에서는 그 어느 것이라도 자신의 엔트로피를 증가시키는 경향이 있음을 지적한다. 예를 들어, 열은 시간 안에서 비가역적이다. 열역학 제2법칙에 따르면 모여 있던 열은 모든 방향으로 흩어지고, 일단 한번 흩어지면 그 열은 다시 모이지 않는다.

우주 생성의 원리는 열역학 제2법칙을 보완한다. 열역학 제2법칙은 질서를 깨뜨리는 우주의 역학을 말하며, 우주 생성의 원리는 질서를 만드는 역학을 말한다. 우리는 이 두 법칙이 태양의 이야기로서 가장 잘 묘사되어 있음을 알 수 있다.

초신성이 폭발할 때 나와서 공간을 힘차게 돌아다니고 있는 뜨거운 원자들의 흐름부터 살펴보자. 이 원자들은 매 순간 광자들을 방사한다. 이 광자들은 원자들의 온도를 저하시킨다. 이 원자들이 보다 차가워진 원자들과 충돌하면서 그들의 뜨거운 에너지는 더 줄어든다. 곧 이들은 다른 원자들과 섞여서 평형에 가까운 균질한 차가운 구름이 된다. 그 구름에는 다른 부분에 비해 유난히 뜨거운 곳이 없다. 뜨거운 원자들의 흐름에서 활동이 없는 평형 상태로 변하는 전체 운동이 제2법칙에 대한 하나의 설명이다.

만약 이 구름이 충분히 크고 나선형 은하의 원반 안에 있었다면, 이 구름에 아주 약간의 충격이 가해져도 별을 만드는 우주 생성의 역학을 쉽게 활성화시킬 수 있었을 것이다. 그런데 결과적으로는 그 반대의 과정이 생겨났다. 우리는 평형 상태로 가는 열역학 제2법칙의 운동을 보여주는 상황이 아니라 극도의 비평형 상태로 이동하는 원자들의 운동을 발견했다. 이 비평형 상태는 한 장소에서 수십억 년에 걸쳐 지속된 아주 뜨거운 영역을 이루었다. 태양의 힘은 이런 비평형 상태에서 원자를 붙들고 있다. 만일 태양이 결국 폭발하여 사방팔방으로 뜨거운 원자들의 흐름을 방출한다면, 우리는 우주 이야기의 처음으로 다시 돌아가게 될 것이다.

과학자들이 우주 생성을 발견하기 전까지 열역학 제2법칙을 궁극적인 원리로 여긴 것은 당연하다. 아무도 138억 년에 걸쳐 모든 존재 구조를 낳은 거대한 크기의 힘을 몰랐다. 아마 현재의 우리는 우주의 계속되는 진화를 공부하기 때문에 '우주 생성의 원리'가 궁극적으로 보일 것이다. 21세기에는 과학자들이 질서를 생성하는 우주의 힘에 매혹되어 19세기에 관심을 가졌던 열역학 제2법칙을 가끔 잊어버릴지도 모른다. 사실 두 법칙 중 하나만 받아들이는 것은 우주의 본성에 대한 부분적인 통찰에 불과하다. 또 열역학 제2법칙이나 우주 생성의 원리, 둘 중 하나를 무시하는 것은 우주가 실제 활동하는 방식을 무시하는 일이다.

수세기 동안 인간은 형태를 파괴하는 우주의 힘에 관심을 기울여왔다. 이제야 비로소 형태를 만드는 역학을 연구하기 시작했으므로, 그 서술은 추론적일 것이고 우리의 이해가 커지면서 계속해서 더 발전할 것이다. 우리의 접근은 기본적으로 관찰에 기초할 것이다. 우리는 138억 년 동안 놀라운 발전을 계속해온 우주에 존재한다. 이 우주에 대해 무엇을 말할 수 있을까?

우리가 말할 수 있는 모든 것 가운데 가장 중요한 지식은 우주의 구조가 어떤 의미에서 '목적을 가지고 있다'는 것이다. 무감각한 것이 되었을 우주에서 우연한 충돌을 통해 우주의 구조가 생겨났다는 관점에서 본다면 그 구조가 전적으로 우연한 것은 아니다. 우주에서 원자를 얻기 위해서, 이 원자들이 우연히 서로 충돌하기 위해서, 그리고 그 충돌을 통해 하나의 아미노산 분자를 형성하기 위해서는 지금까지 존재했던 시간보다 더 많은 시간, 어쩌면 138억 년의 100배가 훨씬 넘는 시간이 필요할지도 모른다. 그러나 아미노산은 지구에서뿐만 아니라 은하수 은하 전역에 걸쳐 생성되었다.

우주 생성의 원리는 아미노산을 생성하는 이 자기조직 역학이 특별히 은하수 은하에만 있는 것이 아니라 모든 은하에 존재하고 있다고 가정한다. 이러한 힘은 한.번 활성화되면 매우 효율적으로 작동하기 시작한다. 하나의 아미노산을 만드는 데 관여하는 이 힘은 전자기적 상호작용과 중력 작용 그리고 강한 핵 상호작용과 약한 핵 상호작용을 포함한다. 아미노산 생성 과정 중에 이런 상호작용들을 엮어가는 알고리즘algorithm이 바로 우리가 형태를 만드는 힘form-producing power이라고 부르는 것이다.

아미노산이 과학 분야에서 가장 대표적인 사례이기 때문에, 단지 우리는 특정한 구조를 목표로 하는 우주의 과정을 묘사하기 위해 아미노산을 택했다. 사실 우리가 거대 규모의 우주에서 어떤 구조를 숙고하더라도, 이 구조로 무질서하거나 공평한 우주를 설명하는 일은 어렵거나 불가능하다는 것을 알게 된다. 은하들을 볼 때 이것은 확실히 사실이다. 만일 우리가 혼돈 상태 혹은 평형 상태가 아닌 그런 치우치지 않은 우주를 고려해본다면, 10억 년 안에 은하계의 구조가 진화할 가능성은 무시할 정도일 것이다. 1천억 년이 지나도 이 가능성은 여전히 무시할 만큼 낮다. 우주 생성의 원리에 새겨져 있는 명백한 결론은, 적당한 조건만 주어지면 은하를 창조하고 형태를 생성하려는 완전히 자연스러운 능력이 우주에 있다는 것이다.

우주 어디에나 형태를 만드는 힘들이 잠재한다는 사실은 우주 생성의 원리가 갖는 첫 번째 특징이다. 두 번째 특징은 시간 안에서 그 힘들 사이에 언제나 존재하는 관계성이다. 특정한 밀도를 가진 원자구름이 있어야 별들을 만들기 시작할 수 있듯이, 새로운 단계의 활동이 시작되기 전에 특정한 배열이 구성되어야 한다. 예를 들어 태초의 찬란한 불꽃 시기에는 별들을 만드는 활동은 불가능했다. 오직 잘 조직된 연속적 과정을 통해 완전히 새로운 실재가 등장할 수 있다.

별의 진화에서 이런 변천의 연속 과정은, 가능성이라는 나무가 계속 가지를 뻗어나가기 위해 내리는 연속된 결정이다. 첫 번째 분기점 breakpoint은 충격파의 도착이다. 구름의 본성과 파동의 본성이 새롭게 선택되는 가지들의 본성을 결정할 것이다. 어떤 가지는 황색 별로, 또는 청색거성으로, 또는 적색왜성으로 되지만, 어떤 가지는 아무 별도 되지 않을 것이다. 두 번째 분기점은 수소가 모두 연소되었을 때 도래한다. 여러 개의 길 가운데 하나를 선택해야 한다. 아마도 헬륨을 연소하는 힘들이 활성화될 것이다. 빛나는 헬륨이 빠르게 변화될 때 그 별은 백색왜성으로 위축될 것이다. 또는 아마 몇몇 환경 때문에 질량이 커지거나 작아져서 운명이 바뀌기도 할 것이다.

우주 안의 각각 분기점에서 내린 기본 결정이 앞으로의 특정한 방향을 결정한다는 관점에서 보면, 여러 길 중에서 하나를 선택하여 미래로 향하는 운동은 자유롭다. 그러나 각각의 분기점에서 특정 선택만이 가능하다는 관점에서 보면, 이 운동은 또한 이미 결정되어 있는 것이다. 우주 생성의 원리는 우주의 모든 장소에 잠재적으로 존재하는 방대한 갈림길이 있다는 것을 말해준다. 탐구되어야 할 이 가능성들 가운데 정확한 부분은 그 지역의 창조적 진화 역사에 의존할 것이다. 어떤 특정한 장소에서 어떤 구체적인 특징이 나타나는지는 우리가 직접 그곳에 가보지 않고는 알 수 없다. 그러나 이제 우리는 138억 년에 걸쳐 일어난 진화에 대한 방대한 정보를 가지고 있기 때문에 우주 진화의 몇몇 일반적인 특징을 분명히 밝힐 수 있게 되었다. 우리는 이 특징들이 우주 어디에서나 일어나고 펼쳐지는 일반적인 특성이 되기를 기대한다.

우주 생성의 원리에 따르면 우주의 진화는 모든 시공간과 존재의 모든 단계에서 분화differentiation, 자기조직autopoiesis, 친교communion라는 특징을 갖는다. 이들 세 용어, 즉 분화, 자기조직, 친교는 모든 실존을 지배하는 주제이고, 모든 존재의 기본 의도이며, 단순하고 명료한 정의 그 이상을 의미한다. 이제 이 용어들과 관련되어 있는 몇 가지 의미를 명료하게 밝힐 것이다. 그것은 시공간을 관통하여 팽창하는 우주 진화에 관해 우리가 직접적으로 경험한 것에 대한 서론이다. 분화는 다양성diversity, 복잡성complexity, 변형성variation, 부동성disparity, 다형성multiform nature, 이질성heterogeneity, 명료성articulation과 동의어이다. 두 번째 특징인 자기조직은 주체성subjectivity, 자기 표명self-manifestation, 감각성sentience, 자기조직self-organization, 경험의 역동적 중심dynamic centers of experience, 현존presence, 정체성identity, 존재의 내적 원리inner principle of being, 목소리voice, 내면성interiority 등으로 다양하게 표현된다. 세 번째 특징인 친교는 상관성interrelatedness, 상호의존성interdependence, 친족 관계kinship, 상호 관계mutuality, 내면적 관계성internal relatedness, 호혜reciprocity, 상보성complementarity, 내적 결합성interconnectivity, 친화성affiliation 등으로 표현되며, 우주 진화에서 모두 같은 원동력을 가리킨다.

이 세 가지 특징은 어떤 거대한 이론 체계 안에서 연역된 '논리' 또는 '공리'가 아니다. 이 특징들은 우주 진화에 대한 사후 평가post doc evaluation에서 나온 것으로, 미래의 경험이 지금 우리가 가진 현재의 이해를 벗어나 확장하게 되는 다음 시대에는 분명히 더욱 깊이 이해되고 전환될 것이다.

우주 안에서 일어나는 연속된 사건들은 분명히 하나의 이야기가 된다. 왜냐하면 그러한 사건들 자체가 엄밀히 복잡성, 자기조직, 친교라는 중요한 질서로 구성되기 때문이다. 이러한 사건들은 전체 우주 역사의 모든 시공간에서 창조적으로 에너지를 배열하는 우주적 질서이다.

음악이라는 은유가 이런 식으로 배열된 자연을 표현하는 데 도움을 준다. 어떻게 보면 하나의 교향곡은 일련의 음표와 침묵이며, 공기의 연속적인 소요이며, 특정한 시간 간격을 두고 발생하는 일련의 음색이다. 이와 같이 어떻게 보면 우주는 일련의 사건 발생이며, 모든 존재의 에너지 영역을 어지럽히는 연속된 배열이고, 시간적 간격을 두고 발생하는 일련의 물질과 에너지의 배열이다.

보다 깊이 이해해보면, 음표들은 교향곡 바탕에 깔려 있는 주제를 생생하게 표현할 수 있는 방식으로 배열된다. 음표들은 음악이 아니었다면 침묵하거나 표현되지 못했을 어떤 것을 이렇게 표현하면서 존재하게 된다. 음악은 특정한 음표와 지배하는 주제, 이 두 가지로 구성된다. 음표가 없는 주제는 사람을 감동시키지 못하고, 주제가 없는 음표는 단지 신경에 거슬리고 정신을 산만하게 하기 때문이다.

우주는 다양성, 자기 표명 그리고 상호성이라는 기본 질서의 지배를 받는 자발적인 존재로 생겨난다. 이러한 질서들은 사건의 발생에 관여하고 그럼으로써 우주의 가장 중요한 의미를 확립할 때 실현된다. 실제로 우주라는 존재는 이 질서의 힘에 의존하고 있다. 분화가 없었다면 우주는 균질한 한 점으로 몰락했을 것이다. 주체성이 없었다면 우주는 생기 없고 죽은 확장물로 몰락했을 것이다. 친교가 없었다면 우주는 소외된 존재들의 단일점으로 몰락했을 것이다.

우주 생성은 분화에 의해 질서가 잡힌다. 소립자 또는 원자적 존재라고 부르는 분명한 에너지의 집합에서부터 생성의 세계인 빛의 방사 구조를 통해, 우리는 항성계를 포함하는 복잡한 은하에서 우주의 무한한 다양성을 발견한다. 우리는 한때 하늘이 별로 가득 차 있다고 여긴 적도 있었지만, 그 후 떠도는 별과 행성들이 모두 다른 별과 다르다는 것을 알게 되었다. 그 이후 성운과 은하들 역시 다르다는 것을 알게 되었고, 각각의 행성이 다른 행성들과 얼마나 다른지도 알게 되었다. 어떤 존재를 깊이 알면 알수록 우리는 그 모든 존재 사이에 있는 차이를 보다 분명하게 알게 될 것이다. 우주의 분화를 알게 된 일은 분명 인간 모험의 가장 중요한 성취이다.

우주는 언제나 더 큰 분화를 추구했다. 태초에 모든 입자는 차이가 그리 크지 않은 다른 입자들과 상호작용을 하고 있었다. 그러나 우주의 대칭성이 깨지면서 네 가지 상호작용이 각각의 입자를 분화시켰다. 불덩어리의 열 평형 상태로부터 우주는 서로 다른 은하들에 의해 분화되었다. 두 개의 똑같은 은하는 없다.

모든 존재는 새로웠고, 다른 모든 구조와 구별되었다. 이 새로운 구조의 역학 또한 질적으로 새로웠다. 소립자들을 지배하는 상호작용은 원자와 관계된 상호작용과는 질적으로 그리고 양적으로 모두 달랐다. 그것은 별 그리고 은하들과 관련된 역학과도 구별되었다. 물론 이들 사이에는 유사한 점도 존재한다. 그러나 여기서 강조해야 할 것은 어떤 수준에 적용되는 방정식의 일반 형태는 그 차원에서 각각 독특하다는 것이다. 우주의 모든 차원은 다른 차원들과 구별되는 '세계'인 것이다.

분화, 자기조직, 친교는 우주의 실재와 가치를 언급한 것이다. 이 세 가지 특징은 각각의 고유한 특징이다. 예를 들어 분화는 대칭성이 깨진 후 우주가 분화될 때 그 안에서 발생하는 관계의 특징을 나타내기도 한다. 관계의 다양성은 인간 지식과도 관련을 맺는데, 지식은 우리 인간이 세상 안에서 확립한 특정한 관계를 대표한다. 어떤 특정한 과학 경향이 모든 지식을 양적인 양식으로 환원시키듯이, 한 가지 차원으로 지식 또는 이해를 환원시키는 일은 전체 교향곡을 하나의 음표로 환원시키는 일과 유사하기 때문이다. 우주의 분화된 에너지들 사이에 이루어진 통합적인 관계는 모든 형태의 지식 영역을 포함하는 다각적인 이해를 요구한다.

분화된 우주가 요구하는 다양한 형태의 관계는, 우주에 있는 모든 개체는 말로 다 설명될 수 없다는 사실에 기초한다. 과학적 지식은 궁극적으로 별이나 원자 그리고 세포나 사회가 갖는 구조의 유사성을 언급한다. 그러나 우주에서 존재한다는 것은 다르다는 것이다. 존재한다는 것은 한 실체의 독특한 표명이다. 은하수 은하, 로마의 몰락, 열대 우림에 있는 특별한 나무 종류 등 우주에 있는 그 어떤 것이라도 깊이 연구하면 할수록 우리는 그 독특함을 더 많이 발견한다. 동시에 과학은 어떤 사물의 구조와 그 구조의 설명하기 힘든 독특함에 대해 우리의 이해를 심화시킨다. 그러나 우리의 이해가 아무리 깊어져도 궁극적으로 모든 사물은 영원히 이해되지 못한 채 남아 있을 것이다.

우주는 농축된 에너지로 출발했고, 매 순간 스스로를 새롭게 재창조했다. 우주의 모든 영역에서 자신을 변신하는 이 힘은 한계가 없어 보이며 실재에 뿌리박혀 있는 고갈되지 않는 다산성을 보여 준다. 이 전체 그림을 관찰할 때 우리는 충만한 새로움을 창조하려는 존재의 집요함을 발견한다.

특히 발전하는 우주 안에서는 반복이 거의 없다는 사실은 특별한 감동을 준다. 우주를 출발시킨 불덩어리는 은하의 출현과 제1세대 별에게 자리를 물려주었다. 그 이후 탄생한 다음 세대의 별들은 다른 별들과 구별되는 자기 자신의 고유한 사건의 연속을 갖는 살아 있는 행성을 탄생시켰다. 창조의 새로운 표현인 생명과 인간의 역사는 그 시작부터 시간의 분화를 계속했다. 사실 138억 년이라는 우주의 모든 역사는 전체로 보았을 때에야 그 완전한 의미를 이해할 수 있는 하나의 서사시이다. 그 의미는 넘치는 창조의 분출이며, 여기서 모든 존재는 고유한 실존을 갖는다. 우주의 심장에는 새로움과 광활한 존재 영역을 관통하는 거대한 차원의 놀라운 펼쳐짐을 위하여 요동치는 추가 존재한다. 각각의 시공간이 가진 창조성은 다른 모든 시공간의 창조성과 다르다. 우주는, 모든 존재로 매 순간 우리에게 다가와 다음과 같은 놀라운 소식을 알려준다. "나는 새롭다. 우주를 이해하기 위해서는 나라는 존재를 이해하라."

우주 생성은 자기조직에 의해 구조화된다. 자기촉매적 화학 과정에서부터 세포에 이르기까지, 살아 있는 몸에서 은하계에 이르기까지, 우리는 우주가 자기조직 역학을 보여주는 구조로 가득 차 있음을 발견한다. 자기조직이란 용어에서 지칭되는 자기는 눈에 보이지 않는다. 단지 그 효과만 구별될 수 있다. 나무 한 그루, 코끼리 한 마리, 한 인간의 자기 또는 정체성은 눈에는 보이지 않더라도 지성으로 직접 인식되는 실재이다. 유기체의 한 존재 양식으로서 한 유기체를 통합시키는 원리는 그 유기체의 물리적인 구성 요소 전체와 구별되지 않는 통합적인 것이다. 그것이 유기체의 자발성의 원천, 즉 자기 표명을 하는 힘의 근원이다.

생명체들과 열대림 또는 산호초 같은 생태계는 자기조직 역학의 대표적인 사례이다. 우리는 자기조직이란 용어로 생명체뿐만 아니라 일반적인 자기조직력을 표현하려고 한다. 자기조직은 우주 창조 활동에 직접 참여하기 위해 모든 존재가 가지고 있는 힘을 말한다. 예를 들어 우리는 별들의 자기조직에 대해 이미 이야기했다.

별은 수소와 헬륨을 조직하여 원소들과 빛을 생성했다. 이런 질서는 별 자체의 중요한 활동이다. 다시 말하면 그 별은 자기조직 역학을 자기 내부로 집중시킬 수 있는 기능적인 자기를 갖고 있다. 이 거대한 성분들과 활동을 조직하는 것이 바로 별이 가진 자기 명료화의 힘이다.

자기조직이라는 용어를 이렇게 이해할 때, 우리는 하나의 원자 또한 자기조직을 하는 체계임을 알 수 있다. 모든 원자는 질서 있는 활동의 폭풍이다. 이 보이지 않는 힘은 어떤 특별한 별자리에 있는 에너지를 닮았다. 이것이 원자의 정체이다. 은하 또한 자기조직을 하는 체계이다. 은하는 비평형 과정에서 별을 조직하고 성간 물질을 통해 새로운 별들을 창조하기 때문이다.

자기조직은 사물의 내적 차원을 가리킨다. 가장 단순한 원자조차도 물리적 구조나 다른 존재들과 맺는 외부 관계만을 고려해서는 이해할 수 없다. 사물들은 자신을 드러내는 내적 능력을 통해 나타난다. 심지어 하나의 원자조차도 근본적으로 자발성이 있는 양자를 가지고 있다. 그 후 우주의 진화에서 이 최소 차원의 자발성은 회색 고래의 삶에서처럼 행동의 지배적인 요소가 될 때까지 성장한다.

초기의 자기조직과 후기의 표명 manifestation 사이의 관련성은 무엇일까. 우리는 기본 영역의 감각에 대해 물어볼 필요가 있다. 왜냐하면 한때 용해된 암석이었던 지구가 이제는 공기와 새들의 노래로 가득 차 있음을 알게 되었기 때문이다. 만일 인간이 우주의 놀라운 감각을 물려받았고 그 원소들로부터 생성되었다면, 그 원소들의 내부 세계에 대해 과연 무엇을 말할 수 있을까? 우주에 대한 우리의 이해를 잘 음미해보면, 우리는 통합적인 우주를 유지하는 연속성과 일련의 전환을 통해 우주의 진화를 가능하게 하는 비연속성을 함께 유지할 필요가 있다.

태초에 용해된 암석들은 오늘날의 바위에는 존재하지 않는 힘을 가지고 있었다. 초기 지구에 있었던 공통된 화학 과정은 잠재력들이 활성화되고 새로운 지층 구조의 시대가 열리면서 거의 없어졌다. 확실히 태초에 용해된 암석들이 포유동물의 의식으로 전환된 것은 분명히 근본적인 이동이다. 그러나 우리는 이러한 의식이 실재에 추가되었거나 삽입된 것으로 여겨서는 안 된다. 우주의 통합성은 존중되어야 한다. 왜냐하면 어떤 이론이든 우주의 본질적인 통합성을 무시하면 과학 지식의 가장 기본이 되는 것을 무너뜨리기 때문이다. 우주가 다양한 형태의 에너지를 가질지라도 그것은 결국 단일한 에너지 사건이다. 모든 것은 우주의 본질적인 창조성에서 나왔다.

우리의 해석은 우주가 가진 특징의 근본적인 출현에 대한 이야기이다. 오늘날 세계의 감각성sentience은 진화하는 우주의 존재론적 창조물이다. 과거에는 이 감각성이 잠재적인 가능성으로 존재했지만, 지금은 역사적 또는 활동하는 실재로 존재한다. 우주에 있는 창조물들은 우주 밖의 어떤 장소에서 오는 것이 아니므로, 우리는 우주를 언젠가 피어나게 될 특징이 현재 비어 있는 공空의 차원으로 감추어져 있는 공간이라 생각할 수 있다.

그렇지만 특징들이 공空에서 나오는, 잠재된 채 숨어 있는 무無의 존재에서 나오는 것이라는 후성설의 해석에 더해, 초기 우주와 그러한 힘들 안에 있는 잠재적 감각성 사이의 직접적이고 친밀한 관계 역시 언급해야 한다. 바위와 물과 공기는, 그것의 본성 그대로 감각을 지닌 존재들 사이에서 번성함을 알게 된다. 최소한 우리는 잠재되어 있는 미래의 경험이 바위의 운동에 감싸여 있다고 말할 수 있다. 왜냐하면 용해된 마그마의 난류 안에서 자기조직을 하는 힘이 생겨 새로운 형태를 가져오기 때문이다. 여기서 새로운 형태는 자신들을 창발시킨 바로 그 우주에 대한 경외감으로 공포에 떨거나 아찔해질 수 있는 동물을 말한다.

우주 생성은 친교로써 조직화된다. 존재한다는 것은 서로 관계를 맺는다는 것이다. 왜냐하면 관계는 존재의 핵심이기 때문이다. 태초의 입자들이 분출되던 바로 그 순간에 전체 우주 안에서 모든 입자는 다른 입자들과 연결되어 있었다. 그 후 미래의 어떤 순간에도 우주에 있는 존재들이 분리되는 일은 일어나지 않을 것이었다. 하나의 입자에 있어서 고립이라는 것은 이론적으로 불가능하다. 은하에서도 역시, 은하들 간의 관계는 확실히 존재하는 사실이다. 모든 은하는 우주에 있는 수천억 개의 은하들과 직접 관련을 맺고 있다. 따라서 한 은하의 운명이 우주에 있는 각각의 다른 은하에 영향을 미치지 않는 시간은 결코 오지 않을 것이다.

다른 존재들이 없을 때 그 존재 자체는 아무것도 아니다. 태양은 이전에 존재했던 수백만 개의 창조물에서 나왔다. 태양 이전 단계의 구름으로 떠다니던 원소들은 이전 세대의 별이나 태초의 찬란한 불꽃에서 창조되었다. 활성화된 충격파도 은하 공동체 안의 관계망이 없었다면 효력을 발휘하지 못했을 것이다. 안정적인 핵 연소를 가능하게 하는 핵 공명의 양식은 태양의 창조물이 아니다. 그러나 그 이후에 나타난 모든 것은 태양을 생성케 한 이 상호 연결 양식에 의해 결정되었다. 그 안에서 태양이 탄생했다.

우주는 서로 구별되고 스스로를 조직하는 존재들로 진화했다. 그러나 여기에 덧붙여 우주는 감각 능력이 있는 중심 창조물들 사이의 다양한 관계 그물인 공동체로 발전했다. 우리는 다음 장에서 내적 연관성, 특히 지구와 생명체 안에서의 실재에 대해 이야기할 것이다. 여기서는 우주 이야기의 일반적인 주제에 대한 소개를 마무리하면서, 간단하게 그 관계들이 어떻게 발견되고 심지어 어떻게 앞서가기도 하는지 언급하고자 한다.

아직 태어나지 않은 회색 곰은 어미 곰의 자궁 속에서 잠자고 있다. 어두운 그곳에서 눈이 감겨 있어도 이 곰은 이미 외부 세계와 관련을 맺는다. 태어나지 않은 이 곰은 머루나 치누크 연어에 대한 미각을 발달시킬 필요가 없을 것이다. 처음 자신의 혀로 머루의 즙을 맛볼 때, 그 기쁨은 즉시 나타날 것이다. 산란기 연어를 속이는 어려운 과제를 위해 더 긴 훈련을 할 필요도 없을 것이다. 바로 그 곰이 가진 발톱의 형태 안에 치누크 연어의 도약과 근육 조직과 해부 구조가 들어 있다. 곰의 얼굴과 팔의 크기 그리고 눈의 구조와 털가죽의 두께가 그 곰이 살아가는 온화한 산림 공동체의 차원들이다. 이렇게 곰은 자신을 둘러싸고 있는 이 관계의 그물을 벗어나서는 무의미한 존재가 된다.

첫 번째 상호작용 이전에 이미 생긴 관계에 대한 감각, 그리고 존재의 기초에 자리한 공동체에 대한 감각은 우주 최초의 시기, 심지어 자연세계에서 자연스런 선택의 압력이 형성되기 이전 시기에 특징지어졌다. 이 단계에서 양자적 분리 불가능성이 활동을 지배한다. 어떤 두 개의 입자도 결코 완전히 분리된 것으로 여길 수 없다. 불덩어리(태초의 찬란한 불꽃) 안에 있는 입자들은 존재하는 다른 입자들과 직접 관계를 맺으면서 나타났다. 이 초기 물질들의 연결 혹은 연대는 진화의 세 번째 조직적 특징을 나타내며, 이 여정의 모든 부분에 걸쳐 있다.

우리는 창조된 복잡한 짝짓기 의식 안에 자연세계가 놓아둔 그 관계성의 진가를 볼 수 있다. 이렇게 수많은 세상의 깃털과 색깔, 그리고 노래와 춤은 진정한 친밀성의 관계로 들어가려는 욕구에서 나온다. 인간과 다른 동물들이 이 관계들을 위해 사용하는 에너지, 그리고 신체적 외모에 쏟는 인간만의 정성은 이러한 관계의 체험이 가진 깊은 의미를 보여준다.

관계의 상실과 그로 인한 소외는 우주에 존재하는 최정점의 악이다. 전통적으로 종교에서는 이러한 상실을 궁극적인 악으로 이해했다. 즉, 자신만의 세계에 갇혀버리는 것, 다른 존재들과의 밀접한 관계로부터 단절되는 것, 상호 공존의 기쁨에 들어갈 수 없는 이런 상황들을 지옥의 본질 the essence of damnation 로 여겼다.

입자들의 구름은 하늘을 떠돌며 표류하다가 천천히 은하수 은하의 중심에서 멀어져 무중력 상태로 변하고 있었다. 우주가 무관심했다면 이러한 구름들은 영원히 변하지 않고 떠다닐 수도 있었다. 이로 인해 어떤 중요한 변화도 일어나지 않을 수도 있었으며, 어떤 친교도 이루어지지 않고, 모든 잠재 능력은 숨겨진 채 버려졌을 것이다.

그러나 우리 우주에서 모든 존재 속에 충만해 있는 태초의 힘이 이 고요한 구름으로부터 수십만 개의 별을 생성했다. 이 별들은 다양한 형태로 분화, 자기조직, 친교에 대한 우주의 요구를 드러냈다. 그리고 최소한 이들 가운데 하나인 태양이 가까스로 우주 창조성의 더 깊은 영역으로 들어가게 되었다. 그 경계에서 우주의 가장 핵심에 자리 잡은 복잡성, 자기 표명, 상호 호혜성의 영역은 1백억 년 동안 일어났던 모든 일을 초월하는 방식으로 스스로를 드러냈다. 이제 특별하고 매혹적이며 살아 있는 지구가 우주 이야기의 새로운 시대로 뛰어들었다.

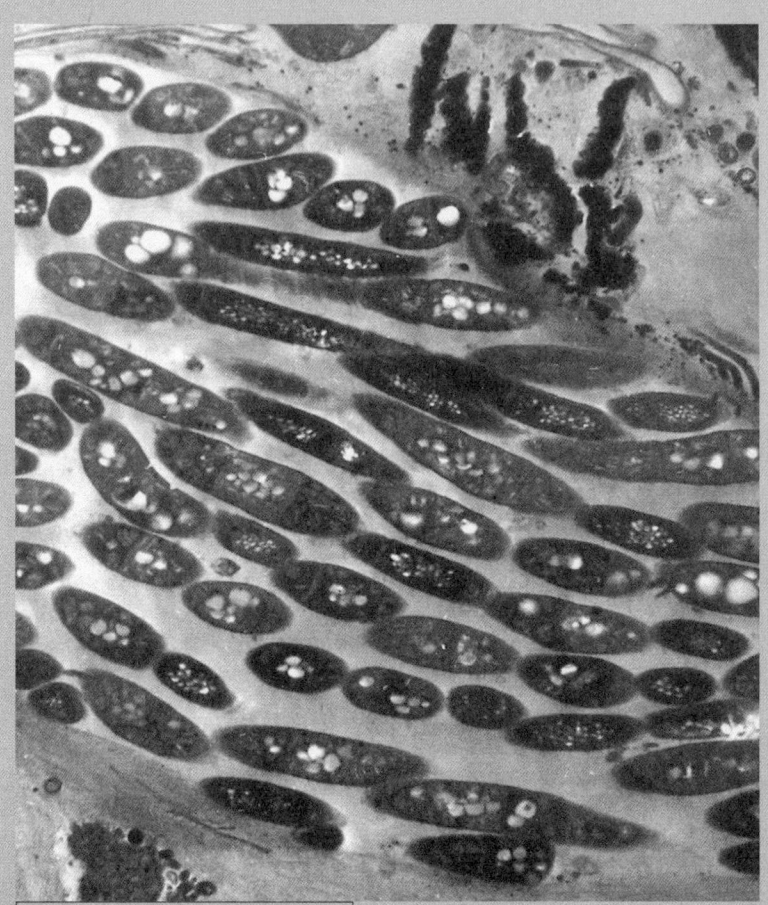

●●● 광합성 세균

5　살아 있는 지구 Living Earth

　　맨 처음 우주는 수천억 개의 구름으로 흩어졌다. 이 구름에서 은하계가 형성되었다. 태초의 불꽃은 나선 은하계에서 초신성 폭발의 시대로 변화되었고, 그 폭발은 모든 나선 은하계를 흔들어 입자들의 잠재력을 새롭게 구성했다. 타원 은하와 혼란스럽고 불규칙적인 은하들, 구상 성단과 은하계의 공간에서는 초신성 이전 단계의 활동이 계속되었다. 이미 창조된 별들은 그대로 유지되었다. 수소와 헬륨으로 이루어진 성운들은 이온화된 가는 필라멘트로 빛나고 있었다. 그러나 이들 가운데 어떤 존재도 나선형 은하에 나타난 창조의 다음 단계에는 이르지 못했다. 다른 은하들에서 일어났던 활동들은 나선 은하들에서도 일어났다. 그러나 다른 은하계에서 발견되지 않는 창조적인 활동이 나선 은하계에는 있었다. 우주 생성에서 창조의 선구자는 우주 전역에 흩어져 있는 수십억 개의 나선 은하 속에 있었다. 이런 은하들 안에서 사물들은 끓어올랐고, 새로운 형태가 싹을 틔웠으며, 새로운 가능성이 나타났다.
　　45억 년 전 나선 은하인 은하수 은하에서는 초신성 폭발로 생겨난 별, 바로 우리의 태양 주위를 기체 원반들이 돌고 있었다. 이 원반을 통해 우주는 위대한 모험을 열어가는 새로운 국면으로 들어갔다. 바로 이 원반이 존재하기 위해 50억 년 동안 별의 노동이 필요했다. 이 작고 희미한 그늘 속에서 몰리브덴, 티타늄, 아르곤, 토륨, 철, 네온, 불소, 칼슘 원소들이 빛나고 있었다. 이들은 각자 고유한 특질과 양자적 특성을 가지고 있었다. 이 양자적 특성이 초기 우주의 상상을 초월하는 활동을 가능하게 했다.

초신성 폭발과 함께 탄소, 인, 베릴륨, 질소를 비롯한 모든 원소가 생성되었다. 이 원소들은 서로 엉겨붙고 안정되지 않은 작은 먼지 형태를 띠면서 이 원반을 최소한 열 개의 띠로 변화시켰다. 집중되어 있는 중앙이 진화하여 점점 더 많은 물질을 쓸어 담으면서 구球형의 행성들이 출현했다. 이들은 나중에 수성, 금성, 지구, 화성, 목성, 토성, 천왕성, 해왕성으로 불린다.

처음에 각 행성은 액체 혹은 기체 상태였는데, 태양보다 먼저 존재했던 구름의 붕괴와 원소들의 방사능에 의해 생성된 열 때문이었다. 행성들의 방사능 원소는 그들의 격렬한 탄생이 낳은 당연한 결과였다. 초신성 폭발 때 만들어진 원소들은 불안정한 동위원소들, 특히 탄소, 우라늄, 토륨, 포타슘 같은 원자들을 포함하고 있었다. 이 원자들이 파괴될 때 나오는 열 그리고 구름의 붕괴 때 나오는 마찰열이 결합하여 지구를 용암이 들끓는 바다로 유지시켰다.

액체, 반액체, 기체 상태의 각각의 행성은 중력의 상호작용에 의해 형성된 규칙에 따라 재배열되었다. 철과 니켈처럼 무거운 원소들은 중심에 정착했다. 중간 질량의 원소들은 그 주위를 형성했으며, 산소나 규소처럼 가벼운 물질들은 더 바깥 층을, 수소와 헬륨처럼 가장 가벼운 원소들은 외벽을 형성했다. 각 단계마다 이 행성들의 구성에서 새로운 발전이 이루어졌다.

초신성에 의해 남겨진 구름은 중력의 힘으로 평형 상태에서 빠져나와 계층화된 행성의 네겐트로피negentropic 상태로 들어갔다. 가장 무거운 원소들이 중심으로 모이고 가장 가벼운 원소들이 표면에 있는 상태가 되었을 때, 만약 지구를 안내한 것이 중력뿐이었다면 지질학적 질서는 거기서 끝났을 것이다. 그러나 이 안정된 질서를 방사능 에너지가 깨뜨렸다. 별들이 폭발할 때 만들어진 불안정한 원소들은 쪼개져서 방사능 에너지를 방출했다. 행성들 전체에서 발생한 열이 행성들을 끓는 상태로 유지시켰다. 거대한 에너지의 흐름이 행성 내부의 물질을 표면으로 옮겨 왔고, 옮겨진 물질들은 가벼운 원소들과 혼합되고 결합되었다. 그칠 줄 모르는 화학적 창조력을 가진 이 행성의 거품 덕택에 행성의 다양한 대기는 변환되었다.

여덟 개의 행성 모두는 수백 개의 화학적 특징을 가지고 있었다. 이 선물들이 원소와 원소들 사이에서 최초의 무기질 결합을 낳았다. 창조성을 가진 여덟 개의 행성들은 새로운 중심인 태양 주위를 돌고 있었다. 이 거대한 천체들은 서로 충돌하면서 발생하는, 그리고 지속적으로 초신성 에너지가 분출되면서 발생하는 뜨거운 열로 끓었다. 여덟 개의 행성은 모두 같은 원소를 가지고 출발했다. 같은 별 주위를 회전했으며, 같은 에너지로 타올랐다. 초신성 폭발로부터 생겨난 여덟 개의 행성, 즉 수성, 금성, 지구, 화성, 목성, 토성, 천왕성, 해왕성은 각자 자신의 모험길을 떠나기 위한 힘을 보유하고 있었다. 그러나 이들은 같은 길에서 출발했지만 그 운명은 완전히 달랐다.

수성, 금성, 화성에서는 지질학적인 모든 활동이 서서히 중단되었다. 10억 년도 채 안 되어 그들의 지질학적 끓어오름은 식었으며 얼어버렸다. 목성, 토성, 천왕성, 해왕성에서는 지질학적 활동이 질적인 변화 없이 오늘날까지 계속되고 있다. 오늘날 발생하는 폭풍들은 태양계가 시작될 때의 폭풍과 거의 차이가 없다. 그런데 지구에서는 이러한 지질학적 활동들이 대륙을 만들고 생명체를 잉태시켰으며, 50억 년이 지난 후에도 행성 전체에서 계속 활발하게 생명 현상이 일어나고 있다. 이렇게 생명의 발생을 가능하게 하고 오랫동안 지속시킬 수 있는 지구의 특성은 과연 무엇일까?

우주는 지구 위에서 대단히 섬세하게 활동할 수 있었음에 반하여 수성, 금성, 화성, 목성, 토성, 천왕성, 해왕성에서는 지구에서와 같은 정도의 절묘하고 세련된 활동을 기대할 수 없었다. 다른 행성의 여러 가지 요인이 이런 활동을 방해했다. 수성, 금성, 화성 같은 작은 행성들은 영구적인 바위의 형성으로 특징지어졌다. 이 별들의 크기로는 충분한 중력을 생성시키지 못하므로 이미 만들어진 바위를 파괴하지 못한다. 예를 들어 화성은 시간의 흐름에 따라 거대한 바위를 계속 만들어냈고, 마침내 그 행성의 두꺼운 암석 지각이 방사능이라는 내부 열의 활력을 중지시킬 때까지 웅장한 산을 만들었다. 행성의 외피가 물질의 흐름을 생성시키는 힘보다 더 강할 때 그 행성은 죽은 형태에 머문다.

목성, 토성, 천왕성, 해왕성은 어떤 바위든지 깰 수 있는 중력을 충분히 가지고 있었다. 사실 이들은 너무 강한 중력을 가지고 있어서 이 행성들 위에는 바위나 딱딱한 외피가 형성되지 못했다. 목성, 토성, 천왕성, 해왕성은 여전히 가스 형태의 원소들로 이루어져 끓어오르고 있었다. 이 행성들 가운데 어떤 것도 창조적이고 안정적이며 지속적인 대류 형성의 단계로 나아가지 못했다. 모든 행성은 똑같은 우주의 활동으로 전개되었지만, 그 어떤 행성도 지구에서 발생했던 일과 질적으로 유사한 발전 과정으로 진입하지 못했다. 왜냐하면 그 행성들은 생명과 정신이 출현하는 데 필요한 절묘한 균형을 드러내지 못했기 때문이다.

그렇다면 지구는 다른 행성들이 가지고 있지 않은 그 무엇을 가지고 있었던 것일까. 지구는 장엄한 그 어떤 것도 없었다. 지구는 단지 적당한 크기 덕택에 중력과 전자기력의 균형을 이룰 수 있었을 뿐이다. 또한 지구에는 특별한 어떤 것도 없었다. 단지 태양과 적당한 거리를 유지하는 위치 때문에 복잡한 화합물이 형성될 수 있는 온도 범위를 형성할 수 있었다. 이런 배열 덕분에 태양계는 지구의 창조력으로 나아갈 수 있었다. 특별한 양의 이 행성 물질들이 그만한 크기로 그 위치에 모이지 않았더라면, 아마도 태양계는 수십억 년 동안 생명이 없는 공간으로 계속 남아 있었을 것이다. 그러나 그런 균형과 가능성이 나타났기 때문에 지구는 태양계에서 우주 생성의 최고 정점이 되었다.

지구의 탄생이 우주와 관련된 우연이란 측면도 있지만, 우리는 생물물리적biophysical 행성이 우주에 있어 결코 우연이 아니라는 것을 인식하기 시작했다. 지구와 같은 행성이 오늘날 우리의 특별한 별 주위를 돌고 있다면 이건 우연처럼 보일 것이다. 그러나 우주 어딘가에 이렇게 별 주위를 돌고 있는 생물물리적 행성이 있을지도 모른다는 것은 확률적으로 분명해 보인다. 우주는 기회가 주어지면 스스로 그 자신을 조직하여 복합체를 이루고, 끊임없는 활동 양식들을 구성하고자 한다. 지구는 태양계가 우연히 얻은 기회였다. 지구는 우주 이야기의 새롭고 놀라운 시대로 들어가는 입구였다. 거대한 정보망이 개발되어야 했다. 조심스럽게 쌓여 있던 생물적 성취들이 유지되어야 했다. 수십억 년 동안 타원 은하에서 나타나지 않았던 창조적인 작업이 이제 막 이루어질 참이었다. 그러나 처음에는 잠재력 있는 먼지 알갱이만이 불규칙적으로 타오르는 젊은 별 주위에 중력으로 고정되어 있었다. 처음에는 별 도움이 되지 않는 소행성들의 충돌만이 있었다. 이들 소행성은 서로 엉겨 붙고 깨지고 성장하고 충돌로 폭발했다. 그리고 이들은 충돌의 폭풍 때 재조립하고 모이면서 결국 행성이 되었다.

수억 년 동안 지구는 유성이나 소행성들과 충돌하는 충격을 경험했다. 대장간의 큰 망치에 규칙적으로 맞은 모루가 뜨거워지듯이, 지구 또한 이 열로 녹아서 5억 년 동안 밤낮으로 끓어올랐다. 충돌의 긴 시간이 지나고 지구의 가장 기초적인 초염기성암 ultrabasic rock이 지표에서 굳어질 만큼 충분히 식었을 때, 벌겋게 이글거리는 커다란 맨틀 덩어리가 솟아올라서 단단하게 굳은 이 땅을 거대한 조각들로 만들었다. 이 조각들은 다시 한번 더 녹아내려 끓어오르는 지구 속으로 가라앉았다. 지구 내부에서 형성된 화학물질들은 표면으로 방출되었다. 매일매일 지구 기체의 화학적 상태는 새로워졌다.

메탄, 수소, 암모니아 그리고 이산화탄소로 구성된 초기 대기를 이온화된 난류亂流가 이후에는 다시 경험하기 힘들 만큼 격렬하게 휘젓고 있었다. 대기의 높은 곳으로부터 다양한 액체들이 섞인 강우降雨가 쏟아지기 시작했고, 지구 표면의 용암에 닿기 전에 증발했다. 거대한 전기 폭풍인 천둥이 지구 표면 곳곳에서 거침없이 울리고 엄청난 번갯불들이 10억 년 동안 지구를 괴롭혔던 그때에, 지구는 우주 진화의 완전히 새로운 길로 들어서는 화학적 관문을 통과해 나아가고 있었다.

지구의 표면이 충분히 식어서 액체들이 남게 되고 삼중의 상호작용이 가능해졌을 때, 지구는 매우 격렬하게 새로운 세상으로의 가능성을 모색했다. 여기서 삼중의 상호작용이란 지구의 핵에서 끓어오른 용해물질이 지구 규모의 흐름을 만들면서 바다의 격렬한 운동과 대기 중에 있는 하전荷電된 이온들과 만나는 것을 말한다. 다양한 차원의 이 커다란 가마솥의 끓어오름에서 새로운 존재가 출현했다.

생명은 번개가 점화시킨 지구의 동역학에서 출현했다. 한 줄기의 번개가 아니라 수백만 년 동안 대양을 자극하는 지구 규모의 번개 폭풍이었다. 사실 여기서 번개라는 단어는 적절하지 않다. 참나무를 쪼개는 번개를 동반한 폭풍을 만났던 사람이라도 태초의 번개 폭풍을 그것과 비교할 수는 없다. 오늘날의 번개는 초기 번개의 희미한 기억일 뿐이다. 아마도 우리는 지구 최초의 번개인 원시번개ur-lightning를 젊음이라는 넘치는 자신감으로 부풀어 오른, 전에는 결코 본 적이 없었던 번개라고 해야만 한다. 이처럼 한계 없는 풍성함이 태초의 구름 전체에서 끓어올랐다. 이 원시번개에서 생명이 나왔다.

과거와 현재에 있는 우주의 모든 영역에는 자기조직의 역학이 잠재된 형태로 퍼져 있다. 이 질서의 형태는 물질의 구조와 그 영역의 자유 에너지가 충분히 복잡해지고 강해졌을 때 비로소 나타났다. 초기의 끓는 가마솥 시기인 40억 년 전에 지구는 중요한 순간을 이루었다. 지구 물질을 형성하는 수백 개의 원소와 티아마트 별의 작업에 기초하고, 티아마트의 에너지와 새로운 태양계의 충돌열에 의지하여 중력과 지구화학적 상호작용의 과정을 거치면서, 지구는 복잡성을 비활성화된 형태의 극단적 한계로까지 가져갔다. 그리고 번개 속에서 전혀 새로운 사건의 출현, 곧 최초의 살아 있는 세포인 아리에스Aries를 목격했다.

아리에스는 원시 바다의 사이버네틱한 폭풍에서 출현했으며, 어떤 생명체도 존재하지 않는 바다에 홀로 있었다. 지구에서 이런 일은 다시 일어나지 않았다. 번개 폭풍이 아닌 어떤 다른 개시 작용이 있었다면 아마도 질적으로 완전히 다른 생명을 가진, 다른 형태의 자기조직체가 나타났을 것이다. 그러나 독특한 은하의 역사와 태양의 역사, 지구 발전의 역사를 가진 이곳, 우리의 시공간 영역에서 세계 창조와 세계 형성의 진실은 아리에스의 출현이었다. 이 모든 특이성을 가지고 출현한 것이 바로 아리에스였다. 지구의 가장 오래된 조상이 될 것은 아리에스였다. 40억 년이 지나서야 우리는 아리에스의 진가를 인정하기 시작했다. 몸의 형태, 생명의 진화 과정, 그 정보의 배열 순서를 볼 때 수십억 년 후 인간이 등장하게 되는 우리의 우주 이야기에서 그 기본적인 의미의 대부분을 결정했던 것은 바로 아리에스였다.

태양과 지구가 지구의 생명체를 깨웠다. 태양계의 에너지는 대기와 바다를 변형시켰으며, 끓어오르는 어린 지구로 소용돌이쳐 왔고, 원시세포의 화학 반응을 개시시켰던 번개로서 분출되었다. 생명은 번개의 섬광 속에서 태어났다. 지구의 생명은 번개가 구현하고 만든 생명이다. 아리에스와 아리에스의 모든 후예는 번개의 섬광 속에 기원을 두고 있다.

이 새로운 자기조직체들, 살아 있는 세포들은 처음부터 우주의 조건에 의존하고 있었다. 다른 존재들이 일련의 특별한 초기 과정을 끝까지 수행하지 않았다면 세포들은 생겨날 수 없었다. 그러나 이 새로운 역동의 중심이 한번 생성된 후에는 바로 그 자기조직력이 그들로 하여금 자신의 존재를 유지시키는 과제를 수행하도록 했다. 세포들은 자신을 멸종시키려는 공격에 저항할 수 있었다. 이와 비슷하게 태양 또한 자신의 탄생을 위해 은하 밀도파를 필요로 했다. 그러나 일단 태양의 힘이 한번 생겨난 후, 태양은 자신의 근본 특성을 잃지 않고 여러 방해를 견딜 수 있었다. 태양은 수백만 톤에 이르는 성간물질의 충돌이나 수억 년 동안 계속 찾아온 밀도파의 방해를 이겨낼 수 있었다. 태양은 또 우주에서 오는 산발적인 맹공에 맞서 자신의 존재를 조직할 수 있는 힘을 가지고 있었다.

우주 이야기에서 아리에스와 그 직접적인 후예들은 가장 허약한 자기조직체였지만, 우주 이야기가 다음 단계로 진전하기 위한 가장 중요한 요소였다. 그들은 별이나 원자 또는 은하와 같은 이전의 자기조직체들에서는 관찰되지 않았던 압력, 열, 충격에 의해 소멸될 수도 있었다. 세포들은 다른 어떤 것보다 허약했지만, 쉽게 파괴되는 자신의 성질을 보강했다. 이 새로운 단계에서 원핵세포 prokaryotes는 자기조직, 분화, 친교를 가져왔다.

아리에스의 가장 인상적인 자기조직력은 기억력이다. 세포의 기억력은 모든 생명체에게 힘을 제공한다. 세포의 기억력은 생명의 모든 것이다. 왜냐하면 생명체에게 있어 그 어떤 것도 과거의 기억보다 중요한 것은 없기 때문이다. 원핵세포, 첫 번째 세포는 바로 자신의 신체 구성을 통해 아직까지도 초기 지구를 기억하고 있다. 대양은 지금 달라졌다. 대기도 지금은 달라졌다. 지각의 구성 또한 지금은 다르다. 그러나 오늘날 지구 전체에 살고 있는, 아리에스의 후손인 원핵세포들은 여전히 초기 지구에 한때 널리 퍼져 있었던 수소와 탄소로 구성된 분자들로부터 그 자신을 만들어낸다. 40억 년 동안 원핵세포 유기체들은 초기 지구의 구성을 기억해왔다. 기억이 가진 가장 인상적인 업적은 어떻게 그들이 창조되었는지를 기억하는 것이다. 그들은 자신의 또 다른 분신을 창조할 때마다 이러한 기억을 보여준다. 이 세포들은 생명을 가져오는 사건들을 연속해서 불러일으키는 능력을 갖고 있다. 우리가 생명이라고 부르는 자기조직력을 구별할 수 있게 하는 것이 바로 기억력이다.

초기 지구에서 변화무쌍한 창조가 일어났을 때 스스로 자기조직하는 구조를 가지고 있는 어떤 유형들이 나타났다. 그들 중 대부분은 곧 퇴보하여 다시 혼돈의 상태로 빠져들었다. 그러나 개체 하나, 혹은 한 집단科, family 혹은 근본적으로 다른 몇몇 집단이 나타났는데, 이들은 자신을 탄생시켰던 바로 그 일련의 활동을 순서대로 재생산하는 능력을 가지고 있었다. 그들이 순서대로 행동할 줄 아는 능력을 가지고 있다는 관점에서 볼 때, 그들은 이 절묘하고 복잡한 일련의 활동 순서를 '기억했다.' 그래서 그들은 처음 자신을 탄생시켰던 야생의 세계를 재창조하면서 우주에 의존하지 않았다. 그들은 스스로 삶을 창조하는 놀라운 화학적 활동을 반복할 줄 알았고, 처음 사용했던 에너지의 아주 작은 부분만을 필요로 하면서도 이 반복을 행할 수 있었다.

이러한 기억을 소유하고 있는 역동의 중심은 깊고 지속적인 우주의 특징이 될 것을 약속했다. 잘 깨지고 무한한 파괴와 변화의 가능성이 있을지라도 그들은 자신을 세상에 널리 퍼질 수 있게 하는 타고난 원시 마술을 잘 사용할 수 있었다. 다시 말해 그들은 한 방울의 바닷물을 삼킨 후, 살아 있는 자신의 변형 version 을 만들어 바다에 뱉어낼 줄 알았다. 번개가 치거나 용암이 갑자기 분출할 때 개별 세포가 깨지기 쉽다는 사실이 무슨 문제가 되겠는가? 세포들은 순식간에 생명을 만드는 기적을 행할 수 있었다. 만약 세포들이 충분히 만들어진다면, 어디에나 살아 있는 세포들이 있게 되어 모든 위험을 벗어날 수 있었다.

이러한 새로운 자기복제 능력 이외에도 세포는 또한 새로운 깊이의 분화 능력을 보여주었다. 초기 바다 전체를 통해 세포들은 자신의 새로운 변형을 출산했다. 하지만 그들은 그들 자신과는 조금씩 다른 후손을 생산하는 방식을 택했다. 수백만의 세포가 태어나면 거기에 새로운 하나의 세포가 창조되었다. 처음에 양성자들은 모두 같은 형태를 가진 수조 개의 양성자로 구성되었다. 양성자 이후에 출현한 자기조직체인 수소와 헬륨도 같은 형태를 가졌다. 그러나 세포에게는 이런 동일함이 유지되지 않았다. 후손들은 달랐다. 5천 개의 단백질 분자 중 몇몇 분자는 그 형태와 기능에 조금씩 변화가 있었다. 창조적으로 활동하는 그들의 능력은 물질과 에너지 교환에 있어서도 조금씩 달랐다.

이 현상, 유전변이는 생명의 근본 활동이다. 중력이 은하 이야기의 많은 부분을 설명하듯이, 변이는 생명 이야기의 많은 부분을 설명해준다. 그러나 이 두 가지, 즉 유전변이와 중력은 은하와 생명에 대하여 설명을 해주기는 하지만 유전변이와 중력 그 자체를 설명할 수는 없다. 각각은 근본적 활동이다. 이들은 궁극적인 것을 언급한다. 변이가 근본적이며 궁극적인 활동이라는 말은, 이 활동이 펼쳐지는 우주의 핵심에 자리 잡은 줄일 수 없는 활동이라는 말이다. 강한 핵 작용이 그 자체로는 설명될 수 없는 것처럼 변이도 그 자체로는 설명되지 못한다. 다만 우리가 바랄 수 있는 최선의 것은, 어떤 근본 활동을 고찰할 때 우주 이야기 안에서 그 활동이 갖는 중요성을 더 깊이 이해하는 것이다.

아리에스의 바로 다음 후손인 초기 원핵세포들은 급격히 증식하고 변형되어 시간이 흐른 뒤 곧 바다를 가득 채웠다. 원핵세포들은 요동 상태의 뜨거운 초기 지구에서 만들어진, 풍부한 에너지를 가진 새로운 화학물질을 먹이로 삼았다.

처음부터 모든 원핵세포는 생존을 위해 화학적으로 창조된 다양한 먹이에 의지했다. 그러나 지구의 요동이 가라앉았을 때 그런 화합물의 생산이 함께 감소되면서, 기하급수적으로 늘어나 빠르게 식량 소비를 늘려가던 원핵세포들은 벽에 부딪치게 되었다. 지구가 고요해지면서 줄어든 화학적 합성물의 생산 능력과 식량의 소비가 일치할 때까지 최소한 그 수는 현저하게 줄어들어야 했을 것이다. 이 거대한 감소로 원핵세포가 곧 사라지는 상황이 일어날 수도 있었다. 즉, 필수적이지만 부족했던 화학물질이 실제로 사라져 버리고 식량도 없고 원소에서 살아 있는 세포를 불러오는 과거의 힘도 잃어버린 죽어가는 행성 지구 위에서 몇몇 원핵세포만 잔존할 수도 있었다.

변이가 이 재난을 막았다. 죽어버린 원핵세포의 몸 일부를 먹을 수 있는 새로운 형태의 원핵세포가 나타났다. 원핵세포에 의해 생산된 화합물을 소비할 수 있는 또 다른 종도 나타났다. 이 새로운 극소-유기체(미생물)들은 다른 종에게는 쓸모없는 것들을 가져가서 그것이 또 다른 종에게는 식량이 될 수 있음을 발견했다. 약간 다른 능력을 지닌 이 형태들이 첫 번째 생명공동체를 이루었다. 연관의 고리가 생겨났다. 썩은 몸은 살아 있는 세포의 음식이 되어 살아 있는 세포로 변환되거나 또 다른 세포의 식량이 될 부패물로 변환되었다. 그 부패물은 또다시 같은 방식으로 세포의 일부가 되거나 부패물로 남게 되었다. 이렇게 우주 이야기에서 새로운 관계망이 만들어졌다.

살아 있는 지구의 40억 년 역사에서 가장 위대한 창조적 활동들 가운데 하나인 또 다른 변이종이 나타났다. 이 변이종은 포피린 환 porphyrin ring 구조를 가지고 있었다. 초기의 발견에 따르면 그것은 개별 전자를 다룰 수 있을 정도의 섬세한 능력을 지녔으며, 다른 화합물과 서로 결합해 꼬인 채로, 부유하는 광자를 포획할 수 있는 분자망을 찾아냈다. 새로운 이 변이종은 공기 중에서 빛의 속도로 식량의 분자 구조 속으로 파고드는 미립자 에너지를 화학적 결합 에너지로 변환시키는 능력을 가지고 있었다. 갑자기 프로메티오 Promethio라는 작은 세포의 한 구획에서 지구의 살아 있는 표피와 중심별(태양)에서 나오는 방사 에너지radiant energy 사이의 새로운 친교가 이루어졌다.

태양에서 나오는 광자와 창조적으로 상호 작용할 수 있는 광합성 능력을 가진 프로메티오의 출현은 무엇보다도 우주 이야기의 핵심에 있는 야성의 지혜를 잘 설명해준다. 프로메티오의 창조성은 지름의 길이가 1백만 분의 1미터인 존재에서 생겨나 분자를 엮어낼 만큼 놀라운 힘을 보여준 탁월하고 세련된 활동이었다. 프로메티오는 그것을 두뇌도 없이, 눈도 없이, 손도 없이, 설계도도 없이, 예지력도 없이, 반성 의식도 없이 잘도 해내었다. 겉으로 보기에 이러한 변이는 우연한 사건들로 가득 찬 바다에서 생긴 우연한 사건처럼 보일지도 모른다. 한 무리의 생명체 군집이 식량이 떨어진 행성 지구 위에서 죽을 처지에 놓여 있었고, 돌파구를 찾으려고 돌아다니다가 죽어가고 있었다. 하나의 변이종이 태양을 먹이로 할 수 있는 능력을 가지고 나타났다. 생명은 생명으로부터 무엇이 나타나는지 볼 수 있는 위대한 모험에 이들 세포를 연루시킴으로써 수십억 개의 새로운 세포에게 힘을 불어넣었다. 우주의 분화력은 수많은 새로운 길을 분출시켰다. 그 모두가 존재한다고 가정해보라. 아마도 그중 하나는 새로운 복합 공동체가 될 것이고, 그 공동체 속의 모든 존재가 누리는 기쁨은 더 커질 것이다.

어떤 하나의 원핵세포도 빛의 입자를 잡아두는 분자 과정을 발명하기 위해 애쓰지는 않았다. 원핵세포의 내적인 감정적 경험은 이렇게 복잡한 정신적 사고를 포함할 수 없었다. 설사 그런 사고가 있었다 하더라도 기껏해야 아주 미미한 정도였을 것이다. 그러나 우리는 영양분이 떨어졌을 때 자기조직 활동의 중심에서 둔한 방법으로 무딘 고통을 희미하게 경험하는 하나의 세포를 상상할 수 있다. 또한 다른 생명체를 탄생시키기 위하여 필요한 것을 잡으려는 단순한 노력도 있었을 것이다. 그러나 태양, 광자, 또는 새로운 신진대사 과정을 모두 고려하는 것은 세포의 주체성이 가진 개념적 능력을 넘어선다. 즉, 그 모두를 고려하는 것은 세포의 경험으로 이해하기 어려웠다. 그러나 이런 능력만으로도 프로메티오와 다른 박테리아들은 우주 창조의 분화력에 접근했다. 한정된 내면성만 가지고 바다 전체에 퍼져 있는 완전히 다른 종류의 공동체들과 빠르게 교류하는 생존 전략을 발명하는 길은 그 분화력밖에 없었다.

세포는 기억력뿐만 아니라 세포들 사이에서 그 기억을 공유하는 능력도 가지고 있다. 여러 가지 능력 가운데 광합성을 발견한 첫 번째 변이세포 프로메티오는 자신과 밀접한 관련을 맺고 있던 일부 박테리아에게 자신의 새로운 능력을 사용할 수 있게 해주었다. 프로메티오는 또한 다른 원핵세포들과 연결되는 작은 관을 만들어 이 획기적인 능력을 공유했다. 프로메티오는 작은 관 안에 자신의 일부를 집어넣어 다른 세포에게 선물로 주었다. 관 안에 삽입된 물질은 '에피솜episome', '플라스미드plasmid', '레플리콘replicon'이었다. 이 물질들을 수용한 세포는 빛의 입자들을 잡아 광합성하여 식량을 만드는, 절묘한 재주를 복제하는 능력을 선물 받았다. 이제 이 세포 또한 어떻게 광합성을 하는지 그 방법을 '배웠다'. 또한 그들은 태양으로부터 어떻게 식량을 얻는지도 '기억하게 되었다'.

전이된 물질들에는 새로운 세포가 물리적인 방법으로 광합성을 하기 위하여 필요한 모든 정보가 포함되어 있었다. 물질 속에 정보를 저장하는 이 능력은, 세포가 과거의 경험을 기억하여 이제 그것들을 다시 되살릴 뿐만 아니라 그런 기억들을 공유할 수 있게 만드는 것이었다. 이 풍부하게 암호화된 물질(데옥시리보핵산, DNA)인 유전자는 생생한 정보를 그 구조 안에 전달하여 각각의 세포가 세상에 대해 알고 있는 정보를 다른 세포들과 나눌 수 있도록 했다. 중요한 정보를 받아들인 모든 세포는 갑자기 생존하고 번식하는 데 필요한 힘을 갖게 되었다. 그래서 살아 있는 변이종들은 자신들이 나온 생명공동체 전체 영역에 걸쳐 널리 존재하게 되었다.

우주론적 후성설epigenesis에 따르면, 후기의 한 박테리아가 태양에너지를 흡수하여 식량을 만들 때 새로운 친교에 이르게 된다. 왜냐하면 우주의 많은 것이 그 한 사건으로 하나가 되었기 때문이다. 이 박테리아와 태양은 둘 다 자신보다 약 1백억 년이나 앞서 발생했던 태초의 찬란한 불꽃이 만들어낸 원소 입자들로 구성되어 있었고, 둘 다 불덩어리의 마지막 단계에 창조된 수소 원자들로 구성되어 있었다. 태양과 원핵세포는 둘 다 자신들보다 약 5억 년 전에 폭발했던 초신성 티아마트에 의해 창조된 원소들로 구성되어 있었다. 떨어져 있는 이 모든 사건에서 나온 물질들이 새로운 활동을 보여주었다. 이렇게 볼 때 과거는 여기에 있으며, 현재 안에 살아 있다.

그러나 세포의 출현과 과거를 기억하고 그 과거의 기억을 공유할 수 있는 세포들의 능력 때문에 현재 안에 존재하는 과거는 새로운 강도intensity를 얻는다. 이 후기 박테리아가 방사 에너지로 광합성 작용을 했을 때, 그 작용은 그들보다 수백만 년 먼저 발생했던 프로메티오의 최초의 광합성 작용을 반영하는 것이었다. 새로운 세포는 최초의 변이종과 같은 유전 정보를 가지고 있었으며, 그렇기 때문에 이제 태양빛을 흡수할 수 있었다.

세포가 가진 유전 기억으로 사건 하나하나가 큰 중요성을 갖게 되었다. 자기조직은 이제 새로운 차원의 의미를 갖게 되었다. 만약 수조 개의 변이종 가운데 단 하나가 지구에서 살아가는 데 필요한 적응을 했다면, 그 단 하나의 변이종만이 앞으로 올 수십억 년 동안 실체로서 전체 생명공동체에 널리 퍼져 있을 기회를 갖게 되는 것이다. 이러한 경우 이 하나의 변이 사건이 가진 본질은 무수히 많은 미래 존재의 요구로 끝없이 반복될 것이다. 오직 단 한 번 등장했던, 아름다운 생명을 불러온 이 힘이 미래에는 넓은 생명공동체 전체에서 공통된 능력이 되었다.

생명이 중요하고 획기적인 돌파구적 경험을 얻기 위해 투쟁했기 때문에, 우주는 이러한 새로운 방식으로 오늘날의 우주가 된 것이다. 수천조 개의 사건 가운데 단 하나의 사건이 새로운 창조의 단계에 도달했다면, 그 유일한 순간은 기억되고 공유될 가능성을 갖게 된다. 그 창조성은 보존되었다. 어쩌다 한 번씩 아름답고 획기적인 사건이 잊히기도 했지만, 세포의 목적은 이러한 효과적인 창조성을 기억하는 것이었다. 이렇게 중요한 역사적 사건 전체를 어떤 하나의 박테리아가 모두 저장하지는 못한다. 개별 박테리아가 갖고 있는 DNA는 미래에 유용하게 쓸 수 있는 모든 기억을 저장할 만큼 길지 않다. 대신 그 기억들은 살아 있는 박테리아들 사이에서 자유롭게 다루어졌다. 그것은 대체할 수 없는 가르침을 공동체 전체가 보유하기 위해서였다. 따라서 그 가르침을 바로 그 전체 공동체가 탐색하고, 창조하고, 발견하고, 교육하고, 개발하며 기억하게 되었다.

생명의 기억이 시간대가 다른 전체 사건들과 결합되어 있듯이 생명은 다른 차원에 있는 존재들과 생생하게 연결되어 있다. 초기의 가이아 체계, 즉 끓어오르는 마그마, 하전되어 있는 대기, 요동치는 바다와 결정화된 광물로 구성된 가이아 체계가 최초의 살아 있는 세포를 탄생시켰다. 그리고 이 세포들은 다시 가이아 체계의 새로운 시대를 탄생시켰다. 이것은 탄소 이야기와 산소 이야기에서 분명하게 확인할 수 있다.

화산들이 지표 아래 잠겨 있던 탄소들을 대기 속으로 배출하면서 어린 지구의 대기는 점차 이산화탄소의 지배를 받게 되었다. 처음에 대기의 탄소 농도는 초기 생명체에 아무런 영향도 미치지 않았다. 왜냐하면 초기 생명체와 탄소 사이에 상호작용이 없었기 때문이다. 그러나 자신들의 자기조직하는 순환 속으로 이산화탄소를 끌어들이는 능력을 가진 변이종이 나타났다. 이 새로운 능력을 가진 박테리아는 그렇지 못한 개체들보다 번성할 수 있었기 때문에, 이 새로운 능력은 증가하는 박테리아 공동체의 특징이 될 수 있었다. 일단 생명체의 순환과 관계를 맺게 되자 대기 속에 있는 탄소는 살아 있는 몸으로 변환되어 서서히 감소되었다. 대기뿐만 아니라 대양에서도 변화가 있었다. 왜냐하면 대양은 대기로부터 나오는 그렇게 많은 탄소를 흡수할 수는 없었기 때문이다. 심지어 암석들도 변했다. 왜냐하면 박테리아가 죽으면 그 신체의 일부가 바다 바닥에 가라앉아 압력에 의해 석회암이 되었고, 이 석회암은 지구 중심으로 가라앉는 마그마의 대류 convection 속으로 흡입되었기 때문이다. 이렇게 생명의 진화를 통해서 대기권, 수권, 암석권이라는 세 가지 거대한 지질학적 순환이 생명체의 화학적 변화를 통해 변화되었다.

맨 처음, 마이크로미터 단위의 살아 있는 세포가 초기 지구의 이 세 가지 거대 체계의 창조적인 상호작용으로 탄생했다. 이들 세포는 어른 세계에 있는 유아처럼, 변화하는 행성 지구라는 세계에서 기생적으로 혹은 부차적 의미로 존재했다. 그러나 이 세포들이 대기권, 수권, 암석권이라는 순환 체계와 관계를 맺을 수 있는 생명체로 변형되면서, 전체 생명은 동등한 협력자로 행성 지구의 역학에 참여하게 되었다. 결과적으로 이러한 지구의 후성적 분화로 활성화된 생물권 영역은 즉각적으로 지구를 변화시켰다. 지구의 모험은 이제 수권, 암석권, 생물권, 대기권 사이의 이야기가 되었다.

처음에는 무시해도 되었던 생물권이 지구 이야기에 미치는 영향은 점차 거대해졌다. 이산화탄소를 포함한 대기권은 지표면에서 발생하는 복사열을 유지시킬 수 있었다. 세포들은 대기로부터 탄소를 끌어왔고 전체 지구의 온도는 저하되었다. 약 23억 년 전 지구는 대륙 전체에 거대한 얼음이 덮여 있는 빙하로 변했다. 30억 년 전 대륙은 안정화되었고, 25억 년 전 주요 대륙은 자리를 잡았다. 그러나 이제 대륙은 얼음 덩어리들로 무거워져 새로운 발전 단계로 진입했다. 추위가 바위를 깨뜨렸고, 바닷물은 대륙의 지층 사이로 스며들어 무기물들을 용해시켰다. 이렇게 해서 생물권 활동의 결과로 바다와 대륙에 영향을 미치는 첫 번째 대빙하기가 나타났다.

그러나 생물권의 또 다른 발명이 첫 번째 지구 생명의 시대인 시생대를 파괴시켰다. 최초의 세포들은 초기 지구의 난류 운동이 만들어준 영양이 풍부한 식량을 이용했기 때문에 자신들의 수소 요구량을 충족시킬 수 있었다. 그러나 이 식량들을 다 소비하게 되면서 생명은 바다에서 수소를 획득하는 청록 세균 blue-green bacteria으로 변이되었다. 그런데 물 분자에서 수소를 분리한다는 것은 산소를 지구의 사이버네틱 관계망cybernetic networks으로 보낸다는 뜻이 된다.

산소의 힘은 모든 원소 중에서 가장 강력하다. 산소는 끊임없이 전자를 요구한다. 산소는 안정된 화합물에서 전자를 떼어내고, 전자를 빼앗긴 그 화합물을 또 다른 곳에서 산소 약탈을 반복하는 전자가 부족한 라디칼로 변화시킨다. 산소가 지질학적 순환 체계로 방출되면서 우선적으로 대기권과 암석권을 변환시켰다. 산소는 바위에 침투하여 원소들을 제거하거나 결합시키면서 땅의 화학적 성질을 변화시켰다. 일단 지표의 특성을 변화시키고 난 후, 대기 속에서 산소가 갖는 위력은 더 커졌다. 산소는 대기 속에 있는 암모니아, 일산화탄소 그리고 오래전부터 있었고 대처할 수 없었던 황화수소를 분해시켜버렸다. 지구 대기권의 본성을 변화시키는 산소의 작업이 거의 완성되어갈 때, 땅 위에 떠다니던 산소는 지구 내부로부터 새롭게 뿜어져 나오는 용암 위로 뛰어올라 용해된 바위의 화학적 성질마저 재빨리 변화시켰다.

20억 년 전, 산소가 일으킨 암석권, 수권, 대기권의 근본적인 변환은 완료되었다. 생물권은 더 이상 이 심각한 파멸을 피할 수 없었다. 처음에는 산소 농도가 낮았기 때문에 세포들은 산소를 무시할 수 있었다. 그 후에도 세포는 물속에 숨어서 산소를 피할 수 있었다. 그러나 10억여 년이 지난 후 모든 영역에 산소가 침입했고, 바로 산소 출현의 근원인 생물권도 이 산소라는 존재에 대처해야만 했다.

그다음 진행된 파괴는 일방적이었다. 산소는 우선 식량 공급을 방해하면서 파괴를 시작했다. 에너지가 풍부한 탄수화물은 모든 박테리아가 원하는 영양원이었다. 산소는 그 영양이 풍부한 분자를 파괴하여 화학적으로 쓸모없는 상태로 만들었다. 식량에 흡수된 산소는 그 식량을 못 먹게 만들어버렸고, 먼지 입자로 변화시켰다. 또한 산소는 세포들을 직접 처리했다. 세포의 세포질이 분쇄되고 파괴되어 흩어질 때까지, 쉽게 부서지는 얇은 세포막은 산소의 공격을 받았다. 세포는 자신의 구성 요소로 이루어진 물방울로 흩어져 소멸되어갔다.

산소는 또한 세포막 속으로 미끄러지듯 침투하여 효소를 분해해서 세포가 생명 유지 작업을 수행하지 못하도록 무력화시켰다. 지방질 분자 속으로 들어간 산소는 지방질을 서서히 타오르는 불꽃으로 변화시켰다. 무수한 집단에서 산소는 전자를 소비하고 구조를 파괴하면서, 복잡하고 풍부한 정보를 가지고 있는 핵산인 세포의 DNA 신경 중심을 공격했다. 생기 넘치는 세포가 존재했던 그곳에 오로지 화학적으로 아무 의미 없는 끊어진 작은 조각 더미만 남게 되었다. 마치 불 속의 파피루스에 새겨진 글자처럼 섬세하고 정밀한 모든 정보가 증발해버렸다.

한때 친밀한 관계를 맺은 원핵세포들의 거대하고 다양한 차원의 공동체가 존재했던 그곳에, 그들 스스로 만들어낸 생명 없는 적으로부터 공격을 받아 분쇄된 잔재들만이 흩어져 남게 되었다. 시간이 지나가면서 시생대 세계의 풍요로움은 훨씬 깊은 곳으로 사라져갔다. 생명권 역사의 위대한 첫 번째 시대는 재난으로 인해 이렇게 대단원의 막을 내렸다.

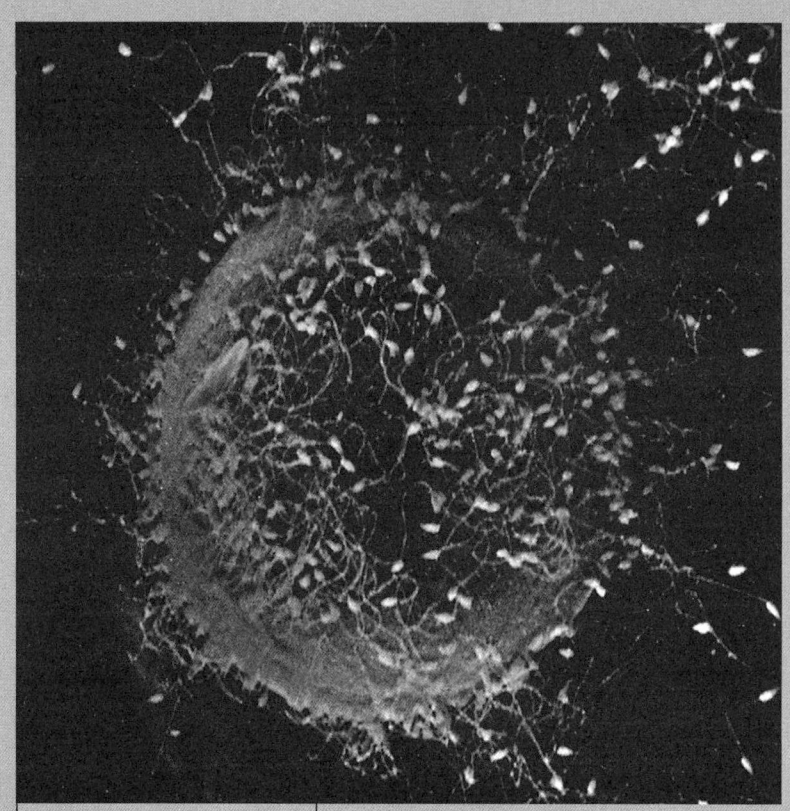

●●● 성게의 정자와 난자

6 진핵생물 Eukaryotes

　　엄청나게 밝은 빛에서 수조 개의 원시 소우주가 나타나 완전히 성장한 은하들로, 은하 성단으로, 은하 성단들의 무리로 결집했고, 거대 은하의 가느다란 가닥들이 교차되어 있는 거대한 판으로 모여들었다. 수십억 개의 나선형 은하 가운데 하나의 관대한 초신성으로부터 생성된 하나의 행성이 그 끓어오르는 바위에서 최초의 살아 있는 세포, 원시의 아리에스를 탄생시켰다. 이 세포는 허약하면서도 매우 강했다. 최초의 대륙들이 안정화되기 시작했고, 25억 년 전쯤에 이르러 그 대륙의 절반이 바다 위로 솟아올랐다. 대기는 갈색이 섞인 오렌지색이었고, 대부분 이산화탄소와 메탄가스가 섞여 있는 질소로 이루어져 있었다. 갈색 대양 역시 생명의 터전이었다. 몇몇 원핵세포가 대륙의 가장자리에서 바위에 달라붙어 바다로부터 나온 바위의 영양분들을 소비하며 살아가기도 했다. 귀의 형태는 없었다. 하지만 만일 귀가 있었다면 그들은 파도 소리, 바람 소리, 용암이 분출하는 소리와 생명체에서 나오는 기체의 부글거리는 거품 소리를 들었을 것이다. 행성 지구에 눈 또한 없었지만, 눈이 있었다면 그들은 10억 년 동안 대륙이 바다 위를 떠다니면서 서로 부딪쳐 붕괴되고 잠시 동안 함께 합쳐지는 것을 보았을 것이다. 또한 용암이 분출하는 것을 보았을 것이고 대기와 물의 색깔이 갈색에서 옅은 청색으로 서서히 변하는 것을 보았을 것이다. 그러나 그들은 그 극적인 사건들이 발생하는 것을 보지 못했다. 왜냐하면 수권, 대기권, 암석권의 성질을 변화시켰던 아리에스와 그 후손들인 모든 원핵세포는 육안으로 보기에 너무나 작아서 작은 눈조차 가져보지 못했으며, 내부에서 생겨난 불의 공격을 받아 지구 전역에 걸쳐 사라졌기 때문이다.

이와 비슷한 위기들이 우주의 다른 곳에서도 발생했을 것이다. 아마도 이러한 위기들은 매우 다양한 해결책을 가지고 수십억 년 동안 다른 세계에서도 발생했을 것이다. 확실히 우리는 생물권의 종말이라고 부르는 이 실험을 상상할 수 있다. 이때의 생물권은 눈이나 머리, 그리고 손도 없이 어떻게 해서든지 이 긴박한 상황을 헤쳐나가보려고 한 미생물들의 세계였다. 있는 그대로 그들은 산소화된 대기에서 스스로 연소되기 시작했다. 우리는 그 파국적인 실패를 상상할 수도 있다. 아마도 이러한 실패는 수십억 개의 행성에서 일어났을 것이다. 실제 그랬다면, 그런 행동의 중심들(미생물들)은 그냥 간단히 붕괴되었을 것이다. 활기 없는 대기와 바다는 오랫동안 갈색을 유지했을 것이고, 그러고 나서 투명해졌을 것이다. 화산들의 활동은 수십억 년 더 지속되었을 것이다. 바람에 쓸려다니는 대륙들은 계속 충돌과 붕괴를 반복했을 것이다.

멸망하는 대신에 생명은 변이되었다. 시아노박테리아, 프로스페로Prospero가 등장했다. 프로스페로는 생명을 괴롭히는 가장 강력한 원소인 산소를 다룰 줄 알았다. 초신성 이야기에서 다루었듯이, 산소야말로 창조적인 진보가 일어날 수 있도록 한 생명을 가로막은 바로 그 장애물이었다. 프로스페로 박테리아는 산소화된 조건에서 살아남았을 뿐 아니라 산소를 처리하는 능력인 호흡을 창안했다. 호흡이라는 이 능력 하나만으로 프로스페로는 다른 세포들이 가진 에너지의 열 배가 넘는 에너지를 얻을 수 있었다.

갑자기 프로스페로 세포가 등장했다. 마술같이 저주는 축복으로 바뀌었다. 생명체를 죽였던 그것이 이제 생명체를 에너지로 충만하게 했다. 다른 모든 세포가 피했던 바로 그 원소를 유리하게 이용할 줄 알았기 때문에, 프로스페로는 가장 널리 퍼져 있는 생명체 형태로 부상했다. 시아노박테리아는 겉으로 보기에 무한할 것 같은 화학 에너지를 공급했고, 바다의 모든 지역으로 퍼져나갔다. 어떤 다른 생명체도 영양소를 두고 프로스페로와 경쟁할 수 없었다. 왜냐하면 프로스페로는 완벽한 세포였기 때문이다. 프로스페로는 자신의 에너지를 태양으로부터 가져왔고, 수소는 바다로부터, 탄소는 대기로부터 가져왔다. 프로스페로는 산소 때문에 가능해진 연소를 조절하면서 자신의 활동을 강화시켰다. 프로스페로는 단백질과 핵산의 합성에 필요한 모든 것을 만드는 데 요구되는 모든 기억을 가지고 있었다. 프로스페로는 자기 조립에 필요한 모든 화학

물질에 쉽게 접근할 수 있었다. 프로스페로가 맹렬히 증식하여 다른 많은 종으로 갈라져 나간 것은 당연한 일이었다.

생명은 하나의 임계점threshold을 넘어섰다. 시아노박테리아가 바다로부터 수소를 계속 퍼올림으로써 산소를 계속 만들어 점차적으로 다른 형태의 생명체들이 살아남기가 더욱 어려워졌다. 대기 중 산소의 바깥 층인 오존층이 두터워져, 태양에서 오는 에너지가 풍부한, 강렬한 광자의 대부분이 바다 아래쪽까지 닿지 못했다. 이렇게 해서 10억 년 동안 바다에 존재했던 유기화합물들의 비생물학적 창조라고 규정되던 지구의 한 시대는 끝났다. 영양분이 풍부한 바다를 가능하게 했던 바로 그 조건들이 이제는 사라져버렸다. 그리고 산소에 의해 과도한 에너지가 더해지면서 프로스페로의 후손들은 초기 지구가 견뎌낼 수 있었던 수준보다 수백 배나 더 높게 산소 농도를 증가시켰다.

산소 농도가 21퍼센트를 넘어섰을 때는 프로스페로조차 자연 연소되었지만, 거의 산소 농도 21퍼센트 부근에서 자연 연소 과정은 호흡으로 제어될 수 있었다. 생물권, 암석권, 수권, 대기권으로 구성된 지구의 복잡한 사이버네틱 체계는 자발적 연소의 수준보다 조금 낮은 수준으로 산소 농도를 유지시키면서 스스로 안정화되었다.

지구와 우주의 진화는 부분들의 활동으로써 파괴된 체계가 안정화되고, 이어 등장한 새로운 안정된 체계는 새로운 구성원과 새로운 역학으로 진화를 이어간다. 보다 좋은 환경에서 차후에 생겨나는 체계들은 향상된 다양성, 보다 커진 자기조직력, 그리고 보다 풍부한 내적 연관성이라는 특징을 갖는다. 그러나 우주의 타고난 혼란스러움이 주어지면, 그다음에 생겨난 체계들도 더 이상의 발전 없이 산산조각나 찢겨져버린다. 우주의 펼쳐짐은 역전과 기습을 거듭하며 진행되고, 가끔씩 다른 방향으로 진보하다가 갑작스럽게 붕괴해버리는 식으로 계속 이어졌다.

산소가 주는 엄청난 충격으로 발생한 지구의 변환은 수소의 고갈이라는 충격 때문에 일어난 초신성 티아마트의 변형과 서로 일치한다. 이 두 가지 경우 모두 화학 평형chemical equilibrium 상태와는 거리가 먼 상태에서 새로운 존재, 즉 지구의 경우에는 프로스페로 박테리아를, 티아마트의 경우에는 탄소 핵을 발생시켰다. 이 새로운 존재들의 출현은 이전의 체계를 완전히 붕괴시키고, 새로운 역학을 가진 산일 구조散逸構造, dissipative structure를 확립했다. 대기의 산소 농도가 21퍼센트인 지구는 0.5퍼센트의 산소를 가진 초기 지구와는 질적으로 다른 활동들이 뒤섞여 있는 복합체이다. 이와 마찬가지로 탄소 원자의 핵을 만들 만큼 충분히 격렬한 별들은 헬륨 핵을 생산했던 이전의 안정적인 별 체계와는 다른 역동적인 산일 구조를 가지고 있다.

지구는 대기권, 암석권, 생물권, 수권 사이의 복잡한 상호작용을 통해 새로운 체계를 구축했다. 생물권은 붕괴되기 시작했지만, 지구의 복잡한 전체 체계는 새로운 조화를 이루어갔다. 생물권은 산소, 탄소와 다른 무기물의 순환 과정들을 포함한 지구의 하위 체계

중 하나에 불과하다. 예를 들어, 탄소는 수권뿐만 아니라 생물권에 의해서도 대기에서 제거된다. 비는 이산화탄소 CO_2를 흡수하여 이것을 탄산 H_2CO_3으로 변화시킨다. 탄산은 바위들과 화학적으로 반응하여 중탄산염 이온을 바다로 방출시킨다. 그 결과 탄산염 퇴적물들은 바다 밑바닥에 가라앉은 후 그 바닥이 대륙 밑으로 미끄러져 들어갈 때 지구 내부로 다시 가라앉게 된다. 화산 폭발을 통해 흡수된 탄산염 물질들이 다시 이산화탄소로 분출될 때 그 순환은 완성된다. 새로운 생물권의 순환에서 나온 산소 때문에 변화가 있기는 했지만, 이런 지구화학적 순환은 생명체가 출현하기 전에도 존재했고 그 후에도 지속되었다. 내적으로 연결된 순환의 모든 복합체가 확립되었을 때 비로소 이들 사이에서 생겨난 새로운 안정된 체계가 산소가 일으킨 충격을 해결했다.

나선형 은하만이 새로운 별을 창조할 수 있다. 원소들의 창조와 분산은 초신성에서만 가능하다. 우주가 창조적인 발전을 하려면 나선형 은하나 초신성 같은 특별한 영역이 필요하다. 마찬가지로 복잡하고 진화된 살아 있는 존재의 창조, 즉 진보된 생명체의 탄생은 구상 성단이나 소행성(화성과 목성의 궤도 사이에 산재하는) 또는 초기의 지구 체계에서는 불가능하다. 진보된 형태의 생명체가 출현하기 위해 필요한 것은 화학적 위치에너지를 가진, 화학평형 상태와는 거리가 먼 행성이었다. 아리에스의 원핵세포 후손들은 초기 지구의 평화를 깨뜨리기 시작했고, 안정된 공동체를 분열시켰다. 이들은 또한 모든 초기 생명체를 견딜 수 없는 지역으로 몰아갔다. 그렇지만 그곳은 여전히 지구였고, 이들은 그곳에서 과거에는 불가능했던 방식으로 번성할 수 있었다. 원핵세포의 창조성 덕택에 20억 년이 더 지난 후에도 완전히 이해되지 못하는 새로운 가능성을 가진 지구화학적 산일 구조가 힘차게 생겨났다.

산소화된 가이아 체계에서 새롭게 등장한 첫 번째 창조물인 진핵세포eukaryotic cell는 전체 지구 이야기에서 가장 위대한 단 하나의 전환이지만, 생명 그 자체의 출현 때문에 그 중요성이 가려져 있다. 생명체에는 두 가지 기본 연대, 즉 원핵생물 시대와 진핵생물 시대가 있다. 원핵생물 시대는 40억 년 전부터 20억 년 전까지이며 진핵생물 시대는 20억 년 전부터 지금까지 계속되고 있다. 진핵생물의 구조는 박테리아 시대에는 상상할 수 없었던 새로움을 가져오는 생물학적 창조의 시대를 열었다. 그러나 그 모든 것을 가능하게 만든 것은 바로 박테리아였다.

20억 년 전, 프로스페로 계열에서 과도하게 힘이 넘치는 변이종인 바이킹Viking은 생명에 대한 처절한 접근 방법을 발견해냈다. 바이킹은 자신보다 더 큰 원핵세포 앵글라Engla에 달라붙은 채 앵글라의 세포벽에 구멍을 내어 침입했다. 바이킹이 앵글라의 DNA를 이용하여 자신의 단백질과 핵산을 합성하는 동안, 앵글라 내부에서 바이킹은 마음껏 먹었다. 필요한 음식과 정보를 다 얻은 후, 바이킹은 숙주인 앵글라가 파열될 때까지 계속 증식했다. 잘 관리된 연소를 통해 점화되었으므로 바이킹 같은 박테리아는 크게 번성할 수 있었다. 바이킹은 아마도 편안하게 앵글라의 유전물질을 이용할 수 있었기 때문에, 바이킹 자신이 원래 갖고 있던 일부 유전자를 쉽게 버릴 수 있었다. 시간이 지나면서 바이킹은 앵글라의 DNA에 의존하게 되었다. 따라서 앵글라와 앵글라가 가진 필수적인 유전 정보 없이 바이킹은 생존할 수 없는 상황이 벌어졌다. 지구에서 최초의 공생관계가 형성되기 시작한 것이다.

다양한 앵글라와 바이킹이 생겨났다. 이들의 관계가 더욱 발전하면서 수백만 종의 변이종이 발생했다. 앵글라와 바이킹 사이의 긴장 관계를 해소하기 위한 해결책이 양 극단 사이에 생겨났다. 한 극단에서는, 가장 공격적인 바이킹이 엄청난 식욕을 가지고 훌륭한 맛을 가진 숙주 앵글라 세포를 다 먹어버릴 수 있었다. 국소적으로 존재하던 모든 앵글라 세포가 소비되고 나면, 그 바이킹 또한 유전 물질 부족으로 소멸되어버렸다. 또 다른 극단에서는 앵글라 세포들이 침입하는 바이킹을 파괴시킬 능력이 있을 수 있었다. 이 경우 앵글라는 치명적인 기생체들을 모두 박멸해버릴 수는 있었지만, 계속 증가하는 산소로 인해 질식사하고 말았다. 따라서 바이킹이나 앵글라가 서로 상대방의 목적을 좌절시키면, 마침내 자신도 파멸에 이르렀다. 결국 타고난 적인 바이킹과 앵글라는 궁극적으로는 미래로 가는 가장 빠르고 거의 유일한 통로인 공생관계로서 서로를 포옹하게 되었다.

최초의 진핵세포는 20억 년 전에 출현했을 것으로 보인다. 우리는 14억 년 전의 진핵생물 화석을 가지고 있다. 20억 년 전과 14억 년 전 사이의 어느 날, 바이킹과 앵글라는 신비로운 친교를 통해 흥분된 새로운 생명의 동맹관계를 창조했다. 바이킹은 앵글라 내부의 구성 성분들을 먹고 살았으나, 스스로 그 먹이를 앵글라의 폐기물로 제한했다. 바이킹 세포의 침입은 단순히 생존을 위한 것이었지만, 앵글라는 자신의 삶을 구할 수 있는 두 가지 이익을 얻을 수 있었다. 첫째, 앵글라는 이제 산소화된 환경에서 생존할 수 있게 되었다. 산소는 이제 앵글라 내부를 서서히 연소시키는 대신 앵글라 세포막의 가장자리에 모여 있는 바이킹에 의해 곧장 먹혀버렸다. 둘째, 시아노박테리아인 바이킹의 격렬한 에너지 생산 덕택에 숙주인 앵글라는 이제 스스로는 결코 생산할 수 없었던 힘을 만끽할 수 있게 되었다.

이렇게 새롭게 활성화된 바이킹-앵글라 협조 체제는 생명의 위험한 모험으로 성공적인 진입을 하여, 이제 바다 전체에서 지배적인 생명 형태가 되었다. 차후의 20억 년 동안 중요한 모든 생명 체계의 변형체는 이것과 같은 형태, 즉 협조 체제, 이 친밀한 상호 관계 체계를 사용하게 되었다.

한 존재가 다른 존재에게 죽음을 가져오는 적으로 시작했지만, 바이킹과 앵글라는 곧 살기 위해 서로에게 의존할 만큼 친밀한 관계가 되었다. 이전의 세포 밖 세계의 영양소 순환에 이제 세포벽 내부의 순환이 포함되었다. 바이킹의 폐기물은 앵글라의 먹이가 되었고, 앵글라의 폐기물은 바이킹의 먹이가 되었다. 이들의 공통된 신진대사 체계에 필요한 유전 물질들은 과거에 독립되어 있던 두 세포 사이에 분배되었다. 만약 내부의 바이킹이 어떤 이유로 죽게 되면 앵글라 역시 곧 죽게 되었다. 심지어 새로운 자신을 창조하는 미묘하고 섬세한 과정도 마침내 하나의 행동 과정이 되었다. 이들이 가진 생명의 리듬은 서로 그물같이 얽혀 있었다.

이 새로운 유기체를 바이킹-앵글라 협력체라고 부르면 공생관계의 기원은 강조되겠지만, 그 유기체의 새로운 정체성과 개성의 진가를 드러내지는 못한다. 각자 가지고 있던 유전 물질조차도 서로 상대 공생자 symbiont에게 의존하면서 약간 감소되었다. 얼마 지나지 않아 바이킹은 미토콘드리온 mitochondrion으로 진화했다. 미토콘드리아로 불리는 이 세포 소기관은, 차후의 수십억 년 동안 복잡한 모든 세포 내에서 발견된다. 우리는 두 개로 분리되어 존재했던 과거의 생명체에 대한 언급은 지워버리고 산소가 지배하는 지구에서 출현한 최초의 위대한 존재를 바이캥글라 Vikengla 라고 부를 것이다.

지구는 생명이 처음 시작된 시생대보다 훨씬 활기 넘치는 세계로 진화했다. 적외선과 마이크로파 전자기복사에 반응할 줄 아는 눈들은 산화 과정에 의해 환하게 불타오르는 행성 지구 전체를 보았을 것이다. 화산이 대기권 속으로 분출해 올랐다. 대륙들은 물결치듯 찢겨졌다. 용암은 흘러나와 지표를 덮었다. 바위의 화학물질들은 바이캥글라 유기체의 복잡한 연소 때 발생한 산소와 섞이면서 변화되었다. 이때 전체적으로 높아진 지구 에너지는 바이캥글라 안에 같은 강도의 미시우주적 에너지를 불러일으켰다. 이것은 단지 시작에 불과했다.

　대륙은 아무 생명도 낳지 못하고, 표토表土도 없이 오직 울퉁불퉁 모가 난 청회색 석회암의 암면巖面만이 수천 마일 뻗어 있었다. 멀리 엷은 청색의 수평선이 보이는 대륙 가장자리에 자리 잡은 해변을 따라 생겨난 얕은 물웅덩이沼 속으로 다양한 진핵세포 군집들이 모여들었다. 20억 년 전 생명은 화학 에너지 화합물이 충만했던 물에서 번개 폭풍과 우주 방사능에 의하여 탄생했다. 그러나 번개 폭풍은 오래전에 그쳤고, 산소화된 대기는 이제 모든 강렬한 빛의 조사로부터 바다를 보호했다. 그리고 이제 생명체, 새로운 형태의 세포, 영양소가 부족한 바다와 지구 체계의 연소에 대응하는 과도하게 힘이 넘치는 복잡한 존재가 탄생했다.

　생명체는 변이했다. 새로운 세포 크로노스Kronos는 새로운 전략을 가져왔다. 크로노스는 자신의 살아 있는 이웃들을 잡아먹었다. 태양이나 바다의 화학물질을 이용하여 자신의 불꽃을 먹이로 하지 못했기 때문에, 바이캥글라 계열의 이 변이종은 생명체의 오랜 전통을 깨고 살아서 아직 심장이 뛰고 있는 창조물들을 먹어 치웠다.

　10억 년 전에 일어난 이 사건을 거칠게 평가한다면, 이런 방식으로 살아가는 대담성을 키우는 데 생명은 30억 년의 시간이 걸렸다 할 수 있겠다. 화학 독립영양chemoautotrophy(화학적으로 영양이 풍부한 분자들로부터 영양소를 공급받는 것), 광영양phototrophy(태양으로부터 나온 빛의 입자로부터 영양소를 공급받는 것), 또는 부식영양 detritotrophy(부식된 사체나 다른 생물의 폐기물로부터 영양소를 공급받는 것)의 오랜 전통은 이 힘이 넘치고 예측하기 힘들며 극도로 긴장된 진핵세포 변이종에 의해 옆으로 밀려났다. 종속영양 heterotroph이 태어난 것이다.

만일 생명체가 30억 년 동안 아직 살아 있는 다른 생명체를 먹지 않고도 놀라운 다재다능함과 힘을 유지했다면, 종속영양은 확실히 생명의 여정 중에 나타난 독특한 변이종의 하나임에 틀림없다. 이것은 나타날 필요가 없었을지도 모른다. 그러나 세포 전체를 삼켜버리는 새로운 전략이 등장하면서, 즉 원시 입이 등장하면서, 지구의 모험은 힘과 아름다움을 가지고 자신의 독특한 길로 나아가는 또 다른 새로운 지류로 전환했다. 그 원시 입은 분명히 아직 이빨은 없었다. 물론 먹이가 육류라면 이빨은 곧 생겨나게 되어 있었지만, 이빨 없는 구멍으로도 이미 뜻밖의 식량 공급을 획득하기에 충분했다.

크로노스가 과연 자신이 하고 있는 일을 인식했을까? 크로노스의 자기조직력은 최소한의 인식 능력을 포함하고 있었을 것이다. 예를 들어, 어떤 원시 진핵세포는 온도 차이를 감지하여 더 따뜻한 곳으로 자신의 방향을 바꿀 줄 알았을 것이다. 또한 그들은 영양분의 농도를 감지할 수 있는 제한된 능력을 가지고 영양소가 보다 풍부한 지역으로 향할 수 있었을 것이다. 아마도 크로노스는 살아 있는 세포들의 존재를 기록 register 할 수 있었을지도 모른다. 그러나 그 어떤 경우에도, 이 원시 생물은 예측하고 계획하며 미래를 상상하는 능력은 확실하게 가지고 있지 않았다. 크로노스는 난폭하고 자극적인 역학을 가지고 역사의 트랙을 뛰어넘었다. 크로노스는 자신이 행했던 일에 대한 최소한의 반성도 없이, 알 수 없는 지구의 모험을 미지의 영역으로 끌고 갔다.

크로노스의 미래에 감청색 하늘에서는 크로노스 후손들의 입에 생겨난 칼처럼 날카로운 이빨에 덥석 물린 익룡 pteranodon 이 죽음과 같은 공포 속에서 내는 비명이 들릴 것이다. 영양들은 가장 가벼운 깃털이 내는 소리에도 조용히 머리를 들 만큼 주의를 기울이면서 먹는 방법을 배울 것이다. 크로노스로부터 유래한 포식자 계열에게 사냥 기술을 배운, 돌진하는 거대한 고양이과 동물을 공포에 사로잡힌 눈으로 응시하다가 사슴은 지그재그 모양으로 급히 도망칠 것이다. 날카로운 발톱을 가진 검은 독수리들은 솟구치며 날개를 펼칠 것이고, 범고래들은 거대한 고래를 갈기갈기 찢어 놓기 전에 주위를 맴돌며 당황하게 만든 후 바다를 그 고래의 피로 물들일 것이다. 박쥐들은 우글대는 수천 마리의 벌레를 잡아먹기 위해 밤새 펄럭거리며 날아다닐 것이다. 그러나 크로노스가 감히 이 길을 시도하지 않았더라면, 이들 중 그 어느 것도 등장하지 못했을 것이다.

종속영양을 채택한 후, 지구는 자신의 기본 구조를 재부호화했다. 살아 있는 세포 전체를 흡수하는 크로노스는 생존을 지속하기 위해 에너지를 얻는 자기조직 체계의 단순한 또 다른 사례가 아니었다. 크로노스가 자기조직 체계인 것은 확실하다. 그러나 살아 있는 다른 세포를 먹는 행위, 종속영양은 거시 단계의 창조적 특성 중 하나였다. 검은 원시 별 구름이 내파하여 자기 주위를 도는 물질의 띠를 가진 별이 될 수 있었다. 그 세 번째 띠에서는 마그마가 끓고 있었고, 백만 년 동안 번개 폭풍이 쏟아지고 있었다. 그 세 번째 띠의 어떤 부분들은 스스로의 힘으로 움직이기 시작했다. 수권, 생물권, 암석권, 대기권의 거대한 순환 속에서 휘저어지고 있던 이 세 번째 행성 지구는, 생명 스스로 살아 있는 다른 생명을 과감하게 먹게 되었을 때 그 거대한 순환 체계에 새로운 형태와 강도를 부여했다.

잡아먹고 잡아먹히는 포식-피식 관계는 생명체들의 집단에 새로운 복잡성을 부여했다. 이들은 생태계를 변화시켰다. 광합성을 하는 독립영양 생물은 기본적으로 태양과 바다로부터 얻는 몇몇 무기물만으로 생명을 유지한다. 이들은 생명 유지를 위해 다른 생명체의 활동에 참여할 필요가 없다. 부식자들 detritivores 은 다른 생명체들의 폐기물이나 부패물을 먹기 때문에 광영양 생물의 완전한 대칭 symmetry 을 깨뜨린다. 왜냐하면 이들은 간단하게 아무 바다에서나 잘 자라지 못하고 다른 유기체가 살고 있는 곳에서만 살 수 있으며, 어떤 경우에는 특정 종류의 유기체가 거주하는 지역에서만 번성할 수 있기 때문이다.

최초의 종속영양 생물들은 그 관계를 더욱더 확대시켰다. 그들은 차례차례 피식자들의 특정 형태에 따라 세분화되기 시작했고,

특정한 종류의 포식자들의 먹이가 되는 자신들의 역할을 유전적으로 조절했다. 피식자들의 형태, 기능 그리고 생화학 구조가 포식자들의 형태, 기능 그리고 생화학 구조를 반영하기 시작했다. 그리고 그 반대의 경우도 생겨났다. 종속영양체 중 포식자들은 더 이상 다른 종이든 같은 종이든 그 관계가 마찬가지였던 독립영양 생물의 균형 잡힌 세계에 살고 있지 않았다. 오히려 포식자들은 피식자들의 그것, 즉 다른 모든 것을 능가하는 오직 한 방향 그리고 다른 모든 것을 능가하는 하나의 형태에 큰 관심이 있었다.

연속된 변이를 통해 크로노스는 그들의 먹이를 소화시키는 가장 효율적인 대사 경로 metabolic pathways 를 발견했다. **염색체 DNA** chromosomal DNA 안에 기억되어 있는 이 능력은 크로노스들의 유전자 풀 gene pool 을 통해 점차 멀리 퍼져나갔다. 결과적으로 크로노스는 자신의 먹이가 되는 피식자의 생존에 더 관심을 기울이게 되었다. 이에 덧붙여 피식자는 자신의 유전자 풀을 생존시키는 변이 과정을 기억함으로써 포식자 크로노스를 따라서 공진화했다. 만일 이러한 자발적인 능력이 나오지 않았다면 피식자들은 멸종했을 것이다. 그런 상황이 일어났다면, 크로노스는 새로운 형태의 피식자들을 찾거나, 아니면 피식자들의 멸종을 따라 함께 멸종했을 것이다. 어떤 경우든 그 관계는 끝났을 것이다.

이처럼 생존 가능한 형태로 공진화한 포식자-피식자 관계만이 살아남아 미래에 자신들의 그 존재 형태를 전파했다. 이러한 지속적인 공생관계를 기초로, 시생대에 있었던 우연한 만남은 원생대 바다의 생태적이고 체계적이며 균형 잡힌 공동체로 진화했다. 원생대Proterozoic의 이 세 번째 위대하고 놀라운 사건은 바로 이러한 생태계의 친밀함에서 등장했다.

최초의 진핵생물인 바이캥글라와 종속영양 능력을 가진 대담한 크로노스의 탄생 이후 생명은 사포Sappho로 변이되었다. 사포는 충격적이었다. 사포는 감수분열 생식meiotic sex이라는 특징을 만들어냈다. 감수분열 생식은 놀랍기는 하지만 다소 불필요한 낭비처럼 보인다.

살아 있는 생명체를 마구 먹어대던 중 몇몇 크로노스 진핵생물은 자신의 몸이 소화되기를 거부하는 생명체를 통째로 삼켰음을 알게 되었다. 크로노스가 피식자의 세포벽과 일부 세포질만 소화시키고 유전적 보물을 품고 있는 피식자의 핵은 소화시키지 못했을 때 감수분열 생식이 생겨났다. 크로노스는 피식자를 먹으려는 시도가 가로막힌 상황에서 그냥 머물려고 했다. 그러나 엄청난 변환이 발생했다. 이제 지구의 모험은 두 개의 핵을 가진 한 세포로 등장하게 되었다. 이 두 개의 핵은 각각 수십억 년 동안 선택적으로 저장된 기억을 보여주는 유전 정보를 풍부하게 가지고 있었다. 각각의 핵은 물질과 에너지를 살아 있는 생명체로 조직할 수 있는 능력이 있었다. 지구는 새로운 그 무엇, 즉 두 개의 신경 센터를 가진 한 개의 새로운 존재를 낳았다.

방대하고 다양한 실험이 수행되었다. 대부분의 경우 잡아먹힌 새로운 핵이 내리는 명령은 대부분 기능 장애를 일으켰을 것이다. 세포는 원래 가지고 있던 핵의 사이버네틱한 명령만을 알아듣고 반응했을 것이다. 한편 밖에서 들어온 핵의 유전 언어가 아주 비슷하여 크로노스 세포 안에서 효과적인 반응을 불러일으키는 경우도 있었을 것이다. 두 개의 정보 처리 센터가 존재하는 이상한 상황에서 세포 전체는 적절한 기능을 제대로 수행하지 못했거나 죽어버렸을 것이다. 어떤 경우에는 외부에서 온 유전자가 아무런 작용도 하지 않고 손해도 입히지 않는 밀항자가 되기도 했을 것이다. 그러나 매우 드문 상황이긴 하지만, 어떤 경우에는 새로운 핵이 원래 있던 핵과 깊은 관계를 맺으면서 결과적으로 놀랄 만한 조화를 낳는 일도 있었을 것이다.

먹히는 피식자가 포식자 크로노스와 함께 충분히 긴 시간 동안 공진화해왔다면, 피식자의 핵은 포식자 크로노스가 특별히 요구하는 효소와 아미노산을 생산할 수 있는 능력을 가졌을 수도 있다. 바로 이런 효소와 아미노산 때문에 크로노스가 피식자들을 사냥하기 시작했던 것이다. 그런데 만일 새로운 핵이 생육할 수 있는 방식으로 크로노스 안에 자리 잡을 수 있었다면, 이 새로운 세포는 그 자신의 생명 모험을 강화시키는 더 풍부한 정보를 가진 크로노스가 되었을 것이다. 이 새로운 세포는 이전보다 두 배 더 많은 유전 정보를 가졌을 것이고, 이 유전 정보는 다양하게 융합되어 원래 정보를 보완하는 새로운 염색체들로 구성되었을 것이다.

얼마나 많은 생명이 이러한 모험을 하다가 죽었을까? 핵들과 그들의 행동이 조화로운 친교를 이루고 염색체에 부호화될 수 있기까지 얼마나 많은 변이가 일어났을까? 그렇게 많은 시간이 지나고 모든 실험이 성공한 후, 마침내 성性을 가진 진핵생물 세포 사포가 등장했다. 사포는 두 개의 핵을 가지고 있었다. 더 정확하게 말하면, 이 두 개의 핵이 서로 긴밀하게 연결되었기 때문에 사포는 이배체의 핵diploid, 즉 두 개의 보완적인 염색체를 포함한 핵을 가지고 있었다. 이 이배체 핵은 분열하고 번식하게 되는 때를 제외하고 새로운 세포가 필요로 하는 모든 일을 수행함으로써 완전한 공생체로 기능했다.

사포는 자신을 재생산하려는 충동을 느끼면 초기 세포분열cell division 때의 오래된 기억으로 되돌아갔다. 먼저 사포는 핵에서 나온 두 가닥을 서로 엮어 자리를 맞바꾸었다. 그다음 자리가 바뀐 이배체 핵의 절반은 각각 분리되어 하나의 단일 세포로 만들어졌다. 이 새로운 세포는 각각 단 하나의 염색체 모음만 가진 자신의 '구식ancient' 핵을 가졌다.

이졸데Iseult와 트리스탄Tristan이라 부르는 이 특별한 사포 세포들은 지구를 둘러싼 대양으로 방출되었다. 이들은 굶주림과 포식관계의 상처를 가지고 바다의 모험 속으로 던져졌다. 스스로 영양분을 만들 수는 있지만, 더 이상 딸세포로 분할될 수 없었던 이러한 원시 생명체들은 그들의 모든 기억이 소멸되고 30억 년 동안의 계보가 완전히 끝날 때까지 필사적으로 살았다.

그러나 생명의 이 여정에서 다른 종말이 일어날 수도 있었다. 아주 드물게, 정말 극히 드물게 트리스탄 세포는 자기와 딱 맞는 이졸데 세포를 만나게 되는 기회를 가졌다. 그들은 서로를 스쳐지나갔다. 이 만남은 바다 속 모험에서 생기는 다른 수많은 만남과 비슷했을 것이다. 그러나 이 만남 하나로 새롭고 중요한 그 무엇이 깨어났다. 마치 마법의 비약이라도 마신 것처럼, 무엇인가 생각지도 않았던 강력하고 지적인 어떤 것이 전기적 흐름으로 각각의 유기체 안으로 들어갔다. 갑자기 그들 세포막의 화학적 성질이 변하기 시작했다. 이 세포가 가진 DNA의 새로운 기능들이 불러온 상호작용은 이졸데 표면의 세포막을 재구성하여, 이 세포가 지금껏 경험하거나 계획하지 않았던 행동을 시작하게 되었다. 바로 트리스탄 세포 전체가 이졸데 세포 안으로 통째로 들어간 것이다.

무모하게 다른 세포로 들어간 이 행동은 결과적으로 이 세포들을 죽음으로 이끌거나, 재탄생이라 말해야 할 만큼 새로운 형태로 이끌었다. 거칠게 침입한 후 트리스탄의 세포막은 용해되고 이졸데의 세포질 속으로 흡수되었다. 이제 드러난 트리스탄의 DNA는 자유롭게 이졸데에게로 다가갔다. 외형이 아주 유사한 두 개의 유전자 가닥은 이방인인 상대 세포 속에 매우 편안하게 자리 잡으면서 길게 굽이치며 펼쳐졌다. 이 새로운 짝들은 재빨리 분자막을 재창조함으로써 세포의 나머지 부분들과 자신들 사이에 커튼을 만들었다.

사포는 다시 태어났다. 그러나 이것은 전혀 새로운 사포였다. 사포의 이 새로움은 생명의 전개에 가속도를 붙였다. 원시 정자인 트리스탄 세포는 한 사포의 창조물이었고 원시 난자인 이졸데 세포 역시 또 다른 사포의 창조물이었다. 각각은 자신만의 고유한 기억의 계통을 가지고 있었다. 창조된 각각의 새로운 사포는 두 계통 모두에 의지했다. 한 계열의 기억된 경험은 다른 계열의 기억과 완전히 달랐다. 이들이 아니었다면 그러한 세포를 개발하는 데 수천 세대의 원핵생물이 소요되었을, 새로운 조합의 시너지 효과를 갖는 희귀한 존재가 이 새로운 콤비로부터 진핵세포 한 세대에서 생겨날 수 있었다.

새로운 사포 세포의 감수분열에 의한 유성생식 有性生殖은 생명나무의 조상, 즉 과거에 닿을 수 있는 특별한 분지를 갖는 관계를 창조했다. 모세포 母細胞에서 딸세포 娘細胞가 탄생하고 다시 그 세포가 딸세포를 낳는 박테리아의 성 性과는 반대로, 감수분열하는 생식세포는 과거의 전체 계통이 새로운 사포의 유전 활동 안에 나타날 수 있게 만들었다. 이것이 우주 진화의 상호 관련성을 보다 발전시켰다.

사포의 주체성 subjectivity 또한 진보했다. 원핵생물의 경우 자신의 DNA 분자를 다른 세포에게 넘겨줄 때 자신의 가장 결정적인 힘도 넘겨줄 가능성이 항상 존재했다. 한 박테리아가 중요한 유전 부분을 다른 세포에게 넘겨줄 때 전체 원핵세포의 유전자 풀은 변하지 않지만, 그것을 아낌없이 건네준 관대한 박테리아는 중요한 어떤 것을 잃어버리게 된다. 그러나 진핵생물의 경우 이러한 박탈적인 포기가 사라졌다. 사포는 중요한 유전 정보를 풍부하게 가지고 있는 생식세포들을 방출하지만, 사포 자신의 유전적 능력은 언제나 그대로이다. 수십억 년 동안의 진화를 통해 성취된 이 유전 능력은 지속적인 진화를 위해 새로운 염색체를 만든 후에도 분리되지 않은 세포 속에 그대로 남아 있었다.

이처럼 각 사포 계열의 분화는 더욱 강화되었다. 하나의 원시 정자 세포는 단지 특정한 종류의 원시 난자 세포에만 진입하여 결합할 수 있다. DNA 사이의 의사소통이 비슷해야만 하며, 그렇지 않을 경우에는 기능장애가 일어나거나 죽게 된다. 이런 방식으로 성적 조화를 이룬 사포 세포 공동체가 등장했다. 생명의 진화에서 이런 분화를 통해 과거 선조들과 관련을 맺는 공동체의 특별한 성취들은 보존될 수 있었다.

한편 원핵생물의 경우에는 최소공분모의 법칙 the law of the lowest common denominator이 지배했다. 한 개체에만 풍부한 정보가 쌓일 수는 없었다. 왜냐하면 어떤 정보의 풍부함도 원핵생물 왕국 전역에 공평하게 분배되어야 했기 때문이다. 이렇게 보면 원핵세포들은 다양한 형태를 가진 하나의 단일 유기체라고 말할 수 있다. 그러나 감수분열 생식과 그 결과로 등장한 성적으로 구분된 집단의 경우, 만일 한 개체가 생명의 특별한 전략에 따라 엄청난 진화를 이루면 이들의 성취는 그 특정 집단에서 나온 정자와 난자 세포가 요구하는 감수분열 생식으로 보호될 것이다. 이런 방식으로 짝이 되는 세포들은 이 계통의 진보된 현저한 특징들을 소유할 것이다. 특정 계통의 창조적 성취들을 보존하는 능력은 원생대의 네 번째 이자 마지막 창발인 다세포 유기체의 출현으로 이어지게 되었다.

다세포 동물의 놀라운 점은 세포들이 함께 집단으로 모였다는 것이 아니다. 또한 세포들의 한 집단이 영구적으로 통합된 형태를 유지하기 위해 분자 간 인력을 발전시켰다는 사실도 아니다. 이미 우리가 보았던 공생관계에서 다세포 신체의 섬유질에 신체 외적인 결합을 안정시키기 위해서는 아주 적은 유전적 조절만이 필요했다. 이러한 세포들의 느슨한 결합으로 얻게 되는 특별한 장점은 쉽게 상상할 수 있다. 바로 13억 년 전 다세포 식물인 미세식물microphytes 이 진핵생물 세포의 진화와 거의 동시에 출현했다. 다세포 자체만으로는 생물의 획기적인 도약이 이루어졌다고 볼 수 없다. 원생대의 네 번째 충격은 보다 새롭고 더 고차원적인 자기조직체의 출현이었다. 다세포성은 우주에 새로운 주체성의 등장을 가능하게 했다.

약 7억 년 전, 각기 다양하게 분화된 성性을 가지는 진핵세포인 한 무리의 사포 세포들 Sapphoid cells 이 동맹관계를 형성했다. 처음에 이 세포들은 자신들의 본래 정체성을 온전하게 유지했다. 각각의 세포 모두 특별한 능력이 있는 자신들을 자기조직 할 수 있었다. 각각의 세포 모두 고유한 자신만의 패턴을 가지고 바닷속에서 자신만의 고유한 방향 감각을 유지하고 있었다. 그러나 친밀한 세포 집단의 밀접하고 오래 지속된 결합에서 사포 세포는 전문화하기 시작했다. 한 세포의 탁월한 이런 활동은 이 결합 속에 있는 다른 사포 세포가 수행할 수 있는 다른 활동보다 더 많은 영향력을 가졌을 것이다.

각 세포의 요구에 따른 개별적 생산은 두 개 혹은 그 이상의 세포에 의해 공동으로 유지되는 세포벽들을 통해 화학적으로 전달되었을 것이다. 예를 들어 사피나 Sapphina를 통해 생산된 에너지원인 포도당의 잉여분이 사페렐라 Sappherella에 흘러 들어가면 다음과 같이 해석되었다. '에너지 요구가 만족되었다. 더 이상의 포도당 생산은 필요 없다. 해당 DNA 조각을 차단하라!' 이렇게 해서 사페렐라 안에 있는 분자 전달체는 세포질을 통해 이동하여 DNA에 정착하고, 사피나의 포도당 생산을 중단시켰다. 어떤 다른 세포들이 사페렐라에게 이런 분자들(포도당)을 제공해주는 한 사페렐라는 자신의 에너지를 다른 일들에 집중할 수 있었다. 이들 중 어떤 일들은 주변에 있는 사포 세포들에게도 이익이 되었을 것이다.

두 개의 세포 혹은 특정한 다수 세포들 사이의 이러한 의사소통 communication은 거대한 생물학적 창조성을 크게 신장시키기 위해 계속적으로 지속되었음이 분명하다. 그러나 사피나가 보내지 않은 화학적 전기 신호를 사페렐라 세포가 받게 되는 때가 왔다. 이 신호는 사포니아 Sapphonia의 자기조직에서 나오지 않았고, 사프라니다 Sapphranida를 비롯한 어떤 다른 사포 세포에서도 나온 것이 아니었다. 어느 날 분자 활동을 빠르게 전환시키는 어떤 정보가 도달했다. 그 정보는 사페렐라의 DNA나 RNA, 또는 단백질 생산을 변화시키라는 정보였다. 그러나 사페렐라가 자기공동체 구성원 모두에게 질문 신호를 보낼 수 있었다고 해도, 그 메시지를 보낸 세포를 찾지는 못했을 것이다. 만일 사페렐라가 세포 하나하나를 조사했다 하더라도, 모든 세포가 그 정보를 만들지 않았다고 주장했을 것이다.

그들은 진실을 말한 것이다. 그 메시지의 발신자는 사포 세포가 아니었다. 메시지의 발신자는 아르고스Argos, 새로운 창조물이었다. 새로운 중심, 세포공동체가 불러온 새로운 주체인 아르고스가 바로 그 메시지를 보냈던 것이다. 수백만 년 전에 태양빛 가득한 바다 위를 자유롭게 떠다니던 한 무리의 느슨한 공생자들로 시작했던 것이 중요한 문턱을 넘어 순수한 가능성으로부터 하나의 살아 움직이는 존재로 등장한 것이다. 새로운 원인으로 세상에 나타난 이 힘은 특정한 세포들의 친교가 아니었다면 존재할 수 없었겠지만, 일단 이 힘이 한번 등장한 다음에는 즉시 새롭고 놀라운 방식으로 공동체를 관리하기 시작했다.

새로운 존재인 아르고스를 불러오자는 착상은 사포 세포의 가장 뛰어난 자기조직적 인식이었다. 마찬가지로 수소 원자가 50억 년 전에 거대한 구름 속을 표류하고 있을 때, 태양을 탄생시킨 것은 가장 세밀한 상호작용의 모형이었다. 이 두 경우 모두 자기조직의 새로운 차원에 도달했고, 새로운 중심과 자기 통치력이 존재로 나타나게 된 것이다.

최초의 다세포 동물의 출현은 은하의 출현만큼이나 깜짝 놀랄 만한 것이었다. 30억 년이 넘는 기간 동안 일차적인 관계는 세포들

속에서의 관계, 세포들 사이의 관계, 그리고 세포들과 무생물 원소 사이의 관계뿐이었기 때문이다. 이제 아르고스는 자기 자신만의 고유한 마음을 가지고 등장했다. 아르고스는 그 자신의 특별한 목적을 위해 1만여 개의 세포들을 훈련시켰다. 아르고스의 출현을 위해 엄청난 창조력이 필요했다. 이제 아르고스는 아주 쉽게 개별 세포들을 먹어 치웠고, 거대한 고대 공동체들을 의심할 여지 없이 파괴하기 시작했다.

강렬한 산소 구름이 시생대의 생명력을 질식시켰을 때, 시생대를 파괴하면서 원생대가 등장했다. 그 자신의 생명을 위해 산소를 이용할 수 있는 능력을 가진 존재인 프로스페로가 출현하여, 자신의 목적을 위해 세포벽을 뚫고 들어가 앵글라의 DNA를 찬탈하는 바이킹으로 변이했다. 침략적인 바이킹과 오랫동안 수난을 당한 앵글라가 맺은 협동적인 동맹은 원생대의 가장 획기적인 창조물인 진핵생물 세포 바이캥글라의 창조성으로 이어졌다.

바이캥글라는 대담하게 살아 있는 생명을 먹는 크로노스로 변이했다. 크로노스는 포식자와 피식자의 생태공동체를 만드는 모험과 진화적 발전을 촉진시키는 힘을 가진 감수분열 생식, 그리고 다세포 생물들의 한 특징이 되는 자기조직을 가져오는 모험을 시작했다.

원생대의 네 가지 주요한 창조물들, 즉 바이캥글라의 생물체 내부 공생endo-symbiosis, 크로노스가 확립한 외부 공생exo-symbiosis,

사포의 생식유전 공생sexual-genetic symbiosis, 아르고스의 다세포 공생multicellular symbiosis을 통해 생명의 우주는 발전적으로 진화했다. 세포들은 세포 안에서 상호 관계를 맺었고, 생태계 순환 안에서 상호 관계를 맺었으며, 같은 선조를 둔 같은 계통의 모든 세포와 상호 관계를 맺었을 뿐만 아니라, 원핵세포 생물이라는 거대한 단일 유전자-교환 체계의 내적 연관성에 새로운 친교를 더했다.

대부분 미시우주의 영역에서 발생한 이와 같은 원생대 창조물들은 벽에 부딪치게 되었다. 다세포 생물인 아르고스가 출현한 지 얼마 되지 않아, 행성 지구는 생명의 전체 역사를 통해 가장 엄청난 빙하기에 접어들었다. 당시 적도 근처에서 떠다니던 오스트레일리아조차도 빙하로 뒤덮여 무거워졌다. 행성 지구에 존재하는 유기체들의 대량 멸종이 발생했다.

20억 년에 걸쳐 지속된 모험을 했던, 생명의 모든 세대가 전율했다. 모험의 결과는 무서운 종말로 치달았지만, 생명의 창조물들은 이 거대한 빙하기의 멸종조차도 잘 견뎌내고 지구 모험의 새로운 사건인 현생대Phanerozoic era를 확립했다. 현생대에서 생명은 우주에 특별한 층을 추가했다. 즉, 미시우주microcosm와 거시우주macrocosm는 지구 위에 중간우주mesocosm를 탄생시킨 것이다.

●●● 알래스카 한대림의 회색곰과 치누크 연어

7 식물과 동물들 Plants and Animals

순수 에너지는 팽창된 후 수조 개의 은하로 쪼개졌다. 창조력이 있는 이 은하들은 끓어오르며 요동치는 암석권과, 수권의 거대한 소용돌이가 일으키는 암석권의 침식, 그리고 대기권의 큰 바람이 일으키는 수권의 증발과 이들 암석권과 대기권과 수권이 접혀들어간 생명권의 충전된 강렬함이라는 네 겹의 운동 양식을 가진 최소한 하나의 행성을 창조했다. 지구는 초신성 티아마트에 의해 생성된 핵에너지 양자를 취했고, 풍부한 준안정성metastability을 유지하는 사이버네틱한 체제로서 솟아오르는 분수의 최고점에서 춤추는 거대한 구球를 창조했다. 이렇게 풍부한 에너지의 중심에서 생명은 진핵생물 세포, 감수분열 생식, 생태계 공동체 그리고 다세포 생물이라는 경이로움을 낳았다.

초기 동물들 사이에 널리 퍼져 있던 욕망이 있었다면, 그것은 아마 크기를 키우는 것이었다. 상대적으로 큰 동물일수록 먹이사슬에서 벗어날 수 있었다. 이빨 없는 자신의 입보다 더 큰 동물을 먹이로 삼은 초기의 포식자들은 거의 없었을 것이다. 다른 관점에서 보면, 포식자들은 덩치가 커질수록 보다 많은 생명체를 그들의 먹이 패턴 안으로 끌어들일 수 있었다. 생명은 오랜 시행착오를 거쳐 생존 가능하며 유용한 다세포 창조물 아르고스를 확립했다. 이 다세포 생물들은 원생대 말기에 바다의 모험에 뛰어들어 급속하게 증식했다.

이 동물들은 자라났고 원생대와 현생대가 나누어지던 6억 년 전에 초기 해파리, 바다조름, 편형동물로 분화되었다. 지질학적으로 말하면 갑자기 이 모든 동물은 '육안으로 볼 수 있는' 크기가 되었다. 그들의 크기는 빠르게 확장되어 우주 진화의 역학이 정해놓은 상한선에 도달했다.

자신을 구성하는 세포들보다 지나치게 큰 동물들은 너무 연약하여 지구에서 활기차게 살아갈 수 없을 것이다. 예를 들어 해파리는 자신을 구성하는 세포보다 10만 배 더 넓은 크기를 가지고 있기 때문에, 단세포 유기체들을 먹는 데 이점이 있었다. 그러나 만일 그 해파리가 또다시 20배 또는 그보다 더 커진다면, 세포들을 결속시켜주는 전자기적 결합이 약화되어 아주 약한 충격도 견디지 못할 것이다. 그때 해파리의 얇은 표피는 대양의 잔잔한 파도에도 찢어질 것이다. 해파리가 가지고 있는 자기조직 형태의 기능으로 볼 때, 해파리의 지금 크기는 가장 적절한 크기라 할 수 있다. 이렇게 최적화된 크기는 생물권과 수권의 역학이란 측면에서 부분적으로 지구에 의해 확립되었다. 또한 태초의 대칭성이 파괴되었을 때 영속적인 형태를 가지게 만든 기본적인 상호작용들의 힘이라는 측면에서 보면, 부분적으로는 우주에 의해 형성되었다.

현생대 초기에 출현한 동물들은 생존하기에 가장 알맞은 크기로 커지기 위해 애를 썼고, 결국 자신의 최적 존재 범위로 진입하게 되었다. 다세포 생물을 위한 이 최적 범위가 바로 중간우주 mesocosm였다. 이 영역은 분자들의 미시우주와 행성들과 은하계의 거시우주 사이에 있으며, 자신만의 고유한 역학을 가지고 있었다. 만약 지구 생명체의 어떤 문門, phylum으로부터 어떤 창조물이 은하수 은하 규모까지 확장하려고 했거나 헬륨 정도로 축소되려고 했다면, 그 생명체는 그 두 영역의 규모에 도달하기 훨씬 전에 사라졌을 것이다.

태초의 찬란한 불꽃이 가진 추진력이 아주 조금만 달랐어도 생명의 중간우주는 완전히 달라졌을 것이다. 이렇게 보면 이 중간우주는 처음부터 우주의 구조 안에 정해져 있던, 질적인 면에서 특별하고 양적인 면에서 고유한 가능성으로 구체적으로 이해할 수 있다. 중간우주의 동물을 조사해보면 시간이 시작되던 태초부터 작동하고 있는 역학에 따라 대강의 형태가 정해져 있었음을 보게 된다. 중간우주의 창조는 우주 태초의 찬란한 불꽃 안에 내재되어 있던 모험의 발현이다.

우주 생성에서는 근본적인 변화가 다양한 가능성을 만들어낸다. 새로운 시대마다 창조성이 폭발하여 풍부한 새로움을 가진 영역으로 존재하게 되었지만, 그들 가운데 많은 것이 생존하지 못했다. 우주 태초에 거칠고 색다른 입자들은 보다 고요한 하드론과 렙톤의 집합들로 대체되었고, 나중에 표준 입자가 되었다. 은하계들을 만들 기회가 왔을 때, 우주는 표준 타원형을 이루는 수많은 낯설고 색다른 은하계로 새겨진 거대한 모습을 펼쳐냈다.

생명이 중간우주에 들어섰을 때, 그것은 새로운 구조로 폭발했다. 그 구조는 진화된 동물 형태의 구조들이었다. 동물의 모든 미래 형태는 6억 년 전 원생대에서 현생대로 넘어가는 교차로에서 확립된 기본 주제에 따라 연주되는 음악이라 할 수 있다. 위대한 모험들은 분화를 통해 유지되었지만, 기본적인 형태를 만들었던 초기의 창조성은 곧 사라졌다. 초기의 대재앙에서 살아남은 동물 문 phylum 들이 지구 전역에 등장했다. 새로운 동물 문은 전혀 나타나지 않았다. 모든 미래의 동물은 이때 있었던 해파리, 환형동물인 지렁이, 해면海綿, 불가사리, 달팽이, 성게, 척추동물, 앵무조개, 곤충들, 완족동물腕足動物, 갑각류와 절지동물인 거미 등이었다. 미래의 동물들은 동물 세계에 널리 퍼져 있던 몇 가지 형태와 일치하는 구조를 취했다.

현생대는 세 시기로 구분된다. 즉, 5억7천만 년 전부터 2억4천5백만 년 전 사이에 있었던 고생대, 2억4천5백만 년 전에서 6천7백만 년 전까지의 중생대, 그리고 6천7백만 년 전부터 지금까지 계속되는 신생대이다. 각각의 시대는 고유한 생물학적 창조성과 지질학적 창조성을 가지고 있다.

고생대의 가장 위대한 발명들 가운데 하나는 단단한 껍질이다.

이전에는 벌거벗고 있었던 동물들이 인과 칼슘 같은 무기질을 이용하여 껍질로 스스로를 보호할 수 있었다. 이 껍질은 삼엽충과 조개류 그리고 달팽이들 사이에 보편적이었다. 대부분의 고생대 동물은 바다의 해조류를 먹고 살았지만, 진화된 동물들의 종속영양이 대부분의 중간우주 안에서도 생겨났다. 껍질이 생겼다고 그런 먹이 섭취 방식이 사라지지는 않았다. 이러한 갑각류들의 도전에 대응하여 앵무조개 nautiloids 는 먹잇감의 껍질을 깨고 들어가 껍질 안에 있는 속살을 물어뜯을 수 있는 부리를 개발했다.

환형동물 지렁이에서 진화한 초기 어류들은 또 다른 종류의 껍질을 만들었다. 갑주어甲冑魚, ostracoderms 들은 스스로를 보호하기 위해 뼈로 만들어진 보호 표피 bony plated armor 를 발명했다. 그들은 즉시 고생대 중기 동안 바다 밑바닥에서 일차적인 포식자가 되었다. 갑주어들은 몸을 흔들어 바닥에서 위로 올라갈 수 있었기 때문에 바다 밑바닥의 다른 생물들보다 더 효과적으로 먹이를 구해 먹을 수 있었고, 완성되기까지 2억 년이 소모된 하나의 창조 실험에서 선두에 있게 되었다. 갑주어들은 보다 효율적인 포식 어류들에게 빠르게 밀려났다. 첫 번째 중요한 진화는 턱이었다. 어류들은 이제 이 턱 때문에 단단히 깨물 수 있었다. 턱이 있는 어류들은 사냥 영역을 훨씬 넓게 확보했다. 후에 일어난 유전변이 덕분에 턱이 있는 어류의 몸체에 한 쌍의 지느러미가 돋아나 움직일 때 균형을 보다 잘 유지할 수 있게 되었다. 이들 판피류板皮類, placoderms 는 곧 30피트(9.1미터)까지 그 크기가 커졌으며, 고생대 바다를 휘젓고 다녔다. 지느러미가 뼈로 지탱되는 마지막 진화를 통해 판새어ray-finned fish가 등장했다. 움직임이 매우 효과적인 이 동물 형태가 바다 전역에 퍼지면서 고생대 초기를 장악했던 갑주어들은 모두 사라졌다.

땅 위로 모험을 처음 감행한 영웅들은 식물이었다. 동물은 감히 그러지 못했다. 그것은 공기와 관련된 어떤 특별한 어려움 때문이 아니었다. 분명 공기를 수월하게 다룰 줄 아는 동물들이 이미 존재했을 가능성이 크다. 당시 대륙의 특성을 곰곰이 생각해보면, 우리는 그들에게 눈이 있어서 용기가 사라졌다는 것을 추측할 수 있다. 바다의 한끝에서 육지를 보면, 생명이 살지 않는 바짝 마른 바위와 돌조각 그리고 먼지들이 황폐한 달의 표면처럼 수천 마일씩 넓게 펼쳐져 있었다. 거기에는 살아 있는 땅이 없었다. 초록색을 띤 것은 아무것도 없었다. 모질고 사나운 존재들만이 살고 있는 지옥도 그보다 더 나았을 것이다. 그러나 땅 위로의 이동을 방해하는 더욱 지독한 궁극적인 장애물이 있었다. 땅 위에서 생명은 보이지 않는 적敵과 직면해야만 했다. 그 적은 너무나 방대하게 퍼져 있었고 낯설었으며 너무 강력하고 압도적이었기 때문에, 생명은 지구 역사의 90퍼센트 동안 바다에서만 살았다. 수억 년이 지난 후 이 보이지 않는 힘은 '중력'이라고 불렸다.

중력은 바닷속 유기체들에게는 영향을 주지 않는 우주의 기본 원리이다. 그래서 생명은 바다에서 그 무시무시한 중력의 난폭한 요구를 피할 수 있게 안식처를 창조해준 전자기력을 충분히 익혔다. 그 안식처는 적어도 한동안 중력의 요구를 잊게 했다. 만일 고생대의 영웅들이 없었더라면, 생명은 가이아의 시대 전체 동안 바다라는 피난처에만 숨어 있었을는지도 모른다.

파도는 높이 솟구쳐 올라 화강암에 부딪치면서 자신이 싣고 온 생명이 있는 적하물積荷物들을 거품 속에 버려두고 물러났다. 바다 속에서 해류의 삼차원적 소용돌이를 터득했던 식물들은 이제 바위에 들러붙게 되었다. 태양은 바위 위에 있는 그들을 구워버렸다. 얼마나 많은 생명이 생명 없는 대륙에서 바삭거리는 녹색 파편으로 흩어져버렸을까! 바위에 납작하게 들러붙어 있으면서, 이 식물들은 희미한 반의식 상태에서 얼마나 많은 고통을 체험했을까?

그러나 창조성은 적들로 둘러싸인 세계와 대적할 수밖에 없었던 그 식물들 안에서 확대되었다. 바다와 대륙 그리고 공기가 만나는 경계에서 새로운 창조물이 나타났다. 그것은 낯선 세계를 침공하려는 용기를 가진 영웅 카파네우스Capaneus였다. 카파네우스는 목질세포wood cell를 발명했고, 땅에 들러붙게 만드는 중력에 저항할 줄 아는 최초의 육지 생물이 되었다. 카파네우스는 먹이와 물질을 자신의 몸 전체로 전달하는 도관vascular vessel을 가진 견고한 구조를 만들었다. 아마도 카파네우스는 물가에서 살아가는 반수생 semi-aquatic 식물로 시작한 후, 수위가 떨어지거나 바다가 말라버렸을 때 중력을 견딜 수 있기에 충분한 힘을 갖도록 진화되었을 것이다. 카파네우스의 후손들은 자신들의 도관 수송 체계를 개선하고 뿌리 체계를 더욱 깊게 만들었다. 따라서 그들은 강과 바다의 언저리 그리고 모든 늪 지역의 가장자리를 따라 숲을 이루었다. 이들 양치식물lycopod은 후손을 낳기 위해 습기가 많은 축축한 지역을 필요로 했다. 바닷속에 살았던 그들의 선조처럼, 양치식물의 정자는 양치식물의 난자를 찾아가기 위해 습한 세계가 필요했다.

고생대 식물의 창조성은 씨가 드러나는 유기체, 즉 겉씨식물裸子植物, gymnosperm을 새롭게 완성시켰다. 이제 이 나무들은 습한 땅이 없어도 스스로 암수 배우자gamate를 씨앗으로 만들 수 있었다. 중력과 건조라는 두 가지 도전을 완전히 극복하게 되자 이 겉씨식물은 대륙을 향해 전진했고, 울창한 삼림을 이루었다. 겉씨식물은 이전까지 우세했던 양치식물을 대체했다.

유선형 지느러미를 가진 물고기가 바다 생활을 위한 가장 탁월한 형태가 되고 바다 척추동물의 으뜸이 된 것처럼, 겉씨식물은 이전까지 아무도 거주하지 못하던 마른 땅에 중간우주를 탄생시킨 위대한 업적을 쌓고 고생대 육지식물의 으뜸 형태가 되었다.

고생대 후기의 마지막 성취는 건조한 육지를 정복한 동물이다. 카파네우스를 따라 4억2천5백만 년 전에 육지에 나타난 첫 번째 동물은 절지동물이었다. 아마도 노래기millipedes들이 먹이를 따라서 육지로 올라왔을 것이다. 뒤이어 이들의 포식자들도 육지로 나왔다. 이들 절지동물은 물을 자신의 체내에 보유할 수 있는 외골격exoskeleton을 개발함으로써 육지의 도전에 대처했다. 말하자면 그들은 살아 움직이는 연못이 되었던 것이다.

이런 곤충들은 양치식물 안에 마련된 수많은 신세계에 들어가 적응하면서 엄청나게 증식했다. 그 후 겉씨식물의 숲과 늪에서도 그렇게 증식하면서 적응했다. 잠자리는 날개의 폭을 18인치(45.72 센티미터)까지 키웠다. 노래기들은 길이가 8피트(2.44미터)까지 커졌다. 전갈은 후기 고생대의 숲에 뒤늦게 나타난 작은 척추동물들을 잡아먹을 만큼 커졌다. 고생대 후기에 곤충들은 두드러진 변화 없이 육상생물권의 전형으로 자리 잡는 정교한 적응을 이루어냈다.

척추동물은 3억7천만 년 전에 육지 모험에 합류했다. 그보다 1천만 년 전, 적어도 한 종류의 어류가 허파肺를 개발했다. 이미 육지를 정복한 많은 생명체와 함께 강, 호수, 연못 또는 바닷가에서 아주 짧은 기간 동안만이라도 생존할 수 있었던 어떤 물고기가 식량의 낙원을 발견했을 것이다. 거기에는 엄청나게 많은 곤충이 있었다. 그 곤충들은 대부분 그 거대한 굶주린 존재가 약탈자라는 것을 알아차리지 못했다. 그들은 척추동물이 없는 숲에서 진화해왔기 때문에, 그런 약탈자로부터 자신을 보호할 수 있는 본능적인 대응책을 DNA에 저장해놓지 못했다. 공기 호흡을 할 줄 알게 된 이 어류들은 단지 가장 초보적인 이동력만 있으면 충분했다. 이렇게 움직임을 시도했던 모든 어류 중에서 해부학적으로 미미한 장점을 가진 총기류總鰭類, lobed fish가 육지에서 생존할 수 있는 척추동물의 형태로 확산되었다.

총기류의 후손인 양서류는 물속에 알을 낳는 원시 어류의 전략을 계속 보존하고 있었다. 양서류는 어류로 태어나 아가미를 가진 올챙이로 유년기를 물에서 성장하지만, 그 후 물에서 나와 허파가 자라면 늪과 숲이 있는 육상으로 진출하여 길이가 20피트(6.10미터)에 이르도록 살았다.

고생대, 동물 세계의 모든 문phyla 을 불러일으켰던 시대, 어류의 후손들과 수백 마일에 이르는 엄청나게 큰 산호초를 탄생시켰던 시대, 최초의 숲과 공기 호흡 그리고 육지에서 거주하는 동물들을 창조했던 시대는 2억4천5백만 년 전에 완전히 파괴되었다. 기후 변화 때문이었다. 아마도 혜성이 지구와 충돌했고 대기가 완전히 달라졌을 것이다. 먼지가 가라앉고 멸종의 충격이 끝났을 때 남은 것이라고는 불모로 변한 동물 세계뿐이었다.

대량 멸종은 생명 이야기의 전체 구조에 산발적으로 여기저기 구멍을 뚫어놓는다. 고생대 시기에 최소한 세 번의 거대한 재앙이 있었다. 즉, 오르도비스기Ordovician 말기, 데본기Devonian 후기, 이첩기Permian 마지막에 대변동이 일어났다. 이 마지막 대재앙, 이첩기-삼첩기 사이의 재앙은 40억 년 생명의 모험에서 가장 거대한 재앙이었다. 매번 재앙이 덮칠 때마다 열대에 있던 생명체들이 가장 큰 고통을 겪었다. 산호초들은 절멸했다. 또한 난류대에 사는 대부분의 완족동물과 연체동물 역시 멸종했다. 최소한 해양생물 군집의 절반은 이첩기 대변동 동안 사라졌다. 전체적으로는 약 75~95 퍼센트에 이르는 지구의 생물종이 사라져버렸다.

생물권은 아주 천천히 동물의 세계를 복원시켰다. 산호초로 가득해서 완전했던 생태학적 적소適所, niche는 수백만 년 동안 텅 비어 있었다. 새로운 시대, 중생대는 고생대 후기와 비교했을 때 황량한 세계에서 시작되었다. 이 황량한 세계는 즉시 재생의 과제를 시작했지만, 그 과제는 너무나 많은 시간과 노력을 요구했다.

이첩기 말기의 대량 멸종으로 바다와 육지에 있는 많은 동물종이 대거 사라졌다. 따라서 거대한 유전 정보의 저장고 또한 사라졌다. 멸종으로부터 살아남은 몇몇 종의 동물은 외계인처럼 남아 있었다. 이전에 그들은 다른 많은 생물체와 잘 정립된 생태적 관계를 맺으면서 생존했었다. 이와 같이 유전적으로 인식 가능한 지질과 기후 조건에서, 생물들은 점차적인 분화를 통해 발생할 수 있었다. 그러나 이첩기의 발작적인 멸종 이후 다른 종들은 아주 사라져 버렸다. 행성 지구의 조건은 달라졌다. 예를 들면 행성 지구의 거대한 땅덩어리는 합쳐져서 하나의 초대륙 판게아Pangaea를 형성했다. 판게아는 남극 주변을 떠다니면서 거대한 빙하들을 만들고 바다 수위를 낮추면서 보다 춥고 건조한 기후를 초래했다. 이 달라진 세계, 이전 공동체의 많은 부분이 빠져 있는 이 세계에서 살아남은 종들은 자신의 살 길을 스스로 찾아야만 했다.

이러한 대량 멸종은 우주에서 발견되는 폭력에 대해 다시 성찰하게 한다. 고생대에 있었던 생물종들의 엄청난 대량 멸종을 통해 우리는 다시 우주라는 실체의 난해한 차원을 보게 된다. 이 멸절의 원인과 상관없이, 즉 그것이 외부 행성과의 충돌 때문이든지, 대륙을 극까지 밀어 거대한 빙하를 만들었다는 판구조론plate tectonics

이나 몇몇 다른 주요한 기후 조건의 변화 때문이든지에 관계없이 지구의 대변동이 개개의 생물종이 가진 특정한 필요나 능력을 전혀 고려하지 않았다는 것은 분명한 사실이다. 진화적 설계와 적응의 정점을 대표하는 판피류들은 갑작스럽게 차가워진 데본기 바다의 거친 현실 때문에 조용히 생명의 모험에서 사라졌다. 판피류들의 모든 학습 내용과 의미와 지식이 모두 한 줄기 연기처럼 사라져 버린 것이다.

대량 멸종은 **지구공동체**earth community가 이룩한 상호 관계성을 산산이 찢어놓았다. 남은 존재들은 과거 생명공동체의 유전적 기억을 가지고는 있었지만, 육지나 바다가 모두 황폐화되어버린 후였다. 그들은 과거에 효율적이었던 것들에 의존할 수 없었고, 둘러싸고 있는 실재들과 관계를 맺는 새로운 방식을 발전시켜야만 했다. 영원히 순환하는 유전적 자발성spontaneity 때문에, 살아남은 종들은 많은 새로운 삶의 탐구 방식을 갖고 있었다. 바로 이렇게 황폐한 세계의 공허가 남아 있는 종들에게는 이익이 되었다. 바로 그 공허가 어깨를 으쓱하면서 모든 새로운 해부학적 창조 혹은 행동의 창조에게 말을 걸었다. "자, 겁내지 말고 한번 해봐!" 후기 고생대와 같은 풍부한 공동체 세계의 엄격한 제약은 생물종이 격감한 중생대의 '무엇이든 괜찮은' 세계로 교체되었다.

바닷속의 무척추 생물들은 천천히 재창조되었다. 이 살아남은 종들은 퍼져나가서 중생대 바다의 새로운 특징을 확립시켰다. 단지 두 종만 살아남았던 암모나이트 ammonoids는 150종으로 확장되었다. 적절한 방사를 통한 이 느린 확장은 살아남은 이매패 二枚貝, 연체동물, 완족동물, 극피동물, 성게와 해면뿐만 아니라 살아남은 복족류 gastropod의 전형적인 움직임이었다. 삼엽충 trilobite, 탄산 유공충 foraminifers, 레이스 이끼벌레들 lacy brayzoan과 주름진 산호 rugose coral 등은 영원히 사라졌다. 이들을 대체한 것은 산호초를 형성하는 육각산호 hexacoral와 바다를 가득 채운 해조류인 인편모조류 coccolithophores, 그리고 바깥 껍질이 없는 오징어와 유사한 연체동물인 벨렘노이드 belemnoid와 같은 새로운 창조물이었다.

중생대 척추동물의 세계는 근본적으로 새로웠다. 고생대로부터 중생대로 변화되는 그때쯤에 육상동물의 특성을 바꾸는 두 가지 새로움이 나타났다.

첫 번째 중요한 창안은 양막 羊膜이 있는 알 amniotic egg이었다. 이 알로 인해 육상 양서류는 짝짓기를 물속에서 할 수밖에 없었던 한계로부터 벗어났다. 배 胚, embryo가 발생할 동안 침투성을 갖는 껍질 덕에 외부 환경으로부터 보호되는 알은, 외부 세계로부터 단지 산소만을 필요로 하는 완전한 자기 충족체였다.

이러한 알을 창조한 존재들은 바로 최초의 파충류였다. 그들은 이제 영양가 많은 알을 찾아 얕은 물가를 수색하는 포식자들로부터 멀리 떨어진 곳에 자신의 알을 보관할 수 있게 되었다. 피부의 방수력이 보다 강해지면서 파충류는 내륙 깊숙이, 심지어 사막으로까지 진출할 수 있게 되었다. 양서류는 이런 지역에 절대 갈 수 없었다. 왜냐하면 삼투성이 있는 피부가 지속되는 열을 견디지 못하고 말라버리기 때문이다. 그러나 이제 파충류는 알과 함께 건조한 계곡을 넘어, 뜨거운 산악 지역을 지나, 끝없이 작열하는 평원까지 모험을 계속할 수 있는 길을 찾아냈다.

파충류는 양서류를 밀어내고 지배적인 육상 척추동물이 되었다. 고생대 후기와 중생대 초기에 겉씨식물이 바다에서 멀리 떨어진 곳의 건조한 조건에 보다 잘 적응함으로써 대륙을 가득 채워 일차적인 식물이 된 것처럼, 중생대의 서막을 열어젖혔던 대량 멸종의 충격 이후 파충류 역시 바다와 호수에서 멀리 떨어진 곳의 건조한 기후에 보다 잘 적응함으로써 거대한 대륙을 가득 채우면서 자리를 잡았다.

육상동물의 두 번째 위대한 창안은 온혈溫血, endothermy이었다. 온혈은 차가운 외부 세계와 대면하더라도 몸을 따뜻하게 유지할 수 있다. 이러한 새로운 능력을 최초로 향유한 동물은 수궁류獸弓類, therapsid였다. 그들은 이제 태양이 구름에 가려진 날에도 오랫동안 활발한 활동을 지속할 수 있게 되었다. 이러한 '온혈 파충류'가 생명의 역사를 바꾸어놓았다. 양서류와 초기 파충류의 다리는 비스듬한 각도로 생겨서 그들이 움직이는 데 필요한 웅크린 자세를 갖게 해주었다. 그러나 수궁류가 움직이는 속도는 적절한 해부학적 변화를 요구했다. 수궁류의 다리는 아래쪽으로 옮겨 가 빠른 속도로 이동하는 것을 가능하게 했다. 중생대 초기 약 1백만 년 이후, 수궁류 중 하나인 도마뱀은 보다 강력하게 깨물 수 있는 턱을 획득했고, 빠르게 먹이사슬의 꼭대기로 올라갔다.

파충류는 바다로도 갔다. 물개처럼 생긴 플라코던트placodont는 조개껍질을 부술 수 있는 이빨을 가졌으며, 바다 밑바닥의 풍부한 연체동물을 잡아먹고 사는 법을 배우면서 자신들의 생태학적 적소를 발견했다. 노토사우루스nothosaurus 또한 바닷가에 살았고, 얕은 여울에서 먹이를 찾았다. 날렵한 어룡ichthyosaurus 또한 유양막 알이 아니라 살아 있는 새끼 어룡을 낳을 수 있게 되면서 육지에서 멀리 떨어진 곳까지 모험을 떠날 수 있게 되자, 그들은 곧장 어류들 그리고 상어와 직접 경쟁했다.

식물 세계는 고생대의 대량 멸종 때 동물 세계처럼 산산조각 나지 않았다. 양치식물에서 겉씨식물로 바뀌는 숲의 전환은 이첩기 후기뿐만 아니라 중생대에서도 계속되었다. 가장 보편적인 유형은 침엽수, 소철류, 은행나무였다. 이러한 겉씨식물의 울창한 지붕 아래에서 포자를 갖는 양치식물도 번성했다.

육상 척추동물 가운데 가장 위대한 중생대의 창조물은 온혈 파충류인 수궁류와 조치목Thecodont에서 더욱 진화한 공룡류였다. 공룡은 그 크기가 불과 2피트(60.96센티미터) 정도밖에 되지 않는 것에서부터 수백 피트에 이르는 것까지 있었다. 이들 중 상당수의 공룡이 그들 선조로부터 해부학적 변이라는 혜택을 받았다. 그들은 곧 재빠른 움직임 덕분에 많은 적소에서 도마뱀들을 대체하게 되었다. 1억 년 동안 공룡들은 가장 지배적인 척추동물이었다. 그들은 종종 집단으로 이동하고 사냥을 하는 사회적 동물이었다. 또한 공룡은 파충류 세계에서는 알려지지 않았던 새로운 행동 특성을 발전시켰다. 그것은 곧 '부모의 돌봄'이었다. 공룡은 조심스럽게 자신의 알을 묻은 뒤, 그 알이 부화되고 난 후에도 부화된 새끼가 독립할 때까지 함께 머물며 양육했다.

중생대 중기인 1억5천만 년 전에 최초의 조류가 등장했다. 이들은 공룡의 직계 후손이었다. 조류 또한 온혈이었고, 공룡처럼 '부모의 돌봄'을 행했다. 얼마 지나지 않아 1억2천5백만 년 전 즈음에 최초의 포유류인 유대류有袋類, marsupial가 등장했다. 이들 포유동물은 척추동물의 골격, 온혈성 신진대사, 부모의 돌봄 등에서 공룡과 같았지만, 공룡의 비늘 대신 털을 가지고 있었다. 이들은 알을 낳는 파충류와는 달리 살아 있는 새끼를 출산했고, 공룡과 다르게 새끼들에게 젖을 먹였다.

자궁 밖으로 나와 생존의 첫 시기에 있는 새끼들에게 젖을 주는 새로운 방식은 미래 포유류의 심리 형성에 대단히 중요한 것이었다. 임신 기간과 분만 후에 갖는 이러한 육체적 친밀감은 분명히 이 계통의 후손들에게서 발전된 독특한 정서적 특징과 관련이 있다. 포유류는 중생대 나머지 기간 동안 계속 작은 몸집을 유지했고, 야행성을 유지했을 것으로 보인다. 중생대의 또 다른 새로운 척추동물은 거대한 크기에 도달한 바다거북과 악어 그리고 개구리 등이었다.

중생대 식물 세계에서 가장 위대한 창조는 백악기에 등장한 꽃이다. 현화식물flowering plant 인 속씨식물被子植物, angiosperm의 성性은 겉씨식물의 성보다 훨씬 생산력이 뛰어났다. 침엽수는 씨앗을 만드는 데 18개월이 소요되지만, 꽃은 불과 몇 주 안에 자신의 씨앗에서부터 씨앗을 생산할 수 있는 성숙한 식물로 자랄 수 있었다. 현화식물의 이 다산성은 곤충 세계와 꽃 사이의 공생관계 덕분에 더 확대되었다. 곤충들은 꽃의 단물을 빨아먹으면서 자신도 모르는 사이에 화분을 한 꽃에서 다른 꽃으로 옮겨주었고, 자신들이 먹고 사는 터전인 식물들을 수정시켜주었다. 종종 어떤 하나의 특별한 곤충은 오직 한 종류의 꽃에서만 먹이를 얻고자 했고, 그렇게 해서 새로운 종을 창조하는 과정에 도움을 주었다. 만일 새로운 형태의 꽃이 나타나면, 그 꽃은 다른 종류의 곤충을 끌어들였다. 그렇게 해서 이 새로운 꽃은 그 원래 집단과의 성적 접촉에서 분리될 수도 있었다. 이러한 방식으로 새로운 종류의 곤충은 새로운 종류의 꽃을 창조했다. 현화식물은 순식간에 분화되어 대륙 전역으로 퍼져나갔다. 이들의 생태적인 성공은 이처럼 정교한 공생에 의존했다. 공생관계는 때때로 최대 협력의 생존survival of the most cooperative이라고 불리기도 한다.

 꽃 피는 식물 세계의 확장과 함께 곤충들 또한 급속하게 늘어났다. 이와 같은 변화는 척추동물의 세계에도 놀라운 결과를 가져왔다. 공룡은 겉씨식물을 먹이로 삼으며 진화해왔지만, 이제 꽃들이 겉씨식물을 밀어내고 있었다. 반면에 조류와 포유류는 행복하게 꽃들과 그들의 씨앗을 먹고 살았으며, 꽃과 공생관계에 있는 곤충들을 먹었다. 이러한 모든 것 때문에 공룡들은 점점 쇠퇴해갔지만, 조류와 포유류는 번창할 수 있었다.

바다 파충류와 공룡이 주인공이었던 중생대 세계는 6천7백만 년 전 백악기 말기의 네 번째 대량 멸종 때 붕괴되었다. 다양한 종류의 공룡, 바다 파충류, 암모나이트, 많은 루디스트 이매패와 연체동물은 영원히 사라졌다. 널리 번성했던 인편모조류는 두 번 다시 그처럼 행성 지구에 존재하지 못하게 되었다. 지구는 점점 차가워졌다. 신생대는 빈약한 동물의 세계와 함께 시작되었다.

신생대 초기의 황폐화된 세계에서, 이전 시대에 창안된 한 동물 형태가 아주 다양한 형태로 분출되었다. 약 1억1천4백만 년 전에 최초의 태반胎盤 포유류가 등장했다. 살아 있는 새끼를 낳음으로써 태반 포유류는 파충류나 공룡의 후손들보다 한층 더 진보된 형태로 생명을 시작하는 장점을 가졌다. 이 창조만으로는 공룡이 지배하던 중생대와 크게 달라지지 못했겠지만, 동물의 세계를 고갈시키고 경쟁자를 멸종시킨 대규모 멸종과 결합하여 태반 포유류는 증가했고 신생대의 새로운 지배적인 척추동물 형태가 되었다.

신생대는 놀라운 창조성의 시대였다. 백악기의 대량 멸종이 일어난 후 1천2백만 년 안에 박쥐, 고래, 영장류를 포함한 대부분의 포유동물 목目이 이미 등장했다. 이 기간은 중간우주 역사의 2퍼센트밖에 되지 않는 기간이다. 따라서 지질학적으로 볼 때는 플라코던트, 노토사우르스, 수장룡 plesiosaurs, 어룡, 메조사우르스 mesosaurs, 티라노사우르스 tyrannosauruses, 브론토사우루스 brontosaurus와 트리케라톱스 triceratops 같은 중생대 동물들은 신생대의 새로운 창조물인 말, 소, 토끼, 박쥐, 바다코끼리, 고래, 돌고래, 엘크, 영장류, 코끼리, 설치류 그리고 사자에게 눈 깜짝할 사이에 자리를 내주었다.

중생대 말기 식물의 세계는 동물의 대량 멸종에 비해 큰 영향을 받지 않았다. 꽃이 피는 현화식물은 계속 다양하게 분화되었고, 3천7백만 년 전에는 지금 우리가 현대의 식물군으로 인식하고 있는 형태를 갖게 되었다. 또한 현화식물이 다양해지면서 그에 대응하여 곤충들도 급격히 다양해지고 풍성해졌다. 또한 이 때문에 개구리와 조류, 특히 노래하는 새들 songbird과 같은 곤충의 포식자들도 급증했다. 개구리 개체 수가 증가하면서 다양한 종류의 뱀도 급속하게 진화했다.

대륙들이 서로를 향해 밀려가 부딪치면서 알프스와 히말라야와 로키산맥 같은 산맥들을 생성했다. 신생대 중기 동안 일어난 대륙의 균열은 대륙이 생물권 전체를 결정하는 방식으로 지구 체계를 변화시켰다. 남극대륙이 오스트레일리아에서 분리되어 신생대 생명 양식의 진화에 중요한 결과를 낳았다. 오스트레일리아가 북쪽으로 이동하면서 남극대륙과 오스트레일리아 사이에 바닷길이 열리자, 한류가 적도 쪽으로 향하여 난류와 섞이는 일 없이 남극대륙 주위를 순환하게 되었다. 그 결과 남극대륙 주위에 최초의 해빙 海氷이 형성되기 시작했다. 얼음을 얼게 하는 차가운 물은 깊은 바다로 가라앉아 북쪽으로 흘러가서는 더 따뜻한 기후 지대에서 표면으로 떠올랐고 그 결과 지구 전체의 온도는 저하되었다.

이와 유사한 방식으로 그린란드와 스칸디나비아반도 사이에서 발생한 균열은, 이전까지는 고립되어 있던 북극의 바닷물을 아래로 흘러내리게 하여 유라시아와 북미 대륙의 기후에 영향을 미쳤다. 만년설이 흘러내려 기온은 급강하했고, 기후는 점차 추워졌다. 모든 생명체가 여기에 적응했다. 이전의 매혹적이었던 풍성한 숲은 이제는 건조한 사바나가 되었다. 한때 나무에 거주하던 영장류 집단은 직립 보행을 하고, 작은 가족 단위로 집단을 이루어 단결함으로써 넓은 초원에서 생존하는 법을 배웠다. 그러므로 어떻게 보면 인간으로 향하는 진화는 극에 있던 대륙들의 분리에서부터 촉발된 것이다.

지구 생리학에서의 이러한 변화는 새로운 지구 기후인 빙하기를 창조했다. 빙하기는 10만 년이라는 주기를 갖는다. 약 9만 년의 빙결이 끝난 후 1만여 년 동안 물러나 있고, 그 후 다시 빙하기가 오는 패턴이 반복된다. 빙하기와 짧고 따뜻한 간빙기의 순환이 3백만 년 동안 지속되어 우리 시대까지 이르고 있다.

건조한 기후의 또 다른 결과로 숲이 감소하면서 평원을 가득 채운 풀과 약초 같은 식물들 herbaceous plant 은 진화하고 확장되었다. 설치류가 등장하여 이 초원 지역에 새로운 적소를 발견했다. 설치류가 증가함에 따라 이들 설치류의 집까지 따라 들어갈 수 있는 그들의 포식자들 중 하나인 뱀도 진화했다. 풀이 우거진 초원은 또한 말, 들소, 소, 염소와 같은 초식동물의 수를 증가시켰다. 그 결과 이 초식동물의 포식자인 사자, 치타, 개, 하이에나, 큰고양이과 동물도 늘어났다.

이렇게 현생대의 창조를 간략하게 살피고 나니 우리의 관심은 가장 근본적인 질문으로 향한다. 생명을 형성시킨 것은 과연 무엇인가? 생명 이야기를 하면서 우리는 단세포 원핵생물에서 숲이나 산호초 같은 거대한 생태계와 함께 복잡한 동물의 출현까지 살펴보았다. 우리는 어류, 공룡, 절지동물의 급증을 이야기했다. 이와 같은 거대한 생물학적 창조성을 대면하면서, 우리는 생명의 모험, 그 유기적인 중심에 있는 역학의 핵심을 성찰할 필요성을 느낀다. 무엇이 이 지속되는 놀라운 사건들을 불러오고 구성하고 가능하게 하는 것일까?

생명의 여정은 서로 다르지만 근본적으로 서로 연관된 세 가지 기본 원인을 가지고 있다. 즉, 유전변이genetic mutation, 자연선택natural selection, 의식적인 선택conscious choice 혹은 적소 창조niche creation가 그것이다. 이제 이것들에 대하여 숙고해보자.

유전변이는 생명의 뿌리에서 발생하는 자발적인 분화와 관련이 있다. 돌연변이의 형태는 다양하지만, 이 변이들은 모두 살아 있는 유기체 안의 DNA라는 유전 물질이 새로운 서열로 등장하는 것과 관련된다. 이러한 변이는 지속적으로 발생하는데, 대충 어림잡아 10만 개가 복제replication 되는 동안 한 개꼴로 발생하는 것으로 추정된다.

유전변이는 생명 과정의 일차적인 활동이며, 생명 이야기의 구조를 형성하는 기본이다. 돌연변이는 궁극적으로 보이게 되는 외면이다. 유전변이의 본성을 탐구하는 일은 우주의 가장 원초적인 힘들 가운데 하나를 성찰하는 일이다.

돌연변이의 실체에 접근하기 위해 우리는 우연 chance, 무작위 random, 추측 stochastic, 오류 error의 실체에 접근할 필요가 있다. 변이에 대해 깊이 생각하고 이를 이해하려고 노력하면서 그 본성을 깊이 성찰해온 사람들 대부분은, 변이가 무작위적이라는 결론을 내린다. 변이는 생명의 추측적 본성의 발현이다. 변이는 실수, 즉 오류의 결과이다. 변이된 후손에게서 나타나는 그 힘은 바로 우연히 생겨났다. 이들 각각은 변이라는 같은 실재로 언급되지만, 각각 미묘하게 다른 차이를 갖는다.

무작위는 초기 인간이 질주하는 동물을 경계할 때 가졌던 경험과 관련된다. 그들은 이리저리 재빨리 달아나 나무 뒤에 숨고, 은신처에서 뛰어나와 초원을 가로질러 달린다. 내키는 대로 자유롭게 달린다. 돌연변이가 무작위적이라고 말하는 것은 변이의 근원성을 존중하는 것이다. 돌연변이는 광자의 양자적 충격이나 거대한 고양이의 급작스러운 도약만큼이나 예측 불가능하고, 자발적이며, 우주의 근본 실체에 닿아 있다.

추측과 오류는 서로 밀접히 연결되어 있다. 추측은 짐작 guessing에서 뻗어나온 경로이며, 육감이나 직관에 따라 단지 희미하게 옳다고 느껴지는 쪽으로 향하게 되는 인간의 초기 인식까지 거슬러 올라간다. 추측은 하나의 목표를 향해 가되 어둠 속에 있기 때문에 무수한 모색과 다양한 접근을 통해 이동해야 했던 경험을 가리킨다. 오류는 유랑하던 인간의 경험, 아마도 길을 잃고 혼란에 빠진 인간이 눈먼 사람처럼 낯선 지역을 무턱대고 헤매던 경험까지 거슬러 올라간다. 오류는 또 계속 이렇게 헤매다 보면 원하던 어떤 것과 마주칠지도 모른다는 희망만을 갖고 이리저리 방향을 바꾸던 경험을 가리킨다. 따라서 변이의 분화라는 맥락에서 보면 추측과 오류는 진화의 불투명성을 가리키는 것이다. 그것은 정해진 목표가 없는 과정이며, 방향감각과 보다 비옥한 길로 이끄는 희미한 힌트로 이루어지는 창조의 과정이다. 예측 불가능하지만 놀라운 창조적 충격의 순간에 변이형이 결정되었다는 점에서 본다면 변이는 하나의 오류이다.

    우연은 공중으로 물건을 던진 후 땅에 떨어지도록 내버려두었던 고대의 경험을 상기시킨다. 물건이 손을 떠났을 때 이들은 인간 통제의 영역을 벗어나 외부 세계, 즉 통제의 벽을 초월한 영역, 저 멀리 있는 우주로 진입하는 것이다. 인간의 손가락, 인간의 의지, 인간의 생각에서 벗어난 뼈들은 우주를 지배하는 불가사의한 힘 속으로 진입한다. 그들이 등장하도록 내버려두어라. 그들로 하여금 이 형태를 띠도록 내버려두어라. 변이를 우연으로 언급하는 것은 지구의 모든 바다에 있는 방대한 분화 전체를 상기시킨다. 모든 형태를 다 시도해보게 하라. 그 모든 것을 공중으로 내던져라. 실체의 위대한 특성을 미시 차원에서 사물로 끌어내는 작업에 참여시켜라.

기회, 무작위성, 추측, 오류로 다양하게 언급되는 이 실체를 표현하는 또 다른 단어는 야성野性, wild이다. 특히 민첩하고 자유롭게 탐색 중인 야생동물의 움직임에는 기계의 예측 가능성과 합리적으로 결론을 이끌어내는 고정된 과정을 넘어서는 아름다움이 있다. 야성은 지성으로 가득한 위대한 아름다움이며, 인간 정신이 바라보기에는 너무나 놀랍고 신선한 것이다. 돌연변이가 지구 최초의 세포들 안에 있는 하나의 근본적인 역학이라는 말은, 한 동물이 무언가를 탐색할 때 이리저리 왔다 갔다 하고 더듬어 찾고 갑자기 방향을 바꾸고 재빨리 뛰어가는, 그러한 야성의 자유로움이 생명의 핵심에 뿌리내려 있다는 뜻이다. 변이의 발견은 생명의 유기적 중심에 있는 길들여지지 않고 길들여질 수 없는 야성의 에너지를 발견하는 것이다. 그러한 창조성은 단순히 존재하고 있기만 한 것이 아니라, 핵심적인 것으로서 존재하고 있다. 이 야성의 에너지가 없었다면 생명의 여정은 오래전에 끝났을 것이다.

자연선택은 창조적인 방법으로 다양성을 조각해가는 생명의 힘이다. 이 특별한 역학에 주목하고 그것을 제대로 평가하고 그것의 원인적 본질을 이해하기 위하여 다윈Charles Robert Darwin의 천재성이 필요했다. 사상사에서 다윈 이전에는 그 누구도 자연선택을 착상하는 데 필요한 상세한 관찰 정보들과 상상력을 결합시킬 생각을 하지 못했다. 자연선택은 특정한 서식지 안에 있는 개체들의 다양한 생존 방식이며, 근본적인 차원에서 생명을 형성해 간다.

낙엽 숲에 사는 어떤 딱따구리 종은 유전변이 때문에 길이, 넓이, 모양, 강도 등이 서로 다른 부리들을 갖고 있을 수 있다. 이 부리들 가운데 하나 혹은 몇몇은 물렁한 나무껍질을 더듬어 어떤 특별한 곤충을 포식하는 데 특별히 효과적이다. 이 부리 형태가 다른 개체들보다 숲에서 적응하는 데 상대적으로 더 좋은 것이고 다른 조건들이 같다면, 운 좋게 이 부리를 물려받은 새들이 번성하고 가장 많은 후손을 생산할 것이다. 그러므로 이 개체군의 유전자 풀을 검토해보면, 보다 잘 적응한 부리와 관련된 유전자의 빈도가 높을 것이다. 선택압력selection pressure은 그런 부리를 갖게 하는 특정 유전자 그룹이나 특정 유전 쪽으로 압력을 가하는 것으로 유전자 풀에 영향을 미친다.

몇몇 안정된 종에 맞추어 환경은 고정된 형태를 갖게 되고 그 안의 개체군은 유동적인 상태로 존재한다. 돌연변이와 성적 재조합에 의해 무작위로 일어나는 유전변이는 환경에 따라 다양한 응답을 생산해낸다. 어떤 새들은 환경의 틀 안에서 살아가는 방법을 찾아내어 번식하고 번성한다. 이와 달리 또 어떤 새들은 점점 사라져간다.

우리는 이 역학을 조각에 비유해볼 수 있다. 자연선택 활동은 특정 환경에서 상대적으로 성공률이 떨어지는 형태를 파냄으로써 개체군 안에 산발적으로 퍼져 있는 이런 유전변이를 조각해낸다. 여기서 환경은 생존과 번식에 영향을 주는 모든 것, 즉 기후와 날씨, 이웃한 유기체들, 지리적·화학적·광물적 조건들, 내부 조건과 외부 조건 모두를 말한다. 어떤 특정한 개체의 표현형phenotype 유전자를 다른 것들과 비교해보았을 때, 그중에서 가장 성공적으로 표현될 수 있는 것이 선택되고 전수된다는 차원에서 보면 자연선택은 '적자fittest' 생존이다.

돌연변이가 세계의 무작위성과 우연성을 드러내는 반면, 자연선택은 필연성을 보여준다. 생존을 위한 먹이와 보금자리를 보장하지 못하는 새의 유전자는 그 새의 죽음과 함께 사라질 것이다. 짝짓기할 짝을 제대로 확보하지 못하는 새의 유전자도 그 새의 죽음과 함께 사라질 것이다. 또한 기후가 변할 때 그 변화에 적응하지 못한 새들의 유전자도 사라질 것이다. 여기에는 토론도 핑계도 없다. 단지 절박함만이 있을 뿐이다. 여기에는 인간 마음속의 정의definitions, 원인reasoning, 당혹bafflement을 초월하는 필연만이 있다. 생명의 모험은 오직 생존하여 번식할 수 있는 개체들과 함께 진행되는 것이다.

우연과 필연은 생명을 형성하는 우선적인 두 개의 힘이다. 세 번째 동력은 생태학적 적소 확보niche creation, 보다 일반적으로 말하면 의식적인 선택이다.

우주의 진화 역사를 설명하면서 우리는 몇몇 지점에서 통상적인 과학적 설명을 넘어 그것을 확장시켰다. 예를 들어, 우리는 우주의 근본적인 물리적 상호작용을 논의할 때 일원론을 채택했다. 즉, 시간의 흐름 속에서 네 가지 기본적인 상호작용을 만든 보다 원초적인 우주의 상호작용이 이 네 가지 상호작용을 대표한다는 가정을 우리의 관점으로 선택했다. 비록 이 관점이 오늘날 이론물리학계의 중심이 되는 사고라 말할 수 있고 다음 세기에는 상식이 될 것이라는 기대를 하더라도, 이 관점은 아직까지 과학계에서 널리 채택되지 않았다.

또한 우리의 지구 중심적 관찰과 진화하는 우주의 본성 전체 사이의 관계를 논의할 때, 우리는 우주론적 원리cosmological principle를 우주의 형태를 생산하는 힘으로 고려하는 데까지 확장시켰고 우주론적 원리를 통해 우리의 해석을 체계화했다. 형태 생성morphogenesis과 우주 생성에 대한 우리의 지식은 아직 초보 단계이지만, 우리는 이 역학에 대한 강화된 과학적 연구를 통해 다음 세기에는 우주 생성적 관점이 상식이 될 것이라고 믿고 있다.

그래서 생명체의 진화를 다루는 여기서도 우리는 자연선택과 유전변이에 초점을 맞추는 보통의 이론적 구조를 넘어, 세 번째 원인인 의식적인 선택을 포함시키는 확장을 하려고 한다. 이 확장이 신다윈주의Neo-Darwinism 전통과의 근본적인 단절을 의미하지는 않는다. 왜냐하면 다윈 이후의 생물학자들에게 의식적인 선택이 생명 형성의 원인이라는 사실은 잘 알려져 있기 때문이다. 문제는 의식적인 선택이 생명을 형성시키는가에 있는 것이 아니라, 의식적인 선택이 유전변이와 자연선택만큼 중요하게 다루어질 가치가 있는가에 있다.

자연선택이나 유전변이와 비교하여 의식적인 선택이 갖는 상대적인 중요성을 다루기 전에, 몇 가지 예를 살펴봄으로써 우리가 관심을 가지려는 주제를 보다 분명하게 하고자 한다.

우리는 딱따구리의 개체수가 멸종 위기에 와 있는 순간을 상상해볼 수 있다. 계곡과 산속의 생물군계에서 넓은 잎을 가진 단풍나무와 우뚝 솟은 너도밤나무들이 전나무와 잡목들에게 산을 내주기 시작한다. 만일 한 개체, 또는 한 개체에서 나온 여러 마리의 새가 이 산에서 사냥을 하기로 결정했다면 무슨 일이 일어날 것인가? 이들 중 일부가 여기 산에서 애벌레를 잡고, 짝을 짓고, 둥지를 틀면서 최대한 삶을 즐기기 위해 이 새로운 세계로 들어가기로 결정한다면 무슨 일이 일어날 것인가?

그들은 그렇게 함으로써 새로운 다른 선택을 강요하는 세계로 곧장 들어가게 될 것이다. 이전에 짧고 휘어진 날개를 제공하여 선호되었던 유전자는 이 세계에서는 무시될 것이다. 이제는 드문드문 나무들이 들어선 숲을 날기에 더 적합한 길고 덜 휘어진 날개를 만드는 유전자들을 선택하려는 압력이 생길 것이다. 선호하는 부리의 크기와 모양 또한 변화될 것이다. 이전에 선호되었던 많은 특징이 더 이상은 선택되지 않을 것이다. 다른 선택의 압력들이 유전변이를 일으킬 것이다.

만약 한 비밀스러운 관찰실에서 이 산을 돌아다녔던 과감한 개체들의 DNA 가닥을 마술처럼 열거할 수 있다면, 우리는 유전자 풀의 본질이 점차적으로 변화하는 것을 보게 될 것이다. 이 변화의 원인은 무엇인가? 변이인가? 아니다. 왜냐하면 이 개별적인 변화는 무작위적이지 않기 때문이다. 또한 이들이 선호하는 유전자 집합으로 특정하게 기울며 움직이기 때문이다. 그렇다면 자연선택인가? 어떻게 보면 그렇다고 대답할 수도 있다. 왜냐하면 산이 가진 선택의 역학이 관련되었기 때문이다. 그러나 무엇보다도 계곡과 저지대 늪에서 탈출하여 산으로 침입한 몇몇 선구자의 결정이 새로운 선택의 압력을 초래했다. 이 특정한 새들의 자발적인 결정이 딱따구리 개체군들의 유전물질을 잘라내는 칼날이었다.

또한 생물학적 변화의 뿌리에 동물의 의식이 자리 잡고 있다는 이러한 인식은, 어떤 유기체의 자기 서식지에 적합하지 않은 해부학적 구조가 그만큼 다른 서식지에 보다 적합하다는 발견에 따른 것이다. 다윈도 그러한 한 예를 들어 역설했다. 비록 자연주의자가 아니더라도 물지빠귀의 시체를 조사하면 지빠귀과에 속하는 이 새들이 물속에서 날개를 이용하여 살아가는 반수생동물이었음을 알아챌 것이라고 기록했다. 해부학적으로 물지빠귀는 육지에 사는 그 밖의 모든 지빠귀과의 짐승과 별 차이가 없지만, 그들은 물이 있는 곳에 적소를 개척했다. 이와 유사하게 땅 위에 있는 그들의 사촌들과 유전적으로 일치하는 수생 말벌aquatic wasps은 어느 날 물속으로 들어가기로 결정했다. 그리고 그 후 해조들을 먹기 위해 물속에서 살기로 결정한 이구아나 도마뱀이 갈라파고스 섬에 새롭게 등장한다.

위의 경우들 그리고 이것과 관련된 사례에서 볼 때 새로운 적소를 개척하려는 의식적인 선택은 그 후 일어나는 유전물질의 변화를 향한 첫걸음이다. 먼 미래에는 위에 언급한 이런 종들이 그곳에서 모두 사라져버릴 가능성도 있다. 자연선택의 압력이 유전자를 조각해 새로운 서식지와 보다 조화롭게 섞일 수 있는 유전자 표현형을 생산하면서 유전변이를 일으키게 되어, 미래의 지빠귀나 이구아나는 오늘날 형태와 다를 것이다. 미래의 인간은 자신의 세계에 대한 적응력이 낮은 유기체를 추구하지는 않을 것이다. 선택압력이 아직 유전변이를 확정하지 않은 지금, 이 전환기에서만 우리는 의식이 맡았던 주요 역할을 볼 수 있다.

동물이 새로운 적소를 만들기 위해 의식적인 선택을 하지 않고 단순히 새로운 세계 속으로 들어가서 그곳을 최대한 잘 활용하는 경우도 당연히 있을 것이다. 우리는 모든 새로운 적소의 창조가 의식적인 선택의 결과라고 주장하는 것이 아니다. 단지 생명 진화의 과정에서 어떤 때에는 의식적인 선택이 유전물질의 형성에 중심적인 역할을 했다고 말하는 것이다. 그 가장 좋은 예는 진화 이야기에서 광대하고 깊은 함의를 가진 자웅선택 sexual selection 이다. 특히 다윈에 의해 이 역학은 암컷의 선택 female choice 이라 일컬어졌다.

다윈은 암컷의 선택이 생명 진화를 구성하는 근본이라고 확신했기 때문에, 자연선택의 공동 창시자인 월리스 A. R. Wallace 의 주장에 맞닥뜨렸을 때조차도 자신의 의견을 바꾸지 않았다. 월리스는 자연선택이 진화를 설명한다고 주장했지만, 다윈은 자연선택이 비록 진화의 기본 원인이긴 하지만 그것만으로는 생명 진화의 모든 것을 설명하지 못한다고 끝까지 고집했다. 만일 진심으로 동물의 형태를 구성해내는 원인을 이해하고자 한다면, 다가와서 짝짓기를 제안하는 수컷에게 응답할 때 암컷의 의식에서 일어나는 그 모든 결정을 포함시켜야 한다. 암컷이 사용하는 기준, 즉 육감, 직관, 계통발생적인 기억들, 실수, 갑작스러운 충동적인 결정 등이 동물의 세계에서 얼굴과 몸의 형태를 만드는 일차적인 원인이라는 것이다.

자연선택이나 유전변이와 비교하여 의식적인 선택이 갖는 상대적인 중요성을 다루기 위해, 우리는 심오한 진화적 변화와 동물의 의식 사이의 관계에 대한 자크 모노Jacques Monod의 성찰을 인용하면서 시작한다. "처음 선택한 이런저런 행동양식들이 종종 아주 장기적인 결과를 낳는다는 것 역시 명백하다. 우리 모두가 알고 있듯이 진화의 가장 위대한 전환점은 새로운 생태적 공간의 침공과 일치했다. 육상 척추동물이 나타나고, 그후 양서류, 파충류, 조류, 포유류에서 놀라운 생명의 발전이 시작될 수 있었던 것은, 기본적으로 원시 어류가 비록 돌아다닐 수 있는 방편이 제대로 갖추어지지는 않았지만 그래도 땅을 탐험하기로 '선택'했기 때문이다. 그것에는 고난이 따랐지만 극복할 수 있는 방법이 마련되어 있었다."

비교적 안정된 종들이 있는, 상대적으로 고정된 환경에서는 자연선택과 유전변이가 중요한 역할을 할 것이다. 이런 항상성 homeostasis 을 유지하는 상황에서 의식적인 선택은 생명 진화의 작은 역할 혹은 무시할 만한 역할만 했을 것이다. 의식적인 선택은 아마도 육지 침공과 같은 주요한 진화적 변화에서만 그 변화를 설명하는 일차적인 원인 행위가 될 것이다. 최소한 우리는 생명을 형성하는 힘을 이해하기 위해 선구자적인 어류와 같은 종 안에 있던 유전변이, 그 어류 개체군에게 가해진 선택의 압력, 그리고 이 선구자적 어류의 의식을 모두 고려해볼 필요가 있다. 그 어류의 의식을 무시하는 것은 생명 세계에서의 실질적이고 중심적인 원인을 무시하는 일이다. 생명 진화의 모든 이야기에는 어류 안에서 발생한 그 의식에 대한 언급이 포함되어야 한다.

그런데 이것은 어류의 의식에서 멈출 일이 아니다. 정신 과정은 동물 세계에만 국한되는 것이 아니다. 비록 단세포 유기체 안에서 표현된 자기조직 역학에 대한 연구가 이제 막 시작되었다 하더라도, 우리는 이미 박테리아와 원생생물 protists 이 기억을 표현하고, 또는 온도나 영양소 농도를 식별하며, 최소한의 기본적인 지적 능력을 갖고 있음을 알고 있다. 40억 년의 지구 역사 동안 얼마나 많은 순간 그러한 작은 식별력들을 활용했을까? 또한 얼마나 많은 근본적인 결정과 미숙한 선택을 했을까? 그러나 그 미숙한 선택은 있는 그대로 수행되어 생물권에 보내졌고, 그 초기의 결정에 따라 영원히 특징지어진 경로 pathway 로 들어갔다.

돌연변이와 자연선택 그리고 적소 창조, 이 세 가지 모양을 갖춰 나가는 힘이 우리가 우주 생성의 원리와 동일시해온 우주의 근원적인 창조력을 보다 심화시켜 보여준다. 변이는 분화를 보여주는 사례이고, 의식적인 선택 혹은 적소 창조는 자기조직의 생물학적 예증이며, 자연선택은 친교의 역학이다.

무작위적인 돌연변이 덕분에 게놈 genome이 가능해졌고, 생명 그 자체는 새롭게 분화되었다. 우리는 생명의 첫 번째 출현 이야기에서 이에 대해 말했다. 돌연변이의 분화하는 힘은 광물질이나 지질地質의 변화를 가져오는 분화하는 힘을 강화시킨다. 매 순간 미래를 향한 압력은 독특함에 대한 압력을 포함한다. 새로움을 추구하는 우주의 경향성이 생명의 세계 안에서 표현된 것이 유전적 돌연변이이다.

자연선택은 생태권 안에서 활동하는 상호 연관성이다. 그것은 고정된 환경에 어울리도록 조각된 적응성 높은 동물종의 환경 양식에서 도입되었다. '고정된 환경'이란 날씨와 기후 유형, 다른 유기체들과 그들의 먹이 유형 및 짝짓기 양식, 그리고 토양의 화학적 변화와 강바닥의 이동 등을 포함한 물리적 환경을 뜻한다. 하나의 환경은 계절과 긴 주기의 흐름 안에 있는 복잡한 상호작용과 되먹임 feedback, 성장과 쇠퇴의 복잡한 양식을 가진 존재들의 생물리적 공동체이다.

이 생물리적 공동체 안에 있는 한 생물종은 자신의 자리를 찾고 그 거대한 복잡성에 적응하거나, 그렇지 않으면 항변의 여지가 없는 필연성이 그 종과 그의 모든 후손을 소멸시킬 것이다. 우리는 이 활동 안에서 친교라는 우주론적 질서를 볼 수 있다. 여기 삶과 죽음이 있는 자연세계에서 우리는 친교가 생명의 중심이 되는 최후 세계의 신랄함을 보게 된다. "공동체에 적응하고 온전히 기능을 다하는 참가자가 되어라. 그렇지 않으면 너는 영원히 버림받을 것이다."

하지만 무엇이 이 요구를 구성하는 것일까? 한 무리의 딱따구리가 격렬하게 산속을 날아다닌다. 그들은 어느 곳에서나 자신을 향해 소리치는 그 요구들을 발견한다. "너의 날개는 너무 짧고 억세다. 만약 네가 여기 머물기를 원한다면 우리 세계에 적응하라." "너의 부리는 우리 나무들의 틈에 비해 너무 두껍다. 여기 머물기를 원한다면 변하여라." "너의 목 근육조직은 우리 풀들을 다루기엔 너무 약하다. 우리 공동체에 들어오려면, 여기 있는 우리 모두에게 보다 집중해야 하고 그것을 잘 인식하면서 살아야 한다." 한 공동체의 각각의 구성원은 새로운 전입자에게 궁극적으로 동일한 요구사항을 내놓는다. "만일 네가 여기 살고 싶으면, 우리는 먼저 서로 관계를 맺어야 한다. 그 관계란 단순히 외적인 관계가 아니다. 우리는 내적인 관계를 갖는 친척이 되어야만 한다. 우리는 여기서 살아간다. 우리의 의미는 이곳에 있다. 우리의 정체성은 이 함께하는 공간의 통일성에서 나온다. 만일 네가 우리에게 합류하기를 원한다면 우리는 네가 필요로 하는 모든 것을 마련하기 위해 애쓸 것이다. 그러나 너는 먼저 네가 이전에 이룬 모든 업적을 기꺼이 포기하고, 우리 세계에 새롭게 들어오려는 의지를 보여주어야만 한다."

우리는 "자연선택은 환경에 잘 적응된 종을 제공한다"고 말한다. 이 말은 유기체가 생존하는 법을 배웠다는 뜻이다. 즉, 공동체가 새로운 종을 공동체 안으로 받아들였다. 왜 그랬을까? 왜냐하면 그 종이 우선 자신 속으로 그 공동체를 받아들였기 때문이다. 단지 머리로만 받아들인 것이 아니라 유전물질, 즉 유전자 표현형과 자신의 유전자 풀에 반영된 모든 가능한 방식으로 받아들였다. 자신들의 세계를 빼앗기고 다른 생물군계biome로 옮겨진 대부분의 종이 멸종해버리는 것은 바로 이 깊은 내적 연관성 때문이다. 옮겨진 종들에게는 모든 것이 낯설다. 그들의 피부와 두뇌에서 작동되는 관계들은 거기에서 제 역할을 할 수가 없게 되고, 그들은 그렇게 버려지는 것이다.

한 딱따구리 개체군의 유전자 풀과 신체 구조와 그 행동양식을 검토하는 것은 그 딱따구리 안에서 그 공동체에 있는 나무껍질의 특성과 기후와 계절 변화의 특성, 곤충들의 크기와 화학적 조성, 풀의 색깔, 포식자인 조류와 포유류의 형태와 습성 등을 보는 것이다. 이 숲 공동체의 놀라운 복잡성이 천천히 딱따구리라는 현실체의 심장 속으로 들어가면서 그 이전의 정체성은 없어지고, 대신 숲 공동체적 딱따구리만이 살아 있게 된다. 자연선택은 이러한 우주적 역학인 친교의 생물학적 국면을 말한다. 자연선택으로서의 이 내적 연관성의 역학은 언제 어디에서나 동료 의식이라는 친밀감

intimacy of togetherness를 강요한다. 생명체에서의 이 역학은 유전자, 신체, 정신의 구조에까지 깊이 침투되어 있다. 이 역학은 공동체가 고립된 원자와 같은 개인들로 구성되어 있다는 근대의 어리석은 생각을 비웃는다.

살아 있다는 것은 공동체와의 동료 의식 안에서 자신의 정체성을 찾는 것을 의미한다. 살아 있다는 것은 한 개인이 경험하는 모든 행동과 느낌 또는 생각 안에서 자신을 둘러싼 공동체의 실현을 다양한 차원에서 밝혀주는 것을 의미한다. 어떤 새로운 군집이나 종이라 할지라도, 공동체라는 맥락 안에서 어느 정도 자신을 재창조하지 않으면 어쩔 수 없이 멸종되어버린다.

자연선택이 지구 생명체의 유기적 중심의 근본이라는 말은, 모든 생명체의 핵심은 친교적 실체라는 의미를 갖는다. 개체들의 핵심에는 다른 모든 개체가 들어 있다. 내가 누구인지 세상에 알려주는 그곳, 야성의 행동이 생겨나며 친밀함과 일체감이 있는 그곳에 생명의 전체 그물이 존재한다.

이제 의식적인 선택, 혹은 적소 창조가 어떻게 자기조직이라는 우주론적 역학의 사례가 되는지 논의하기 위해 환경의 정의를 확대할 필요가 있다. 엄밀하게 말해서 '고정된 환경' 같은 것은 없다. 기후는 변한다. 다른 종들도 변한다. 지질화학적 상태도 변한다. 모든 것은 변하며, 개별 종들과 그들을 둘러싼 환경도 변한다. 그러나 한 종의 평균적인 변화 속도는 보통 지질화학적 환경의 변화 속도보다 훨씬 빠르기 때문에, 환경은 상대적으로 변하지 않는다고 말할 수 있다. 이와 비슷하게, 침입해 들어온 종들의 변화 속도는 일반적으로 잘 적응해서 거주하는 종들의 변화 속도보다 대부분 빠르다. 그 결과 변화하는 종들을 가진 고정된 환경이라는 이미지는 생태계의 역학을 식별하는 데 도움을 준다. 그러나 고정된 환경이라고 생각할 때 완전히 놓쳐버리게 되는 하나의 요소가 있다. 이 불충분성이 지적되지 않으면 생명 진화의 실제적인 역학을 이해하지 못한다.

수사학적으로 말하면, 하나의 종은 언제나 자신만의 적소를 창조한다. 이런 관점에서 이해할 수 있는 차이점은 전통 생물학의 국면을 뒤집어놓음으로써 설명될 수 있다. 보통 우리는 환경은 고정되어 있다고 말하며, 위에서 언급된 한계 안에서 보면 이 진술은 참이다. 그러나 하나의 종이 잠재적으로 거주할 수 있는 무수히 많은 적소 가운데 하나를 선택함으로써, 그 종 자체가 스스로 환경을 '고정시킨다'는 말도 참이다. 우리는 관습적으로 고정된 환경이 종을 선택한다고 말하지만, 종이 환경을 선택한다는 말도 옳다. 이렇게 함으로써 그 종은 자신의 진화 과정을 선택하는 것이다.

위에서 언급한 것과 같이 다윈은 물속에서 먹이를 찾는 물지빠귀의 결정을 고찰하면서 환경을 선택하는 이 힘에 큰 충격을 받았다. 이 놀라운 결정에서 무슨 일이 생길지 누가 알겠는가? 아무도 알지 못한다. 심지어 물지빠귀조차도 모른다. 단지 물지빠귀는 스스로 특정한 세계에 투신했고, 혼자 힘으로 매우 특별한 선택압력의 방식을 만들었다. 5천5백만 년 전에 한 야생 포유류가 바다에서의 삶을 경험해보겠다는 이와 비슷한 결정을 내렸다. 이 결정으로부터 향유고래 sperm whale, 흰돌고래 beluga whale, 귀신고래 gray whale, 혹등고래 humpback whale, 돌고래, 흰수염대왕고래 blue whale, 범고래 orcas, 참고래 fin whale가 생겨났다. 아마도 미래에 인류의 후손은 엄청난 크기로 성장한 지빠귀-물고기새를 보고 놀라움에 몸서리를 치게 될지도 모른다. 그 새는 구름 사이를 조용히 날면서 어두운 바다 밑바닥에 시선을 맞춘 후 급강하하여 암살자의 칼과 같은 사나운 부리로 고래 떼들을 마구 난도질한다.

만일 그렇다면 누가 이 생명체들을 창조했을까? 우리는 원인과 결과를 명확히 하고 싶어 한다. 우리는 생명을 창조하고 형성하는 그 힘에 이름을 붙이기를 원한다. 우리의 대답은 간단하다. 즉, 우연, 선택, 필연이 그것이다. 이와 대등하게 유전변이, 적소 창조, 자연선택도 대답이 된다. 생명을 만드는 힘은 길들여지지 않은 야성의 에너지이고, 특정한 생명의 여정을 추구하는 내적인 집요함이며, 동료 의식이라는 친밀감을 강요하는 거대한 결속의 과정이다. 여기에 각각의 사물을 형성하는 현실이 있다. 어떤 살아 있는 유기체도 이 힘과 별개일 수 없다.

적소 창조, 자연선택, 유전변이는 유기적 세계 안에서 서로 연결되어 지속되는 과정의 세 가지 측면이다. 유전변이는 유전자 재조합과 돌연변이를 통해 일어나고, 자연선택을 통해 형태를 갖추지만, 자연선택 그 자체는 특정한 적소 선택을 통해 구성되고 형태를 얻는다.

예를 들어 말과 들소를 고찰해보자. 이 발굽이 있는 포유류들은 공통의 조상에서 나왔지만, 지금은 아주 다른 생물 형태를 가지고 있다. 어떻게 된 일일까? 이 두 동물은 모두 북미 대륙의 평원이라는 같은 지역에서 살아가며, 유사한 유전자 풀에서 시작했다. 그렇다면 도대체 어떻게 해서 이들은 이렇게까지 달라졌을까?

들소의 오래된 선조들 가운데 하나가 아주 중요한 선택을 했다. 즉, 적과 대면했을 때 정면으로 돌격한 것이다. 말의 초기 조상은 극단적으로 다른 선택을 했다. 말의 옛 조상은 포식자들로부터 달아나는 방법을 선택했다. 이러한 선택들은 곧 두 가지 다른 세계를 창조했다. 그 이후로 다른 선택의 압력이 따로 구성되었고, 이러한 것들이 두 가지 다른 최초의 선택에 의거하여 유전적 차이를 만들어냈다. 정면에서 들이받는 것을 선택한 들소는 두껍고 짧은 두개골, 튼튼한 목 근육조직, 강렬한 타격에서 안전하게 멀리 떨어진 눈과 같은 특징을 끌어내는 선택압력을 낳았다. 각 세대마다 이런 개체들이 생존의 혜택을 받았고, 보다 잘 적응된 들소 형태가 천천히 DNA의 유전적 힘 속으로 굽혀져 들어갔다. 이와 유사하게, 즉시 도망치기로 한 말의 결정에 의해 형성된 선택압력은 먼 거리를 달릴 수 있는 호흡계, 아주 미세한 공격 신호에도 예민하게 움직이는 신경 체계, 그리고 순간적으로 펄쩍 뛰어 전속력으로 질주할 수 있는 골격계를 얻기 위해 유전변이를 조각하기 시작했다.

말과 들소는 생존 압력이 가하는 필연성에 복종할 수밖에 없었다. 이들은 그 어려움을 딛고 일어서든지 그렇지 않으면 멸종하든지, 둘 중 하나를 선택해야 했다. 그러나 놀라운 것은 바로 이 필연성에 의해 최초의 말과 들소의 적소 선택으로부터 궁극적인 형태가 주어졌다는 것이다. 들소의 세계는 들소의 창조물이라는 점이 중요하다. 마찬가지로, 말이 대면하고 있는 모든 어려움은 어느 정도는 말 스스로 만든 난관들이다. 사실 이러한 세상과 이러한 어려움이 들소와 말의 창조물이 아니라는 것은 분명하다. 포식자는 현실이다. 죽음도 현실이다. 물이 필요한 것 역시 현실이다. 그러나 들소와 말의 주체성 역시 현실이다. 각기 서로 다른 새로운 적소를 창조할 때 그들의 정신적 자발성은 자신들의 세계를 형성했고 들소와 말의 유전적 형성의 중심이 되었다.

생물학적 의미로 보면, 말이 거주하는 세계는 말의 외형을 드러낸다. 말은 고정되어 있는 외부 환경에 가담하지는 않는다. 그 대신 말의 세계가 다양한 차원으로 말을 고려했다. 예를 들어, 초원의 풀들은 말의 치열과 말이 풀을 뜯어먹는 패턴에 대응하여 진화했다. 말은 풀잎 하나하나를 뜯을 때마다 삼림지대를 떠나 평원으로 나온 이전의 결정을 잘했다고 여길 것이다.

말은 언제 어디서나 자신이 살아가는 세계의 복잡한 정보에 노출될 때마다 보다 큰 자신의 거대 자아와 관계를 형성한다. '말이 된다'는 것은 말의 조상이 세상에 정착시킨 근본적인 도전을 수용한다는 것을 의미한다. "포식자로부터 도망가라!"와 "초원에서 풀을 뜯어 먹어라!"라는 것이 말의 생존을 위한 중심 결정으로 선택되었다. 이런 결정들 속에서 말은 자신의 운명을 향한 성스러운 여정을 시작했다. 이런 말의 선택들이, 자연선택의 위력 안에서 자리를 잡고 말의 진화 역사를 지배했다.

최초의 들소가 선택한 것이 들소의 고유한 진화를 지배했다. 최초의 다람쥐가 선택한 것, 최초의 고래가 추구한 것, 최초의 겉씨식물의 뚜렷한 방침, 최초의 늑대가 가졌던 꿈, 이 모든 것이 오늘날 우리 주변 생물의 형태를 낳은 새로운 세계와 압력을 창조했다. 그러나 최초의 박쥐가 오늘날의 박쥐가 되는 길을 선택했다고 말할 수 있을까? 우리는 최초의 말이 수백만 년이 지난 미래에 멋진 종마가 되기를 선택했다고 여겨도 될까? 물론 어림도 없는 이야기다. 비록 이 신생대 초기 포유류들이 자기 후손의 미래 형태를 그려보는 충분한 상상력을 가지고 있었다 해도, 거기에 도달할 수 있는 생명을 조직해내지는 못했을 것이다. 그러나 그들의 이러한 첫걸음이 자신을 변화시킨 그 세상에서 그들을 이미 변화시켰다.

미래 진화로 향한 그들의 움직임은 하나의 비전에 몰두하면서 시작된다. 이 비전은 강렬하게 느껴지지만 덧없어 보이고 마치 암흑 속에서 달아나고 있는 것처럼 보인다. 아마도 그저 질주에 대한 단순한 희열이 최초의 말의 의식을 사로잡았고, 종을 결정짓는 선택을 하는 데 확신을 주었을 것이다. "무슨 일이 닥치더라도 우리는 달릴 것이다!" 미래에 대한 그들 스스로의 비전은 없었지만, 그럼에도 불구하고 미래는 그 당시 그들 존재에게 압력을 가했다.

"여기에 사는 방법이 있다! 모든 것을 걸 만한 가치 있는 길이 여기에 있다!"

일단 말들이 이런 행동에 몰두하게 되자 그들이 살고 있던 세계가 변화되었다. 모든 요소가 소리 질러 외쳤다. "너는 질주하는 힘이 되고 싶으냐? 그래도 좋다. 그러나 우리 모두와 우리의 모든 관심과 실체를 네 삶의 계획 안에 포함시킬 때에만 그것은 가능할 것이다! 만일 네가 초원을 달리는 동물이 되기를 고집한다면, 우리는 네게 무엇이 필요한지 가르쳐줄 수 있을 것이다. 우리에게 귀를 기울여라. 그러면 너는 질주할 수 있을 것이다. 우리를 무시하면 너는 굶어 죽을 것이다." 오늘날의 말은 단순한 개별 유기체가 아니다. 그 말은 그 말이 질주하던 전체 지역, 거대한 전체 평원의 창조물이다. 미래에 대한 비전이 말의 인식에 압력을 가했고, 말은 이렇게 응답했다. "왜 안 되겠는가? 우리가 여기서 어떻게 질주할 수 있는지 한번 보자!"

다윈이 인류에게 준 가장 위대한 선물은 모든 생명의 이야기를 연속성이 있는, 지적이고 창조적인 드라마로 볼 수 있는 기회를 제공했다는 것이다. 우리는 이제 생명을 태초부터 고정된 형태로 지구에 던져진 것으로 생각하지 않으며, 모든 생명이 형태 발생이라는 위대한 모험으로부터 등장했다고 여긴다. 검은지빠귀는 수생 생물에게서 무언가를 맛보았다. 그것이 검은지빠귀를 물속으로 유인했고 물속 세계를 추구하는 것이 좋다고 강력하게 요구했다. 아직 땅 언저리에 있던 태초의 고래도 마찬가지였다. 거대한 바다의 파도는 물보라를 일으키며 물결쳤고, 철썩거리면서 바다 거품 속으로 사라질 때 무언가를 약속했다. 그것은 무엇보다 못 견디게 매력적인 것, 풍족한 먹이였다. 그렇다. 그것을 약속했다. 하늘 아래에서의 새로운 삶. 그렇다. 그것을 약속했다. 하지만 그 약속은 삶 그 자체뿐만 아니라 생명과 그것이 지닌 영예로운 모험까지 보장하는 거역할 수 없는 매력적인 약속이었다.

현생대의 끝 무렵에 우리는 지구공동체 내에서 생물의 다섯 왕국, 즉 박테리아 왕국 Monera, 원생생물 왕국 Protista, 진균류 왕국 Fungi, 식물 왕국 Plantae, 그리고 동물 왕국 Animalia을 볼 수 있다.*

---

* 생물은 초창기에 단지 동물계와 식물계로만 인식되었지만, 미생물이 발견되면서 미생물계가 추가되었다. 현재는 일리노이 대학의 칼 위스가 제안한 6개 체계가 많이 사용되고 있다. 이 체계에서 4개의 계가 진핵생물로 구성되어 있는데, 즉 동물계, 식물계, 진균계, 원생생물계가 그것이다. 동물계와 식물계는 우리와 친숙하다. 균계에는 버섯과 곰팡이 같은 다세포 형태와 단세포 효모가 포함된다. 동물은 운동성이 있다. 식물은 대부분 정적이지만 운동성이 있는 정자를 갖는다. 균류는 운동성이 있는 세포를 갖지 않는다. 동물은 그들의 먹이를 섭취한다. 식물은 스스로 만들어내고, 균류는 세포 외 효소를 분비하여 먹이를 소화한다. 이들 균계, 동물계, 식물계는 각기 다른 단세포성 조상으로부터 진화했다. 많은 수의 단세포성 진핵생물들이 원생생물계로 분류된다. 원생생물은 원핵세포가 진핵세포로 진화해 나오는 과정에서 생성된 여러 가지 단계적 형태가 남아 있는 다양한 종류의 생물 그룹이다. 두 개의 남은 생물계, 즉 고세균계(Archaea)와 세균계(Bacteria)는 원핵생물로 구성되어 있다. 1996년 고세균과 세균의 DNA 서열의 차이가 크다는 것이 입증되어 이들은 별개의 계로 분리되었다. 고세균은 지구상에서 가장 오래되고 단순한 원핵생물이다. 현재는 계보다 더 상위의 분류학적 체계인 영역(Domain)이 도입되어 생물 분류에 사용된다. 고세균이 첫 번째 영역이며, 세균이 두 번째 영역, 진핵생물이 세 번째 영역이다. 진핵생물 영역에 원생생물계, 진균계, 식물계, 동물계가 포함된다. 생명체를 계 또는 영역 등으로 분류하려는 작업은 아직도 진행 중이며 완결된 것은 아니다.

40억 년 동안 생명의 모험이 이룩한 이 다섯 개의 왕국을 포괄적으로 설명하면서 이 장을 마무리하려 한다.

첫 번째 왕국인 모네라계 또는 박테리아계는 대략 수백만 종의 서로 다른 박테리아 종으로 구성된다. 지금은 어림잡아 5천여 종이 확인되고 있다.* 이들은 최초의 생명 형태이다. 이들은 지구 어디에나 있는 가장 강인한 생물이며, 끓는 물 속에서도 살 수 있다. 이들은 바위처럼 단단히 얼었다가 다시 살아날 수도 있다. 이들은 지구 위의 어떤 다른 생명체도 발견되지 않는 아주 높은 고지와 바다 깊은 곳에서도 생존하며, 추운 극지와 더운 지방에서도 생존할 수 있다. 이들은 가장 최전방에 나와 있는 생명의 호위병이다. 이들은 언제나 어떤 지역에든 가장 먼저 들어가는 최초의 입장객이다. 지구 어디에도 모네라계가 없는 생명공동체는 없다. 이들을 대체할 수도 없다. 실로 이들은 필요불가결한 존재이다. 한 숟가락의 흙에는 약 5백억 개의 박테리아가 들어 있는 것으로 추정된다. 이들은 지구공동체에서 핵심적인 생명 형태이다.

다음 왕국은 6만 5천 종이 확인된 원생생물 原生生物, protista, 즉 대부분 단세포인 진핵생물들이다. 진핵세포는 원생대에 출현했고 모든 진화된 생물 형태의 기초 토대가 되었다. 원생생물은 세 가지 범주로 분류된다. 즉, 최초의 식물(식물의 원조)로 여겨지는 식물

---

* 원문에 명기되어 있는 박테리아 종의 수는 이 책의 출판 당시 생물학계에서 확인된 대략의 수치이다. 현재는 그보다는 더 많이 확인되었다. 그러나 보다 중요한 것은 아직도 알려져 있지 않은 것이 알려져 있는 것보다 더 많다는 것이다.

플랑크톤과 같은 조류藻類, algae, 최초의 동물 protoanimals 로 생각되는 아메바와 같은 원생동물, 최초의 균류로 여겨지는 점균류粘菌類가 그것이다.

세 번째, 네 번째, 다섯 번째 왕국인 진균류眞菌類와 식물과 동물의 왕국은 모두 현생대 동안 나타났다. 지금까지 수십만 종의 진균류가 확인되었다. 진균류는 태양에서 먹을 것을 얻지 않고 세포벽을 통해 영양분을 흡수하면서 주변에서 식량을 얻으므로 식물이라 할 수 없다. 진균류는 생명권 전체에서 분해 작업과 관련되어 있다.

네 번째 왕국인 식물계는 30만 종이 있는 것으로 추정된다. 대부분의 식물은 꽃이 피는 속씨식물들이다. 속씨식물은 목련나무에서 난초와 검은딸기 덩굴에 이르기까지 최소한 25만 종으로 구성되어 있다. 나머지 식물들은 겉씨식물과 이끼와 우산이끼 같은 관다발식물이다.

다섯 번째 왕국은 소화 능력을 갖춘 다세포 종속영양생물인 동물계이다. 동물계의 가장 큰 하위집단은 곤충이며 약 8만 5천4백 종이 있다. 동물계에는 최소한 50만 종의 선형동물과 5만 종의 척추동물이 있다. 척추동물 중에는 9만 종의 조류鳥類, 6만 종의 파충류, 4천5백 종의 포유류가 있다.

지금까지 우리는 2백만 종의 생물을 분류했다. 생물학자들은 지구공동체에 대략 1천만에서 3천만 종류의 생명이 있을 것이라고 추측하고 있다. 이 숫자는 생명이 시작된 후 존재했던 종의 1퍼센트에 해당한다. 수십억 종의 생명이 나타났다가 멸종되었다. 하지만 이렇게 많은 생명 형태가 사라졌지만, 지구 생명의 40억 년 동안 인간이 지구공동체에 처음 나타났을 때만큼 많은 종이 있었던 때는 없었다. 대량 멸종을 통해 거대한 경험의 균열들이 돌이킬 수 없게 사라졌지만, 하나의 아름다움이 그러한 상실을 통해 견고하게 되었다. 중생대 말기에 있었던 큰 재앙은 생명의 풍부한 생산력으로 극복되었고, 지구 위에 있는 생명의 전체적인 풍요로움은 이전의 모든 시대를 능가했다. 인간이란 형태의 생명체를 낳은 세상을 묘사할 수 있는 유일한 단어는 아마도 낙원일 것이다.

●●● 기원전 15,000년 프랑스 도르도뉴 지방의 라스코 동굴 벽화, 검은 황소

8 인간의 출현 Human Emergence

138억 년 전 태초의 찬란한 불꽃으로 나타난 후, 별과 기체 구름으로 이루어진 은하로 변화되었던 형태 변환 물질이 용암으로 주조된 행성의 형태를 취했다. 그 물질은 다시 변하여 다람쥐와 모기의 모습으로, 높이 솟은 세쿼이아의 눈부시게 빛나는 뿌리털의 모습으로, 그리고 40억 년에 걸친 지구 모험을 통해 생겨난 수십억 종에 이르는 모든 생물로 되었다. 형태 변환 물질이 갑자기 인간의 형태로 나타났을 때 엄청나게 놀라운 일이 일어났다. 이해라는 새로운 기능, 즉 경외와 경축의 감각으로 특징지어지는 의식의 형태뿐만 아니라 재창조 능력도 갖게 되었고, 자신의 목적을 수행하는 데 외부 환경을 도구로 사용할 수 있는 능력이 그 모습을 드러냈던 것이다. 인간 이야기는 자기의식의 출현과 발전에 대한 이야기이며, 우주 드라마에서 인간이 맡은 역할에 대한 이야기이다.

처음, 초기 발달 단계에서 인간은 너무나 미약하고 보잘것없었으며, 숲속의 다른 동물들에게는 거의 주목할 가치가 없는 창조물이었다. 그러나 이 초기 인간은 시간이 지나면서 기대하지 못했던 중요한 새로운 힘, 즉 예측 불가능할 만큼 중요하고 새로운 인식 능력으로 조만간 폭발할 길 위에 서 있었다. 인간의 이 새로운 능력을 통해 지구와 우주 전체는 스스로를 돌아보고 성찰하게 되었다. 이제 생명이 살아가는 지구공동체는 결코 예전과 같을 수가 없었다. 인간의 등장은, 지구 초기의 생태공동체에 중요한 파괴와 창조를 동시에 가져왔던 산소의 출현에 비교될 만한 결과를 낳았기 때문에, 지구의 생명공동체는 완전히 변해버렸다.

자기의식의 드라마는 5단계로 구성되었다. 최초의 인간 출현, 신석기의 정착, 고대문명 시대, 국민국가의 융성, 그리고 생태대가 그것이다. 인간 이야기는 약 7천만 년 전 포유류에서 최초의 영장류가 출현하면서 시작된다.

우리가 알고 있듯이 영장류는 신생대가 출현하기 직전인 중생대 말기의 백악기에 출현했다. 여우원숭이 lemurs, 안경원숭이 tarsiers, 긴꼬리원숭이 monkey, 꼬리 없는 원숭이 apes, 그리고 인간을 포함하는 영장류는 대부분 나무 위에 흩어져 살아가는 숲속의 거주자였다. 6천5백만 년 전부터 5천5백만 년 전, 신생대의 첫 시기인 팔레오세 Paleocene 시기에는 오직 한 종의 영장류만이 존재했지만, 약 5천5백만 년 전부터 3천6백만 년 전까지의 긴 에오세 Eocene 시기에 보다 광범위한 영장류의 진화가 전개되었다. 에오세의 끝 무렵에는 많은 수의 영장류가 지금의 유라시아 대륙을 포함하는 전 지역에 걸쳐 원원류 原猿類, prosimian 의 형태로 존재했다.

다음 지질학적 시기인 마이오세Miocene 시기에 인간 이야기는 아프리카로 옮겨 가는데, 이곳에서는 약 3천만 년 전 나일 계곡 상류에 있는 파윰 Fayum 지역에서 여우만 한 크기의 영장류가 등장했다. 이 영장류는 후에 완전히 진화된 꼬리 없는 원숭이의 특징이 되는 골격 구조와 이빨을 가지고 있었다. 이때까지 아프리카에서는 영장류의 진화가 일어나지 않았다. 그러나 이 시기 이후 아프리카는 진화의 중심지가 되어 현대의 인간에 이르게 되는 원시 인류 earliest hominids를 출현시켰다.

얼마 후 중앙아프리카 동부에 있는 빅토리아 호수의 한 섬에서 뇌 용량 150세제곱센티미터가 약간 넘는, 완전한 형태를 갖춘 초기의 꼬리 없는 원숭이가 나타났다. 이 원숭이는 오늘날 흔히 '프로콘술 Proconsul'이라고 불린다. 후기 꼬리 없는 원숭이들의 선조인 이들에게 꼬리는 더 이상 신체의 일부가 아니었다. 이렇게 아프리카에서 영장류의 초기 확장이 시작되었다. 얼마 후 여기서 보다 뛰어난 유인원류類人猿類, anthropoids가 등장했다. 즉, 오늘날 동인도제도가 원산지인 긴팔원숭이gibbon와 오랑우탄, 아프리카가 원산지인 고릴라와 침팬지, 그리고 호미니드原人, hominid가 그들이다. 호미니드(australopithecines로 알려져 있다)와 연결된 진화 계보에서 긴팔원숭이는 약 2천만 년 전에 분리되었고, 고릴라는 9백만 년 전에 분리되었다. 그다음 침팬지와 인간이 약 4백만 년 전에 분리되었다. 이 진화 계보에서 침팬지가 인간에 가장 가까운 동물이다.

인간의 출현을 코앞에 둔 이 변화의 시기에 중요한 많은 발전들이 케냐, 탄자니아, 에티오피아를 포함하는 지역에서 발생했다. 이곳은 4백만 년 전 선행 인류 prehumans인 호미니드들이 거주했던 지역이다. 호미니드들은 뇌의 크기가 증가하고 직립 자세로 걸을 수 있는 능력이 있다는 점에서 다른 유인원류와 구별되었다. 그러나 짧은 다리에 비해 길고 억센 팔에서 볼 수 있듯이, 그들은 아직까지는 나무 위에서 거의 모든 시간을 보냈다. 그들은 당시 대부분 초원 지역인 사바나에서 살았다.

4백만 년 전 바로 이러한 상황에서 에티오피아 남부에 오늘날 '루시 Lucy'라고 불리는 젊은 여자 원인이 살고 있었다. 루시의 뇌 용량은 400~500세제곱센티미터였으며, 침팬지의 뇌 용량보다 약간 더 컸다. 식생활을 보면 루시와 다른 호미니드들은 분명히 채식을 했다. 즉, 루시뿐만 아니라 다른 누구도 사냥을 하거나 도살을 위해 도구를 사용하거나 먹이를 먹은 후 뼈의 흔적을 남기지 않았다.

탄자니아 북부에 있는 라에톨리 Laetoli의 화산재 지역에는 이곳을 직립보행으로 통과한 초기 호미니드 두 명의 발자국이 60개 넘게 남아 있다. 약 4백만 년 전에 만들어진 이 발자국은 그것이 찍힌 후 화산재가 굳어버린 덕분에 오늘날까지도 존재한다.

숲의 생활은 초기 영장류의 정신 능력, 나뭇가지 사이를 쉽게 이동하는 능력, 그리고 정신의 민첩성과 집중력을 향상시켰을 것이다. 이러한 모든 능력은 이 호미니드의 후손이 숲에서 나와 보다 확 트여 있는 사바나 지역으로 이동할 때까지 그대로 보존되었다.

인간에게 정체성을 갖게 만든 가장 기초적인 신체 변화는 뇌 크기의 증가, 직립 자세, 두 다리로 걷기, 정면으로 초점이 맞춰진 눈과 표정, 눈에 협응하는 팔과 손의 발달, 움켜잡을 수 있는 악력握力의 증가 그리고 자연석을 우연히 도구로 사용하게 된 것 등을 들 수 있다.

네 발로 걸을 때 과중한 역할을 수행했던 팔과 손이 직립 자세로 인해 자유롭게 된 점을 고려해보면, 이러한 신체적 발달과 인간 내면의 정신 발달 사이의 관계를 제대로 평가할 수 있다. 손은 무엇인가를 잡는 기능을 보다 발전시킬 수 있었으며, 그다음 눈의 움직임에 더 빨리 반응하여 움직일 수 있게 되었다. 물건을 쥘 때 손을 사용함으로써 이 역할에서 턱을 해방시켜주는 중요한 결과를 낳았다. 이것은 후에 말을 할 때 사용하게 될 목, 혀, 이, 입술 등의 모든 측면이 보다 정교하게 다듬어지는 것으로 연결되었다. 그 후 가장 중요한 두 가지 발전이 있었다. 즉, 뇌가 보다 커졌고 성숙기 이전의 유년기가 보다 길어졌다.

이렇게 계속된 진화 과정에서 해부학적 구조, 특히 더 커진 뇌를 둘러싼 두개골의 확장과 다리의 구조 그리고 척추 뼈에서 변화가 일어났다. 이 모든 변화를 통해 손은 보다 자유롭게 되어 도구를 만들어 다루고, 던지고, 사냥하고, 식량을 모을 뿐만 아니라 예술을 표현하고 감정을 교환하는 데도 사용되었다.

약 260만 년 전, 플라이오세가 끝나갈 무렵, 인간 종으로서의 정체성을 가진 최초의 인간이 출현했다. 이 인간 형태는 호모 하빌리스Homo habilis 라고 불렸다. 유전자 구조에서 돌연변이가 일어났고, 종의 변환이 발생했다. 최초의 인간이 탄생한 것이다. 이 정교한 돌연변이를 보다 적절하게 표현하기 위해서는 오랜 세월이 필요하겠지만, 변이 그 자체는 늘어난 뇌의 크기와 새로운 인간 행동양식, 즉 처음에는 도구의 사용을 통해, 다음에는 불의 통제를 통해, 그리고 인간의 신체적·사회적·문화적 진화의 전체 과정을 통해 드러났다.

비록 호미니드가 직립을 했고, 두뇌 크기가 조금 커졌고, 가끔 도구를 사용하기는 했지만, 그들이 충분히 이해하고 사용했음을 알려주는 정교한 석기는 체계적으로 발달하지 않았다. 700세제곱센티미터 용량의 두뇌를 가진 일부 호모 하빌리스는 그들 선조보다 더 작은 이를 가졌고, 더 세련된 신체를 가졌으며, 환경에 더 잘 적응했다. 우리는 첫 번째 인류라고 불리는 호모 하빌리스의 전체 이야기를 다 알지는 못하지만, 이 종들의 일부가 약 260만 년 전에 케냐 북서쪽의 투르카나Turkana 에 살았다는 사실은 분명히 알고 있다.

이 최초 인류의 문화생활과 내면의 사고에 대해, 우리는 이 원시 시대의 일상생활에서 이들이 우연히 남긴 물리적 유물을 통해 부분적으로만 알 수 있다. 호모 하빌리스는 케냐의 대지구대大地溝帶,

Great Rift Valley of Kenya에 있는 올두바이 지역에서 수많은 도구를 만들었다. 어떤 도구들은 날카로운 날을 가진 석핵 石核으로 만들어졌고, 또 어떤 도구들은 석핵에서 깨져 나온 파편으로 만들어졌다. 이러한 석기 도구들은 주로 동물을 사냥하고 그 동물의 배를 가르는 데 전적으로 사용되었다.

호모 하빌리스가 만든 도구의 형태와 치아 구조 그리고 그들의 의류를 볼 때 그들이 수렵인이었고 육식을 했다는 사실은 분명하다. 이 사실은 채집인이었던 인간에서 채집인이자 수렵인인 인간으로의 전격적인 변화를 보여준다. 사냥은 생활 형태뿐만 아니라 이 초기 인간의 전체 정신작용에도 커다란 변화를 가져왔다. 식물보다 자기 자신과 더 유사한 생명 형태를 살리고 죽이는 힘을 가졌다고 느끼면서 그들에게는 새로운 자기 정체성 관념이 생겨났다.

존재의 극적인 차원이 현저하게 부각되었다. 새로운 기술이 개발되었고, 새로운 감각과 동물 세계에 대한 새로운 이해, 즉 동물들의 풀 뜯는 습성, 그들의 움직임, 보고 듣고 냄새를 맡는 능력, 위험에 처했을 때 도망가는 방식 등에 대한 새로운 이해가 발전했다. 식량으로 먹을 수 있는 식물들에 대한 초기 지식과 심지어 식물계에 대한 친밀감도 인간과 동물 사이에서 발전한 신비롭고 새로운 포식-피식 관계에 의해 상당히 강화되었다. 사냥은 인간에게 동물을 추격할 때 쓰는 육체적인 힘과 민첩성 이상의 그 무엇을 요구했다. 사냥은 곧 우주적 질서 바로 그 자체의 정신적인 허락이 필요했다.

호모 하빌리스와 함께 아주 중요한 사건이 발생했다. 그것은 인간 문화의 발달에서 석기시대의 시작이었다. 석기 제작과 사용은 인간의 사고 발달 단계에서, 그리고 인간이 환경과 맺는 독특한 관계에서 최초로 이룬 성취 가운데 하나였다. 돌의 생김새에 따라 불리는 '구석기' 혹은 '신석기'라는 용어는 지금까지도 기초적인 생활 도구가 석기에서 철기로 전환된 5천 년 전의 도시 문명 단계 이전의 초기 인류 단계를 설명하기 위한 관용적 표현으로 쓰이고 있다.

이미 이 초기 인류들은 돌을 다루는 상당한 기술을 갖고 있었다. 그들은 이 기술을 통해 실용적이면서도 아름다운, 형태의 균형을 유지하면서도 동시에 기능도 뛰어난 석기를 만들 수 있었다. 바로 이 변환의 때에 인간 존재 양식의 더 중요한 기초가 확립되었다. 시공간에 대한 감각이 발전하고 있었고, 상상력은 가장 강렬한 이미지들을 받아들이고 있었다. 그리고 미래의 모든 세대에게 영향을 미치게 될 원시적 기억의 저장고가 개발되고 있었다. 인간과 자연세계 사이의 친밀한 관계rapport가 확립되고 있었고, 이 친밀한 관계는 주위의 거친 환경이 주는 두려움과 매력으로 가득 채워져 있었다. 소멸과 소생을 반복하는 계절의 영원한 순환은 인간 정신에 강한 인상을 남겼고, 후에 의례에서 가장 기본적인 양식의 하나로 표현되었다.

호모 하빌리스 이후에 나타난 인간 진화의 다음 단계는 150만 년 전 아프리카 전역에 걸쳐 나타난 호모 에렉투스Home erectus이다. 새롭게 나타난 이 인간의 뇌 용량은 1,000세제곱센티미터였다. 우리가 가진 대부분의 증거는 이들의 선조가 많이 살았던 아프리카의 투르카나 지역에서만 나왔지만, 이들은 아프리카 전역에서 번성했다.

호모 에렉투스는 아프리카에서 벗어나 처음에는 아시아 전역으로, 그다음에는 남부 유럽과 서부 유럽 전역으로 인류 최초의 거대한 이주를 감행했다. 자바의 트리닐Trinil 사람뿐만 아니라 중국의 베이징인Sinanthropus으로도 알려져 있는 호모 에렉투스는 동아시아와 동남아시아에서 수백 년 동안 거주했다. 베이징의 북쪽 근처에 있는 주구점周口店, Choukoutien 지역의 동굴에서 베이징인이 종종 살았던 이 시기는 대략 기원전 50만 년 전쯤이고, 그것은 두 번째 간빙기Mindel-Riss와 우연히 일치한다.

중국과 아시아, 아프리카와 유럽의 다른 지역에서 호모 에렉투스가 사용한 돌들은 석영quartz, 부싯돌flint, 흑요석obsidian, 편암schist, 화강암granite, 규암quartzite 등이었다. 이 초기 시대의 주요 도구들은 핵석core stone들로 구성되었다. 이 핵석들은 종종 개울에서 건진 큰 조약돌이었고, 박편剝片이 제거되어 인간이 쉽게 손에 쥘 수 있었다. 기타 도구들로는 찍개chopper, 긁개scrapers, 송곳awls, 끌형 석기chisels가 있었다. 여기에 전기 구석기시대에 중요한 역할을 했던 유명한 손도끼가 포함되었다. 이 시기에 동물의 가죽을 의복으로 이용하기 시작했다. 주거지는 땅에 가지런히 말뚝을 박고 그 위에 나뭇가지나 때로는 동물 가죽을 덮어 만들었다.

이 시기에 불을 조절하여 사용함으로써 생겨난 많은 양의 재, 숯, 불에 탄 뼈들, 그리고 탄화 찰흙이 중국 베이징 근처의 주구점뿐만 아니라 아프리카와 유라시아 전역에 걸쳐 다른 거주지에서도 발견되었다. 특히 불은 호모 에렉투스가 아시아와 유럽이 있는 북반구로 이동할 때 중요했다. 왜냐하면 이들 지역에서의 생존은 추위에 견딜 수 있게 고안된 새로운 양식의 의복과 거주지 그리고 불의 열기에 달려 있었기 때문이다. 불을 통제하고 사용하게 되었다는 것은, 수세기 동안 인간의 발전과 결합하게 될, 거의 무한한 가능성이 있는 강력한 자연의 힘을 처음으로 인간이 지배하게 되었음을 의미한다. 나무와 돌로 된 도구를 제작한 것과 함께 불을 사용한 것은 인간이 통제할 수 있는 최초의 기술이 되었다.

불은 난방과 조리 이외에도 인간 의식에 독특한 영감을 불어넣음으로써 물리적 기술과 함께 정신의 진화를 가져왔다. 불의 사용은 인간에게 권력 의식 sense of power 을 주었을 뿐만 아니라 다른 생명체들과 구별되는 정체성을 제공했다. 화로 속의 불을 통해 신비한 힘과의 친교가 일어났고, 사회적 일체감이 경험되었으며, 존재의 경외감을 성찰하는 배경이 확립되었다. 화로는 기초적인 사회 단위인 가족, 무리, 씨족, 부족이 효과적인 사회 협력을 위해 필요한 친밀함을 얻는 공간을 제공했다. 화로 주변은 포식자로부터 안전했을 뿐만 아니라 공동체를 이룸으로써 얻게 되는 확실한 보증이 있었다.

호모 하빌리스와 호모 에렉투스가 살았던 260만 년 전부터 12만 년 전까지, 약 200만 년이 넘는 이 시기는 인간 문화의 발전에서 전기 구석기시대라 불리는 때다. 이 시기에 인간 의식의 가장 심오한 기초뿐만 아니라 인간 생존을 위한 가장 기본적인 기술도 상당한 발전을 이루었다. 이미 세 번째 간빙기 때 유럽 지역에서는 손도끼 시대 이전에 발전했던 아브빌리언Abbevillian 문화와 클라크턴Clactonian 문화가 축적되어, 세련된 아슐리안Acheulian 문화로 극치를 이루었다. 이 시기는 활발한 문화 창조의 시기였고, 또한 기술 진보의 시기였다.

이러한 창조성이 특히 주목을 받는 이유는 이런 발전들이 반영구적인 동굴 은신처 주변에서 넓게 퍼져 서로 우연한 교류만 가지고 살아가던 매우 작은 수렵인 집단들 사이에서 일어났기 때문이다. 그 집단들의 크기는 다양했지만, 보통 열다섯 명에서 서른 명으로 구성되어 있었다. 그들은 자급자족할 수 있는 무리였으며 수렵과 채집을 했다. 이들이 남긴 화석화된 인간의 뼈, 치아, 식량을 위해 죽인 동물의 뼈들, 재, 숯이 된 나뭇조각, 꽃가루, 종종 내구성이 강한 물질로 이루어진 인상 깊은 물건들이 발굴되었다. 그러나 유물의 대다수는 석기였다. 석기들은 내구성이 가장 뛰어난 도구였고, 이 시기 전체에 걸쳐 인간이 거주했던 모든 대륙에서 예외 없이 발굴되고 있다.

이 시대에 만들어진 다양한 도구들 가운데 주목할 만한 것들로는 나무를 자르는 일에서부터 동물 사냥에 이르기까지 다양한 용도로 사용된 날카로운 원시적인 도끼, 사냥한 동물이나 다른 물질들을 자르기 위한 외면 찍개, 의복이나 은신처용 가죽을 준비하는 데 필요한 긁개, 그리고 칼날로 사용되었던 격지 석기flake 등이 있다.

이 시기의 가장 섬세한 창조물은 손도끼였다. 손도끼는 구석기라는 이 시기를 확인해주는 중요한 특징이 되었다. 손도끼는 방어 무기였고 또한 주요한 사냥 도구였다. 손도끼 문화와 이 시기의 아슐리안 문화를 너무 동일시하는 경향이 있기는 하지만, 사실 손도끼 문화는 남서부 유럽 대부분의 지역과 서쪽으로는 영국, 동쪽으로는 인도 전역과 아프리카 최남단에까지 펼쳐져 있었다. 일반적으로 동아시아 지역이 이 문화에서 제외되었어도, 손도끼 문화는 인간 거주 영역의 절반이 넘는 지역과 지구 전체 대륙의 5분의 1이 넘는 지역에 보급되어 있었다고 추측된다.

호모 하빌리스와 호모 에렉투스를 통한 진화의 시기가 지나간 후 약 20만 년 전, 아프리카의 중북부와 동아프리카에서 호모 사피엔스Homo sapiens의 등장이라는 중요하고 새로운 진화가 일어났다. 새로운 형태로 계승된 인간 종인 호모 사피엔스는 현 시대의 모든 인류를 후손으로 두게 되었다. 인간들의 거대한 두 번째 이동이 이 시기에 일어났다. 이 이동을 통해 인간은 약 4만 년 전에 아프리카-유라시아 대륙을 넘어 남북 아메리카와 오스트레일리아 대륙으로 갔다. 이 시기의 여행은 길을 찾아내고 매우 다양한 지리적 토양과 환경 조건에 적응하는 놀라운 능력으로 수행되었다.

호모 사피엔스는 이 시기에 중요한 두 단계의 발전을 거쳤다. 원시 호모 사피엔스Archaic Homo sapiens 단계와 현대 호모 사피엔스 Modern Homo sapiens, 즉 현생 인류 단계가 그것이다. 유럽에서 존재했던 것처럼 원시 호모 사피엔스 단계는 구석기 중기 문화와 관련되며, 12만 년 전부터 4만 년 전까지 지속되었다. 또 현대 호모 사피엔스 단계는 구석기 후기 문화와 관련되며, 4만 년 전에 시작되어 1만 2천 년 전 신석기가 시작되기 전까지 지속되었다.

12만 년 전부터 4만 년 전 사이에 있었던 구석기 중기에 원시 호모 사피엔스는 동쪽으로 체코와 슬로바키아에서부터 서쪽으로 독일 라인강 유역까지 유럽의 넓은 지역에 거주했다. 이 시기에 유입된 종족들은 오늘날 독일의 뒤셀도르프 지역에 위치한 네안데르Neander 강 계곡 주변의 언덕에서 동굴 생활을 시작했다. 이 강 주변에 정착했다는 이유로 이들을 네안데르탈인Neanderthals이라고 부르게 되었다.

리스 빙하기와 뷔름 빙하기Riss-Wurm 사이에 있었던 세 번째 간빙기부터 그 후 얼마 동안 이 원시 호모 사피엔스들은 이 지역 전체에서 인간 모험을 주도했다. 그 후 신체적 후손들에게는 큰 영향을 주지 못했지만, 이들은 인류의 문화 발전에 대해서는 방대한 정보를 제공하고 사라졌다.

박편석기剝片石器로 만들어진 정교한 삼각 꼭짓점을 갖는 광범위한 작품들이야말로 네안데르탈인의 전형적인 유적이었다. 네안데르탈인이 불을 많이 사용했다는 사실은 남아 있는 재와 화덕 자리로 입증된다. 이들이 채집한 과일, 딸기류, 근채류, 견과류 이외에도 순록, 들소, 사슴, 영양, 염소, 새 등이 식량이 되었다. 고기잡이가 가능한 물가 지역에서는 어류도 식량이 되었다. 굳어버린 땅 속에 남은 꽃가루 잔해와 식물 모양의 자국들은 오랫동안 보존되어, 이들이 식량으로 사용한 식물들에 대해 알 수 있게 해준다.

네안데르탈인은 강건하고 큰 신체를 가졌으며, 뇌 용량은 1,500세제곱센티미터였다. 이 용량은 현대인들의 평균 뇌 용량인 1,350세제곱센티미터보다도 크다. 툭 튀어나온 얼굴, 강력한 턱뼈, 눈 위에 강한 굴곡이 있는 두개골의 구조도 오늘날보다 두드러지게 컸다.

네안데르탈 문화를 보통 '무스테리안 Mousterian' 문화라고 부른다. '무스테리안'이란 이름은 이 문화 유적이 광범위하게 발견된 프랑스 남부의 지역 이름에서 따왔다. 이 문화는 동굴 거주, 불의 광범위한 사용, 개인용 장신구, 그리고 깎기와 자르기 같은 특별한 작업을 위해 원석에서 나온 격지로 정교한 석기를 만들어 쓴 것이 특징이다. 네안데르탈인은 또한 윗부분을 평평하게 다듬어 만든 석핵을 이용하여 석기를 제작하는 '르발루아 기술 Levalloisian technique'을 이용했다. 이 기법은 많은 파편을 칼날로 삼을 수 있게 위에서부터 세로로 쪼갤 수 있도록 하는 것이다. 그들은 이것으로 어느 정도 길이를 갖춘 칼날을 만들기 시작했다. 네안데르탈인은 총 50종이 넘는 다양한 형태의 석기를 가지고 있었다. 또한 그들의 기본 업적들 중 하나는 그 이전 어느 때보다도 훨씬 발전된, 동물의 가죽을 가지고 움막을 둘러싼 것이다.

네안데르탈 문화에서 가장 중요한 측면의 하나는, 인류 역사상 초기에 형성되어 일본 북부의 아이누 족에 의해 여전히 거행되고 있는 곰 숭배 의식bear cult이다. 구석기 중기에 네안데르탈인은 종교적 의식意識을 갖기 시작했다. 이것은 신앙과 관계된 의례 행위와 삶의 의미와 관련된 정성 어린 매장 의식儀式을 통해 알 수 있다. 레바논의 어떤 매장 의식에서는 죽은 사람을 위한 식량으로 사슴을 살육하여 황톳빛ocher으로 칠한 돌 더미 안에 넣어두는 제례적 매장을 실시했다. 죽음에 대한 이러한 의식意識은 이 초기 시대의 중요한 정신작용이 되었다.

이렇듯 잘 정돈된 돌로 이루어진 매장터는 신화적·의례적 표현 양식이다. 이것은 처음부터 새들이 나는 것으로, 물고기들이 헤엄치는 것으로 우주에 응답했던 것처럼, 인간의 우주에 대한 응답 방법이었다. 이것은 인간이 사물의 생성과 소멸을 목격하면서 놀라운 체험을 함으로써 얻은 존재에 대한 해석이었다. 인간은 의식적으로 자신의 생명 과정을 우주의 과정과 통합시키려는 정신적 경향이 있었던 것 같다. 초기부터 인간은 자신을 둘러싸고 있는 우주 질서 안에서 자기 자신을 경험했다.

이러한 우주의 질서는 특히 겨울이 끝나고 봄이 다시 시작되는 계절의 순환에서 체험되었다. 이것은 처음부터 인간의 결정적 체험이 되었다. 계절의 순환 안에서 그렇게 강렬하게 경험된 이 우주론적 과정은 실체와 가치를 말할 때 궁극적인 대상이 되어왔다. 이것은 역사적인 시작이나 종말이 없는, 영원히 멈추지 않는 과정이므로, 이 과정 안에 통합된다는 것은 충만한 존재에 참여하는 일이었다.

이 전체 자연 현상은 인간 의식에 경외감을 심어주어 쉽게 의례적인 축제 ritual celebration 로 전환되었다. 우주론적 질서 속에서, 그 질서가 바뀌는 순간들은 경이로움과 놀라움을 불러일으켰고 인간들에게 이에 참여하라고 손짓을 했다. 위험, 생존을 위한 투쟁, 죽음과 관련된 모든 일은 그 자체가 전체 우주론적 과정 안에서 피할 수 없는 심연일 수 있는 도전과 흥분을 제공했다. 우주는 에너지와 소리로 채워진 극적 실재이며, 인간이 일상적이고 절기적인 의례뿐만 아니라 탄생 · 성장 · 죽음과 연관된 의례를 통해서 참여했던 위대한 대화 the Great Conversation 를 구성하고 있었다.

여기서 우리는 도구를 만들고 은신처를 찾는 능력, 그리고 식량을 조달하고 불을 만들어 이용할 줄 아는 능력만으로는 인간 생존의 충분조건이 채워지지 않음을 보게 된다. 이런 능력들과 함께 인류는 현상계를 통해 나타나는, 온 누리에 퍼져 있는 영적인 힘들과 친밀한 관계 rapport 가 필요했다. 인류 초기부터 그와 같은 힘들은 인간 의식이 요구하는 정신적인 지원을 제공했다. 이 지원을 받고, 모든 존재의 기원이자 버팀목이며 최종적 운명으로 감지되던 그 성스러운 존재를 불러오기 위하여 초기 인간들은 상징적인 의례에 참가했다. 그 의례들은 종종 희생적인 측면을 가지고 있었다. 이 의례들과 그 밖의 관련된 활동은 각각의 다양한 문화 전통에 고유한 특성을 부여해온 인간의 지성과 상상력에 더 강한 창조력을 불어넣었다.

4만 년 전 중요한 진화 단계를 통해 인류를 변화시킨 후, 유라시아 전역에 걸쳐 광범위하게 거주했던 네안데르탈인은 사라졌다. 분명히 자연적인 이유 때문에 그 인구수가 감소되었고, 그 후 살아남은 자들은 유럽에서 크로마뇽인으로 알려져 있는, 그즈음 그 지역으로 이주해 들어온 현대 호모 사피엔스에 동화되었다.

네안데르탈인들이 몰락하고 현대 호모 사피엔스인 크로마뇽인이 유럽 지역으로 이동하는 동안 기후도 크게 변했다. 북반구 전체에서 마지막 빙하기가 진행되었다. 이 빙하기는 미국에서는 위스콘신 빙하기 Wisconsin glaciation, 유럽에서는 뷔름 빙하기 Würm glaciation로 알려져 있다. 약 7만 년 전에 시작되어, 현재까지 이어지는 간빙기가 시작된 약 1만 8천 년 전까지 계속된 이 빙하기는 멀리 남쪽 끝까지 영향을 미쳤다.

식물계와 동물계를 포함하는 지구 생물계는 유라시아 대륙과 아메리카 대륙의 북부 지역 전체에서 변화하고 있었다. 상당수의 나무와 식물 그리고 동물은 남쪽으로 물러나 빙하의 추위가 잦아들고 새로운 땅의 형태가 보이면 북쪽으로 돌아가려고 때를 기다리고 있었다. 한편 이 시기에는 유럽과 북미 대륙에서 인간의 과도한 사냥 때문에 거대 동물들이 사라지고 있었다. 이들 중에는 털이 있는 마스토돈과 매머드도 있었다. 또한 이 시기는 지구 전역에 걸쳐 새로운 화산 분출이 계속된 지질학적 활동기이기도 하다.

크로마뇽인은 유럽 지역에 도착하자마자 이전까지의 인류에게서는 전혀 찾아볼 수 없었던, 우리의 상식을 완전히 불식시키는 예술적이고 창조적인 천재성을 발휘하기 시작했다. 기술적 발명품의 양에서나 예술적 기량에서나 크로마뇽인은 유럽에서 압도적인 존재가 되었다. 이 사실은 벽화와 조각이 있는 2백 개가 넘는 동굴에서 확인할 수 있다. 동굴 안에 있는 벽화와 판화 등은 1만 개가 넘는다. 구석기 후기의 두 시기인 오리냐크기Aurignacian(3만 4천 년 전부터 3만 년까지)와 마들렌기Magdalenian(1만 8천 년 전부터 1만 1천 년 전까지)의 작품이 특히 많이 발견된다.

구석기 후기의 초반은 그 이전 시대보다 더 길고 정교하게 다듬어진 돌날 제작으로 특징지어진다. 박편석기를 눌러서 칼날을 조심스럽게 다듬기도 하고, 때로는 사슴뿔이나 뼈로 만든 도구를 이용하여 더 길고 날카로운 날을 가진 도구를 만들어낼 수 있었다. 100여 종이 넘는 석기류가 이 시기에 제작되었다. 한편 많은 도구와 장신구가 뼈나 사슴뿔 또는 상아로 만들어졌다. 이들 중 일부는 자연물을 새겨 넣어 장식한 것도 있었다. 그중 가장 인상적인 도구는 정교하게 장식된 작살로 약 2만 년 전에 제작되었다. 작살은 육지 동물을 사냥할 때 사용되었다. 동물의 지방질을 연료로 쓰면서 등불도 광범위하게 사용되었다. 또한 다양한 조리 도구가 설치된 화로가 있었고, 그 도구의 일부는 나무로 만들어졌다.

구석기 후기의 그림과 이미지들은 다양한 종류의 동물, 즉 들소, 소, 순록, 말, 염소들을 표현하고 있다. 또한 동물을 사냥하는 사람들과 의식을 수행하는 샤먼 같은 사람을 표현한 것도 있다. 그라베트 문화 Gravettian culture (3만 년 전부터 2만 2천 년 전 사이)기에는 작은 '비너스' 상들이 많이 조각되었다. 이 상들은 상아나 자연적으로 착색된 동석 같은 다양한 재료로 만들어졌으며, 다산多産에 대한 관심으로 생식기관이 강조되었다. 특별한 예술적 화려함을 가진 비너스 상들 중 하나는 매머드의 엄니 상아로 조각된 레스프놓 Lespunge 의 작은 비너스이다.

대부분의 주거지는 동굴에 주로 있었지만, 땅속에 구덩이를 파고 그 안에 나무나 풀을 덮은 후 흐르는 개울에서 채취한 조약돌을 매끈하게 만들어 바닥에 깐 거주지 또한 발견되고 있다. 때로는 돌을 달구어 얼어붙은 땅을 녹이기도 했다. 최소한 지상 거주지의 한 군데 정도는 털이 있는 마스토돈의 거대한 뼈로 만들어졌다.

약 2만 년 전 러시아에서 입었던 맞춤복이 새겨진 작은 조각상은 오늘날까지 전해져 당시 생활양식의 일부를 우리에게 알려주고 있다. 또한 재단하여 만든 의복을 완전히 갖추어 입은 한 남자가 이 시기에 모스크바 근방에 매장되었다. 그 옷은 부패했지만 구슬로 장식한 부분은 손상되지 않고 원형대로 남아 있어 당시 의

복이 얼마나 세련되었는지를 우리에게 보여준다. 그런 의복과 더불어 놀라울 정도로 정교한 바느질용 바늘이 많이 만들어졌다. 동물 가죽으로 만든 의복과 함께 다양한 장신구도 제작되었다. 이들은 주로 조개껍질이나 여러 가지 색깔이 있는 돌뿐만 아니라 동물의 발톱, 이빨, 뼈 등을 이용하여 주로 목에 길게 늘어뜨린 장신구 pendant나 목걸이를 만들었다.

이러한 세공 솜씨나 예술 표현과 관련된 기술은 함께 발전했다. 프랑스 남서 지역과 스페인의 어둡고 깊은 동굴에 있는 그토록 정교한 벽화를 제작하기 위해서는 상당한 도구와 발달된 기술이 필요했다. 그 작업에는 빛이 필요했고, 색깔을 내는 염료들, 염료를 칠할 수 있는 도구들과 긁어내는 도구들 implements이 필요했다. 또한 이미지를 구상할 때 각각의 개체뿐만 아니라 확대된 전체 그림에서 다른 개체와의 관계까지 고려하여 밑그림을 그리는 기술 또한 필요했다. 이 모든 일에는 공동체의 조직이 관련되어야 했다. 이처럼 정교한 조합물들은 숙련되지 않은 사람들이 즉흥적으로 만든 것이 아니라 사회적 목적을 위해 전문가들이 만든 것이었다.

동물 조각상이나 그림을 보면 우리는 어떤 특정한 자연주의 양식을 관찰할 수 있다. 그러나 정확히 여기서 우리는 그 위대한 양식을 통해 동물계와의 신화적인 친교, 그리고 그에 매혹된 힘을 보게 된다. 당시 사용 가능했던 작은 등불의 희미하게 깜박거리는 불꽃 아래서 동물의 조각상이나 그림을 보는 것은 신비스러운 힘의 세계로 들어가는 것이었다. 동굴은 밝은 대낮 외부 세계의 체험을 더욱 심화시키는 고유한 신비를 불러일으킨다. 그러한 형태는 화살과 던지는 도구와 다른 도구들에도 조각되어 이 시기에 미적 감각이 존재했다는 사실을 말해준다. 또 이뿐만 아니라 전체 사회가 체험하는, 온 세계에 충만한 영적인 힘과의 고차원적인 친밀한 관계rapport가 형성되어 있었음을 보여준다.

이러한 예술적 능력이 인간 언어의 이해와 사용이라는 새로운 능력과 결합하면서부터, 우리는 단순히 돌을 다루는 기술이나 물리적 재료들의 변화가 아닌 인간 의식의 커다란 변화와 극적인 충격을 만나게 된다. 이러한 충격은 지금 우리가 다루고 있는 인류의 창발적 진화에서는 좀처럼 만나기 힘들다.

호모 하빌리스와 호모 에렉투스의 초창기에도 소리와 몸짓의 상징적인 표현을 통한 의사소통은 틀림없이 있었다. 왜냐하면 동물의 세계에서도 이런 능력을 발견할 수 있기 때문이다. 인간 차원의 고유한 이해, 의사소통, 예술 표현 양식은 오늘날 우리가 경험하는 것보다 훨씬 느리게 오랜 세월의 변화를 거쳐 조용히 나타나고 있었다. 그러나 그 속도는 구석기 후기를 지나면서 빨라졌다.

인간의 이해 능력과 의사소통 능력은 표현의 영역을 확장시킬 뿐 아니라 감정과 정서 능력도 확장시킨다. 타인과 친밀한 관계를 맺고 타인의 요구에 공감하며 응답하는 능력은 특히 포유류의 세계에 존재하는 부모-자식 관계, 특히 엄마-자식의 관계에서 두드러진다. 왜냐하면 후손의 생존은 직접적으로 엄마와 아기 사이의 개별적인 친밀감에 달려 있기 때문이다. 마찬가지로 보다 확대된 가족과 집단에 대한 충성심이 있었다. 의지할 곳이라고는 그들 자신들밖에 없는 소규모 인간 집단에서는 생존 그 자체가 늘 중요한 문제였기 때문이다. 이것은 작은 생존 단체의 성격을 띠는 집단들과의 친밀감을 높여주었다.

수렵 사회에서 집단은 규모가 작아야 했다. 왜냐하면 특정 지역에 존재하는 사냥감은 사냥을 통해 살아갈 수밖에 없는 사람들의 수에 비해 한계가 있기 때문이었다. 물론 사냥만이 유일한 생존 방식이 될 수는 없었다. 식량을 얻는 다른 방법이 필요했다. 과일이나 딸기류, 견과류, 근채류, 심지어 나무껍질이 식량에 포함되었다. 생존은 개인이나 개체의 문제가 아니라, 오히려 집단이 이루어낸 업적이었다. 각각의 무리가 식량과 거주지뿐만 아니라 다른 모든 필요한 것, 즉 사냥 도구와 포획물의 분배와 가공까지 책임졌다는 사실을 고려함으로써 우리는 비로소 개인과 집단이 필요로 하는 전통적인 지식의 양과 기술의 범위를 제대로 평가하게 된다.

각각의 무리가 자신들의 영역에 익숙해지고 필요한 도구를 만들기 위해 적당한 돌을 찾아다니면서 지질과 지리에 대한 지식이 축적되었다. 또한 사냥하는 동물의 습성을 알게 되면서 상당한 양의 생물학적 지식을 쌓게 되었다. 식품으로 가공하기 위해 사냥한 동물들을 절개함으로써 해부학적 지식도 얻었다. 또한 석기를 만드는 기술이 그랬듯이, 식량으로 채집된 식물에 대한 지식은 그대로 축적되어 다음 세대를 거쳐 계승되었다.

인류가 처음 등장할 때부터 다른 동물들과 구별되었던 측면은 전문화된 기능을 갖지 않았다는 점이었다. 전문화는 즉각적인 효과를 나타내는 데는 이롭지만 보다 큰 관점에서 보면 한계가 있다. 이러한 전문화는 복잡한 행동 양식을 가진 곤충들에게서 발견되는데, 그 행동 양식은 매우 놀랍기는 하지만 변화와 발전은 없다. 새들의 비행, 물고기들의 헤엄, 말들의 달리기, 나무의 꽃피움도 마찬가지이다. 이들 각각은 고유한 위대함을 갖고 있지만, 각자 자신의 완벽함 안에 갇혀 있다. 왜냐하면 완벽함을 부여받은 바로 그 점이 한계를 부여하기 때문이다.

지느러미나 날개를 갖게 되면 손을 갖지 못한다. 포옹하거나 밀어낼 수도 있고, 살리거나 죽일 수도 있으며, 모래성이나 대성전을 쌓을 수도 있고, 시스틴 성당에 그림을 그리거나 모차르트 협주곡을 연주할 수도 있는, 엄청난 가능성이 있는 신체 기관을 갖지 못하게 되는 것이다. 인간의 지성으로 자유롭게 통제되는 손은 이와 같은 무한한 가능성을 갖는다.

그러나 이러한 자유로움을 위해 인간이 치러야 할 대가가 있었다. 새들이 배우지도 않고 식량을 얻고 짝을 지으며, 둥지를 틀고 새끼를 돌보고, 노래를 부르고 먼 거리를 이동하는 것같이, 인간 이외의 생물종들이 각기 다양한 활동 안에서 이용하는 본능적인, 거의 오류가 없이 완벽한 길잡이를 인간은 잃어버렸다. 인간은 본능이라는 거의 완벽한 길잡이를 잃어버렸다. 물론 몇몇 동물종의 경우 어느 정도의 가르침과 본보기가 필요하다. 이들은 몇 가지 생존 기술을 배워야만 한다. 그러나 그 학습의 양은 극히 미미한 것이며, 인간의 학습과는 다른 차원이다.

인간은 부리도, 뿔도, 송곳니도, 발톱도 없고, 몸을 숨기는 능력도 없을 뿐 아니라 달리거나 날아가거나 적의 냄새를 알아차릴 줄도 몰랐기 때문에 쉽게 공격을 받았다. 그러나 겨울을 따뜻하게 해줄 털이 없는 맨 피부였으므로, 몸을 따뜻하게 해주는 옷과 외형을 더욱 강해 보이게 하는 다양한 장신구를 발명할 수 있었다. 신체적인 약점을 가지고 아주 긴 유아기와 아동기를 보내기 때문에, 광범위한 정신적이고 감정적인 발달이 가능했다. 육체와 정신 능력 모두를 활성화시키기 위해, 그 긴 유아기와 아동기가 필요했다. 인간은 태어날 때 불완전한 인간일 뿐이었다.

진정한 인간으로서 성숙하기까지, 언어를 배우기까지, 인간이 우주 질서 안에서 자신의 활동들을 적절하게 배치하는 의례를 시작하게 되기까지, 사회 질서 안에서 적합한 역할에 순응하게 되기까지, 예술적 기술을 습득하기까지, 공동체의 이야기와 시와 노래와 음악을 배우게 되기까지, 이 모든 것을 얻기까지는 장기간에 걸친 사회화 과정 acculturation이 필요했다. 이런 활동들은 호모 하빌리스 초기에 비록 충분히 발전하지 못했지만, 일찍부터 인간 발달의 과정 안에 들어 있었다. 왜냐하면 이런 활동들의 초기적 표현이 발견되면 곧 진화된 형태로 그러한 습득 행위들이 나타나기 때문이다.

모든 생명체는 내부에 있는 어떤 자기조직 원리를 통해 기능한다. 그러나 생명체들은 대부분 단순한 세포 분열을 통하여 탄생해서 연속된 발달 단계를 거쳐 성체가 되는 과정이 아주 최소한의 어떤 가르침이나 사회화 과정이 작용하여 통제되는 반면, 인간은 출생 이후에 일어나는 사회화 과정에 크게 의존한다. 인간 이외의 다른 생명체들은 이런 가르침들을 거의 통째로 유전 부호를 통해 얻지만, 인간은 유전자를 훨씬 능가하는 문화 부호를 지향하도록 유전적으로 입력되어 있다. 이 문화 부호는 인간공동체 스스로가 다양한 형태로 창조해낸 것이다.

　이렇게 뚜렷이 구별되는 문화적 창조물들은 단지 개인이나 한 세대의 작품이 아니다. 이것은 세대를 거치며 이루어낸 인류 전체의 작품이다. 특별히 주체적인 면은 제외되더라도, 문화 부호의 기본 방향은 유전 부호를 통해 설정된다. 예를 들면 생각이 그렇다. 비록 인간이 무엇을 어떻게 생각하고 자신의 생각을 어디에 적용할지를 선택할 수 있다 해도, 유전적으로 사고를 하도록 요구받은 것과는 상관없이 생각을 하거나 하지 않거나를 선택할 권리는 없다. 일단 이 과정이 시작되어 다음 세대에 전해지면 그 후손들을 통해 더 정교하게 다듬어진다.

　자신의 삶과 생각 그리고 환경을 이성적으로 통제함으로써 새로운 창조의 단계에 도달하는 것이 이 초기 인간 사회의 과제였음을 인정할 때, 우리는 이 성취를 위해 필요했던 시간과 재능을 제대로 평가할 수 있게 된다. 불확실함에 대한 대처 방법으로 유전적 안내라는 안전한 방법을 포기하고 이성의 작용을 실험해보는 일은 인간과 지구 모두에게 위험했다. 왜냐하면 이성은 지구적 차원의 영광뿐만 아니라 파멸 또한 가져올 수 있었기 때문이다. 그럼에도 인간 지성의 자유는 고도로 분화된 문화 창조의 길을 열었고, 이렇게 분화된 문화는 비인간 질서에서 서로 다른 종이 갖는 분화만큼이나 다르게 인간 질서 속에서 기능했다.

구석기 후기가 끝나가는 무렵인 약 1만 1천 년 전에 크로마뇽인들의 놀라운 업적들이 갑자기 끝나버렸다. 우리의 역사 기록에 단절이 발생한 것이다. 신석기 촌락으로 넘어가는 인간 모험의 다음 단계가 서남아시아와 동북아프리카 지역에 중심을 두고 있는 동안 좀 더 멀리 떨어진 새로운 중심이 서반구 대륙에서 나타나게 되었다.

구석기시대의 인간은 자신의 숙명을 완수했다. 인간은 이제 기본적인 모든 기술을 완전히 익혔다. 인간은 다양한 대륙을 점유했고 지구 인구는 1백만을 넘게 되었다. 다양한 부족 집단이 자신들의 땅에 정착했다. 기초적인 예술이 창조되었고, 생존을 위한 기술들이 개발되었다. 마들렌Magdalenian 기의 위대한 예술을 담고 있는 동굴은 자연 활동에 의해 이때 그 입구가 닫혔고, 1만 1천 년이 지난 1895년 남프랑스에 있는 레제이지Les Eyzies 근처의 동굴에서 놀던 네 명의 소년에 의해 다시 발견되기 전까지 인간 의식에서 사라졌다.

●●● 기원전 4,000년 왕조 이전의 이집트, 새의 여신

9 신석기 촌락 Neolithic Village

유럽의 경우, 인간이 채집과 수렵으로 살아가던 초기 구석기 시대는 마들렌기 때 가장 화려하게 번성했다. 인간은 이때 나무, 돌, 뿔, 뼈로 도구를 만들었고, 귀고리나 목걸이 같은 개인 장신구를 가졌으며, 현존하는 세계 너머에 존재하는 영적인 힘과 소통하는 샤먼이 있었다. 그리고 동굴 벽화에서 볼 수 있듯이 미적 감수성과 예술적인 능력을 소유했다. 이 모든 것이 우주론적 질서의 자연스러운 리듬 안에 있는 인간의 깊은 내면과 결합되었다. 다양한 종족이 기본적인 언어를 가지고 있어서 자신들끼리, 그리고 미래 세대와 더욱 깊은 의사소통을 할 수 있었다. 우주와 우주 안에서 인간의 역할을 분명하게 설명해주는 전통들이 만들어지고 있었다.

이런 맥락 안에서 오랜 변환의 결과로 인류의 신석기 단계가 출현했고, 마침내 이 시기에 이르러 그 변화 속도가 두드러지게 빨라졌다. 기원전 8000년 이후 인간의 거주 형태가 점점 커지면서 야영이나 동굴 거주를 벗어나 반영구적인 촌락 형태로 변했다. 처음에는 수백 명에서 나중에는 수천 명의 사람이 모여 촌락을 이루었다. 기원전 8000년에서 3000년 사이의 5천 년 동안에 이루어진 주요 업적들은 다음과 같다. 즉, 식물의 경작과 동물의 가축화, 도자기나 직조 같은 기술의 발명, 사회 구조의 정교화, 원시적 건축 구조물, 집짓기와 최초의 사당, 언어 영역의 거대한 확장, 구전 문학과 시각 예술을 통한 사고와 감정의 방대한 표현 등이었다. 이 모든 것 이외에도 우주론적 질서, 신화적 힘과 깊은 조화 관계rapport를 갖는 잘 다듬어진 의례와 관련된 일이 이루어졌다. 이 모든 발전을 하나로 묶어주는 배경이 바로 식물의 경작과 동물의 가축화에 기초한 신석기 촌락이다.

식물의 경작과 동물의 가축화, 그리고 촌락 생활의 확립은 초기 신석기시대에 모든 대륙에 걸쳐 있던 다양한 인간공동체에게 거대한 변화를 일으켰다. 모든 인간 집단이 다 변하지는 않았지만, 압도적인 다수의 부족이 이 심오한 인간 조건의 변화를 경험하게 되었다. 인간이 행성 지구와 맺은 첫 번째 독특한 관계가 도구의 사용이었다면, 두 번째는 신석기 촌락이라는 배경에서 창조된 동물의 가축화와 농경이다. 비록 고전 문명의 중심지처럼 거대한 도시가 건설되기도 했지만, 지구에 있는 종족들 대부분은 최근까지 이런 촌락 환경에서 살았다.

인간이 이용하는 대부분의 식물과 동물은 신석기시대에 길들여진 것이다. 지역에 따라 차이가 있긴 하지만, 이 시기는 오스트레일리아를 제외한 모든 대륙에서 기원전 5000년경에 시작된 것으로 보인다. 인간 사회의 전체 구조와 기능을 변화시킨 심오하고 영속적인 이 변화는 행성 지구에 있는 다른 생명체들과의 관계가 변하면서 일어났다. 경작과 촌락 내부의 거래가 발전하면서 영구적인 촌락 공동체의 형성이 가능하게 되었다.

이 시기까지는, 지구상 생명력들을 기능화하는 데 인간의 적극적 개입은 최소였다. 대부분 인간의 수렵 활동이 동물의 세계에 미치는 영향 정도만으로 한정되어 있었다. 이제 인간은 보다 활발하게 식물의 세계에 더 많이 개입하게 되었다. 인간은 처음에는 경작할 식물을 선택함으로써, 다음에는 땅을 파는 막대기로, 후에는 괭이로, 더 나아가 결국은 쟁기로 땅을 파고 식물을 재배함으로써 식물의 세계에 개입했다. 강과 계곡을 따라 자연스럽게 물을 댈 수 있게 되자 예전에 거두어들인 씨앗을 다시 뿌릴 수 있는 상황이 마련되었다. 이 모든 것을 통해 생명을 키우고 재생산하는 과정이 생겨났고, 인간의 이익을 위해 인간 이외의 세계로부터 에너지를 끌어오게 되었다.

3만 년이라는 아주 긴 구석기 후기를 돌아보면, 이 신석기의 가축화와 경작이라는 길들이기 과정이 유라시아와 아메리카 대륙처럼 서로 멀리 떨어져 있는 지역들에서 비교적 짧은 기간에 이루어졌음을 알게 된다. 인간의 과정 human process 전체에 걸쳐 경험되는 어떤 문화적 리듬이 있는 것으로 보이는데, 이 리듬은 우주 기원의 중심으로부터 직접 영향을 받지는 않았고, 혹은 받았더라도 최소한으로만 받은 것으로 보인다. 이 리듬은 기원전 500년경에 다시 등장했다. 이 시기는 대단히 많은 지성적이고 영적인 기본 전통이 매우 다양한 양식으로 표현되었다. 하지만 그것들은 불확실한 맥락 안에 있는 탄생과 죽음의 세계에서 존재의 의미와 신비의 세계로 향하는 다양한 인류를 정착시키는 데 같은 역할을 수행했다.

신석기 정착 생활은 농업보다 더 큰 의미를 가졌지만, 농업적 기초만큼은 지극히 중요한 것이었다. 그 특별한 중요성은 여러 많은 지역에서 확인될 수 있었다. 서남아시아와 유럽 남동부를 보면, 신석기 문명은 페르시아만에서 시작해 북서쪽으로 확장하여 메소포타미아와 시리아를 거쳐 아나톨리아 지역에까지 이르렀다. 그다음에는 다시 그리스 반도에 있는 테살리아를 거쳐 아르메니아에 도달한 후 계속하여 특히 밀과 보리를 경작하고 있는 남동유럽까지 퍼져나갔다. 동남아시아에서는 독자적인 발전이 계속적으로 일어났다. 이 지역에서 신석기 촌락은 벼농사를 하고 닭과 돼지를 키우면서 이미 기원전 7000년경에 시작되었다. 아메리카 대륙에서는 비슷한 시기에 유라시아 세계에서 일어난 일들과는 독자적으로 신석기 문명이 출현했다. 사하라 이남의 아프리카에서는 기원전 5000년 전부터 신석기 문명이 광범위하게 발전했다. 사하라 이남에 있는 다른 부족들은 근대 식민 지배 이전 시기에 이 지역 전역에서 생겨났던 왕국으로 귀결되는 발전을 시작하고 있었지만, 남아프리카의 부시맨 부족은 떠돌이 수렵 채집인으로 남아 있었다. 오스트레일리아 원주민들은 유럽에서 온 식민지 세력과 접촉하기 전까지 수렵과 채집의 구석기 단계에 머물러 있었다.

가축화된 동물 가운데 개는 지난 1만 년 동안 인간공동체와 관계를 맺은 모든 동물 가운데 으뜸에 놓일 만큼 특별한 위치를 갖는다. 개는 사냥과 정탐에 유용했고, 때때로 식량으로도 이용되었다. 시각은 매우 발달했지만 청각과 후각은 개나 다른 동물을 따라가지 못했던 인간에게 잘 발달된 개의 청각과 후각은 특히 도움이 되었다. 개는 모든 면에서 인간과 잘 지내왔기 때문에, 신석기 초기부터 유라시아와 아프리카뿐만 아니라 아메리카 전역에서 발견되었다.

개 다음으로 양, 염소, 돼지처럼 식량으로 이용될 수 있었던 동물들이, 그다음에는 소, 순록, 낙타와 말처럼 운송을 위한 동물들이, 또 그다음에는 황소와 물소처럼 땅을 경작하기 위한 동물들이 가축으로 등장했다. 남아메리카에서는 털을 얻기 위해 알파카를, 수송을 위해 라마를 사육했다. 유라시아와 아프리카에서는 또한 털을 얻기 위해 양을 사육했다.

밀과 보리, 쌀과 기장, 고구마와 호박, 콩과 옥수수 그리고 감자를 재배하고 수확하여 식량을 얻는 이 새로운 방식 때문에, 인간은 촌락공동체 안에서 군락을 이룬 영구적인 보금자리에 보다 확고하게 정착하는 존재가 되었다. 지력地力의 고갈과 지대가 낮은 땅에서 발생하는 주기적인 홍수 같은 자연범람의 문제는 해결하지 못했지만, 윤작, 관개, 그리고 나무가 있는 지역을 태우고 벌목하고 개간하는 것 등으로 그 문제들을 완화했다. 신석기 초기부터 가축들은 작물과 함께 지냈기 때문에, 땅이 가축들의 유기물로 비옥해지는 것은 일찍부터 발견되었다. 최초의 경작 도구는 땅을 파는 막

대기였다. 그다음에 호미가 등장했다. 이 두 가지 도구가 신석기 촌락의 농업 과정을 지배했다.

인구 증가에 따른 식량 증산의 압력 때문에 한 지역에 정착한 인간들은 씨를 뿌리고 수확하는 주기적 순환을 시작했다. 그 결과 야생 상태로 그 작물들을 채집할 때보다 수확량이 증가했다. 식량 공급이 증가하면서 인구는 다시 더 크게 증가했다. 이 때문에 많은 거주민이 어쩔 수 없이 다른 지역으로 이주해야만 했다. 이 초기 시대부터, 심지어 수렵과 채집의 구석기시대부터, 인구는 인간공동체의 생존과 발전에 있어서 일차적인 요인이 되어왔다.

요르단 강 옆에 있는 팔레스타인 지역의 예리고, 티그리스 상류 근처의 야르모와 하수나, 중부 아나톨리아에 있는 차탈 휘윅Çatal Hüyük이 중동 지역에 있었던 초기 신석기 촌락임이 밝혀졌다. 구석기 후기 요르단 지역의 오아시스 주변에 자리 잡았던 어머니-여신을 모신 사당은 모임의 장소가 되었다. 그 후 기원전 8000년경 예리고로 알려지는 이 지역은 보다 영구적인 집단 거주지가 되었다. 흙을 빚고 굳혀서 태양에 말린 벽돌로 만든 수많은 오두막이 오래전 이곳에 촌락이 실제로 있었음을 밝혀준다. 영구 정착하게 되자 곧 농사를 짓는 데 적합한 도구가 필요해졌으며, 곡식을 자르기 위한 돌낫, 수확을 위한 바구니, 저장을 위한 항아리와 물통, 그리고 곡식을 갈기 위한 돌 맷돌이 만들어졌다.

촌락이 생겼다고 해서 채집, 사냥, 낚시로 식량을 얻는 초기 방법을 즉시 버릴 필요는 없었기 때문에 수렵은 계속되었다. 그러나 어디에서나 수렵과 채집에 의존하는 것은 점차 줄어들었고, 경작에 의존하는 비율이 점차적으로 커졌다. 몇몇 지역에서는 목축이 점점 더 중요해졌다.

당시 3천 명이 거주하던 예리고는 인간 종과 자연세계의 관계가 결정적으로 전환되던 이 시기에 등장한 수많은 촌락의 한 전형이다. 우주 전체의 질서 그리고 자연세계의 기능과 결합되었던 구석기시대의 인간 정체성은 이제 인간 자신을 존재로 등장할 수 있게 해준 자연세계에 대한 적응과 보다 의식적인 이해로 바뀌었다. 인간은 자연의 힘에서 벗어나기 위해 은신처를 마련했다. 그리고 식량을 보다 정기적으로 공급하고, 환경에 보다 적합한 의복을 입고, 우주 안에서 인간의 새로운 역할을 경험하게 하는 의례들을 보다 체계화시키면서 점점 인간에게 이익을 주는 방법으로 자연세계에 대응하기 시작했다.

이러한 새로운 상황에서, 기름진 토양에 더 쓸모 있는 작물의 씨앗을 뿌리고 길러 수확한 후 식량으로 사용할 것과 이듬해 뿌려질 씨앗으로 나누는 등의 관리를 통해 식물 생산량이 늘어난다는 기본 사실이 발견되었다. 이런 작업을 수행하기 위해서는 순환하는 계절 속에 들어 있는 자연의 질서를 이해해야만 했다. 인간은 존재를 시작했을 때부터 반복되는 계절의 규칙을 이미 감지하고 있었지만, 농업이 나타날 때까지 그 규칙을 정확히 계산할 필요는 없었다. 농업을 통해 인간이 자연의 순환 과정에 보다 효과적으로 개입할수록 그 기능을 이해해야 할 필요성은 점점 커졌다. 결국 달력은 문명화 과정의 중요한 도구가 되었다.

그러나 자연의 순환 과정에 개입하는 것에는 농업을 위한 실용적 목적 그 이상의 것이 들어 있었다. 즉, 기계론적인 우주 질서가 아니라 위대한 어머니 신의 영원한 현존을 온전히 드러내는, 영적인 힘의 상호작용에 대한 극적 기획인 우주 질서에 참여하는 신비가 그것이었다. 우주 드라마의 기본 맥락은 가을이 기울고 새 봄이 오는 계절의 순환 과정으로 표현되었다. 이 과정에 참여함으로써 농업과 가축 사육이 창조되었다. 인간은 자연으로부터 단지 취하기만 하는 것이 아니라 자연의 생산 과정 안에 참여할 것을 요구받았다. 동물들 역시 기본적으로 위대한 어머니에 속했다. 그들은 식량 자원으로 사용되었을 뿐만 아니라 삶과 죽음의 의례에서 희생 제물로, 또는 다른 용도로 사용하기 위해 사육되었다. 한동안 위대한 어머니의 현존에 대해 과일이나 꽃 같은 것을 바치는 초기 숭배 양식도 있었다. 계절과 자연 안에 내재하는 폭력을 보여주는 바로 이 상징이 후에 주신제酒神祭, orgiastic rituals 와 관련된 난잡함과 연결된다.

요르단 계곡에서 예리고가 발생한 지 얼마 되지 않아, 바그다드에서 북쪽으로 약 150마일 떨어진 티그리스강 상류의 북쪽 유역에 야르모Jarmo 정착지가 생겨났다. 같은 메소포타미아 상류 지역에 있는 하수나와 하라파의 고대 주거지들도 이 시기에 생겨났다. 곧이어 니네베Nineveh 가 이보다 조금 늦게 등장했다. 이 모든 지역은 수사, 우바이드, 우르, 에렉, 라가슈 그리고 니푸르와 같은 고대 문명이 발전한 삼각주 지역의 북서쪽에서 멀리 떨어져 있었다.

이렇게 일찍 생겨난 촌락들 중에서 야르모는 도기가 등장하기 이전 시대의 농경 정착지로 유명하다. 야르모에서는 초기 농부들이 쓰던 모든 기본 연장, 즉 날이 서 있는 도끼와 자귀, 낫, 맷돌, 잘 연마된 돌로 만들어진 접시 등이 발견되었다. 또한 우리는 여기서 이미 가축화되었거나 이제 막 가축화되기 시작한 양, 염소, 소 그리고 돼지의 뼈를 발견했다. 비록 불에 구운 도기는 아니지만 채색된 도기도 처음으로 발견했다. 지금까지 발견된 것들 중 이런 류의 도기로는 최초의 것이었다. 구석기 후기와 신석기 전체에 걸쳐 널리 숭배되던, 진흙으로 빚어진 어머니-여신 상들을 오늘날에도 이곳에서 많이 찾아볼 수 있다.

티그리스강 서쪽 유역에 있는 하수나에서는 줄무늬 또는 기하학적 무늬들이 그려져 있는 보다 진보된 양식의 구운 도기가 개발되었다. 이것은 예술 정신이 동물상으로 표현되었던 구석기 후기의 자연주의로부터 보다 진보했음을 보여준다. 하수나의 거주민들은 그들의 농경문화, 목축, 집, 가구, 그리고 도기를 디자인해서 굽는 기술을 통해 섬세한 표현을 함으로써 신석기 전체 문화를 대표했다. 이 문화는 기원전 5500년경에 이루어졌다. 하수나의 영향은 중동 전역으로 확대되었다.

이 시기의 또 다른 중요한 신석기 거주지는 아나톨리아의 중남부 지역에 있는 차탈 휘윅을 들 수 있다. 지리학에서 아나톨리아는 보통 소아시아 Asia minor로 더 많이 언급되고, 현대의 정치적 용어로는 튀르키에(터키)라고 부른다. 이곳에 신석기 주거지는 기원전 7000년경에 이미 존재했다. 약 30에이커에 펼쳐져 있는 차탈 휘윅은 기원전 8000년에서 3000년 사이의 5천 년 동안 구석기 후기에서 메소포타미아, 이집트, 크레타 그리고 인더스강 유역의 고대 문명으로 옮겨 가는 인간의 모험, 그것이 남긴 가장 위대한 업적의 일부를 포함하고 있다. 차탈 휘윅은 우크라이나에서 북쪽과 서쪽으로 뻗어 고대 테살리아와 다뉴브를 거쳐 유럽 남동 지역의 알프스에까지 이르는 확대된 신석기 문명과 연계되어 있다.

차탈 휘윅 공동체는 밀, 보리 그리고 그 밖의 콩류를 재배했다. 또한 팔레스타인과 메소포타미아의 먼 동쪽 지역에서 발견되는 모든 가축 종을 키웠다. 이 시기에 도기가 가장 발달했다. 마제석기磨製石器와 배가 만들어졌을 뿐만 아니라 구리와 금도 가공되었다. 도기에 그려져 있는 그림을 보면 항해하는 배가 있었다는 사실도 알 수 있다. 이곳에서는 인간이 지닌 수많은 훌륭한 재능이 표현되었고, 여신이 특별히 숭배되었다.

아나톨리아 지역에서 개발되어 페르시아만에 이르는 지역으로 전파되었던 밀 농사는 근동 지역에서는 나일강 유역에 처음 전파되었다. 이 당시 나일강 유역은 동서 양쪽으로 사막과 맞닿아 있었고, 세계에서 가장 긴 강의 하류를 따라 수백 마일에 걸쳐 길게 뻗어 있는 좁은 녹색 지역이었다. 이 두 지역의 지리와 문화 유물 사이에는 큰 차이가 있다. 중동은 다양한 형태의 강, 고원지대 그리고 사막이라는 지형들로 분리되어 있다. 또한 중동의 기후 조건은, 특히 비가 오는 시기를 예측하기 어려웠고 자연환경 자체가 매우 가혹했다.

이 신석기 초기에 이집트의 토양과 식물 그리고 야생생물들은 상당히 풍요로웠다. 하지만 그 후 기후 변화와 침식 작용, 야생동물들의 포식 행위 등으로 인해 늘어나는 인간의 요구를 감당하기에는 취약한 곳이 되었다. 이집트인의 정신은 이 신석기 초기 시대로부터 큰 영향을 받아 구성되었고, 날씨를 예측하기가 훨씬 힘들었던 수메르보다 우주의 질서를 더 잘 감지했다. 이집트에서는 극적인 자연현상이 드물었다. 나일강 유역의 범람은 매우 거대했지만 그 주기는 일정했다. 이집트인의 삶은 보다 안정적이었고, 여기서 영원에 대한 개념이 형성되었다.

이집트의 신석기 문화가 메소포타미아의 신석기 문화와 밀접히 연관된다는 사실은 특히 곡물 재배에서 분명히 드러난다. 왜냐하면 이들이 재배한 밀의 선조가 되는 야생종은 이집트가 아닌 티그리스-유프라테스강 유역의 상류 지대에 있는 언덕에서 발견되기 때문이다. 이집트의 가장 오래된 주거지는 델타 지역의 메림드Merimde와 나일강 상류의 바다리Badari 사이에 있는 지역에서 발견되었다. 가장 일찍 크게 발전했던 곳은 거대한 호수가 있는 파이윰 지역에 있었다. 이들은 재빨리 메소포타미아 지역의 기본 농업을 채용했다.

이란 고원에서 동쪽으로 이동하면 경작 방식, 그리고 도기 제작 기술과 관련된 신석기의 기본 개념에 따른 문화 조류가 유라시아 중앙을 관통하여 존재한다. 기후, 토양, 토종 식물과 동물은 서쪽 지역과 상당히 달랐다. 하지만 이 지역 곳곳에 흩어져 있는 신석기시대의 도기들에서 볼 수 있듯이 중동 지역의 기본 영향이 이 지역에 널리 퍼졌다.

쌀농사를 짓는 중국의 남쪽 지방은 동남아시아와 더 관련이 있는 반면, 중국의 북쪽 지방은 메소포타미아와 아나톨리아에 있는 아프가니스탄과 파미르 산맥을 넘어온 문명과 더 밀접히 연결된다. 기원전 7000년경에 중국 남부에서는 물소로 쌀농사를 지었다. 기원전 5500년경, 황하강 동쪽 지역에 그 기원을 두고 있는, 전통 중국 문명을 지닌 중국 북부에서는 기장 농사를 지었다. 이 시기에 근동으로부터 받은 영향은 파미르 산맥과 힌두쿠시 산맥을 넘은 다음 텐산天山 산맥의 작은 언덕을 넘어 북쪽까지 이르거나, 쿤룬崑崙 산맥을 따라 남쪽으로 가서 둔황敦煌 지역으로 간 다음 깐수甘肅 회랑지대로 내려가 중국 중부 지역까지 옮겨 갔다. 이 경로는 후에 장안에서 이란을 거쳐 유럽으로 가는 고대 비단길Old Silk Road이 되었다. 중국 서부 지역에 있는 린시林酉와 울란 하다에서, 당시 이 지역에 거주했던 부족들이 중국 역사와는 무관하지만, 최초의 신석기 문화 거주지 중 일부가 발견되었다.

메소포타미아와 아나톨리아가 이 지역에 미친 영향은 도기 양식, 특히 양-사오仰韶 거주지의 채색된 도기의 양식에서 분명히 나타난다. 차탈 휘윅에서 검은간토기polished black pottery가 초기 채문 토기로부터 나온 것과 비슷한 과정이 여기서도 발견된다. 약간 후대에 여기서 발견되는 검은간토기로 볼 때, 중국을 넘어 산둥山東 반도까지 이 영향이 전파되었음은 분명하다.

그래서 초기 신석기 중국의 북부 지역은 아나톨리아, 흑해, 테살리아에서부터 메소포타미아와 페르시아를 거쳐 동남쪽의 발루치스칸 Baluchistan과 북동쪽의 투르키스탄 Turkistan에서 안양安陽과 산둥 반도까지 뻗어 있는 채문 토기 문화의 동쪽 경계가 되었다. 채문 토기는 나선형 굴절 양식뿐만 아니라 수많은 형태의 유사성, 특히 삼각형 형태의 움푹 파인 다리를 통해 확인된다. 보다 인상적인 것은 다양한 지역에서 출토된 이 초기 도기들이 미학적으로 가장 아름답다는 사실이다. 후기에 나온 생산물은 그 모양이나 장식 면에서 덜 세련되었다.

유럽 동남 지역과 에게 해에서 눈에 띄는 신석기 문화들 가운데에서 크레타 문명이 가장 화려하고 오래 지속되었다. 기원전 5000년 말경에 남동부 유럽과 에게 해에서는 오랜 신석기 문화가 나타났고, 더욱 진보한 신석기 문화의 등장 얼마 후에 고도로 발달한 문명이 등장했다. 이 초기 발달을 통해 가장 세련된 문명 가운데 하나인 미노아인들의 크레타 문명이 기원전 3000년경에 번성했다.

신석기 정착촌들은 흑해를 따라 그리스 반도의 고대 테살리아,

이탈리아, 다뉴브강 전역, 중부 유럽 전역과 라인란트 지역에 자리 잡고 있었다. 영국을 포함한 서부 유럽 주거지의 출현은 모두 기원전 3000년경까지 거슬러 올라갈 수 있다. 그러나 이 시기까지 서유럽은 문화적으로 발달한 곳이 아니었다. 발달한 신석기 문명은 동유럽과 동남유럽의 테살리아, 루마니아, 트란실바니아, 그리고 다뉴브강 하류 지역에 존재했다. 청동기 문명이 도래하면서 미케네 문명과 켈트 문명이 함께 유럽을 가로질러 전진해 왔다. 이들 두 문명은 전사warrior 이상주의로 뭉쳐진 강력한 인도-유럽 지역의 지배 세력이었다. 비록 그들은 자신들이 장악하여 지배하게 된, 문화적으로 진보한 농경 정착민들이 숭배하던 일부 상징물과 몇몇 여신의 이름을 보존하기는 했지만, 기본적으로 하늘의 신을 숭배했다. 이처럼 고대 시대에도 서유럽은 하나의 단일체라기보다는 여러 민족과 문화를 짜깁기한 형태였다. 이 상황은 남쪽으로는 스페인과 이탈리아로, 알프스 산맥의 스위스로, 중앙의 평야 지대로, 북쪽의 저지대로, 영국과 아일랜드같이 바다에 있는 섬 등의 연장 구역들로 명확하게 구별되는 지리적 특색으로 크게 규정되었다.

메소포타미아와 이집트 문명의 기술은 특히 기원전 3000년경 청동기 시대로 진입하면서 이미 크게 발전하고 있었지만, 서유럽은 기원전 2000년 이후 성숙한 신석기시대로 진입했다. 도자기 기술과 시각예술이 크게 발달했다. 글쓰기와 기록 남기기는 이미 수세기 동안 유지되고 있는 상태였다. 거대한 관료 체제가 이루어졌을 뿐만 아니라 수학 지식, 공학 기술, 고도의 건축 양식이 필요한 거대한 신전과 사당들이 세워졌다. 서유럽이 촌락 경제에 기초한 초기 경작에 겨우 참여하고 있을 때, 메소포타미아와 이집트에서는 이 모든 일이 일어났다. 서유럽의 이 '야만적barbaric' 측면은 수 세기 동안 동쪽에서 침입한 동양의 전사 사회로부터 시작되었고 주기적으로 강화되었다.

기원전 2000년 직후 지중해의 시칠리아에서부터 대서양을 따라 영국뿐 아니라 유럽의 북부 지역에서까지 발견되는 거석 구조물들이 독특하게 발전했다. 구석기 후기 이 구조물은 보통 무덤의 덮개나 옆면, 또는 위대한 어머니 신을 향한 종교 의례 때 사당의 울타리로 이용되던 거대한 돌들로 구성되었다. 그러나 때때로 고인돌Menhir이라 불리는 거대한 하나의 돌이 세워지거나, 그런 돌들이 일렬로 혹은 원 모양으로 연속해서 세워졌다. 이 기념물들은 황폐한 땅이나 불모의 땅에 세워졌기 때문에, 어떤 신비롭고 두려운 존재에 대하여 저항할 수 없는 반응을 불러일으킨다. 이러한 기념물들을 통해 표현된 감정은, 우리가 태어난 생명의 자궁으로 돌아가는 일로 인식되었던 죽음의 신비 앞에서 느껴지는 그런 감정이었다. 이 기념물들은 또한 태양 숭배로 여겨지기도 하는데, 이는 스톤헨지Stonehenge나 우주 질서 안에서 활동하는 거대한 힘과 관련된 그 밖의 양식에서 볼 때 가능한 일이다.

중남미에서 신석기 문화는 멀리 떨어져 있는 유라시아 세계와는 완전히 독립적으로 발달했다. 하지만 그 발전 시기와 피라미드, 거대한 성전들, 거상들의 특징으로 볼 때 유라시아-북아프리카 대륙의 폭넓은 발전 양식과 상당히 깊이 연관되어 있다는 것을 알 수 있다. 그렇기 때문에 동아시아로부터 이민이 계속되면서 어떤 역사적 접촉이 있었다는 설명이나, 또는 그 역사를 표현하기 위해 하나의 통일된 리듬으로 향하는 어떤 내적인 심리적 유사성이 있었을 것이라는 설명 이상의 더 큰 문화적 관계성이 있었음을 수용하는 것이 좋을 듯하다.

기원전 약 6500년에서 3500년 사이에 지금 멕시코의 푸에블라 주가 있는 떼우아깐Teuacan 계곡의 거주민들이 호박, 후추, 콩, 초기 옥수수 변종 등의 농업을 발전시켰다. 그들의 정착지에는 옥수수를 가는 맷돌, 돌로 만든 사발, 영구적인 집들이 있었다. 도기는 기원전 2300년경에야 비로소 나타났는데, 이미 기원전 3000년경에 도기를 만들던 남미 최북단의 콜롬비아와 에콰도르에서 생산된 보다 진보된 도기가 도래한 것으로 보인다. 또한 이 시기에 과테말라의 태평양 해안 촌락 주민들은 거북, 게, 대합조개와 다양한 종류의 물고기 등 바다에서 구할 수 있는 식량만 먹으며 살았다. 만일 멕시코만에 있는 올멕Olmec처럼 제대로 발달된 문명이 기원전 1150년경에 출현했다고 추정한다면, 기원전 6500년에서 1150년 사이의 시기는 이 지역에서 신석기적 변화가 일어났던 때이다.

기원전 3000년 이전에 안데스 산맥 남쪽에서 최초의 경작이 이루어졌다. 호리병박, 호박, 면화, 아마란스, 키니네 등이 재배되었다. 해안선을 따라 보다 폭넓은 발전이 일어났다. 거기에 수백 명이 모여 사는 많은 마을이 있었다. 아마도 전체 인구는 5만 명쯤 되었을 것이다. 기원전 2300년경에 이곳에서 도기가 만들어졌다. 섬유 또한 만들어졌다. 실에 색깔을 넣어 각종 동물뿐만 아니라 인간의 모습을 표현할 수 있는 발전된 직조 기술로 직물이 만들어졌다. 기원전 1000년 이전에 베틀이 발명되었고, 면직물을 만드는 데 사용되었다. 아마존 지역에서는 채취한 땅콩이 재배되었다.

서반구에서는 많은 식용식물이 재배되었지만, 동물은 몇몇 종류만 사육되었다. 아메리카에는 양, 염소, 돼지, 말, 소, 닭의 선조가 될 수 있는 야생동물이 없었다. 그러나 남미에서는 털을 얻기 위한 알파카와 운송을 위한 라마가 사육되었다. 또한 세계 다른 지역에서와 마찬가지로, 문화 수준의 발달과 상관없이 모든 인디언 부족이 회색 늑대의 후손인 것으로 보이는 개를 사육했다.

아메리카 대륙이 경작에서 남긴 위대한 성과는 옥수수 경작을 발전시켰다는 것이다. 야생 옥수수와 수세기를 거쳐 개발된 경작 옥수수의 유전적 차이는 야생 밀과 경작 밀의 유전적 차이보다 훨씬 크다. 이를 통해 우리는 옥수수를 기본 식량으로 했던 아메리카 사람들의 뛰어난 기술을 확인하게 된다. 오늘날 멕시코라 불리는 지역에서 생산되기 시작한 이 작물은 호박과 각종 콩류와 함께 남미는 물론 북미의 온대 지역으로도 급속하게 퍼졌다.

우리는 신석기 촌락이 등장했던 시기를 확인할 수 있지만, 그 시기가 언제 끝났는지는 판단할 수 없다. 비교적 자급자족이 가능했던 공동체로서의 신석기 촌락은 지난 1만 년 동안 지속되어온 인류의 환경이기 때문이다. 다양한 도시 문명 그 자체는 기본적으로 신석기의 기본 발명들이 보다 정교하게 다듬어진 형태로 간주할 수 있다. 언어, 종교, 우주론, 다양한 예술과 음악 그리고 춤은 이 시기에 원시적 표현 양식으로부터 발전했다. 구석기시대가 인류의 새벽이었다면, 신석기는 인간이 자신이 가진 힘의 새로운 능력을 깨우는 이른 아침이었다. 인간의 어떤 측면이 보다 방대한 표현 양식을 찾을 수도 있었던 큰 중심 도시의 수에 제한이 있었기 때문에, 인류 발전의 일반적 맥락으로서 촌락이 유지되었을 가능성이 있다. 인류가 최선의 기능을 할 수 있도록 이 두 형태의 인간 공동체 사이에 효율적인 조화rapport를 정착시키기 위한 경우도 있을 수 있다. 큰 도시가 참된 인간 양식을 발전시키는 이상적인 환경으로 여겨지고, 촌락에서의 삶은 본질적으로 뒤떨어지고 참된 인간을 위해 무가치한 환경으로 생각되어 왔다는 점이 바로 문제였다.

실제로 신석기 촌락은 엄청난 창조 활동이 발생하는, 흥분되는 환경이 되어왔다. 신석기는 인간이 알고 있는 한 가장 평화로운 때였다. 예를 들어 신석기시대의 고대 유럽에서는 청동기 이전 시대의 전쟁 도구나 방어용 요새가 거의 발견되지 않는다. 성벽과 무기는 당연히 있어야 할 것이라기보다 예외로 존재했다. 신석기의 사회 구조는 친밀한 공동체 사회였다. 어떤 일을 결정할 때 분명히 광범위한 참여가 있었다. 새로운 예술적 자극들도 생겨나기 시작했다.

신석기 촌락의 대부분은 문화적·종교적·사회적 영역에서 여성이 중요한 지위를 갖고 있었다. 왜냐하면 이 당시 사회적 정체성은 일반적으로 모계 후손들에게 계승되었기 때문이다. 신석기시대의 세 가지 위대한 발명인 농업, 토기 제작, 직조는 거의 확실하게 여성이 발견한 것이다. 동물의 사육 역시 양, 염소, 소 그리고 돼지들의 선조에게 수확물의 찌꺼기를 먹이던 여성의 몫이었을 것이다. 예술 분야도 마찬가지이다. 토기의 장식, 의복 디자인, 개인용 장신구 등 인간 생활의 모든 분야에서 여성은 분명 일차적인 역할을 맡고 있었다.

이 모든 것을 무시한다 하더라도, 기본적으로 우주는 그 자체가 마르지 않는 풍요로움으로 체험되므로 우주는 여성 이미지를 통해 표현된다고 말할 수 있다. 우주의 다산성, 풍요로움은 원초적 표현으로서의 우주의 가장 깊은 에너지와 동일시할 수 있다. 신석기 촌락의 기초적인 우주론은 신석기 세계 곳곳에서 발견되는 수천 개의 여성 이미지를 통해 관찰된다. 의례에서는 식물의 순환과 관계된 계절의 변화, 그리고 통합된 땅에 기초한 초기 종교의 평화로운 여신과의 친밀한 결합이 꽤 오래 지속되어, 하늘 신을 섬기는 남성 전사들이 지배계급으로서 피지배층과는 완전히 다른 윤리로 다양한 사회를 지배하게 된 후에도 신석기 촌락은 하위문화로서 이 태초의 여신 숭배를 계속했다.

지배문화와 하위문화 모두 우주의 순환과 통합되어 있었다. 그러나 지배문화에서 우주의 질서는 최고의 지배 권위가 인간 지배자에게 자신의 절대적 힘을 전해주는 위계적 차원으로 표현되었다. 하위문화에서 우주의 지배 원리는 포괄적인 성스러운 공동체를 형성하는, 우주 전역에 퍼져 있는 나눔의 힘으로 여겨졌다. 경작 과정과 여신 숭배가 조화를 이루어야 한다는 이 사고 체계가 그처럼 잘 어울릴 수 있었음은 아주 분명해 보인다. 신석기 촌락이 중심지로서의 자기 자리를 발전하는 도시에게 내주던 때에, 여신에서 신으로, 여성적 신에서 남성적 신으로의 전환이 발생한 것은 인류 역사에서 발생한 가장 불길한 사건의 하나로 인식될 수 있다.

신성이나 여신에 대한 명확한 언급은 없지만, 북아메리카 원주민들을 통해 우리는 모든 존재에 어머니 지구가 스며 있다는 관념을 발견한다. 땅의 모성적 측면과 관계하는 특별한 이 관념은 오렌다 Orenda, 마니타 Manitou 또는 와칸 탄카 Wakan Tanka 등의 다양한 이름으로 언급되었다. 위대한 아버지 Grandfather 로도 체험되는, 모든 것에 스며 있는 위대한 영 Great Spirit 에 대한 그들의 깊은 헌신과 잘 조화를 이루고 있다. 자연세계의 모든 측면을 이끌어가는 안내자이자 창조자로서 성스러운 이 궁극적 원칙은 자연세계와 인간이 온전히 통합되어 있다는 생각과도 잘 어울린다.

여성으로서의 신에 대한 이해가 특히 신석기 초기에 분명히 드러나고 기원전 2000년대 미노아인들의 크레타 문명에서 가장 탁월하게 표현되었다면, 신의 우주적 차원은 강함을 지배하는 부드러움을 선호하고, 단호함을 넘어서는 유연함이 있으며, 모든 만물의 기원을 모성적 원리로 보는 중국 도교道敎 전통의 초기 양식에 잘 표현되었다.

언어는 신석기시대에 나타난 여러 측면들 가운데 가장 다루기 어려우면서도 가장 중요한 것들 중 하나이다. 여기서 우리는 인간을 표현하는 가장 심오한 방식을 본다. 언어를 통해 인간은 내면within에서 의식의 상태를 명확히 자각하고 이 의식의 자각을 외면without으로 표현한다. 인간 지성에서 새로운 수준의 효율성이 기능하기 시작한다. 언어가 있었기에 인간의 이성적 사고가 발달할 수 있었고, 사상 공동체가 확립될 수 있었다. 언어를 통해 인간은 서로 더 친밀해지고 생각을 나눌 수 있게 되었다. 교육에서 새로운 유용한 차원이 생겼다. 진보된 사회 질서가 가능해졌으며, 오랫동안 유지되는 전통이 확립되었다.

구석기 후기에는 수천 개의 언어가 원시 형태로 존재했다. 신석기 초기에 이 언어들은 더욱 풍부해졌고, 수천 개의 언어가 더 창안되었다. 모든 인간 사회는 언어를 가지고 있으며, 모든 언어는 다른 언어에 복속될 수 없는 고유한 힘을 가지고 있다. 언어는 수 세기에 걸친 적응 과정을 겪었다. 언어는 다른 언어로 표현된 생각을 어느 정도 해석해내는 능력을 지녔는데, 정신의 언어는 그 어떤 특정 언어로 되어 있는 것이 아니기 때문이다.

언어들 사이에 내적 연관은 실제로 존재한다. 언어의 계통들조차도 서로 간에 긴밀하게 관련되어 있다. 예를 들면 유라시아의 인도-유럽어나 아메리카 알공킨족Algonquin의 언어처럼 서로 밀접히 연결된 언어 족이 존재하기도 하는데, 지금까지는 다양한 언어의 역사적 기원을 포괄하는 하나의 언어를 정립할 수는 없다. 세계의 언어들은 다양한 대륙에서 생겨났던 지역공동체의 창조성을 보여주는 가장 놀라운 기념물로 남아 있다. 이 시기로부터 우리에게 매우 다양한 형태로 전해진 한 언어는 인도-아리안어Indo-Aryan 또는 인도-유럽어Indo-European이다. 인도-유럽어는 하나의 언어 또는 한 언어 사용자 집단이란 의미를 넘어 인간 의식의 거대 영역을 지배했던, 혹은 지배까지는 아니더라도 다른 어떤 언어보다 인간 일상의 방대한 영역에 영향을 미친 거대한 문화 운동이었다. 인도-유럽어는 산스크리트 형태로 힌두교 기본 경전의 언어와 대승불교 경전의 기본 언어가 되었다. 뿐만 아니라 이 언어는 유럽 세계에서도 다양한 변형 형태로 발전해갔다고 추측된다.

이 신석기시대야말로 다른 어느 시대보다 지구 언어의 유력한 어휘들이 정립된 시기라고 말할 수 있다. 시간이 지나면서, 특히 최근에 언어들이 많이 사라져버렸기 때문에 우리는 신석기에 출현한 언어의 수가 얼마나 많았는지 헤아릴 수 없다. 언어의 이러한 소멸은 문화적 다양성의 소멸을 뜻한다. 동시에 거대하고 돌이킬 수 없는 문화적 빈곤 상황, 즉 단일 문화와 단일 언어 지역의 등장을 의미한다. 살아남은 언어들조차도 이러한 원초적인 힘이 있는 단어들, 즉 인간이 존재 자체의 신비 안에 있는 인간의 가장 깊은 내면 및 자연세계와 완전한 친교를 이루는 순간에 그 형식과 의미를 획득했던, 힘이 있는 그러한 단어들과의 관계를 잃어버리는 경향이 있다.

이 시기는 가장 중요한 의미를 지니는 구간에 속하는, 하나의 계시적 순간이었다. 인간이 우주적 질서와 친교를 시작하는 의례들이 바로 이 구석기 후기와 새로 등장한 신석기시대에 생겨났다. 타고난 본성에 따라 인간에게 전달되는 상징의 원형들이 이 상황에서 처음으로 활성화되었다. 이 순간은 두 번 다시 발생하지 않을 것 같은 정신적 순수의 순간이었다. 이 순간은 우리의 가장 심오한 실재와 가치를 규정하는 단어들의 진정한 의미를 이해하려고 노력할 때마다 돌아가게 되는 마술과도 같은 순간이었다.

이때야말로 인간이 자신의 종種 정체성을 새롭고 분명하게 정립하는 순간이었다. 이 정립은 매우 경이로우면서도 위험한데, 종으로서의 정체성을 분명하게 확립하면 지구공동체에 있는 인간 이외의 구성원들로부터 벗어나려는 경향이 생기기 때문이다. 다시 한 번 우리는 모든 완벽함에는 한계가 있음을 볼 수 있다. 어떤 한 면에서 자유라는 것은 다른 한 면에서는 긴밀한 유대를 의미한다. 언어 덕분에 인간공동체의 더 큰 영역인 도시가 지평선 위에 나타날 수 있었다. 언어의 유연성을 유지하는 일, 고정화와 평범화로부터 언어를 지키는 일은 어려웠다. 신석기 촌락의 내부 역학과 그 모든 업적 때문에 언어는 지칠 줄 모르고 더 크게 변했다.

우리는 수메르, 이집트, 그리고 다른 고대 문명들이 등장하기 이전인 기원전 8000년부터 3000년 사이를 신석기의 첫 번째 창조 단계로 생각할 수 있다.

기원후 1500년경, 식민지 개척 세력이 도착하여 광대한 구석기와 신석기 정착지들을 정복할 때까지 아프리카, 태평양 제도, 그리고 아메리카 대륙 같은 지구의 변경 지역에서 신석기 촌락이 거대한 도시 문명 중심지들로부터 고립된 채 유지되었던 때가 신석기의 두 번째 단계이다.

거대한 도시 문명 안에서 신석기 농업 촌락이 계속 주변부에 위치하고 있으면서 도시에 인구와 식량을 제공하고, 촌락의 음악과 구전 문학 및 미술이 도시 예술과 문화 활동에 영감을 제공하던 때가 신석기의 세 번째 단계이다. 이 촌락들은 지리적 영역과 자연세계의 원기 넘치는 표현이 담긴 자신들의 정체성을 유지함으로써 창조 에너지를 스스로 얻었다.

신석기의 네 번째 단계는 생태 마을 eco-village의 한 모델로 미래에 다시 나타날 수도 있을 것이다. 생태 마을은 약탈적인 산업도시 구조가 해체되고 인간공동체가 지구 생태계 안에서 지속 가능한 인간 존재의 새로운 양식을 찾아나갈 때 인간 모험의 새로운 지속 가능한 중심이 될 수 있을 것이다.

신석기 촌락의 출현 이후 시대를 돌아보면 우리는 앞에서 말한 초기 중심지인 세 곳, 즉 예리고, 하수나, 차탈 휘윅을 다시 보게 된다. 이 지역들은 미래 서구 세계의 발전에 중요한 문화적·역사적 배경이 되었고, 이 배경에서 등장하는 더 큰 지구의 운명과 관계를 형성했다.

지중해 전역에 걸쳐 중요한 역할을 했고, 미케네 문명에 영향을 끼쳤으며, 헬레니즘 세계에도 깊은 영향을 미친 크레타 문명의 출현과 연관된 문화 지역은 차탈 휘윅과 관련이 있는 것으로 보인다. 예리고는 나중에 가나안 족들이 점령했는데, 이들은 히브리인들에게 중요한 영향을 끼쳤다. 이들을 통해 예리고는 서구 세계의 종교적 배경과 결합되었다. 하수나, 야르모, 그리고 이 지역의 다른 정착촌들에 의해 드러나는 메소포타미아는 서구 지성의 다양한 측면들이 시작되는 메소포타미아 저지대의 알 우바이드, 우르, 우루크, 에리두, 키쉬, 니푸르에서의 발전과 관련된다.

서구 세계와 인간의 운명에 끼친 영향을 볼 때, 이 세 지역 가운데 메소포타미아 지역에 특히 주목할 필요가 있다. 기원전 4000년 초에 수메르로 알려진 유프라테스강 하류 늪지대에서 최초의 관개 작업이 있었다. 최초의 관개 작업은 사회 조직, 인구의 증가, 그 지역에서 자연현상과 통합된 삶의 방식을 창조하는 능력을 바탕으로 이루어졌다. 이 관개 작업 때문에 인류 문화가 도시로 변화될 때 수메르가 선두 역할을 하게 되었다.

수학과 야금술治金術 같은 초기 서구의 우주론적 사고의 많은 부분이 바로 메소포타미아 지역의 수메르와 후기 바빌론에서 나왔다. '1시간은 60분'이라는 시간 체계와 '원은 360도'라는 것도 역시 이곳에서 생겨났다. 우리의 가장 초기 형태의 글들, 인간 과정과 우주 진화 과정의 보다 의식적인 통합, 초기 천문학 역시 여기서 생겨났다. 황도 12궁은 각각 그 상징들로 구분되었다. 후에 로마 시대에 발전하게 되는 법조문과 행정 체계들이 여기서 시작되었다. 신처럼 모든 능력이 있는 존재로 여겨졌던 파라오에게 권력이 집중되었던 이집트와는 달리, 수메르는 분산된 도시들로 구성되었다. 수메르의 각 도시는 최소한 부분적으로 백성을 통치하는 데 적용되는 나름의 독립된 법률을 가지고 있었다. 이 정치 형태는 후에 그리스 세계의 아네테인들에 의해 보다 개발되어 미래에까지 전해졌다. 그러나 수메르인의 결정적인 또 한 가지 공헌은 인간-지구 관계의 전 배경을 결정적으로 변경시켜버린 것으로서 엄청난 중요성을 지니고 있었다.

기원전 8000년부터 3000년 사이에, 예리고에서 수메르까지 위대한 신석기 혁명이 발생했다. 이러한 문화적 힘을 통해 막 생겨나기 시작한 도시 문명은 보다 더 정교하게 다듬어져 더 위대한 업적들을 낳았다. 다른 지역들, 특히 이집트와 인더스 문명 역시 신석기의 기본 발명들이 분명히 밟게 될 미래 과정인 이 변천의 영역에 포함되었다. 이제 신석기 촌락의 후계로서 농업을 기반으로 하는 도시 중심지를 건설하는 쪽으로 압력이 가해지면서 변화의 문턱에 들어섰다.

근동에서 신석기 문화가 고대문명으로 변화하던 시기에, 지구 위에는 분명히 5백만에서 1천만 명 정도의 인구가 있었다. 그 후 2천 년 안에 인구는 3억 명에 이르렀다. 1800년대까지만 해도 인구의 3퍼센트 미만이 도시 환경에서 살았다. 이 사실 자체만으로도 거대한 대도시cosmopolitan가 등장했을 때에도 스스로를 지속할 수 있었던 신석기 농업 촌락의 힘을 보여준다. 1900년에는 세계 인구의 약 1퍼센트만이 도시에서 살고 있었다.

  과거의 고대문명을 생각해볼 때, 이들이 신석기 정착촌이라는 바다 가운데 있는 섬들이거나 또는 복잡하게 얽힌 촌락의 그물 가운데 드문드문 생긴 중심으로 여겨도 좋을 것 같다. 근대에 와서도 인도는 중심 도시가 거의 없는 약 60만 개의 촌락으로 이루어진 문명으로 존재했다. 중국에는 거대한 수의 촌락이 여전히 남아 있다. 신석기 촌락이 성공한 것은, 시대를 넘어 생존할 수 있었던 그들의 능력, 생태계와의 관계에 있어서 그들의 기술적 창조성, 그들의 예술적 천재성, 그들의 언어적 창조성, 그들의 구전 문학, 그들의 노래 주제와 춤 양식들, 그들의 영적 세계와의 친밀한 관계rapport, 그리고 짧은 시간 안에 도시 문명의 형태를 낳은 것과 현대적인 산업 농업이 등장하기 전까지 식량을 공급하고 인구 수를 유지한 것 때문으로 평가할 수 있다.

●●● 675년 중국 허난성
룽먼 석굴의 수호왕

10 고전 문명들 Classical Civilizations

　근동과 남동 유럽의 신석기 촌락은 기원전 3000년대 중반기에 변화의 순간을 맞이했다. 인구가 증가했다. 농업뿐만 아니라 공학 기술과 수공업에 기초한 새로운 경제 상황이 도래하기 시작했다. 문자가 발명되었고, 문학과 예술이 확장되었다. 보다 복잡한 사회 체제들이 작동하기 시작했다. 사회의 종교 지향도 변하고 있었다.

　위대한 어머니 신이 우주를 탄생시킨 후 보호하고 있다고 여겼던 신석기의 우주 이해는 그 나름의 역할을 수행하고 방대한 과정을 지나오면서 변화하고 있었다. 구석기와 신석기시대 전반에 걸쳐 이 모성적 신격은 우주를 이해하는 절대 규범으로 인간 의식에 자리 잡았고, 주변 환경의 모든 위협에 대처하는 정신적인 자원을 제공해주었다. 농업이 발전하면서 위대한 어머니 신은 모든 존재에 스며 있는 우주 창조의 원리로서 그 존재감이 더욱 강화되었다. 또한 이 시기에는 여성들이 존재를 지속하게 하는 원천이자 기본적인 예술의 창조자로서, 그리고 당시의 기초적인 수공예 기술이라는 예술의 창조자로서 일반적인 사회 활동과 통치에 참여했다.

그 원인이 무엇이든, 기원전 3000년경에 여성 신의 지배는 남성 신의 지배로 변화했다. 기술의 등장 또한 사회에서 지배적인 역할을 수행하는 남성들의 등장과 관련된다.

이러한 상황에서 제사장-왕 Priest-King 이 등장했다. 통치자인 제사장-왕을 통해 공동체는 신과 관계를 맺었다. 그리고 역시 제사장-왕을 통해 신성은 곧바로 사회와, 사회가 도시화되는 데 필요했던 내적 안정감에 맞춰졌다.

이집트의 파라오는 현존하는 신 그 자체가 되었다. 수메르에서 통치자는 백성들 앞에서는 신의 대리자가, 신 앞에서는 백성들의 대리자가 되었다. 중국에서 통치자는 전체 우주 질서에 따라 사회 전반을 조정하겠다는 합의를 하고 하늘로부터 권한을 위임받았다. 인도는 계급이 두드러지게 분화되었을 뿐만 아니라 다양한 인종과 언어가 존재하는 사회였다. 기원전 3세기, 아소카 왕이 인도와 아프가니스탄, 발루치스탄 지역을 하나의 단일 정치 체제로 묶은 후에야 비로소 이 지역에 통일된 정치 구조가 나타났다. 아소카 왕은 세상의 통치자, 또는 전륜성왕 cakravartin 으로서 정치적 역할은 물론 우주적 역할을 동시에 수행했다. 기원전 1700년의 첫 번째 자연재해와 기원전 1450년의 두 번째 자연재해 때문에 완전히 멸망하기 전까지 크레타 섬의 미노아 문명은 줄곧 위대한 어머니 신 신앙을 유지했다.

이 모든 경우에 인간 사회의 질서는 우주론적 질서와 통합되었다. 이들이 우주의 단일한 질서를 구성했다. 우주도 인간도 상대방 없이는 인식될 수 없었다. 각각은 상대방과의 관계에서 그 기능을 했고, 동시에 이 둘은 모든 존재에 스며 있는 성스러운 힘과의 관계 안에서 기능했다. 더 나아가 인간 통치자는 신의 속성을 부여받았고, 동시에 신은 인간 통치자의 속성을 갖게 되었다.

한편 기초 기술의 발명은 보다 큰 능력과 보다 많은 생산을 가능하게 했다. 자연세계는 인간이 이용하는 자원으로 이해되었다. 기원전 3000년에서 2500년 사이는 인간의 기초 기술 발달에서 매우 결정적인 시기였다. 근대 이전에 유라시아 대륙에 있었던 많은 사회는 이 시기에 이룬 기술 수준을 넘어서지 못했다. 바퀴를 이용한 운송, 벽돌 제작, 돌 자르기, 항해술, 하수도 시설, 수도 시설, 채광과 야금술, 곡물 생산과 식품 저장, 무기 제조, 목공 그리고 건축 디자인 등이 이 기술에 포함된다.

곡물 생산을 개선하기 위한 종자種子의 선택이 이루어졌다. 일찍부터 배가 발명되었다. 얕은 물에서 사용할 장대, 깊은 물에서 사용할 노와 돛이 발명되었다. 동물들은 털을 얻거나 식량을 얻는 데 이용되었을 뿐만 아니라 밭을 일구는 데도 이용되었다. 유라시아를 거쳐 중국, 동남아시아, 그리고 이집트까지 소가 끄는 쟁기 문화가 확산되었고, 근대 이전까지 모든 곳에서 이용되었다. 관개용 수로가 만들어졌다. 나무를 자르고 목재를 다듬는 데 보다 개선된 돌칼날이 사용되고, 나중에는 청동칼이 사용되었다. 돌 또는 청동으로 만든 끌, 후대에는 철로 만든 끌이 돌을 자르고 다듬는 데 사용되었다.

몇몇 청동 도구는 기원전 3700년까지 거슬러 올라가지만 구리의 채굴은 기원전 3000년경 시나이의 이집트인들로부터 본격적으로 시작되었다. 철이 채굴되기 시작한 직후인 기원전 2800년경에 청동이 발명되어 광범위한 영역에서 사용되었다. 철이 있었으나 청동이 다양한 도구에 이용되었고, 특히 후기의 단검과 창, 쟁기의 금속 부분에 이용되었다. 금과 은으로는 신성한 용기와 인간을 위한 장신구를 만들었다. 진흙은 구워 건축을 위한 벽돌을 만들거나, 장식품 혹은 생활 도구로 쓰던 도자기 그릇들도 만들었다. 대륙을 가로지르는 통행로가 확립되었다.

인간의 세계와 야생생물의 세계는 점차 더 분화되었다. 씨들의 무작위적 분포라든가, 하천과 강의 흐름, 그리고 동물들의 자유와 같은 자연적인 과정이 인간의 개입으로 변화되었다. 국가 안에서 그리고 국가들 사이에서도 무역이 발전했다. 화물선들이 바다와 강을 항해했다. 후에는 양자강 유역에서 황하에 이르는 대운하와 같은 수로를 통하여 곡물을 수도首都로 운반했다. 서기 1세기 무렵에 이미 대상隊商들은 먼 중국에서 고대 파르티아를 건너 지중해 상품들이 모인 로마까지 오고 갔다.

한편 웅장한 건축물들로 인해 자연 경관이 변했다. 이집트에서는 파라오를 영원히 머물게 하기 위해 피라미드를 세웠다. 수메르에서는 신과 통치자가 의례에서 서로 만날 수 있는 rapport 성스러운 산인 계단식 지구라트가 건립되었다. 이런 신성한 건축물들과 함께 언급되어야 할 것은 이 시기의 성스러운 궁전이다. 이러한 궁전들 가운데 가장 장엄한 건물은 기원전 2000년 직후에 세워진 크레타의 미노아 궁전이다. 우리는 페르시아 동쪽에서 사막의 신기루처럼 아른거리고 있는 높은 기둥의 페르세폴리스 궁전을 발견하게 된다. 기원전 5세기 아테네에 건축된 파르테논은 완전함을 추구하는 그리스의 이상을 지금도 보여주고 있다. 정치적 힘에 대한 로마의 이상은 포럼Forum과 콜로세움Coliseum에 표현되었고, 제국의 힘은 판테온Pantheon에서도 조용히 드러났다.

근동 지역의 거대한 구조물들보다 한참 뒤에 지어진 인도의 사원들은 안과 밖이 모두 거대한 자연석 그대로 조각되었다. 기원전 1550년에서 1028년까지 있었던 중국 최초의 왕조인 상商 왕조 시대의 밍탕Ming Táng 궁전은 우주의 중심축으로 세워졌다. 그곳에서 통치자는 자신의 왕좌에 앉아 인간 사회 전체와 우주 전체가 통합하여 완전한 방식으로 함께 잘 운행됨으로써 제때제때 계절의 순환이 이루어질 수 있도록 남쪽을 향하고 있어야 했다. 일본의 이세伊勢시에 있는 신도神道 신사神社는 자연세계에 있는 영적 차원의 직접성과 철저한 단순성을 표현했다. 부처와 여러 보살의 다양한 현현을 위한 일본의 기념물들은 자연세계 전체를 관장하는 힘에 대한 일본인의 차분한 믿음을 보여준다. 아시아에서 불교의 영향은 자바섬 보로부드르에 있는 9세기 불교 사원들의 거대한 집합체에서 더 잘 표현되었다. 보다 압도적인 유물은 12세기에 건립된 캄보디아의 앙코르와트Angkor Wat 사원이다. 이 사원은 기본적으로 힌두교의 영감을 받았지만 불교와 연관된 거대한 상像들도 포함하고 있다. 약 40제곱마일에 걸쳐 있는 바스-릴리프bas-relief 기법의 절묘한 부조 조각물과 기념비적인 거대한 건축물 속에서 거대한 종교심을 표현하고 있다.

이 시기에 지어진 많은 무슬림 모스크가 서쪽 스페인에서 시작하여 동쪽의 인도와 인도네시아에까지 펼쳐져 있다. 이 중세기에 유럽에서는 높이 솟은 탑이 있는 고딕 성당이 건립되었다. 중앙아메리카에서는 거대한 올멕, 마야 그리고 아즈텍의 사원과 피라미드들이 이 지역 원주민들의 궁극적인 관심을 확인시켜주고 있다. 약 1만 7천 피트 높이의 안데스 산맥에 남겨진 페루 잉카의 도시와 궁전들은 정치적인 힘을 우주적 규모로 표현하고 있다.

기원전 3000년 이후의 이 변천기에 각기 다양한 문명의 중심 도시가 인간 역사의 중심이 되었다. 이집트의 멤피스, 메소포타미아의 바빌론, 크레타 섬의 크노소스, 인더스 계곡의 찬후다로와 모헨조다로, 중국 북부의 장안, 그리고 우리 시대가 시작되던 때 아우구스투스의 로마와 12세기 동로마 제국의 수도 비잔틴 등이 그러한 곳이다. 아메리카에서는 중앙아메리카에 있는 마야의 티칼, 아즈텍의 테크노치티틀란Technochtithalan, 14세기 안데스 고원에 있는 잉카의 태양의 도시 쿠스코 등이 그러했다.

이와 같은 장소에서 신과 인간은 서로 상호 소통의 의미로 의례에 따라 세계 창조의 신비를 드러냈고, 선물을 교환했으며, 갈등과 화해를 경험했다. 이러한 곳이 정의가 지배하고 사회질서를 유지하는 통치의 중심지였다. 또한 예술, 문학, 종교 서적에 표현된 사람들의 이상을 육성시키는 중심지였다. 젊은이들은 자신을 둘러싼 주변 세계, 신의 신비스러움에 응답하는 방법, 그리고 인간 행위의 적합한 규범을 배웠다. 이 도시들은 또한 사회에서 개인이나 조직이 필요로 하는 농산물과 공산품을 교환하고 거래하는, 상업과 무역이 이루어지는 경제생활의 중심지였다.

각각의 문명은 어떤 때는 쇄신에 의해, 또 어떤 경우에는 민중, 왕조 그리고 문화의 계승자들에 의해 발전과 쇠퇴를 반복하다가 사라졌다. 모든 문명은 다음 세대에게 영향을 미쳤다. 무수히 많은 유적과 전체 도시가 폐허로 되고 심지어 망각되기도 했지만, 사람들은 여전히 이 고대 전통을 깊은 무의식 속에 간직하고 있었다. 인도에서는 인더스 계곡에 있던 초기 문명이 기원전 1800년경에 사라졌고 잊혔다. 한편 그 뒤를 이어서 산스크리트어를 쓰는 민족이 유입시킨 문명은 줄곧 살아남았고, 불교와 이 지역에 침입해온 이슬람교가 많은 영향을 주었다.

중국은 상 왕조가 초기 통합을 이룬 이후 오늘날에 이르기까지 여러 왕조의 간헐적 침공과 보다 전통적인 표현 양식으로의 전환을 통해 그 연속성을 유지했다. 일본 역시 6세기에 문자 문명을 이룩하고 난 후 그 자체로 강렬한 자기 인식을 수반하는 창조성의 중심으로서, 또한 여성적 태양신인 아마테라수Amaterasu가 특별히 보호하는 성스러움의 중심으로서 그 연속성을 유지했다.

기원전 11세기 초에 올멕, 마야, 톨텍, 잉카 그리고 아즈텍 문명의 중심지가 아메리카에 그 모습을 드러내기 시작했다.

고전 문명 초기 몇 세기 동안 팔레스타인에 있는 이스라엘은 주변의 유라시아와 북아프리카에 있는 거대한 제국들의 관심사를 지배했던 정치적이거나 문화적인 사건에서 미미한 역할만 담당했던 작은 나라였다. 그러나 이스라엘은 신을 우주적 현상보다는 역사적 사건 안에서 지각했기 때문에 인간 역사에 거대한 영향을 끼치게 되었다. 이스라엘에서 생겨난 종교 전통은 그리스의 철학 전통, 로마의 지배 기술, 그리고 유라시아 세계의 내부 지역에서 온 이방인 침입자들의 무절제한 에너지와 스스로 결합되면서 유럽의 힘을 하나로 묶었다. 그 힘이 지구의 생존과 인간 역사의 과정에 엄청난 영향을 미쳤다.

기원전 3500년에서 기원후 1500년 사이에 존재했던 약 5천 년간의 고전 문명의 중반에 가장 심오한 지성적이고 영적인 성찰의 시기가 왔다. 그 부차적 결과로 인간 조건에 대한 비애감 pathos 이 생겨났다. 존재의 이 비극적 차원이 우리가 물려받은 모든 위대한 업적 중에서 가장 폭넓고 영원한 관심사로 자리를 잡았다. 기원전 800년에서 기원전 300년 사이, 이 5백 년의 기간 동안 일어난 인간 의식의 변화는 그 이후 줄곧 다양한 문명에서 지배적인 현실감과 가치관을 결정하는 정신적인 전망을 만들어냈다.

비록 죽음이 인간이 다루기 어려운 경험에 속한다고 해도, 비극적 감정은 죽음에 대한 인식을 넘어서는 어떤 것이었다. 그것은 현세의 덧없는 존재의 속성을 초월하는 존재론적 혹은 형이상학적 인식이었다. 아마도 이것 때문에 인간 경험 그 자체가 온전히 자연세계의 영원한 순환 속에 흡수되어 있던 그 이전 시대의 순수를 상실했을 것이고, 인간에게 열려 있는 다른 가능성을 성찰할 수 없었을 것이다.

현상세계를 인간의 고귀한 측면을 억압하는 상황, 정신적 훈련과 어떤 지성의 통찰을 통해 벗어나야 할 상황으로 느끼면서, 인간 상황은 이중적인 불안정함을 조성하게 되었다. 삶이 매혹적인 장면으로, 그리고 매혹적인 소리와 향기와 느낌으로 가득 차 있을지라도, 그 삶은 또한 모든 면에 위협적인 현실이었다. 특히 플라톤은 그 저작에서, 보이는 세계를 어떤 초월적 세계의 그림자로 강력하게 경험했다. 인도에서 삶은 현상세계의 고통이나 슬픔이라기보다 오히려 절대세계로 들어가는 해방 체험을 위하여 필요한 삶의 비현실성unreality에 대한 깨달음이었다.

이러한 비애감이 최초로 표현된 작품이 길가메쉬Gilgamesh 이야기이다. 길가메쉬는 초기 바빌론 서사시의 주인공으로서, 친구 엔키두의 죽음에 너무나 충격을 받은 나머지 죽음에 대한 극심한 공포에 휩싸여 불멸의 방법을 찾아나서는 영웅적 인물이다. 영원한 생명을 제공하는 식물을 얻었지만, 길가메쉬는 그 식물을 잃어버리고 죽음 뒤에는 단지 암담한 미래만이 인간을 기다릴 뿐이라는 말을 듣게 된다. 이집트에서는 이보다 더 이른 기원전 2400년경 구 왕국의 멸망 이후, 극심한 염세주의가 사람들 사이에 퍼져나갔다. 질서의 중심이 되는 근거들은 그 효력을 잃어버렸다. 그런 광대한 규모의 사회적 소요가 최초로 경험되었다. 우주의 전체 기능이 쇠퇴하는 것처럼 보였다.

단순히 죽음으로부터가 아닌, 무상함 그 자체로부터 벗어나는 해방의 필요성을 힌두교에서는 해탈解脫, moksha이라는 개념으로 표현했다. 불교에서는 카르마의 속박과 삶의 가장 깊은 슬픔인 고 苦, dukkha에서 벗어나는 해방을 열반 nirvana 체험에서 찾았다. 중국에서는 실패라는 인간 경험 때문에 인간이 본래 선한가 악한가를 둘러싼 끝없는 논쟁이 일어났다. 기원전 4세기 행정관이었던 추유안屈原은 리 사오離騷, Li Sao, '어려움에 빠져 Falling into Trouble'라는 풍자시에서 존재의 가장 깊은 비애를 표현했다. 맹자는 유년기를 벗어나 어른이 되면서 마음을 내던져버리는 인간의 경향에 대해 말했다. 그 이후 인간의 남은 생애는 내던져버렸던 이 어린 시절의 마음을 회복하는 것이라고 했다. 중국에서 올바르게 행동하는 방법은 하늘이 준 인간 본성 그 안에 있는 최초의 섬세한 자발성에 민감해지는 것이다. 왜냐하면 여기에 오류 없는, 신뢰할 수 있는 지침이 들어 있기 때문이다.

그리스에서 인간의 조건이라는 이 문제는 아이스킬로스, 소포클레스, 에우리피데스의 의식儀式과 같은 비극에서 온전히 표현되었다. 플라톤은 소크라테스의 죽음에 큰 충격을 받았다. 그 이후 플라톤은 철학자란 초월세계와 결합하기 위해 보이는 세계에 언제나 무관심한 사람이라고 말했다. 플라톤에게 있어서 절대세계는 아가톤Agathon, 즉 선에서 발견된다. 아가톤 속에 참된 실체와 모든 것의 초월적 형태가 따로 있다. 이 형태들이 현실에서 덧없는 시공간의 그림자 세계로 반영되었다. 성스러운 실체에 들어 있는 이 형태들의 직접적인 비전은, 감각 세계의 아름다움美에서 아름다움 그 자체인 내면 정신세계의 아름다움으로 옮겨 갈 수 있는 인간만이 이용할 수 있다.

그 후 신플라톤주의자인 플로티누스Plotinus는 모든 존재가 흘러나오는 절대 일자Supreme One에 대한 가르침을 정립했다. 지복至福은 존재하는 세계의 그 모든 양식, 상상, 사고를 넘어서 초월해 있는 신적 실체와의 일치를 뜻한다. 모든 것을 초월해서, 지복은 인간이 영원한 행복의 상태에서 그 자체조차 초월함으로써 도달하게 되는 무아경의 체험이다.

이스라엘 세계에서 인간 조건에 대한 관심은 욥기에서 가장 탁월하게 표현되었다. 인간의 고통을 제대로 설명할 방법이 없다는 것이 이 책의 유일한 결론이다. 이 결론을 통해 선한 인간의 고통은 기본적으로 설명 불가능한 모순으로 보인다. 그러나 만일 이성적인 설명이 없다면, 삶의 장엄함이 있는 곳에 이성적인 설명이 없다면 어찌 되겠는가? 어쨌든 자비의 힘이 궁극적으로 전 우주에 걸쳐 작용하고 있다는 충분한 증거를 찾아야만 했다.

그리스도교는 이러한 삶의 비극적 측면을 신과의 심각한 분리를 초래한, 태초의 인간이 저지른 몇 가지 잘못에 대한 교리로서 다루었다. 이 분리에서 회복되기 위해서는 신화적인 우주론적 시간보다는 역사적인 시간 속에서 신격을 갖고 있는 보충적 인물을 통해 인격을 회복시켜주는 구원을 체험할 것이 요구되었다.

전통 문명들의 중심에 있는 이러한 영적 체험은 성스러운 계시를 통해 소통되었다. 이 계시는 인간 무의식의 깊은 심연에서 발생하여 내면의 꿈이나 외면의 체험을 통해 드러나며, 성스러운 경전들 속에서 불멸의 형태를 갖게 되었다. 이런 계시들은 고대 인도의 리쉬스Rishis나 예언자 시어Seer를 통해, 보드가야에서의 부처의 체험을 통해, 페르시아인 조로아스터의 조명illumination을 통해, 성경의 예언자들을 통해, 그리스도의 출현과 바울로의 서간문을 통해 드러난다. 여기서 실체에 대한 감각, 선과 악에 대한 기준이 모든 이에게 유용한 다양하고 지속적인 표현으로 확립되었다.

이 시기의 가장 위대한 발명품은 인간 역사에 커다란 영향을 미친 문자이다. 처음에는 수메르의 설형문자가, 다음에는 이집트의 상형문자가, 그리고 마침내 알파벳이 나왔다. 문자를 통해 사고와 착상, 꿈과 계시들이 영속적인 양식으로 고정되었다. 알파벳은 없었지만, 중국과 전체 동아시아에서는 자신들의 생각을 상형문자와 표의문자에 기초한 문자 체계로 기록할 수 있었다. 각각의 전통이 가진 성스러운 경전들은 그 실체들을 분별하는 기준이 되었다.

전형적인 신화 양식 안에서 발생하던 환시 체험은 신화와 역사, 의례 그리고 지혜 사상에 정교하게 표현되었다. 그 후 보다 상세한 해설 작업, 성스러운 계시에 대한 주석 작업이 이루어졌고, 신비주의 학파가 출현했다.

그다음에는 종합의 때가 왔다. 이 종합은 다양한 전통의 '중세기'에 이루어졌다. 힌두교에서는 힌두교 사상의 첫 번째 포괄적인 종합인 브라흐마 수트라와 1천 년에 걸쳐 작성된 주석서를 낳았다. 불교에서 이런 종합은 논장Abhidamma, 붓다고사Buddhaghosha의 청정도론淸淨道論, the Path of Purification : Visuddhimagga, 용수Nagarjuna의 시들, 법화경Lotus Sutra, 유마경Vmlakirti Sutra 등에서 발견된다. 중국에서는 주희가 신유학적 종합을 거의 완전하게 이루었다. 그리스도교 세계에서는 교부 시대가 지난 후 스콜라주의가 등장했다. 스코투스 에리지나Scotus Erigina, 피터 롬바드Peter Lombard, 토마스 아퀴나스Thomas of Aquin, 둔스 스코투스Duns Scotus가 그리스도교 신앙의 전체 구조에 대한 체계적인 논문을 집필했다. 11세기 알-가잘리al-Ghazali는 이슬람교 사상의 위대한 종합을 이루어냈다. 12세기의 모세스 마이모니데스Moses Maimonides는 유대교 사상의 기본 해설자가 되었다.

또한 이 시기에 수세기에 걸쳐 진행되던 다양한 중심의 보편화 과정이 시작되었다. 고립은 점차 사라져갔다. 불교와 중국 사상 사이에 상호 영향이 시작되었다. 불교는 동아시아 전체, 동남아시아, 남아시아 세계 전역에서 이전에 있었던 초기 전통들과 너무나 광범위하게 상호작용을 하여, 이 광활한 대륙에서 단일 개념을 사용할 수 있는 유일한 아시아 전체의 통합 원리로 여겨질 정도가 되었다. 부처의 인격personality of Buddha, 불상, 그리고 불교의 탑 사원은 아시아 전역 어디에서나 발견된다.

성경을 바탕으로 한 종교, 즉 그리스도교는 그리스 세계와 그 신비 종교들, 그들의 신들, 그들의 철학적 사유와 교류했다. 그다음 그리스도교는 로마제국 말기와 6세기부터 11세기까지, 이 시기 전체에 걸쳐 유럽에 들어온 여러 부족에게 전해졌다. 이슬람교는 7세기에 동서 양쪽으로 이동하기 시작했다. 동쪽으로는 오늘날 파키스탄, 중국, 스리랑카, 말레이 반도 그리고 인도네시아로 불리는 곳까지 이동했다. 서쪽으로는 북아프리카를 거쳐 스페인으로 들어감으로써 아프리카 대륙 상단까지 뻗어 있고 전체 유라시아 대륙을 가로지르는 남쪽 테두리를 형성했다. 16세기 이슬람 세력은 동쪽으로 이동하던 중에 필리핀에서 마젤란에 의해 태평양 지역으로 서향하고 있던 그리스도교를 만났다.

이 시기 동안 서반구의 초기 문명들, 즉 올멕, 마야, 톨텍, 아즈텍, 잉카, 푸에블로는 유라시아의 상호 교류 범위 밖에 있었다. 따라서 콜럼버스 이전의 아메리카와 유라시아 문화 사이에 이렇다 할 상품이나 사상 또는 정신적 영향이 교환되었던 것에 대해 뚜렷하게 정립된 것은 하나도 없었다. 여전히 언어적 상호 관계에 대한 적절한 징후가 없는 것으로 보아, 유라시아 대륙과의 단절은 오래 전에 일어난 듯하다. 토착민들은 그들을 이곳으로 오게 만들었던 지리와 기후 조건 때문에 더 이상 멀리 떨어진 자신의 고향origins 과 소통하지 못했다.

거대한 유라시아 대륙이 발전해나간 전반적인 흐름은, 그 대륙 내부 대초원 지역에 살았던 전사 유목민족들이 대륙의 동쪽, 남쪽, 남서쪽 그리고 서쪽의 농업 사회에 행사한 압력과 동일시할 수 있다. 이 외부를 향한 이동은 세 번의 각기 다른 시기에 발생했다. 이 각각의 시기마다 중요한 변화가 이 거대한 전체 지역에 걸쳐 일어났다.

기원전 2000년대 중반 외부를 향한 첫 번째 이동은 이 지역 밖으로 뻗어나간 후 잠잠해졌지만, 사방으로 뻗어나간 이 외부 이동이 거대한 변화를 일으키지 않았을 리 없었다. 이 첫 번째 이동으로 거대한 대륙의 언어 지역이 광범위하게 결정되었다. 특히 인도-유럽 언어는 서쪽의 켈트 경계에서 북쪽의 발트해 지역까지, 또 동유럽의 슬라브 지역, 지중해의 그리스-라틴 세계, 그리고 계속해서 동쪽으로 인도의 산스크리트 언어 지역인 동양으로 전파되었다.

두 번째 이동은 우리 시대 초기인 로마 제국의 전성기 때 발생했다. 이 이동은 3세기 말 디오클레티아누스 통치기에 가장 활발했다. 그 때문에 그다음 황제인 콘스탄티누스는 제국의 수도를 비잔티움으로 옮겼으며, 비잔티움을 콘스탄티노플이라고 개명했다. 유라시아 세계 내부의 힘이 다시 한번 밖으로 뻗어나가 동쪽의 중국에서 남쪽의 인도, 서남 유럽의 지중해 지역 그리고 서유럽 지역에 이르는 국가들 전체를 침공했다. 이 민족들의 조류는 당시 한층 강화되어 다뉴브강에서 라인강까지 뻗어 있던 유명한 로마의 방어벽 리메스limes를 무너뜨렸다.

410년 고트족은 로마를 멸망시켰다. 이 사건은 유럽인과 지중해인들에게 마치 세상의 종말이 온 것 같은 충격을 주었다. 그리스-로마풍의 관습이 이 지역 전체 사람의 영혼을 사로잡고 있었기 때문에, 이렇게 확립된 배경을 벗어난 삶은 도저히 상상조차 할 수 없었다. 성 아우구스티누스는 이 사건의 의미를 수용하려 애쓴 가장 유명한 인물이다. 그는 410년에서 412년 사이에 『신국 The City of God』을 저술했다. 이 작품에서 그는 성경의 맥락으로 세상 이야기를 진술했고, 로마의 몰락을 보다 큰 우주 이야기 안에 포함시켰다. 특히 이 책은 암흑기 문명의 몰락을 지나 유럽의 도시들이 삶과 사상과 창조성의 중심으로 다시 부흥하게 되는 12세기 초 새로운 창조의 시기로 그리스도인들을 안내해주었다.

세 번째 시기인 13세기, 유라시아 내부의 힘은 몽고 전사인 칭기즈칸의 지도력 아래 모여들었다. 이 부족들은 파괴적인 군사력으로 역사에 등장했지만, 뛰어난 정치력으로 서쪽으로는 유라시아 대륙 3천 마일을 가로질러 폴란드와 헝가리까지 이동했다. 동쪽으로도 이동하여 중국을 정복한 뒤 1259년부터 1368년까지 백년 이상 통치했다. 2백여 년에 걸쳐 몽고족이 도입한 이 정치 세력은 중앙아시아와 동아시아 지역의 중요한 정치 구조의 상당 부분을 결정했다. 이러한 몽고 세력은 심지어 중국에서 바다를 건너 일본 침략을 획책했다. 이들의 공격에 제동을 걸 수 있었던 것은 몽고 함대를 침몰시킨 신풍神風, 가미가제뿐이었다.

이보다 더 이른 9세기에, 프랑스 남부 지역에 하나의 섬처럼 그 중심지가 있었던 유럽 그리스도교는 북쪽에서 내려온 노르만족, 동쪽에서 온 마자르족, 그리고 남쪽에서 온 무슬림으로부터 공격을 당했다. 이러한 위협적인 상황의 결과로 1095년에 십자군 원정이 선포되었다. 이로써 세계를 향한 유럽 민족의 이동이 시작되었다. 2세기 동안의 십자군 원정 이후 유럽은 중세와 르네상스 시기의 연속적인 왕조 전쟁의 국면으로 들어섰다. 그 후 1453년 터키가 콘스탄티노플을 침공하면서 유럽은 이슬람 세력에 위협을 느끼게 되었다. 15세기 유럽의 그리스도인들은 이슬람 세계 저쪽 너머에도 그리스도인들이 있다는 것을 알고 있었기 때문에, 동서 양쪽에서 동시에 이슬람을 공격함으로써 그 위협을 감소시키려 했다.

서로 떨어져 있는 그리스도교인들은 연락 체계를 먼저 만들고 동서 양쪽에서 이슬람 세력을 공격할 예정이었다. 이러한 동기에 힘입어 유럽인들은 희망봉 주변의 아프리카 해안까지 항해하여 에티오피아, 인도와 첫 접촉을 하게 되었고, 계속해서 동아시아 세계까지 항해해나갔다. 그러나 이들은 목적을 실현하지 못했다. 왜냐하면 에티오피아의 콥트 그리스도교인, 그리고 인도의 말라바 그리스도교인과 제대로 의사소통을 할 수 없었을 뿐 아니라 그들은 군사적 협력보다 상업에 더 관심이 있었기 때문이었다.

15세기 인도 원정을 위한 항해 직전 콜럼버스는 대서양을 건너는 모험을 했고, 아메리카 세계와 유럽의 지속적인 연결을 처음으로 확립했다. 그 후로 모든 것이 변했다. 새로운 과학과 기술의 발견을 동반한 정복 덕분에 그 이전 문명들이 다루지 못했던 새로운 문화 질서가 등장했다.

무역 관계와 정치 동맹뿐만 아니라 종교적이고 영적인 목적을 위해 서로 결합하려는 인간의 타고난 욕구는 이 시대 역사 과정 전반에 걸쳐 나타나는 가장 일관된 인간 행동의 하나이다. 이미 기원전 138년 한나라 시대에 장건張騫, Chang Ch'ien은 박트리아 Bactria로 가는 남쪽 길을 발견하기 위해 중국에서 서쪽으로 여행했다. 같은 시대에 중국의 원정대는 서쪽으로 나아가 신강新疆, Sinkiang 지역을 통과하여 파르티아 왕국으로 가서 이들과 관계를 맺었다.

1세기에 이미 인도의 불교인들은 무역과 종교적 목적을 위해 중앙아시아의 산악 지대를 거쳐 중국의 낙양洛陽, Lo-Yang까지 긴 여행을 했다. 이에 답하여 중국의 불교 순례단이 여러 시대에 걸쳐서 2백여 차례 넘게 인도의 성지들을 방문했다. 629년부터 645년 사이에 현장玄奘, Hsuan-tsang이 인도와 당시 아시아 최고의 교육 중심이었던 나란다Nalanda의 불교대학을 방문함으로써 절정에 달했다.

서양에서 가장 유명한 여행가는 마르코 폴로였다. 마르코는 지중해 동쪽 해안의 아크레Acre에서 출발하여 아무다리야Oxus river 강을 건넌 다음 파미르 고원Pamirs 을 통해 카슈가르Kashgar, 야르칸드Yarkand, 호우탄Khotan 을 지나 중국 서부에 있는 타림Tarim 분지 동쪽의 로브노Lobnor에 도착했다. 그곳에서부터 다시 모험을 시작하여 고비 사막을 건너 카라코룸Karakorum 에 도착, 거기서 쿠빌라이 칸을 만났다. 약 20년 동안 중국에서 칸을 위해 일한 후 마르코는 배편으로 수마트라와 인도로 갔고, 페르시아에 정착했다가 1295년 고향인 베니스로 돌아왔다.

근대 이전 가장 위대한 탐험가이자 이슬람교도인 이븐 바투타는 1325년부터 1355년 사이에 중동, 아라비아, 시리아, 페르시아 전역과 인도를 거쳐 스리랑카, 수마트라, 몰디브 섬을 여행했다. 그 다음에는 북아프리카를 가로질러 서쪽으로 갔다가 남쪽의 팀부크투Timbuktu 와 나이지리아Niger 까지 여행했다.

이 시기에 다양한 정치와 문화 전통 사이에 서로 기능적인 친밀한 관계rapport 를 수립하려는 노력들이 있었다. 칭기즈칸과 그의 후계자들은 아시아 전역과 동유럽 세계의 민족들을 두려움에 떨게 했고, 한동안 인간 역사상 가장 광범위하게 다양한 민족을 지배했다. 칭기즈칸 스스로도 유라시아 중앙과 유라시아 동쪽에 있는 이 거대한 지역의 종교적이고 문화적인 다양성을 잘 알고 있었으므로, 이 각기 다른 문화와 종교 전통들 사이에 기능적인 일치rapport 를 확립하려고 노력했다.

이런 내적 긴장을 강화시키고 결과적으로 민족 간의 전쟁을 일으키는 가장 큰 원인은 바로 다양한 종교와 영성적 헌신이었다. 서구 세계와 성경에서 유래된 모든 유일신 종교는 특히 다른 전통들과 관계를 맺는 데 큰 어려움을 겪었다. 개인과 사회 생활의 모든 국면에서 종교가 그렇게 큰 영향을 미쳤기 때문에, 이것은 15세기 말 인간의 상황을 만들어내는 강렬한 힘이 되었다.

그 이유가 무엇이든 간에 전쟁이 끝없이 계속되었다. 신들 스스로가 전투적인 전사였다. 이는 베단타 찬가의 최고 신인 인드라 Indra에서 생생하게 볼 수 있다. 리그베다 성전에서는 인드라를 찬양하는 찬가가 그 어떤 신에 대한 찬가보다 많이 발견된다. 성경의 민족이 초월적인 유일신으로 섬긴 야훼는 그 지역의 전쟁 신이다. 그리스의 제우스, 게르만 부족들의 토르 Thor 등도 모두 전쟁 신이었다. 중국에서는 끊임없는 내분과 침략해오는 주변 부족들과의 협약이 있었던 것으로 보아 이 시기 내내 전쟁 상황이었음이 분명하다. 일본에서는 그 후로 줄곧 전사 이상주의가 그들의 상상력을 장악했다.

인간들의 전쟁은 종종 사회 안에 있는 파벌들 사이의 전쟁이었다. 기원전 700년에서 기원전 221년 사이에 있었던 중국의 전쟁 상황은 어느 왕조가 중국을 다스릴지를 결정하기 위한 전쟁이었다. 이 시기는 그 어느 시대보다 피비린내가 진동했다. 이 전쟁으로 수십만 명의 사람이 죽었다. 그 후 중국의 전쟁은 중국 제국에 의존하면서도 긴장 관계를 유지하던 외부 부족 세력들과 관련되었다.

독특한 원인으로 일어난 전쟁의 하나로 아즈텍인들의 전쟁이 있다. 그들은 태양신 우이칠로포크틀리Huitzilopochtli에게 바치기 위한 인간 제물을 얻기 위하여 전쟁에 열중했다. 오직 그러한 방법으로만 태양을 계속 빛나게 할 수 있다고 그들은 확신했다.

인도의 마하바라다Mahabharata 서사시에는 사회를 지배하기 위한 장기간에 걸친 전투가 묘사되어 있다.

기원전 4세기 중반 알렉산더는 지중해 동부 지역을 장악했고, 더 동쪽으로 이동하여 인더스강 유역까지 진입했다. 그의 제국은 처음에는 시저의 통치하에 있던 남유럽과 영국을 제국으로 편입시킨 로마에 의해 계승되었다. 얼마 지나지 않아 제국은 중동 전역, 그다음은 이집트까지 확장되었다. 이후 5세기 초 이 제국은 국경에 있던 수많은 부족 세력의 영토들을 정복하게 되었다.

마찬가지로 중국에서도 서쪽, 북서쪽, 북동쪽에서 온 다양한 부족 세력이 처음으로 3세기 말엽 한나라 왕조를 멸망시켰다. 그 후 8세기 중반에는 당나라의 통치를 교란시킨 뒤, 13세기에는 송나라로부터 중국의 지배권을 넘겨받았고, 1644년에는 명나라를 멸망시켰다.

문화적 관련성이라는 주제 이외에도 생물계와 지리적 특징, 그리고 지구의 일관된 기능을 통해 발생하는 계절의 변화와 관련된 문명들 사이의 관계라는 문제가 있다. 고전 문명 5천 년 역사를 살펴보면, 인간 종과 지구 위의 다른 종들 간의 관계는 각기 다른 문명에 따라 상당한 차이가 있었다. 힌두교에서는 인간과 자연 사이에 깊은 일체감이 존재했다. 이것은 특히 모든 살아 있는 존재에 대한 자비compassion에서 찾아볼 수 있다. 자이나교도들은 가장 하찮은 생명체도 해치지 않기 위해 조심했을 정도로 이 일체감을 받아들이고 있다.

비록 다른 전통들은 이러한 점에서 더 민감하지 못했지만, 적어도 그들은 인간에게 부여된 연민이 다른 생명체들에게도 확장되어야 한다고 강조했다. 이런 태도는 불교 전통에서 아주 강하게 나타난다. 자타가Jataka의 한 이야기에서 붓다는 굶주리는 새끼들을 거느린 암호랑이에게 먹히기 위해 스스로 절벽으로 뛰어내린다. 5세기의 잘 알려진 유명한 불교 작가 샨티 데바Shanti Deva는 살아 있는 대다수 생명체가 비참하게 계속 살아야 하는 것보다는 자기 혼자 고통을 받는 것이 더 낫다는 확신하에, 모든 존재가 열반으로의 해방을 가로막는 업karma으로부터 벗어나기 위해 그 모든 존재가 겪는 모든 고통을 스스로 다 받게 해달라고 제안한다.

둥지를 트는 계절에는 새들을 괴롭히지 말고, 물고기를 잡을 때는 눈이 너무 촘촘한 그물을 쓰지 말라는 맹자의 가르침에서 발견할 수 있듯이, 중국에서 유교의 가르침은 일반적으로 비인간 세계에 대해 자비로운 관심을 보여왔다. 예기禮記, Book of ritual의 가장 중요한 장 중 하나인 '중용中庸, The Doctrin of the Mean'에는 하늘과 땅과 함께, 인간이 스스로 완전한 진정성을 획득함으로써 모든 사물을 존재하게 하고 온전함으로 이끌어가는 세 번째 요소로 스스로를 정립하는 가르침이 전해진다. '모든 사물은 우리 안에서 완성된다'고 여긴 맹자 역시 이 가르침을 전했다. 이 신비는 중국 사상 전체에서, 그들의 시에서, 특히 그들의 풍경화에서 발견된다.

불교가 전래된 후 중국에서 이 신비는 더욱 강화되었다. 우리는 이것을 12세기 재상이었던 주돈이周敦頤, Chou Tun-i 의 자연세계에 대한 민감성에서 찾아볼 수 있다. 주돈이는 집 주변에 난 잔디도 못 깎게 할 만큼 민감했다. 우리는 보다 완전한 표현을 15세기 왕양명에서 발견할 수 있다. 왕양명은 하늘, 땅, 만물과 '한몸 一體, One Body'으로서의 인간 의식에 대하여 이야기한다. 우리가 우주와 한몸이라는 증거로 그는 다른 존재들에게 가해지는 고통을 보면서 우리가 경험하는 고통을 들었다. 이런 관점에서 보면 전체 사물계와 인간의 일체감을 경험한 사람만이 완전한 인간의 존재 양식을 가지고 있다고 할 수 있다.

그러나 인간과 자연세계의 친밀한 관계rapport에 대한 폭넓은 가르침과는 달리, 실제로는 다양한 민족이 유라시아 대륙의 다양한 문명 지역 그리고 아메리카의 일부에서 광범위하게 자연을 파괴했다. 이론상으로 보면 지구와 친밀감을 유지한 대표적인 예는 중국이다. 하지만 그들은 더 넓은 경작지를 얻기 위해 자신들의 숲을 황폐화시켰다. 그 일이 어떤 손해를 가져오는지 이해하지 못했던 것 같다. 비록 손실된 토양을 환원할 줄 알아서 생존에 필요한 충분한 토양을 유지해가긴 했지만, 그들은 숲을 잃어버림으로써 비옥한 토양을 상당히 잃어버렸다. 그리고 수세기가 지나는 동안 거대한 면적의 비옥한 토양이 바다로 쓸려가버리고 말았다.

토양의 부식, 이에 따른 사막화와 비슷한 사례가 바로 북아프리카에서 있었다. 지금은 사막이 되어버린 이곳은 한때 매우 비옥한 지역이었다. 그리스의 플라톤은 『크리티아스』에서, 언덕에서 나무들을 베어버리고 나니 샘이 말라버렸다고 했다. 얼마나 무지하여 이런 파괴적인 행동을 한 것인지, 또 얼마나 자연의 생명공동체에 대해 둔감했는지를 문제 삼을 수도 있겠지만, 어쨌든 그 결과는 오랜 세월 동안 영향을 미쳤다.

서구의 영성 전통에서 신에 의해 창조된 자연은 원래 신의 일차적인 계시로 여겨졌다. 심지어 이 계시 체험은 성경의 계시와 밀접히 관련되어 있는 계시 체험으로 간주되었다. 시편은 다양한 자연현상을 신성한 공동체 안에 포함시켰다. 12세기 빙헨의 힐데가르트는 지구의 푸르름 속에서 일차적으로 신을 감지했다. 또한 자연 세계에 대한 서구 정체성의 많은 부분은 스토아 전통에서 왔다. 스토아 전통은 우주를 모든 존재가 시민권을 갖는 거대도시cosmopolis로 상상한다. 더 깊은 신비의 차원에서 보면 서구의 신플라톤주의는 디오니소스가 『하느님의 이름the Divine Names』에서 말했듯이 '모든 존재는 다른 존재들에게 친구다'라는 포괄적인 우주공동체의 기초를 제공한다.

그러나 우주의 통합적 본성을 찬양하던 모든 유라시아 전통 안에서 인간과 지구의 관계는 늘 긴장 상태였다. 인간의 기술이 발전함에 따라 지구에 대한 요구도 증가했다. 인간이 수많은 거대 동물 종의 멸종을 초래하는 데 기여했던 구석기시대에 이 긴장은 시작되었다. 일차적으로는 기후 변화 같은 다른 원인 때문에 멸종이 일어났지만, 이들 동물종에 대한 인간의 공격도 중요한 이유들 중 하나였다. 그것이 멸종을 한층 더 피할 수 없는 것이 되도록 했다.

서구에서뿐만 아니라 인간이 거주하는 넓은 지역에서는 광범위한 인간중심주의가 발전했다. 서구에서 이것은 '인간은 만물의 척도'라는 그리스의 경구를 잘못 이해한 데 어느 정도 기초를 두고 있다. 서구에서는 또한 인간의 비애감에 대한 인식이 계속 증가했고 신과 인간, 인간과 인간 사이의 관계에 대한 의무를 완수해야 할 필요성이 대두되었다. 그러나 이것은 인간의 정열과 관심을 지나치게 인간 사회에 집중하게 하여, 인간 의식의 중요한 관심거리로부터 자연세계를 점차 멀어지게 하는 원인이 되었다.

이러한 인간중심주의는 1347년에서 1349년 사이에 흑사병이 유럽을 휩쓸었을 때 신중심주의로 변화되었다. 이 전염병으로 유럽인의 3분의 1이 죽었다. 이 시대에는 이러한 사건을 세균학의 이론으로 설명할 수 없었기 때문에, 일반적으로 인간이 지구에 지나치게 집착한 결과라는 결론을 내렸다. 따라서 지구로부터 정신적으로 분리되고 신 안으로 흡수될 것이 절실히 요구되었다. 하나의 성스러운 공동체로서의 지구와 맺는 통합적 관계보다는 지구에서 벗어난 구원에 더 절대적으로 헌신하게 된 것이다.

특히 서구에서 자연세계와 인간의 신비로운 유대 관계는 점진적으로 약화되었다. 각기 정도의 차이는 있겠지만, 인간은 자연세계의 소리를 듣는 능력을 잃어버렸다. 더 이상 산이나 계곡, 강이나 바다, 태양, 달, 별들의 소리를 듣지 못하게 되었다. 더 이상 동물들과 의사소통하는 경험을 하지 못하게 되었다. 이러한 경험은 감성적이고 심미적이었으며 때로는 그 이상의 무엇이었다. 일출과 일몰의 언어는 영혼의 가장 깊은 차원에서 일어나는 변환이었다.

1500년까지 서구 문명은 이미 이 초기 체험의 상당 부분을 상실했다. 자연과 인간 그리고 신의 세계 사이에 친밀한 연합을 부정하는 신중심주의로의 방향 전환은 보다 큰 세계에 영향을 주기 시작했다. 인간중심주의와 신중심주의는 지구 그 자체를 더 이상 주체들의 친교로 보지 않았다. 지구는 외부의 힘으로 조정되어야 하는 객체들의 집합이 되었다.

문명의 전반에 걸친 시기 동안 인간공동체에서 여성을 무시해온 일은 자연에 대한 무시와 관련된다. 가부장적 지배는 어느 곳에서나 분명히 드러났다. 이 시기 종교와 정치는 여성의 통합적인 발전을 반대하는 가부장적인 발언을 하고 있다. 공적인 생활과 다양한 사회 제도에서 여성을 배제하는 일이 이 시기 종교의 가르침과 의례에 통합되어 일부분이 되었다. 그 심각한 결과들을 우리는 이제야 겨우 이해하기 시작했다. 여성의 끊임없는 노고, 하인과 같은 여성의 지위, 남성에 의한 소유, 타인에게 즐거움을 주는 존재로서의 역할이라는 맥락에서 전통 문명은 형성되었다. 이 모든 상황에서 여성은 심각하게 인간성을 박탈당했다.

이 시기 또 다른 난제는 동일한 사회 안에서 한 집단이 다른 집단에 예속되어야 했던 문제였다. 노예제도는 신석기 이래로 광범위하게 존재했다. 종종 전투에서 잡힌 포로들이 노예 신분으로 전락했다. 우리는 이런 사실을 특히 고대 지중해 세계, 그리스와 로마에서 목격할 수 있다. 마찬가지로 더 초기 사회에, 비록 적절한 배치로 여겨지지는 않았지만, 노예 같은 하층 계급이 있었다. 인도의 배척당하는 집단, 수드라 계급이 대표적인 예이다. 인도의 전통적인 다양한 카스트는 원래 서로 보완적인 역할을 하며 통합적인 사회 질서를 구성했다. 그러나 그 후 한 집단이 다른 어떤 집단을 계속해서 지배하는 상황으로 변화했다. 사회에서의 낮은 지위를 도덕적인 잘못의 결과로 여기면서 상황은 더 어려워졌다.

사회적 지위뿐만 아니라 지배계층이 권력을 장악하는 것도 실제로 보편적인 일이 되었다. 보다 높은 지위를 향유하던 특권화된 계급은 전문적인 종교인, 권력자, 부유한 상인과 지주들이었다.

이 시기의 또 다른 측면은 전 세계에 걸친 인구 증가이다. 신석기 초기인 기원전 9000년경에 전 세계 인구는 분명히 약 1백만 명 또는 약간 더 많았다. 기원전 2000년경에 인구는 1백만에서 5백만 명 정도로 추정된다. 그 후 1세기에 이르러 세계 인구는 3억 명에 이르렀다. 중세 말기에 아시아에서 유럽으로 퍼진 흑사병 때문에 유라시아 대륙 전체에서 인구가 크게 감소했다. 13세기 초 중국의 인구는 약 1억2천만 명에서 6천5백만 명으로 절반이 감소했던 것으로 보인다. 유럽에서는 1347년에서 1349년 사이 이 엄청난 전염병 때문에 인구의 3분의 1이 사망했다. 그러나 그 후 150년 안에 이 수는 회복되어 1500년경에 인구는 4억에서 5억 명 정도로 다시 증가했다.

지구가 힘겹지 않게 유지할 수 있었던 적당한 인구 규모는 바로 이 정도였다. 그러나 대부분 지역의 중심지들은 그곳의 인구가 이용할 수 있는 자원을 넘어설 정도로 인구 수가 증가했다. 비록 초기 시대부터 인간이 고안한 출산 억제 방법이 있었다 하더라도, 인구 감소는 주로 식량 공급과 질병에 기인했다.

이 시기 대부분의 기간 동안 중국과 인도, 중동은 거대한 인구의 중심지가 되어왔다. 중세 유럽의 인구가 아무리 증가했어도 당시 중국의 거대한 인구와는 비교할 바가 못 되었다.

확장을 계속해오던 다양한 문명은 1500년에 이르면서 지구 지배에 대한 한계에 부딪혔다. 지구의 많은 지역이 구석기와 신석기 때의 인구를 유지했다. 지구에서 문명의 전환기는 또한 원주민들의 발전기였다. 비록 복잡한 문명의 표현 양식을 갖고 있지는 않았지만, 이들은 지구의 보다 광범위한 생명 체계, 산과 강과 계곡의 영적 세계, 그리고 지구 위에 존재하는 모든 생명체와의 더 깊은 친교 방식을 발전시켰다.

1500년경 지구의 더 큰 영역, 즉 아프리카 사하라 이남 지역, 북아메리카, 남아메리카, 오스트레일리아, 남태평양 전체, 유라시아 대륙의 내륙 지방 등은 지금까지 우리가 논의했던 문명의 영향권 밖에 있었다. 이 지역에는 많은 원주민이 살고 있었다. 그들은 수천 개에 달하는 개별 언어를 사용했으며, 다양한 풍속, 예술과 시, 노래와 춤, 종교 의식, 법과 통치 체제를 가지고 있었다. 세계는 인간의 장엄함을 보여주는 이런 다양성을 두 번 다시 보기 어려울 것이다. 왜냐하면 이때가 전환기였기 때문이다. 이전까지는 꿈도 꿀 수 없었던 영향들이 지구를 덮쳐 왔다. 1500년 이후 유럽 민족들이 기세등등하게 지구를 이동할 때도 이 원주민들은 서유럽을 제외한 전체 대륙에서 다수로 남아 있었다.

지금 우리가 얘기하는 시대 내내, 사하라 이남의 아프리카 대부분을 포함하는 원주민의 거주 지역은 울창한 식물로 덮여 있었다. 또한 거대한 무리를 이루는 코끼리와 고양이과 동물과 새들, 다양한 종류의 물고기 등 놀라울 정도로 다양하고 풍부한 동물이 있었다. 당시 아프리카에는 대략 1천 개 정도의 언어를 사용하던 3천 개 정도의 인간 집단이 있었다. 이들은 대부분 신석기 촌락에서 살아가던 소농들이었다.

사하라 사막 바로 밑에 있는 북아프리카 일부 지역은 이미 이슬람의 영향을 받았고, 첫 번째 왕국이 세워졌다. 5~6세기, 이슬람이 도래하기 이전 가나가 최초의 왕국이었다. 13세기 이슬람 영향을 받은 말리는 한층 발달된 사회와 문화를 갖고 있었다.

아프리카 전역에서 발달한 고유한 문화는 음악, 회화, 조각과 춤에서 독특한 풍성함을 드러낸다. 북 치기와 춤의 부족적 양식, 그리고 이 지역에서 표현된 모든 예술 양식은 인도의 요가 전통에 나타나는 내향성과는 전혀 다른 외향성이 있다. 영적으로 아프리카 부족들은 세상을 창조한 상위 신을 알고 있었지만, 보통 이 민족들은 원소들, 공기, 물, 모든 자연 현상에서 발견되는 영적 세계와 더 깊이 연결되어 있었다. 이 다양한 부족은 각각 세상과 모든 존재의 기원, 특히 인간의 기원을 말해주는 이야기 형식의 독특한 우주론을 갖고 있었다.

이 당시에 유라시아 문명의 민족들에게 알려지지 않았던 지구의 다른 거대한 지역은 아메리카였다. 서반구라고 불리는 이 지역에는 생물 체계가 지구의 보다 큰 차원에서 기능할 수 있도록 해주는 거대한 초목들이 있었다. 엄청난 수의 동물이 숲, 정글, 산, 평원 그리고 물에서 어슬렁거렸다. 남북 아메리카를 통틀어 대략 5천만 명의 원주민이 있었다.

마야, 아즈텍, 잉카 문명이 아메리카 대륙에 나타났고, 유럽인들이 이 대륙을 침략하기 전에 높은 발전 단계에 도달했다. 그러나 그들이 식량을 위해 길들이고 경작했던 곳을 제외하고, 아메리카 대륙 대부분의 거대한 영역은 이 문명들과 단지 한정된 방식으로만 접촉했다. 이 시기의 높은 문화적 성취는 그들의 발달된 농업이었다. 아마도 이 서반구에서는 기원전 6000년경에 최초의 농업이 발명되었을 것이다.

이 5천 년의 시기 동안 등장했던 복잡한 전체 문명을 관찰해보면, 이 다양한 전통 문명 사이의 공통점과 차이점에 놀라게 된다. 이들 문명의 공통점은 다음과 같다. 즉, 농업적 기초, 종교적 의례, 우주의 시간 원리가 녹아 있는 의례와 관련된 통합적 통치, 거대한 건축물들, 직조 기술, 토기 제작 기술, 사건을 기록하는 일반화된 체계, 그리고 심지어 문학적 창조성 등이다.

이 문화들은 열등과 우등이 아닌 문화적 표현의 다양한 분화 양식이라는 것을 잘 알 수 있다. 그 문화적 표현 방식은 자연세계의 기능과 통합된 정도, 기능을 전문화시키는 능력, 사회적 조직의 효율성, 도시 생활의 능력, 안정된 생활 형식을 위한 교육적 타당성, 지식을 질서 있게 체계화시키는 능력에 따라 달랐다.

이러한 각각의 문명에서 그 각각의 정체성과 관련된 서로 다른 양식을 볼 수 있다. 우리는 중국의 기본 지향이 우주의 가장 심원한 리듬과 조화하는 데 있음을 알게 된다. 이 때문에 바로 중국의 도교주의자들은 어떤 행위를 완성할 때 인간의 부차적 인과관계secondary causality보다 도道, Tao의 근본적인 인과관계primary causality를 강조한다. 전체 교육 과정은 개별 인간에게서 드러나는 도라는 내면적 자발성에 대한 민감성을 키우는 것이었다. 이런 방식으로 인간은 우주에 있는 모든 존재와 일체감을 갖게 된다. '하늘, 땅, 만물과 한몸'임을 체험할 때 비로소 우리 스스로를 온전히 성취된 인간이라 여길 수 있다. 여기서 우주의 질서는 일차적인 참조 체계이다.

이는 힌두교와는 매우 다르다. 힌두교의 영성 문화는 기본적으로 모든 지식을 넘어서는 절대 실재supreme reality의 초월 영역을 자각할 것을 강조한다. 또한 힌두교에서는 눈에 보이는 세계 전체에 대한 비실체의 세계, 즉 마야Maya 세계에 대한 감각이 있다. 또한 모든 다양성을 초월하는 절대 세계absolute에 대한 감각도 있다. 여기에서 강조하는 것은 '네티neti, 네티' 즉 '이것도 아니요, 저것도 아님'이다. 이 체험은 불교의 열반 체험에서 한층 더 강조되었다. 이 체험은 우주론적이라기보다는 훨씬 형이상학적이다.

중국에서는 매우 일찍부터 연대기를 정확하게 기록하여 기원전 8세기부터 역사적 사건들이 언제 일어났는지 정확하게 알 수 있다. 이와 반대로 인도에서는 최근에 나온 기록으로도 역사적 사건들에 대한 정확한 날짜를 알기 힘들다. 시간 계산은 보통 인도와 접촉했던 외부에 의존하고 있다. 그래서 정확한 연대를 알기 위해 기원전 327년 알렉산더의 인도 침공 시기를 참고로 하거나, 3세기에서 9세기까지 인도를 방문했던 중국 불교 순례단의 순서를 통해 날짜를 계산해볼 수 있다.

그리스 세계에서는 인간 실체가 외부 세계와 상호 작용할 수 있는 정신 능력을 줄곧 강조했다. 또한 변증적인 논증 과정이 발전했다.

여기서 지적할 필요가 있는 또 하나의 전통은 서구의 성경-그리스도교 전통이다. 이 전통은 그리스, 로마 세계의 고전 인문주의 전통과 연결된다. 또한 이 전통은 우리 시대의 첫 10세기 동안 유럽을 침략한 부족민들과 결합되며, 600년에서 1500년 사이에 지중해와 스페인에 들어온 이슬람 전통과도 관련된다. 이처럼 다양한 문화 전통의 통합이 엄청난 모험이었다면, 이것은 동시에 지성적 통찰과 문화적 힘의 독보적 원천이었다.

이 전통들은 자신들의 명백한 가르침뿐만 아니라 연금술, 신플라톤주의, 신피타고라스주의, 신스토아주의와 결합된 난해한 가르침들을 가져다주었다. 15세기인 1453년, 터키가 콘스탄티노플을 점령한 이후에야 비로소 서구인들은 서쪽으로 탈출한 그리스인들을 통해 플라톤의 대화 전집을 갖게 되었다. 이 모든 자료는 상상력을 대단히 풍부하게 했고, 르네상스 학자들의 지성을 자극하는 우주에 대한 많은 새로운 이미지와 상징적 해석을 가져왔다. 이 시기는 서구의 사고와 상상력에서 발생해 고정된 많은 것이 뒤흔들린, 서구 역사상 혼돈의 시기였다. 또한 이 혼돈의 시기는 우리를 둘러싼 우주의 구조와 기능에 대한 과학적 연구 방법으로의 전환을 가능하게 했다.

더욱이 인간 정신의 합리화 과정, 그리고 인간 개체의 타고난 가치에 대한 헌신과 결합된 서구의 역사적 실재론은 이 시기 세상을 뒤흔든 보다 강력한 힘이었다. 이것이 이 시대에 사라지고 있던 중세의 표현 속에서 어느 정도 작동하고 있었다. 그러나 이것은 새로운 운명의 국면으로 들어갈 준비를 하고 있었다.

●●● 1684년 암스테르담, 선원의 지도책

11 국가의 번성 Rise of Nations

　16세기 지구의 모든 주요 문명은 정치적으로나 문화적으로 매우 높은 수준에 올랐지만, 강압적인 가부장제를 유지했다. 또한 고난을 이겨내고 전쟁의 잔혹성과 사회적 멸시를 견뎌야 했던 수많은 민족을 착취했으며, 그들의 경제적 기반도 앗아갔다. 16세기 중국은 도자기 기술, 소설 문학과 신유교적인 지식인의 삶으로 대표되는 명나라의 전성기였다. 인도는 무굴 Mughul 제국의 전성기를 맞고 있었으며, 이 왕조는 악바르 Akbar(1556~1605) 통치 때 그 절정기에 다다랐다. 이 시기는 술레이만 대제(1520~1566)가 콘스탄티노플에서 오스만 제국 Ottoman Empire을 다스리던 때였다. 러시아는 1480년 이후 250년 동안 지속된 타타르족의 지배에서 벗어나 제국의 단계로 진입하고 있었다. 서유럽에서는 스페인, 프랑스, 영국의 군주들이 새로운 활력을 만들고 있었다. 스페인은 이제 막 이슬람 군대를 쫓아냈고 페르난도와 이사벨라의 통치 아래 국가의 두 지역을 결합시켜 통일을 완수할 수 있었다. 영국은 19세기 말까지 제국으로서의 지배를 계속 확장해나가는 해양 원정 시기로 들어서고 있었다. 아메리카의 잉카와 아즈텍 제국은 스페인 정복자들이 덮쳐 오기 전까지 한창 빛나던 시절이었다.

　이때 유럽은 로마 제국의 쇠퇴 이후 수세기 동안 겪어오던 위협에서 벗어나고 있었다. 9세기부터 진행된 노르만족, 마자르족 그리고 이슬람의 침략은 끝났다. 십자군 원정도 끝났다. 그러나 침략이 끝난 14세기 이후 유럽 세계는 1453년 투르크족이 콘스탄티노플을 점령하자 다시 공포에 떨었다. 이 시기 이전에 포르투갈의 항해 왕자 엔리케Henry the Navigator는 아프리카 해안으로 함대를 보내기 시작했다. 이는 에티오피아와 아시아에 있는 그리스도교 세력과 연대하여 동쪽과 서쪽에서 동시에 이슬람 세력을 공격함으로써 허를 찌르기 위함이었다. 이 계획은 관계가 수립된 이후에 경제적 관심이 더 커지고 동방 그리스도교와 영적으로 친밀한 관계를 맺지 못해 실패로 돌아갔다.

　1498년 바스코 다 가마Vasco da Gama는 인도의 말라바Malabar 해안에 도착했다. 15세기가 끝나기 전인 1493년에 콜럼버스는 서반구의 대륙에 도착했다. 같은 15세기에 중국은 무역과 공물을 목적으로 정화鄭和, Cheng Ho의 지휘 아래 뛰어난 항해선으로 말라카 해협을 통해 인도를 지나 페르시아만까지 항해했다. 필리핀, 자바, 수마트라, 실론 그리고 페르시아만을 거쳐간 정화의 마지막이자 일곱 번째 항해는 1433년에 완수되었다. 이후 중국은 바다의 모험에서 철수하여 관심을 땅으로 돌렸다. 1581년 러시아는 우랄산맥을 넘은 후 약 60년이 지난 1640년에 태평양 해안에 도착했다. 같은 시대에 스페인, 프랑스, 네덜란드 그리고 영국은 북아메리카의 동쪽 해안에 도착하여 첫 번째 거주지를 만들었다. 스페인은 1565년에 세인트어거스틴 St. Augustine 거주지를 만들었고, 프랑스는 1608년에 퀘벡 정착지를 설립했다. 1607년 영국은 제임스타운을 만들고, 러시아를 거치지 않고 훨씬 더 빨리 태평양에 도착할 수 있는 다른 방향으로의 여행을 시작하여 1784년에 알래스카를 건너 해안에 도착했다. 영국은 1812년 캘리포니아에 포트 로스를 세웠다.

인도는 이미 무역과 종교를 통해 동남아시아 전역과 아프리카 동부 해안에서 자신의 세력을 확장하고 있었다. 중국은 제국의 영향력을 아시아 대륙의 남쪽과 서쪽 지역으로까지 확장시켰다. 일본은 막 내전 시기로 들어서고 있었다. 어떤 지역의 영주가 국가를 통일할 것인지를 결정하는 이 전쟁은 1600년 도쿠가와 이에야스가 도쿠가와 막부를 세우면서 끝났다. 1623년 그의 후계자인 이에미스 치하에서 쇄국정책이 채택되어 19세기 중반까지 지속되었다.

포르투갈의 항해 왕자 엔리케에 이어 스페인의 페르난도와 이사벨라도 해외 원정을 지원했다. 그 결과 스페인은 거대한 중남미 지역을 점유했다. 포르투갈과 스페인을 따라 유럽의 해양 세력들은 바다로 진출했고, 이로 인해 많은 것이 달라졌다. 식민지화를 통해 유럽 민족들은 지구의 좋은 지역들, 즉 북아메리카와 남아메리카, 오스트레일리아, 뉴질랜드를 차지했다. 마침내 변화가 끝났을 때 지구의 정치-문화적 지형은 완전히 바뀌었다. 인간은 지구를 한 바퀴 일주했다. 다양한 인간공동체가 서로 연결되었고, 이전까지는 존재하지 않았던 방식으로 공동의 운명을 향해 나아갔다. 그러나 유럽인들의 이 새로운 방랑을 처음 지구를 점유했던 초기 인류의 방랑이나 4만 년 전 크로마뇽인이 유럽으로 들어오게 된 방랑, 혹은 오스트레일리아에 원주민이 생겨난 방랑과 아메리카 대륙에 인디언들이 들어오게 된 방랑과 연결하기는 어렵다. 그래서 유럽인들이 지구를 점령했던 이 몇 세기는 간단히 예로부터의 인간 역사 과정의 연속으로 간주될 수 있다.

이 시기 가장 중요한 모험들 중 하나는 영국이 군사·정치·경제적으로 인도를 점령하여 다른 유럽 점유자들인 포르투갈, 프랑스로부터 이 나라의 관리권을 서서히 넘겨받은 일이다. 이 일은 영국 정부의 위임을 받고 그 목적을 수행하기 위해 군대 지원까지 받은 동인도회사가 수행했다. 그 목적은 이 지역을 통제하고 무역을 독점하는 것이었다. 이 두 가지 일은 인도에게는 직물과 기술 산업의 붕괴를 초래한 비극이었지만, 대영제국과 동인도회사에게는 당연히 상업적 이익을 가져다주는 대과업이었다. 영국과 인도가 맺은 협정은 한동안 잘 이행되었다. 하지만 결국 로버트 클라이브가 이끄는 영국군과 벵골의 나와브 Nawab of Bengal 사이에 최후의 전쟁이 벌어졌다. 이 전쟁이 끝난 후 1757년에 맺어진 플라시 협정 the Treaty of Plassey으로 인도에 대한 영국의 지배는 더 확장되었다. 1763년 파리조약을 통해 스페인, 프랑스, 영국은 당시 자신들에게 속한 식민지 배분에 합의했으며, 유럽 다른 나라들의 공식적인 인준이 이루어졌다.

유럽 민족들과 그들의 식민지는 17세기 이후의 노예무역을 통해 아프리카와 접촉했다. 그러나 리빙스턴이 잠베지Zambezi에서 루안다Luanda까지 그 대륙을 여행하기 전까지 아프리카 내부에 대해서는 별로 알려진 것이 없었다. 1858년에서 1859년 사이에 아프리카에 있었던 영국의 탐험가이자 비공식 정부 요원 리처드 버튼Richard Burton이 탕가니카 호Lake Tanganyika를 발견했다. 몇몇 나라에서 온 탐험가들이 이 대륙을 광범위하게 탐험했다. 그들 중에는 영국인 존 스피크John Speke, 제임스 그랜트James Grant, 독일인 게오르그 슈바인푸르트Georg Schweinfurth와 헤르만 폰 비스만Herman von Wissmann, 이탈리아에서 온 펠레그리노 마테쿠치Pellegrino Mattecucci와 알퐁소 마사리Alfonso Massari도 있었다.

19세기까지 아프리카에 대해 유럽인들이 가졌던 관심은 오직 해안을 따라 무역 거점을 세우는 일이었다. 스페인, 포르투갈, 네덜란드, 프랑스가 우위를 차지했다. 영국은 사하라 사막 아래에 있는 몇몇 고립된 지역만 가지고 있었다. 1883년 전까지 독일은 아프리카 식민지 경영에 뛰어들지 않았다. 무슬림들은 북아프리카 전체와 대륙의 동쪽 해안을 차지했다.

1884년에서 1885년, 서아프리카로 가는 서쪽 관문에 대해 논하기 위해 모든 유럽 열강과 일본이 베를린 회의를 열었다. 미국을 포함하여 14개국이 참석했고, 콩고 분지Congo Basin를 무역과 여행을 위해 개방하기로 했다.

1914년까지 영국, 프랑스, 이탈리아, 포르투갈, 독일, 벨기에, 스페인은 인종, 언어 또는 자연 경계를 무시한 채 아프리카를 나누어 가졌다. 프랑스는 주로 서아프리카를, 영국은 이집트와 수단 그리고 동쪽 해안 지역뿐만 아니라 로디지아 Rhodesia 와 남아프리카를 차지했다. 독일은 서남쪽과 동남쪽을, 벨기에는 남부 중앙 지역을 점유했다.

19세기 말에 유럽 열강의 지배 밖에 있던 넓은 지역은 동아시아, 즉 중국, 한국, 일본뿐이었다. 몽고를 두고 중국과 러시아가 분쟁을 일으키고 있었다. 시베리아는 17세기에 러시아가 점유했다. 일본은 1854년 미국의 페리 함대에 의해 서구 무역에 강제로 개방되었다. 1841년 아편전쟁 이후 영국의 요구로 서방 국가들을 위한 무역항을 강제로 개방한 중국은 1850년부터 1865년까지 자신들의 천년왕국을 세우기 위해 청나라에 대항한 태평천국 반란을 전개하면서 갈등의 15년을 보냈다. 비록 이 반란은 실패하고 청나라는 계속 존속했지만, 중국은 유럽의 영향력 아래 여전히 분할될 상황에 처해 있었다. 만약 미국의 국무장관 존 헤이 John Hay가 무역 개방 정책을 제안하고 결국 관철시키도록 중재하지 않았더라면 실제로 분할되었을지도 모른다. 그러나 20세기의 첫 사반세기 동안 중국의 통합성은 여전히 불확실했다.

세계에 대한 서구의 영향력은 20세기 초에 정점에 도달했지만, 바로 이 시대에 다양한 대륙에서의 영향력을 둘러싼 국제적인 긴장 때문에 제1차 세계대전이 일어났다. 이 시기에 전체 인간공동체는 매우 긴밀하게 통합되어 각 나라의 관심사는 전체 국가들과 관련된 복합적인 문제가 되었다.

지구 규모의 보다 포괄적인 정치 체제의 윤곽이 틀을 갖추어 가고 있었던 이 시기 동안 국가공동체들의 내부도 보다 명확한 형태를 갖추었다. 인류가 개인의 자유와 문화양식뿐만 아니라 경제적 능력을 확대할 수 있는 방법으로서 국민에 의한 국민국가와 자치정부가 서구 국가들 주도 아래 내적 완결성articulation을 갖추게 되었다. 개인과 개인의 인권에 대한 이러한 강조는 근대 세계의 두드러진 성취이다. 그러나 개인의 관심과 공동체의 관심은 결코 만족스러운 조화를 이루지 못했다.

신이 직접 인간 개개인의 영혼을 창조했고 그 어떤 조건에서도 존재를 절대 가치로 여긴다는 종교 개념적 배경과는 반대로, 서구 세계는 개인으로 시작해 그 개개인이 서로 연합함으로써 공동체를 확립하는 것을 추구했다. 서구에서는 개인이 일차적이고 공동체는 부차적이다. 이것은 '공동체 속에 존재하는 개인'이라는 아시아의 주요 개념과 차이가 있다. 아시아에서는 공동체가 일차적이고 개인은 부차적이다. 개인과 공동체는 서로 다른 기원을 가지고 있다. 둘은 서로 다르다. 그래서 사회주의와 자유민주주의 사이의 차이를 조절하려고 노력할 때 우리는 난관에 부딪힌다. 개인의 자유에 더 큰 관심이 있고 그 사상과 제도 모두 서구에서 발전한 민주주의를 향한 운동은 곧 지구 전체로 퍼져나갔다. 이것 역시 근대의 주요 성취들 가운데 하나이다. 초기에는 여성과 재산이 없는 사람은 이 과정에 참여하지 못했지만, 후에 모든 사람이 해방될 수 있는 배경이 조성되었다.

처음에 자유민주주의의 실행은 혁명 과정을 통해서만 수용되었다. 처음에는 17세기 전체에 걸친 영국의 혁명, 그다음은 1776년 미국 혁명, 1789년 프랑스 혁명을 통해 실행되었다. 이러한 모든 혁명 속에서 국민의 권리가 정치적 형태로 분명히 밝혀졌다. 미국 혁명은 식민 지배 세력에 대항한 첫 번째 식민지 혁명이었다. 프랑스 혁명은 억압적인 군주 정부에서 벗어나 자유를 쟁취하기 위해 지배계급에 대항한 보다 사회적인 혁명이었다.

국민국가 nation-state는 이 세 가지 혁명 모두에서 주요 관심사였다. 국가의 민주적 장치 안에서 다양한 국민이 자신의 정체성과 자유를 획득하는 일이 19세기의 기본 사명으로 여겨졌다. 진보, 민주주의적 자유, 사유재산과 경제적 이익에 대한 무한한 권리와 함께 민족주의는 18세기 말, 19세기, 20세기에 침투된 비법으로 받아들여졌다. 이 비법은 처음에는 서유럽과 미국으로, 그다음에는 더 많은 인간공동체로 퍼졌다. 자연세계를 붕괴시킬 수 있는, 인간의 일시적 진보를 위한 이 네 가지 힘이 인간중심주의의 기초임이 자각된 후 한참 뒤에야 이 비법이 매혹적인 이익뿐만 아니라 엄청난 파괴도 가져올 수 있음이 분명해질 것이었다. 그러나 당시에는 단지 이 운동의 밝고 유익하고 영원한 측면만 인간 의식에 존재하고 있을 뿐이었다.

국가라는 개념은 최근 수세기 동안 통합된 공동체였다. 이것은 마치 구석기시대에 사람들의 무리가 통합된 공동체였고, 신석기시대의 촌락이 통합된 공동체였으며, 글자 그대로 도시 시대의 주요 도시와 이를 지탱해주는 주변 지역들이 통합된 공동체였던 것과 같다. 최근 몇 세기 동안 국가는 삶의 헌신이란 차원에서 최상의 호소력을 제공해주었다. 국가國歌가 작곡되었다. 이 새로운 공동체의 기본 상징물로서 국기가 도안되었다. 이 역사적 시기에 유럽을 휩쓸었던 다양한 헌신 운동 사이에서 국기는 자기 선언의 첫 번째 수단이었다. 이 깃발들은 주로 종교적 성격을 갖고 있거나 통치 왕조의 힘을 나타냈다. 중세 시대 이후 문장紋章은 전체 외부 세계에 도전하는, 신성한 공동체를 암시하는 고도로 발전된 상징 체계가 되어왔다.

　사회정치적으로 국가가 가장 높은 지위를 차지하는 것이 국민국가의 기본 원칙이다. 하지만 선서식에서 몇몇 성스러운 상징을 참고하는 것을 볼 때 신적 권위와 인간 권력의 관계가 이른바 세속 국가에서도 여전히 공동체의 기본 규칙으로 작용함을 알 수 있다. 국가는 공동체를 구성하는 개개인보다 더 높은 자기라는 통합적 실체를 제공한다. 국가는 곧 공동체를 위하여 기능할 수 있는 유용한 신화가 되었다. 국민국가는 지금까지 만들어진 정치 체제 중 가장 강력한 듯하다.

　국민국가의 주요 관심사는 그 국가가 점유한 영토이다. 국가적 범주들은 성스러운 것이다. 이 성스러운 영토에서 태어난다는 것은 바로 그 영토의 시민이 됨을 뜻한다. 영토는 어떤 비용을 치르더라도 지켜져야만 한다. 자연세계 전체 영역에서 성스러운 국토로의 축소는 생물종들의 통일체에서 인류라는 관념으로의 축소와 그 맥을 함께한다. 지구 전체를 포괄하는 성스러운 공동체는 희미해졌다. 또한 다양한 국가의 시민들 사이에 근본적인 구별이 생겨나 어떤 국가는 성스럽고 어떤 다른 국가는 악마 같은 것으로 여겨졌다.

국가공동체로의 소속은 종교나 문화 전통에 속하는 일보다 더 의미 깊은 것으로 쉽게 받아들여졌다. 국민국가는 사실상 하나의 성스러운 공동체가 되었다. 그러나 정치적으로 성스러운 함의를 띠었을지는 몰라도 점유된 땅은 이제 영적 친교보다는 경제적으로 착취되어야 할 영토로 인식되었다. 설사 친교가 이루어진다 하더라도 그 친교는 삶의 실재 차원이 아닌 낭만적 차원에 속했다. 자연세계를 인격화하여 '너 thou'로 부르던 고대 근동과는 반대로, 자연계와 땅은 이제 재산이 되었고 '사물 it'이 되었다. 같은 시기에 경제적 현실주의가 등장했다. '국가의 부'가 중요한 관심사가 되었다.

처음에 국민국가는 사유재산을 가진 부르주아의 일이었다. 사유재산을 강조하다 보니 개인이란 관념과 재산을 소유하고 확장시킬 수 있는 개인의 권리가 발생했다. 그로 인해 공동체의 권리가 아닌 개인의 권리를 강조하는 경향이 생겨났다. 구석기시대에 지역은 부족을 위한 영토와 수렵을 위한 영역에 따라 분리되었다. 신석기 촌락에서 땅은 촌락의 땅, 공유지였다. 개인의 경작을 위한 소규모

땅은 그보다 더 큰 땅 안에서 구분되었다. 궁극적으로 땅은 공동체가 섬기는 신의 소유였다. 개인에게 땅은 소유해야 하는 영토라기보다 제한된 목적을 위해 관계를 맺어야 할 영역이었다.

교육의 사명이 종교 문화적 환경에서 세속 사회적 환경으로 전환되었다. 이 힘을 통해 국민국가는 대중 속에 역사적 정체성을 확립했고, 시민들은 사회가 추구하는 사회·정치·경제·문화적 이상을 교환했다. 사회의 가치를 가르치는 기본 도구로서 보편 교육이 시작되었다. 곧, 국가는 실재와 가치의 기본적인 기준이 되었다.

국민국가의 맥락에서 전쟁은 성전聖戰이란 특징을 갖게 되었다. 프랑스 혁명처럼 진정한 시민의 지위를 얻기 위한 하층 계급의 해방을 지향했거나 미국 혁명처럼 식민지 지배로부터의 해방을 지향했던 전쟁이 있었다. 19세기 초반 라틴아메리카 전역과 20세기 중반 아프리카에서 발생한 또 다른 혁명전쟁도 있었다. 또한 1860년부터 1865년 사이에 미국에서 발생했던 전쟁처럼 국가의 통합을 위한 내전들이 있었다. 같은 시기 이탈리아와 독일에서는 통일, 독립, 자유를 위한 왕조 간의 전쟁이 발발했다. 1851년에서 1864년 사이에 있었던 중국 태평천국의 난은 반反왕조 전쟁이었지만, 국가적 열망과는 완전히 다른 환상적인 이상으로 추진된 전쟁이었다.

지난 2세기 동안 국민국가들이 수행한 식민지 정복 전쟁은 서구 부르주아들의 가치를 전체 인간공동체에 전파시키려는 불타는 사명과 관련되었다. 동시에 처음에는 영국에서, 나중에는 전 유럽에서 생산한 공산품을 판매할 새로운 시장을 개척하여 경제적 이익을 추구하려는 현명치 못한 목적과도 결합되었다. 획득한 식민지에서의 독점 무역 권리는 큰 경제적 이익을 가져다주었다. 식민지는 점령국의 새로운 공산품 시장으로, 그리고 가공되지 않은 원료의 생산 기지로 간주되었다. 그곳에는 가치 있는 것들이 많았다. 즉, 베어낼 수 있는 삼림, 플랜테이션에 기초한 환금작물을 경작할 수 있는 땅, 광석을 채취할 수 있는 광산 등이 있었다. 이 모든 것을 최소한의 보수만 주고 이용할 수 있는 노동력으로 착취했다. 이런 것들이 식민지 지배 국가들을 지구 위의 먼 지역으로까지 뻗어나가게 한 매력이었다. 이보다 더 큰 매력은 물론 유럽의 영토와 민족을 넘어 더 넓은 영역을 지배하려는 경쟁에서 이겨 권력을 쥐는 일이었다. 지배당하지 않으려면 지배해야 했다.

비유럽 지역을 통제하기 위한 식민지 전쟁 때문에 식민지 확장 시기 내내 서구 국가들 사이의 갈등은 끊이지 않았다. 이러한 식민 세력들은 서로 합의하여 지구의 여러 지역을 분할하는 조약들을 끊임없이 체결했다. 이 끝없는 갈등 상태는 제1차 세계대전으로 이어졌다. 전쟁 후에는 지구상의 모든 민족이 서로 평화로운 관계를 유지하도록 하는 효과적인 국제연맹을 설립하려 노력했지만, 그것은 헛된 노력일 뿐이었다.

이 국제연맹은 인도주의 활동에서는 매우 효과적임을 보여주었으나, 정치 질서에선 결국 힘을 쓰지 못했다. 국가들 사이의 적대 관계가 너무 심각해서 회원국들은 평화 정착을 논의하려는 의지가 거의 없었다. 국가들 사이의 원한은 너무 컸고, 영토 지배를 위한 경쟁 또한 매우 심했다. 러시아, 독일, 이탈리아는 정치적 이념에 폭력적으로 사로잡혀 있었다. 1929년 이후 전 세계가 불경기에 빠졌다. 연맹의 노력은 존경해야 마땅했지만, 시대가 좋지 않았다.

1917년 제1차 세계대전이 막바지에 이르렀을 때, 수십 년 동안 잠복해 있던 공산주의 정치세력이 블라디미르 일리히 레닌Vladimir Ilich Lenin의 지도 아래 러시아에서 분출했다. 공산주의는 세계의 억압받는 이들에게 커다란 호응을 얻으며 전 세계로 빠르게 확산되었다. 74년 동안 공산주의는 인간공동체에서 식민 세력과 자유민주주의 정치 체제의 가장 강력한 도전자였다.

공산주의 운동은 칼 마르크스가 프리드리히 엥겔스와 함께 쓴 『공산당 선언Communist Manifesto』에서 제기되었다. 1848년에 출판된 『공산당 선언』은 근대의 가장 강력한 혁명 선언문이었으며, 종교·문화·도덕의 심오한 기초와 부르주아 사회질서의 경제적·정치적 구조에 대한 도전이었다. 『공산당 선언』은 이론적 힘을 역사적 사실주의, 그리고 세계 프롤레타리아를 조직하기 위한 특별한 영감과 결합시켰다. 특히 그리스도교 전통에서 나온 강력한 천년왕국의 이상을 공산주의 운동으로 이룩할 수 있는 계급 없는 사회라는 비전과 결합시켰다. 이 운동 자체는 역사 초기부터 인간 사건들을 지배해왔던 역사의 운명을 표현한 것으로 여겨졌다. 부르주아 계급의 불의를 종식시키고 계급 없는 천년왕국을 이룩하기 위해서 사회적이고 경제적인 변화를 성취하는 과정에서 겪게 되는 모든 고통은 정당화되었다.

1917년 러시아에서 혁명으로 시작되어 1991년 소멸된 공산주의 운동의 슬픈 과정은 인간 역사 과정에서 인간의 완성을 추구했던 가장 통절한 노력들 중 하나라고 평가할 수 있다. 정의와 평화 그리고 풍요를 향한 천년왕국의 꿈은 극단적인 사회적 혼란, 개인과 국가의 빈곤 그리고 자연환경에 대한 산업적 착취 속에 종말을 고했다. 서구 정신 속에 깊이 감추어진 인간 조건에 대한 내적 분노가 이처럼 극단적인 역사적 표명으로 표출된 것은 이제까지 거의 단 한순간도 없었다. 그러나 이 분노 자체는 열심히 노력하면, 심지어 폭력적으로라도 밀고 나가면 기존의 사회문화적 구조를 무너뜨려 더 좋은 세계를 탄생시킴으로써 곧 천년왕국을 얻게 되리라는 지나친 꿈을 불러일으켰다. 그들은 공산공동체의 실현에 대한 희망만큼이나 많은 고통을 견뎌냈다. 그러나 시작부터 평화적인 방식으로 실현하기보다 오히려 폭력적으로 모두에게 이것을 강요하려는 노력 때문에 전체 계획은 붕괴되었다.

이전 세기에 있었던 부르주아 혁명에서 이익을 보지 못한 사람들뿐만 아니라 당시 민주제도의 착취적 측면에 가장 비판적이었던 헌신적인 이상주의자들에게 공산주의 사상은 호소력이 있었다. 공산주의의 가장 기초적인 이상에 따라 인간 사회를 근본적으로 재구성할 필요는 명백히 있었다. 마르크스가 제안한 변증법적 유물론이라는 기초는 그가 제안하는 계급 없는 사회가 역사적 필연에 속한다고 느끼게 했다. 마르크스는 이렇게 이 운동에 종교적 열정을 불어넣음으로써 전 지구에서 엄청나게 많은 사람을 끌어들였다. 따라서 러시아 혁명이 있었던 1917년부터 레닌과 스탈린이 제안하는 방식대로의 마르크스의 이상이 거부되던 1991년까지의 20세기는 바로 공산주의 운동 그 자체만으로도 세계에 충격을 주었던 시기였다.

한편 이 모든 일이 일어나고 있을 때, 또 다른 힘이 인간사에 개입하고 있었다. 심각한 사회문화적 폐해에 시달리던 독일에서 국가사회주의운동 national socialist movement이 생겨나 전 세계를 제2차 세계대전의 소용돌이로 몰아넣었다. 결국 막대한 파괴적 전쟁 도구를 다룰 능력이 있는 거대한 국가들이 연합체를 형성하여 1939년부터 1945년 사이에 유라시아 대륙에서 공해상 전투에 참가했다. 약 5천만 명의 사람이 죽었다. 그리고 이 전쟁의 결과로 핵이 등장했다. 처음에는 원자탄, 그다음 수소폭탄이 생겨났다. 마침내 1954년에 전력을 얻기 위해 핵분열이 사용되었다.

이 전쟁이 끝난 후 '국제연합'이라는 이름을 건 국가들의 모임이 등장했다. 국제연합에서는 인간공동체의 운명들에 대해 토론하고, 전쟁을 원치 않는 국가들을 중재하거나 최소한 갈등 상황에 있는 국가들이 전체 국가공동체의 대표들 앞에서 자신들의 어려움을 토론할 수 있는 만남을 주선할 수 있게 되었다. 오늘날 전쟁의 영향은 매우 포괄적이어서 그 어떤 사회도 사용 가능한 강력한 전쟁 무기의 파괴력으로부터 자유로울 수 없다.

정치적 제국주의는 경제적이고 문화적인 제국주의에 밀려나게 되었다. 북쪽의 산업화된 국가들은 노동, 땅, 자원에 이르기까지 남쪽의 덜 산업화된 국가들에 대한 착취를 확장해나갔다. 개발도상국들에 대한 원조로 그 나라들을 재정적 노예 상태로 만들었고, 식용작물보다는 환금작물을 재배하도록 했다. 또한 화학비료, 살충제, 제초제 등의 원료를 가지고 관개와 거대 기계농에 적합한 큰 땅을 가진 지주들에게 이익을 안겨주는 결과를 초래했다. 이 모든 일이 더 큰 사회적 혼란을 낳았다. 특히 종자와 땅의 보호자 역할을 하던 여성들을 그 전통적인 역할로부터 더욱 멀어지게 했다.

국제연합이 수행했던 역할 중에는 식민지의 독립을 도와주는 역할이 있었다. 국제연합 회원국이 처음 51개국에서 160개국으로 증가했다는 사실은 이 역할이 포괄적으로 수행되었음을 보여주는 증거이다.

지구 위의 국가들 사이에 존재하는 사회적이고 문화적인 다양성과 경제적인 불평등 때문에, 어떤 조직도 설득 이외에는 행동의 통일을 가져오기 힘들다. 이는 국가라는 개념 정의에서 볼 때 세계의 국가들이 어떤 강압적인 권위도 절대로 수용할 수 없기 때문이다. 그러나 다른 종류의 권위가 생겨나고 있다. 이 권위는 보통의 강제적인 권위를 능가하며, 모든 국가의 피할 수 없는 공통된 운명에 처음부터 존재하던 권위이다. 그리고 이 공통된 운명은 인간뿐만 아니라 행성 지구를 구성하는 모든 요소의 운명이기도 하다.

20세기 마지막 10년 동안 인간이 처한 상황은 그 어떤 과거의 인간 역사나 지구 자체 역사의 어떤 시기와도 완전히 다르다. 지구 위의 인간은 엄청나게 많아졌다. 자연의 생명계에 개입하는 인간의 힘은 과거 어느 때보다도 커졌다. 우리는 또한 인류 여정에서 서구 지배가 끝나는 시기로 가고 있다. 현대 사건들의 중요성은 단지 인간에게만 관계된 것은 아니다. 오늘날 인간의 행위는 땅, 물, 공기 그리고 모든 식물과 동물 등 지구의 모든 요소에 영향을 준다.

이런 상황의 이면에 우리는 무엇인가 엄청난 요구가 있음을 확인하게 된다. 오늘날 우리가 처한 상황에서 인간 행동의 방향을 이끌어주는 신화적 기초를 어떻게 명료하게 밝힐 수 있을까? 구석기와 신석기시대에는 자연세계를 관장하는 힘들과 관계를 형성하는 데 있어서 '위대한 어머니'라는 신화로부터 인도를 받았다. 많은 부족민이 토템 상징물들을 통해 지구의 생물계와 친밀한 관계를 확인했다. 이러한 상징물들은 인간이 의존하는 다양한 동물과 식물과 인간 사이의 친밀한 관계를 분명하게 보여준다.

우리가 제안하고 있는 이러한 변환을 위해 그와 같은 신화적 기초가 특별히 필요하다. 왜냐하면 최근의 세기에 인간 영혼을 사로잡은 강력한 신화, 즉 인간이 뛰어난 기술로 지구를 계속 착취하며 진보의 길을 계속 나아가기만 하면 경이로운 세계가 나타난다는 신화가 오늘날의 황폐화를 낳았기 때문이다. 여기서 말하는 진보란 인간의 놀라운 기술을 통해 지구를 더 한층 착취하는 것을 의미한다. 지구로부터 폭력적으로 탈취하거나 지구에 폭력적으로 작용하는 생산품을 무한히 소비하도록 대중들을 유혹하는 광고의 기본이 바로 이 경이로운 세계에 대한 비전이다.

경이로운 세계에 대한 비전은 우주를 본뜨고 우주의 모든 생물체를 표현해낸 평화로운 모조품의 세계이다. 이것은 인간의 이상 세계인 디즈니월드에서 구체화된다. 이 비전은 자연 본래의 자연스러움은 하나도 남지 않은 가공의 세계인 디즈니월드에 있는 에프코트 센터EPCOT center에서 더욱 그 실현 가능성을 높였다. 이 가공의 세계가 현재의 산업화된 세계에 신화적 대상을 제공하고, 비가역적으로 지구를 경이로운 세계wonderland가 아닌 쓰레기 세계wasteland로 환원시키는 그 방식을 사회가 무시할 수 있게 한다.

그 신화에 대한 보다 명백한 해석은 우리로 하여금 지구와 지구의 모든 생태계에 창조적인 쇄신을 가져오게 할 수도 있다. 우리는 이제 이것을 우주 이야기에서 발견할 수 있을지도 모른다. 이 이야기는 마치 우리가 지금 처음으로 경험적 관찰과 비판적 분석을 통해 우주 이야기를 알게 된 것처럼, 모든 만물이 서로서로 긴밀하게 연결되어 있다는 것을 처음으로 알게 된 15세기 르네상스 시대로 우리를 데려간다. 과학 시대 초기에 상상되었던 우주는 신화적으로 조화를 이룬 이 세계로부터 출발했다. 충만한 조화의 힘으로 각각의 존재 양식은 다른 모든 존재 양식과 공명한다. 존재들은 서로의 현존을 통해 확실하게 이해될 수 있다. 우주를 이해할 수 있다는 이 관념이 전체 과학의 모험을 어느 정도 관장했다. 비록 최근에 와서야 '카오스' 세계의 심연에 깊이 자리 잡은 조화를 이해하기 시작했지만 말이다. 이런 맥락에서만 수학의 사명은 과학적 이해를 위한 적절한 도구로 평가될 수 있다.

수학적 방정식을 통해 우주의 이 조화들이 어느 정도 표현되기 시작하면서, 몇 세기 전부터 서구 과학자들은 우주의 구조와 기능에 대해 과학적 숙고를 맹렬히 시작했다. 이 숙고로 얻은 통찰 중에는 모든 존재가 서로 밀접하게 결합되어 있다는, 우주의 곡률(휘어짐)이라는 관념이 있다. 이 결합이 우주를 아무 관련이 없는 사물들의 집합이 아닌, 각각의 사물이 다른 모든 사물에 의해 유지되고 서로 밀접하게 연결되어 있는 존재로 만든다.

인간공동체와 지구의 자연 체계 사이의 관계에 대해 우리가 궁극적으로 말하려는 것은, 모든 존재가 서로 존재를 나누고 운명을 공유하도록 사물들을 결합시키는 바로 이 우주의 곡률이다. 이 우주의 질서는 전체를 포옹함으로써 사물들을 모두 끌어안는 수학적 방정식으로 표현될 수 있다. 그러나 우주의 질서는 신화적 형식으로 표현될 수 있으며 일관되게 그렇게 표현되었다. 장엄한 전체 창조의 질서 안에 모든 존재를 함께 결합시키는 이 거대한 포옹은 일찍부터 위대한 어머니와 같은 모성적 은유를 통해 이해되었다. 낳고 돌보는 우주의 특징이 초기 인류에게 그만큼 인상적이었던 것이다. 이 생식과 양육의 특징을 우리는 이제 거대한 우주의 곡률과 동일시할 수 있다. 이 곡률이야말로 모든 존재를 창조하고 양육하는 맥락이기 때문이다.

●●● 1931년, 캘리포니아 파사데나,
알베르트 아인슈타인

12 현대의 계시 The Modern Revelation

국가와 국가 사이의 경계와 상호 관계가 확정되는 동안, 유럽 세계 전역에서 구석기시대 인간 의식이 출현한 이후 가장 중대한 변화가 진행되었다. 이 변화는 우리가 '계시'라고 여길 만큼 중요한 의미가 있다. 우리를 둘러싼 우주 안에서 존재의 궁극적인 신비가 드러나는 방식을 새롭게 인식한다는 측면에서, 나는 계시라는 용어를 사용한다. 지난 몇 세기 동안 우리는 이런 계시적 체험 덕분에 우주가 넓게 호arc를 그리는 움직임 속에서 일련의 비가역적인 변형을 통해 창발했음을 인식하게 되었다. 우주의 비가역적 변형은 우주가 그 구조와 기능을 덜 복잡한 것에서 더욱 큰 복잡성으로 바뀔 수 있게 했을 뿐만 아니라 행성 지구에서 관찰되는 것처럼 의식의 표현 양식에서 더 큰 다양성과 강도를 가능하게 했다. 이런 일련의 변화를 우리는 시간-발전적 과정으로 간주한다.

이 변화는 시간을 끊임없이 새로워지는 계절의 순환에 따른 흐름으로 인식하는 공간 지배적인 의식 양식에서, 우주를 비가역적 변화의 과정으로 인식하는 의식 양식으로의 변화였다. 영원불변하는 우주에서 끊임없이 변화하는 우주 생성으로의 인식의 변화는 인간의 모든 단계뿐만 아니라 지구 기능의 전체 영역에 엄청난 결과를 가져왔다. 왜냐하면 우주에 대한 이러한 친밀한 이해는 인간에게 과학기술을 통한 과정으로 우주에 침입해 들어갈 수 있는, 거의 마술과도 같은 힘을 가질 수 있게 해주었기 때문이다. 20세기 후반 지구의 혼란스러운 상황에 대한 가장 심각한 원인은 아마도 인류가 이러한 의식의 변화를 제대로 이해하지 못한 것과 그에 상응해 인간의 기술과 자연세계의 기술을 통합하는 데 실패했기 때문일 것이다.

초기에는 우주와 우주에 있는 모든 존재는 일반적으로 단순하게 거기에 그냥 있는 것으로 인식되었다. 태양과 달과 별들은 항상 하늘에 있었고, 땅에는 산과 강, 소나무와 버드나무, 모든 새와 동물이 있었다. 이 모든 것이 어떻게 생겨났는지에 대한 이야기는 지구상의 다양한 민족을 통해 수천 가지 다른 방식으로 이야기되었지만, 언제나 측정 가능한 시간이 아닌 신화적 시간으로 전해졌다. 우주의 기본적인 운동은 끊임없이 새로워지는 계절의 순환, 시작이나 끝이 없는 하나의 영원한 순환으로 생각되었다.

우주는 그저 그곳에 있었고, 때로는 놀랍고 두려운 자연현상으로 실체를 드러내는 형언할 수 없는 신비를 지닌 황홀한 실체였다. 인간 정신을 완전히 압도하는 어떤 무한한 에너지가, 끝없이 이어지는 경이로움을 일으키는 자연의 순서를 매년 만들어냈다. 어떤 경우, 인도에서처럼 우주는 브라만의 낮으로 시작하여 오랜 세월을 견뎌낸 후 브라만의 밤으로 녹아드는 끊임없이 반복되는 과정이었다.

고대 서구 세계에서는 루크레티우스Titus Lucretius Carus가 자신의 책 『만물의 본성에 관하여De Rerum Natura』에서 "같은 것들은 영원히 같다eadem sunt eadem semper"라는 말로 이 과정을 언급했다. 이러한 맥락에서 프톨레마이오스Ptolemy는 태양과 달과 지구 그리고 다른 별과 행성들이 서로 관련하여 어떻게 기능하는지를 설명했다. 이 설명이 16세기 초 코페르니쿠스가 등장할 때까지 서구 우주론의 기본 맥락이었다. 프톨레마이오스 우주론의 맥락에서 가르침을 전하는 종교 전통들은 이 설명과 너무 밀접하게 연결되어, 이 우주론을 바꾸려는 모든 노력을 그 종교의 가장 신성한 믿음을 위반하는 것으로 간주했다.

그런데 이런 상황에서도 이른 시기에 성경의 가르침, 즉 인간은 역사적으로 발달한다는 시간 감각에 따라 새로운 그 무엇이 추가되었다. 물리적 우주가 끊임없이 새로워지는 계절의 순환 속에 고정되어 있는 동안, 우주 구성 요소인 인간은 신의 왕국으로 이어지는 정신적인 변화의 과정에 있었다. 일단 이 영적인 왕국이 지상이라는 배경 안에서 완벽하게 표현되면, 인간이 축복이라는 어떤 초월 영역에서 계속 살아가는 동안 물리적 우주는 그 목적을 달성하고 해체될 것이다.

이것이 우주, 우주의 구조와 기능, 우주 안에서의 인간의 위치에 대한 서구 지성계의 근본적인 불만이 터져 나왔던 16세기의 상황이었다. 새로운 기술이 등장하고 있었다. 새로운 항해 도구, 바다와 땅을 측량하는 새로운 방법, 새로운 전쟁 도구, 새로운 에너지원, 새로운 생산 방법과 상업적 유통 방식이 등장했다. 도시 중심지가 커지고 있었고, 인구는 증가했으며, 대학 생활이 확장되었다. 국가들은 권력에 대한 새로운 개념으로 들어가고 있었다. 건축은 고전 양식을 쇄신하면서 장대한 건축물을 세웠다. 유럽 전역에서 예술적 표현이 찬란하게 빛나던 시기였다. 새로운 고전 학문이 라틴어 Latinitas 제목으로 서구 세계에 퍼져 나갔다.

  이 모든 상황 가운데서 인간은 자연세계, 우주의 구조와 기능, 그리고 우주 질서의 원리들을 새롭게 깨닫고 있었다. 사람들은 지구의 대륙과 바다, 식물과 동물의 형태들, 다양한 인류를 분류하기 시작했다. 또 어떤 사람들은 운동의 법칙, 빛의 성질, 다양한 화학 원소와 원소들이 상호 작용하는 방식을 발견했다. 우주에 대한 고대의 신비체험이 사라지고 있었다. 인간이 오랫동안 경험하고 친교를 나누고 견뎌내고 숭배했던 우주, 인간을 양육하기도 하고 죽이기도 했던 우주는 사라져갔다. 인간은 우주의 리듬에 맞추어 춤을 추고, 바람 소리에 귀를 기울이고, 인간의 슬픔과 기쁨을 노래하고, 일출과 일몰의 화려한 장관을 보며 감탄했다. 하늘의 움직임을 관찰했고, 행성들을 확인했고, 거대한 시간 경계를 표시했다. 인간은 경축 의례를 우주 그 자체의 광대한 축제와 통합했다.

  인간공동체는 초기부터 구석기 집단이나 신석기 촌락, 또는 고전 문명 시기의 거대한 도시에서 이미 이런 매혹적인 현상을 경험했다. 하지만 언제나 우주의 신비에 주체적으로 몰입해 있었기 때문에, 이 현상의 진행 과정과 그 상호작용을 한 발짝 뒤로 물러나서 관찰하고 묘사하고 정확하게 측정할 수 없었다. 이전에는 주로 사물을 질적인 동일성과 차이점에 따라 인식했지만, 이제 인간의 탐구 정신이 양적인 용어를 생각하기 시작하면서 변화가 일어났다. 이전 시기에도 많은 것이 성취되긴 했지만, 여전히 더 면밀한 관찰과 더 정확한 설명이 필요했다. 무엇보다도 물리적 측정이 이루어지고, 수학적 용어로 표현될 필요가 있었다. 피타고라스가 지적했듯이 인간은 숫자를 통해서 사물의 본질을 이해하기 때문이었다.

꽤 오랫동안, 분명히 고대 그리스 사상의 시대 이후로 물리학과 우주론 그리고 생물학 영역에서 새로 얻어진 지식은 거의 없었다. 새로운 통찰도 거의 생겨나지 않았다. 그러다가 갑자기 서구 정신에 더욱 주의 깊은 관찰과 실험을 통해 물질의 영역을 더 깊이 이해하려는 욕구, 즉 물리적 세계의 외부 장벽을 뛰어넘어 사물의 내적 영혼이나 정신의 특질이 아닌 사물 내부의 물질적 힘을 이해하려는 거의 악의적 추진에 가까운 강박감이 생겨났다. 이를 위해서는 성스러운 현존이나 표면적 지식만으로는 충분하지 않았다.

우주를 구성하는 입자들 속에 깊이 숨겨져 있는 에너지에 대한 희미한 인식이 아주 오래 전부터 있었던 것처럼, 과학적인 이해가 깊어지면 자연현상을 보다 포괄적으로 지배하게 될 것이라는 느낌도 있었다. 물질세계의 기능은 이미 금속에 대한 지식을 통해 정리되어 있었다. 연금술 과정이 더 많은 연구를 불러일으키는 불가사의한 힘을 드러냈다. 16세기는 더욱 깊은 연구를 하라는 매혹적인 소리에 귀를 기울이고 있었다. 아리스토텔레스는 이를 '호기심'이라고 불렀을 것이다. 그러나 이제 거기에는 분명히 다른 그 무엇, 즉 부인할 수 없는 심리적 절박함이 있었다.

이런 심리적 절박함이 아니고는 서구 지성이 자신을 둘러싼 세계를 그렇게 지속적이고 폭력적으로 공격한 이유에 대해 설명하기 어렵다. 17세기 초 프랜시스 베이컨Francis Bacon이 활력을 불어넣은 이 공격은 그 후 400년 동안 줄곧 친교가 아닌 공격이었고, 마침내 깊은 차원에서 새로운 의식을 이끌어냈다. 이 새로운 의식은 더 이상 우주를 단순히 우주로만 보지 않고 자기조직 하는 우주 생성cosmogenesis으로, 계속되는 비가역적 변환의 과정을 통해 자신을 표현하는 우주적 과정으로 인식했다.

이러한 의식의 변화가 16세기부터 현재에 이르기까지 오랜 기간에 걸친 일련의 진보된 과학적 이해 과정을 통해 이루어졌다. 인간이 어떤 직접적인 조사를 통해 우주 스스로 제공하는 증거를 관찰하기 시작하면 무슨 일이 일어날지 아무도 몰랐다. 프톨레마이오스와 아리스토텔레스의 우주가 서구 유럽인들의 우주 이해를 지배했고 서구 의식 구조 속에 너무도 깊이 침투해 있었다. 따라서 이러한 우주 개념에 도전한다는 것은 이 우주론의 존재관과 가치관에 기초하고 있는 전체 서구 문명에 대한 도전이었고 개인적인 신념뿐 아니라 공공질서의 기초에 대한 도전이었다.

이들 세기의 신학적 이해는 과학적 이해와 밀접한 관계가 있었다. 뉴턴은 스스로를 과학자일 뿐만 아니라 신학자로 생각했고, 우주에서 신적인 기능이 어떻게 작용하는지를 묘사했다. 라이프니츠와 데카르트 역시 마찬가지였다. 이들 모두에게 창조주-하느님은 우주론적 인식의 필수적인 측면이었다. 이것이 최초로 경험적 연구 과정을 통해 물리적 현상을 명확하게 이해한 갈릴레오를 힘들게 했던 가장 근본적인 이유였다.

코페르니쿠스가 처음 프톨레마이오스 체계의 마법을 깨뜨렸을 때, 그는 자신도 자신의 후계자들도 이해할 수 없었던 과정으로 진입했다. 그 과정은 우주를 단순히 고정된 우주가 아닌 우주 생성으로 인식하기 시작한 20세기 중반까지 깊이 이해되지 못했다. 우주를 자기조직 하는 과정으로 표현하기 시작한 사람들은 앙리 베르그송 Henri Bergson, 알프레드 노스 화이트헤드 Alfred North Whitehead 와 삐에르 떼이야르 드 샤르뎅 Pierre Teilhard de Chardin 과 일리야 프리고진 Ilya Prigogine 이다. 그러나 이 과정 사상가들조차도 우주의 펼쳐짐이 단순한 과정이 아니라 이야기로서 가장 잘 이해할 수 있는, 의미 있는 비가역적 사건들의 연속임을 완전히 인식하지 못했다.

심지어 뉴턴조차도 천체의 움직임에 대한 이해가 전혀 없었고, 중력의 끌림으로 놀랍게 결합해 있는 우주 그 자체가 끊임없는 변화와 팽창의 상태에 있음을 알지 못했다. 뉴턴은 끊임없이 계속 변환되는 우주 이야기가 있다는 것을 전혀 알지 못했다.

  16세기부터 20세기까지, 이 500년 동안 도대체 무슨 일이 일어났는지 이해하기 위해서, 우리는 과학적 탐구 방식의 창시자들을 뒤돌아볼 필요가 있다. 우선 학술적 가정의 긴 목록을 교체해야 했다. 그 가정의 목록은 다음과 같다. 즉, 천체들은 지구와는 다른 물질로 이루어져 있고 다른 물리적 법칙에 따라 운동한다는 가정, 천체의 운동은 원 운동이어야 한다는 가정, 지구의 나이는 겨우 5천 년 정도밖에 되지 않았다는 가정, 다양한 식물과 동물종들은 처음부터 고정되어 있었다는 가정, 우주는 위계적으로 배열된 존재들의 거대한 사슬로서 가장 잘 이해될 수 있다는 가정, 인간은 자신의 영적 발전을 위한 임시 거처로서 지구 위에 잠시 머무르고 있다는 가정 등이다. 가장 신뢰할 수 있는 이해의 원천은 현재의 관찰 가능한 증거보다는 고대로부터 내려오는 가르침을 따르는 것이었다.

  이 모든 문제를 다루기 위해서는 엄청나게 많은 연구가 필요했다. 망원경과 현미경의 발명뿐만 아니라 가정을 세우고 실험을 통해 그 가정을 시험할 줄 아는 능력이 필요했다. 결국 그것은 새로운 수리과학의 도움으로 이어졌다. 따라서 문제에 초점을 맞출 수 있는 연구 센터의 설립을 요구했다. 기술의 발명과 과학적 통찰은 즉시 다른 발명과 통찰로 이어졌다. 기술과 통찰의 엄청난 확산이 거의 기하급수적인 속도로 이루어졌다.

그러나 이 시기 동안 유럽 사상의 보다 큰 맥락을 기억할 필요가 있다. 그 맥락은 르네상스 학문과 연금술적 사고방식에서 발견된다. 이 시기의 비교적秘敎的 가르침에서 우리는 과학적 탐구 방법이 출현하는 맥락을 발견한다. 비교秘敎 전통은 특히 우주의 조화와 관련이 있고, 이 우주관은 1525년에 출판된 프란체스코 조르지 Francesco Giorgi의 작품인 『우주의 조화 De harmonia mundi』에 잘 표현되었다. 기원전 6세기에 이미 피타고라스(B.C. 582~507)가 확립했듯이, 인간의 우주 이해에서 수학의 역할은 이런 우주관과 연관된다. 현대 과학의 수학 양식은 이 전통에 크게 빚지고 있다. 이 전통은 15세기 이탈리아에서 신 피타고라스주의로 부활했다. 현대의 실증주의는 그 자체로 이런 신화적 신비주의 전통에 그 뿌리를 두고 있다. 우주가 이해 가능한 질서와 원리로 이루어졌다는 이러한 신념은 지난 500년 동안 과학적 탐구의 기초가 되었다. 우주에 대한 이해가 실험을 통해 가능하다는 생각은 변환 단계를 거쳐 오늘날의 우주 이해에 이르게 한 새로운 관념이었다. 이 변환의 순서를 이해하는 것은 매우 중요하다. 왜냐하면 이러한 방법을 통해서만 이 후기 시대에(최근에) 일어나고 있는 사건들을 제대로 평가할 수 있기 때문이다. 17세기, 18세기나 19세기의 과학자 중 그 누구도 자신이 하는 일이나 자신의 발견이 갖는 더 큰 의미를 알지 못했다. 그러나 주요 인물들은 각자 20세기 중반에야 분명해지는 해석 양식에 무엇인가 필수적인 기여를 했다. 이제야 우리는 비로소 우리가 우주보다는 오히려 우주 생성 안에 살고 있다는 것을 명확하게 볼 수 있다. 이 우주 생성은 과학적인 정보를 신화적 형태 안에 담은 서사敍事로 가장 잘 표현된다.

가장 주목할 만한 것은 거의 3세기 동안의 과학적 탐구가 상대성 이론과 양자물리학의 세계에서 결국 사라지는 기계론적 우주 이해를 바탕으로 이루어졌다는 것이다.

코페르니쿠스 이후, 근대 세계를 이야기하거나 이 형성기를 검토할 때 케플러, 베이컨, 데카르트, 갈릴레이와 뉴턴 같은 전형적인 인물이 항상 등장한다. 이들은 과학의 발전 과정 그 자체에 미친 영향 때문에 특히 중요하다. 가장 필수적인 과제는 물리학을 과학의 가장 기본으로, 경험 과학의 배경뿐만 아니라 모델로 만드는 일이었다. 그래서 생물학 연구조차 분자물리학으로 환원시키려는 경향이 있었다. 심지어는 사회과학에서조차도 수학과 물리학에서 발전된 추론이라는 규범으로 이런 연구를 확립하려 노력했다.

1609년 요하네스 케플러(1571~1630)는 태양 주위를 도는 행성들의 타원 운동을 발견함으로써 천체들은 원 운동을 한다는 전통적인 인식을 깨뜨렸다. 갈릴레오 갈릴레이(1564~1642)는 경험적 관찰 방식을 확립함으로써 물리 세계의 구조와 기능을 탐구하는 인간의 방식을 영원히 바꾸어놓았다. 갈릴레이는 천체를 관측할 때 망원경을 효과적으로 사용한 첫 번째 사람이다.

르네 데카르트(1596~1650)는 분석기하학을 발견했고 물리 세계를 다루는 수학적 방식을 확립했다. 데카르트는 물리 세계와 정신을 완전히 다른 두 영역으로 분리했다. 궁극적으로 물리 세계와 정신은 모두 창조주 하느님에 의해 만들어지고 유지되고 있다고 간주하는 어떤 일치주의Concordism에 기초하여, 물리 세계와 정신을 수학적 방식으로 결합함으로써, 오히려 이 두 세계를 완전히 다른 영역으로 분리했다.

데카르트는 단번에 생물 세계의 내적 생명 원리에 관한 서구의 의식, 즉 인간 이외의 세계 안에 있는 영혼이라는 관념을 몰아냈다. 데카르트 이전에 있었던 다양한 전통에서는 늘 모든 생명체에 어떤 내적 생명 원리가 있으며, 고대의 서구 세계에서는 이를 아니마anima 라 불렀다. 데카르트는 인간 이외의 다른 생명체에는 어떤 내적 원리도 영혼도 없다고 보았다. 모든 존재는 물질과 물질들의 상호작용으로 환원되었다. 그래서 데카르트는 현상세계의 모든 실체에게 정체성을 부여하는 이해 가능한 원리로서의 내적 형태라는 관념을 제거했다. 물질세계에서 내적 형태라는 관념이 제거되자 단순한 정량화로 사물을 완전히 정복하게 되었다.

그러나 사물의 모든 주체성이나 생명 원리를 제거하는 이러한 방식을 받아들인다 하더라도, 우리는 바로 이 제거가 우주를 철저하게 과학적으로 탐구하기 위해 반드시 필요했는지를 질문해야만 한다. 나중에 인간 정신에 의하여 인식되는 사물의 특성, 심지어 사물의 미학적 특성마저 제거되었을 때 인간은 넓은 영역에서 이런 사고방식의 결과를 깨닫게 될 것이다. 이제 생명 원리는 사물 그 자체에서 발견되는 어떤 특성을 보여주는 것이 아니라 인간 정신에 의해 제공되는 주관적 특성으로 간주되기 시작했다. 사물 안의 주체성, 어떤 정신적인 특질, 어떤 미적인 실체, 양적인 것을 넘어서는 그 무엇을 포기했기 때문에, 과학은 물질 세계의 기능을 어떤 방식으로든 뚫고 들어갈 수 있었다. 구석기시대부터 기계론적 과학이 출현하기 전까지 인식되어왔던 것처럼, 우주를 어떤 내적인 형태나 생명 원리에 의해 형성되거나 성스러운 존재의 표현으로 계속 받아들였다면, 그런 방식은 도저히 불가능했을 수도 있다. 이 환원주의는 매우 심각해서 마침내 새로운 깊이로 인간 정신을 이해하도록 만들었고, 조작이라는 엄청난 힘을 제공했다. 다음 세기에서 드러나는 결과를 볼 때 환원주의가 자연세계의 목소리를 소멸시켰다는 것 또한 분명한 사실이다.

자연세계에 대한 과학의 접근에서 인간 지성의 이 재교육과 관련된 네 번째 인물은 프랜시스 베이컨Francis Bacon(1561~1626)이다. 베이컨은 기본적인 실제 지침을 확립했다. 베이컨은 과학의 모험은 인간 복지를 위해 봉사하는 것이라 여겼고, 자연에게 인간을 섬기도록 하기 위해 비밀을 드러낼 때까지 자연세계를 공격하는 임무를 과학에 부여했다. 그때부터 기능하기 시작한 새로운 과학적 방법론에 대한 열정 때문에, 베이컨의 명령은 매우 효과적이었다. 1605년에 나온 그의 작품, 『학문의 진보 Advancement of Learning』는 1610년에 출판된 갈릴레이의 작품보다 빨랐으며, 1637년에 나온 데카르트의 『방법서설 Discourse on Method』보다도 빨랐다. 이 세 권의 책은 영국과 프랑스와 이탈리아 세계를 대표한다. 케플러 이후 중부 유럽은 프랑스와 영국의 기계론적 과학과는 달리 생기론vitalism과 유기체주의organicism에 전념했다.

근대 세계에 최초의 포괄적인 우주관을 제공한 사람은 영국인 아이작 뉴턴Isaac Newton(1642~1727)이다. 뉴턴 우주관은 약 2세기 동안 일어났던 과학의 광대한 확장을 위한 배경으로서 그 역할을 했다. 뉴턴은 중력을 광대하게 확장된 공간에서 전체 우주를 하나로 묶어두고 있는 일차적인 힘으로 이해하게 했다. 가장 중요한 것은, 이곳 지구에서 경험하는 중력의 법칙이 우리가 관찰하는 천체들을 포함한 모든 물리 세계에 적용된다는 사실을 뉴턴이 증명했다는 것이다. 우주에 존재하는 보편적인 질서의 이 거대한 원천이 확립되자, 다른 분야의 과학자들은 전체적으로 안정감을 가지고 자신들이 착수한 연구에 임할 수 있었다. 더 이상 어떤 궁극적 신비는 없었다. 오직 우주를 이해하려는 인간 노력에 한계가 있을 뿐이었다.

이를 바탕으로 계몽주의 운동을 일으킬 일련의 연구 계획이 시작되었다. 1751년과 1772년 사이에 그 유명한 프랑스 백과사전 Encyclopédie이 출판되었다. 이 운동과 관련해서 인간 정신이 계속 진보한다는 관념이 생겼다. 인간 이해에 대한 초기 원천들의 존중이 정당하지 못했다는 인식, 과거의 믿음 체계에 대한 경험과학과 관찰과학의 복종이 비합리적이었다는 생각 등, 과거의 거대한 형이상학적 꿈의 세계에서 벗어나는 깨달음이 있었다.

또한, 이 시기에 생물에 대한 비교해부학적 연구와 분류 체계를 만들려는 노력도 있었다. 이것이 다음 세기 진화적 발전을 이해하는 기본 맥락을 확립했다. 유기체의 분류에서 '자연 체계'를 발견하려는 노력 덕분에 퀴비에Cuvier(1769~1832)는 척추동물, 연체동물, 체절동물, 방사대칭동물이라는 네 가지 기본 생물계를 빠르게 분류했다. 퀴비에는 이 형태들이 최초에 독자성을 확립한 후 그 다양한 양식을 지속해왔다고 생각했다. 이 시기의 특별한 연구 분야는 비교해부학이었다. 더 오랜 시간의 진화 과정에 관한 연구에서, 이 분야는 화석 증거를 다루는 데 특별한 의의를 가졌다.

생명의 순서와 지질의 순서에 대한 이해는 상호 의존적이기 때문에, 이 두 가지는 함께 연구할 필요가 있다. 최근에 와서야 우리는 살아 있는 유기체가 30억 년 이전인 아주 초기부터 지구의 지질 구조 안에 얼마나 광범위하게 들어가 있는지 알게 되었다. 그 초기부터 오늘날까지 살아 있는 유기체에는 기본적인 연속성이 있다. 물리 세계와 그 기능에 대한 근대 과학의 탐구가 시작되었을 때, 서구 세계에는 우주가 불과 수천 년 전에 생겨났고 진정한 의미의 역사는 없다는 이해가 일반적으로 퍼져 있었다. 처음부터 하나의 통합된 실체로서 우주는 지구를 초월하는 어떤 힘에 의해 유지되었다. 오직 인간만이 역사를 가질 수 있었다. 인간만이 비역사적 맥락 안에 있는 역사를 가질 수 있었다.

조르주 드 뷔퐁 Georges de Buffon(1707~1788)의 작품, 『자연의 역사 Natural History』가 출판되면서 지구의 연대를 새롭게 이해하기 시작했다. 1788년 뷔퐁이 죽은 후에도 이 책의 시리즈는 계속 출판되었는데, 1749년에 출판을 시작하여 1804년에 전체 시리즈 44권이 완성되었다. 뷔퐁은 지구의 나이를 다시 생각한 사람들 가운데 하나이다. 뷔퐁은 지구가 단지 약 5천 년 동안만 존재한 것이 아니라 최소한 8만 년은 존재해왔다고 파악했다. 보다 중요한 연구는 제임스 허튼 James Hutton(1726~1797)의 작업이다. 1795년에 스코틀랜드의 지질학자였던 허튼은 현재 일어나고 있는 지질학적 과정이 시간을 거슬러 추적될 수 있고 지구의 지질 형성과 생명의 순서를 경험에 기초하여 설명할 수 있음을 발견했다. 이 발견은 찰스 라이엘 Charles Lyell (1797~1875)의 연구로 이어졌다. 유럽의 지질 구조들을 조사한 라이엘은 1830년에서 1833년까지 지구 구조에 대한 자신의 설명을 세 권의 책으로 출판했다.

이러한 발전이 일어나는 동안, 지구의 다양한 지층에서 여러 종류의 화석이 발견되었다. 이를 바탕으로 일련의 유기적인 생명 순서에 대한 발견이 계속 이루어졌다. 고생물학 paleontology 연구를 통해 우리는 지구의 진화라는 변화 과정으로 들어갔다. 갑자기 우리는 이 변화 과정에서 창발한 인간으로서 우리 자신을 발견했다. 그것은 충격적인 인식이었다. 처음으로 이 사실을 어느 정도 명료하게 인식한 사람은 장-밥티스트 라마르크 Jean-Baptiste Lamarck (1744~1829)였다. 라마르크는 자신의 책 『동물철학 Zoological Philosophy』(1809)에서 가장 낮은 형태에서 보다 높은 형태의 생물들을 거쳐 인간에 이르는 직선의 진화 단계를 추적했다. 적어도 이 무렵에는 내적인 생기론이 이런 식으로 주장되었다. 내적 생기론은 1749년 출판된 라 메트리 Julien La Mettrie 의 책 『인간 기계 Man a Machine』를 통해 시작된 경직된 기계론를 극복하는 방식이었다. 인간이 자연세계와 통합되었다는 이 충격적 인식은 당시에 인간의 육체 구조에만 한정되었고, 인식하는 관찰자로서의 인간이라는 기본 주제에는 크게 영향을 주지 않았다. 이런 측면에서 인간은 여전히 과학 연구 영역의 밖에 남아 있었다. 과학은 인식하는 주체인 동시에 인식되는 대상인 인간 존재를 포함할 수 없었다.

라마르크 시대까지 생물계의 진화 과정은 광범위하게 연구되었고 유럽의 지성계 전체에서 광범위하게 수용되었다. 진화 과정은 불가사의한 과정으로 남아 있었다. 그러나 진화에 대한 이해는 찰스 다윈 Charles Darwin (1809~1882)과 1859년에 출판된 그의 저서 『자연선택 Natural Selection』으로 상당히 진전되었다. 토마스 헉슬리 Thomas Huxley(1825~1895)와 허버트 스펜서 Herbert Spencer(1820~1903)가 다윈의 이론을 수용하면서 진화의 윤리적이고 사회적인 함의가 확장되었다. 19세기가 끝날 무렵 유전자 연구는 가장 중요한 발전을 시작했다. 진화 과정의 또 다른 요소인 유전변이는 결국 조지 심슨 George Gaylord Simpson 에 의해 육성된 신다윈주의로 이어지는 진화적 설명의 중심 국면이 되었다.

18세기와 19세기 동안 우주 이론들은 1687년에 출판된 아이작 뉴턴의 『수학 원리 Principia Mathematica』이후 다소 제한적인 발전을 이루었다. 이 시기에는 우주의 더 큰 천문학적인 구조와 기능을 다루기 위한 몇 개의 노력만이 이루어졌다. 기본적인 우주론적 구조는 충분히 이해되었다고 여겨졌다. 수행된 연구들도 뉴턴이 제공한 설명을 약간 수정한 것에 불과하다고 생각되었다. 폴-앙리 올바크 Paul-Henri Holbach(1723~1789)는 1770년에 출간된 『자연의 체계 Système de la Nature』에서 우주에 대한 기계론적 관점을 가장 완전하게 진술했다. 뉴턴의 가르침은 삐에르-시몽 라플라스 Pierre-Simon Laplace(1749~1827)의 연구에서 더욱더 확고해졌다. 라플라스는 1799년에서 1825년까지 자신의 『천체 역학에 대한 논문 Treatise on Celestial Mechanics』을 다섯 권으로 출판했다. 비록 자신의 관심을 태양계에 국한시켰지만, 라플라스는 이 저서들을 통해 철저하게 결정론적 관점에서 우주의 기능을 다루었다. 임마누엘 칸트 Immanuel Kant(1724~1804)는 1755년 『자연의 일반 역사와 천체들의 이론에 대한 연구 A Study of The General History of Nature and Theory of the Heavens』에서 대기 중 기체들의 응축을 통해 천체와 태양계가 형성되었다는 이론을 제안했다.

현대 천문학의 진정한 창시자는 윌리엄 허셜 William Herschel(1738~1822)이다. 허셜은 직접 자신이 만든 강력한 망원경으로 이전에 수행된 방식보다 훨씬 체계적으로 천체를 관찰했으며, 다양한 지역을 표시하고, 개별적으로 그 지역들을 탐구했다.

우주를 이해하는 데 일반적으로 중요하게 여겨지는 19세기 초반의 다른 연구는 루돌프 클라우지우스 Rudolf Clausius(1822~1888)의 업적이다. 클라우지우스는 캘빈 경 Lord Kelvin(1824~1907)과 제임스 줄 James Prescott Joule(1818~1889)과 함께 열역학을 확립했다.

1850년 클라우지우스는 엔트로피의 법칙으로 알려진 열역학 제2법칙을 설명했다. 이 법칙은 우주 에너지의 양은 그대로 유지되지만 유용한 에너지의 양은 에너지가 사용될수록 비례하여 감소한다는 것을 나타낸다. 이 법칙은 우주의 거시적이고 미시적인 구조와 기능을 다루는 새로운 과학을 가져왔다.

20세기가 시작될 무렵, 뉴턴의 관점에서 우주를 이해할 수 있는 가능성은 확실히 어떤 한계에 도달하기 시작했다. 불안감이 드러나기 시작하고 있었다. 뉴턴의 우주 구조는 너무 단순했다. 이 체계의 기초가 되는 가정들, 특히 이 체계에서 관찰자의 위치는 너무 명백했고 거의 검토되지 않았다. 그다음 뉴턴 우주관의 맥락에서는 해결할 수 없는 문제들이 나타나기 시작했는데, 특히 흑체 복사 blackbody radiation 문제가 그러했다.

우주 연구의 다음 발전은 매우 탁월한 순서에 따라 우주에 대한 우리의 이해를 변화시켰다. 심지어 뉴턴이 끌어냈던 것보다 더 큰 규모로 변화시켰다. 이 변화는 주로 1905년에 보고된 알베르트 아인슈타인 Albert Einstein(1879~1955)의 브라운 운동, 빛의 양자적 성질, 특수상대성 이론 the special theory of relativity에 대한 논문에서 시작되었다. 아인슈타인의 연구는 시간과 공간, 운동과 물질, 그리고 에너지에 대한 기본 이해를 근본적으로 바꾸어놓았다. 뉴턴의 세계에서 시간과 공간, 운동과 물질과 에너지가 각각 독립된 것으로 처리될 수 있었다면, 아인슈타인의 첫 번째 업적은 그들 모두 서로 간의 관계를 고려해야 한다는 것을 지적한 것이다. 특히 에너지는 질량에 광속의 제곱을 곱한 것과 같다 $E=mc^2$는, 질량과 에너지의 등가에 대한 아인슈타인의 간단한 공식은 인간의 의식과 삶의 문제에 예측 불가능한 결과를 초래함으로써 전 지구를 뒤흔들어놓았다. 이 단순한 공식이 초래한 엄청난 충격은 1945년 뉴턴의 비활성 원자가 히로시마 상공에서 갑자기 폭발했을 때 감지되었다.

아인슈타인은 매우 간단한 공식으로 중력의 역학이 시공간의 곡률, 즉 질량과 에너지가 시간과 공간을 휘게 한 결과라고 표현했다. 아인슈타인에 의해, 막스 플랑크 Max Planck(1858~1947)가 제안한 '양자의 측면에서 에너지 방사'는 더 확장되었다. 아인슈타인은, 빛은 전하를 갖지 않고 파동의 특질을 갖는 에너지 입자로 구성되어 있다고 강조했다. 이 에너지 입자는 나중에 광자라고 명명되었다.

1900년 플랑크는 가열할 때 흑체에서 나오는 방사에 대한 연구에서, 양자라 불리는 이산離散 뭉치 discrete packets 에서의 방사를 다루는 에너지 이론인 양자역학 이론을 창시했다. 이 이론은 과학적 추론이라는 난해한 과정을 요구했지만, 우주에 대한 현재의 우리 이해와 미시세계와 거시세계에서 우주 실체가 작동하는 방식에 대한 이해에 엄청난 변화를 초래했다.

얼마 지나지 않은 1927년 베르너 하이젠베르크 Werner Heisenberg 는 전자의 위치와 운동량을 동시에 알 수 없기 때문에 원자 수준에서 완전히 객관적인 지식을 주장할 수는 없다는 논증을 통해 우주에 대한 우리의 인식을 근본적으로 바꾸어놓았다.

각각의 이 모든 발견은 우주의 구조와 기능 그리고 우주에 대한 우리의 지식을 더 깊이 있게 만들었다. 매우 포착하기 힘든 입자 수준의 우주를 이해하는 우리의 방식에서 많은 부분이 변화하는 동안 슬라이퍼V. M. Slipher(1875~1969)와, 특히 에드윈 허블Edwin Powell Hubble(1889~1953)의 연구를 통해 또 다른 변화가 일어났다. 1929년 슬라이퍼와 허블은 설득력 있는 천문학적 증거를 제시하며 우리가 팽창하는 우주에 살고 있음을 알려주었다. 이 사실이 일단 확정되고, 우주 생성의 초기 단계에서 방출된 우주의 배경 복사background radiation가 탐지되고 난 후 우주에 대한 이전의 모든 지식은 놀라운 방식으로 통합되었다.

허블 시대부터 20세기가 끝나가는 무렵까지 우주에 관한 엄청난 연구가 수행되었다. 천문학에 관한 우리 연구는 과거 어느 때보다 빠르게 발전했고 많은 정보가 축적되었다. 우리는 새로운 관측 기구들을 가지고 있다. 우주 공간으로 보낸 기구들을 통해 과거 어느 때보다도 상세하게 천체들의 좌표를 정하고 행성에 대한 우리의 지식을 명확히 했다. 그 기구들은 놀라울 정도로 상세하고 선명한 사진들을 우리에게 보내왔다. 민감한 전자 기계 장비를 가지고 우리는 광범위한 천체 현상과 접촉했다. 우리는 우주가 출현했던 그 태초의 기원에 일어났던 우주의 펼쳐짐에 관하여 이제 어느 정도 정확하게 그 윤곽을 서술할 수 있다.

그러나 이 모든 것에 관한 해석이 더 중요한 과제로 남아 있다. 코페르니쿠스 이래 현재에 이르기까지 전체 과학의 모험이 남긴 가장 위대한 성취는, 현재 우리가 가진 우주에 대한 데이터로써 시공간을 관통하여 스스로 생성하고 소멸하는 우주 변화의 순서를 이야기로 설명할 때 가장 잘 이해될 수 있다는 인식이다. 우주 변화는 그 과정의 더 큰 호를 그리며 더욱 큰 분화와 더욱 친밀한 유대 관계, 정신적 표현 양식의 더 큰 다양성과 강도를 향해 엄청나게 오랜 시간에 걸쳐 움직였기 때문에, 이 자기 형성 과정은 그 자체로 그 자체의 방향과 그 자체의 성취를 포함한다.

측정 가능한 시간이라는 역사적 순서로 우주에 관한 이야기가 있다는 사실은 20세기 이전에는 결코 깨닫지 못했다. 심지어 아주 최근까지 서구 과학자들조차 자신의 연구 과정을 통해서도 깨닫지 못했다. 연구의 초기, 특히 17세기에는 인간이 지적 발달의 어떤 단계를 통과하고 있다는 관념이 있었다. 후에 오귀스트 꽁트 Auguste Comte(1798~1857)는 이 단계를 종교의 단계, 형이상학의 단계, 실증주의의 단계로 묘사했다. 프랑스 사회주의자인 푸리에 Fourier와 생 시몽 St. Simon, 그리고 오웬 Robert Owen과 칼 마르크스 같은 유토피아주의자들(이상주의자들)이 설명한 사회 구조와 공동체적 생활이라는 더 수용 가능한 사회 구조 양식을 향한 사회 변화라는 의식이 있었다. 이제 인류는 다윈이 기술한 종의 초기 형태에서 후기 형태로의 생물학적 진화에 대한 인식이 있었다. 라이엘이 제시한 지구 지질 형성 순서의 윤곽도 드러났다.

그러나 데카르트와 베이컨이 제안한 지성의 발달도, 마르크스가 제안한 사회의 진보도, 라이엘이 제안한 지구 지질의 발달도, 다윈이 제안한 생물의 진화도 우주 그 자체가 비가역적 변화의 확인 가능한 순서로 스스로 진화하고 있다는 어떤 징후도 보여주지 않았다. 이 모든 경우에 우주 그 자체는 어느 정도 안정된 방식으로 존재한다고 가정했다.

오늘날 우리는 통합된 전체가 아닌 단편으로 우주 이야기를 알고 있다. 전체 자료는 이 파편들, 즉 사진, 연구 보고서, 다음 연구를 위한 계획들로 새로 만들어지는 중이다. 물리적 사실 그 자체가 너무 매혹적이라서 추가적인 이해의 필요성은 거의 적절하지 않아 보인다. 지금 요구되는 것은 이 이야기를 만들기 위해 요구되는 능력과 그 지난한 작업에 종사하려는 우리의 의지이다. 특히 이 이야기는 우리 인간 스스로를 이해하기 위한 포괄적인 맥락이어야 한다. 이 일은 지적인 이해뿐만 아니라 동시에 상상력을 요구하는 과제이다. 또한 우리가 과학적 모험이 발생한 최초의 신화적 기원으로 돌아갈 것을 요구한다.

현대 과학의 기원이 되는 르네상스 전통을 통해 우리는 고전 시대의 신화 세계로, 더 거슬러 올라가 신석기시대로 돌아갈 수 있으며, 심지어 우주 자체의 위대한 의례를 직접 경험했던 구석기시대로 돌아갈 수 있다. 이제 우리는 지난 시대에 걸쳐 일어났던 변형의 순서를 새롭게 이해할 수 있게 되었다. 그 지난 과정을 통해 새로운 은하와 원소가 형성되었고, 태양 주위의 행성 배열을 통해 태양계가 형성되었다. 지구는 놀라운 물질을 휘저어 외핵과 내핵, 맨틀과 연약권, 암석권과 땅 위로 분출한 화산을 통해 상위 지각을 만들었다. 초기 지구 위로 격렬한 폭풍이 지나간 다음 바다와 대륙이 형성되었고, 대기와 산소가 만들어졌다. 그리고 지구 생명이 출현해 가장 단순한 바이러스에서 가장 정교한 형태를 가진 다양한 동식물로 분화되었다. 인간은 이렇게 출현해 지구 전역에 걸쳐 발전했다. 이 거대한 이야기에 대한 가장 최근의 과학적 이해 방식조차 그 자체로 이 우주 이야기의 가장 최근 단계이다. 그것이 인간 지성이 스스로 의식하게 된 우주 이야기이다.

 이와 같은 성찰은 우리를 상상력의 영역으로 깊이 끌어들인다. 이 상상력의 영역에서 우리 인간이 우주에서 의미 깊은 방식으로 존재하는 것을 설명할 수 있는 샤먼의 역할을 과학자들이 어느 정도 맡아야 한다고 느낀다. 상대성 이론을 통해 당시의 뉴턴 과학을 전환시킨 아인슈타인의 능력은 비교적 뛰어난 지적 명민함뿐만 아니라 샤먼적 상상력도 필요로 했다. 그래서 우리는 다음 단계로의 과학 발전을 위해 무엇보다 샤먼적 통찰력이 요구된다고 말할 수 있다. 오직 이런 능력으로만 우주 이야기의 의미를 진정한 깊이로 전할 수 있기 때문이다.

 이런 이야기는 인간사에서 아직 알려진 적이 없었다. 이 이야기는 오직 과거의 다양한 문화가 세워졌던 계시적 설화와만 비교된다. 우주 이야기는 이런 수준에서 다루어져야 한다. 그렇지 않으면 우주 이야기는 평범해질 것이고, 처음으로 역사적 상황을 필요로 하는 지구의 웅장함을 해석할 수 있는 이야기가 없게 될 것이다.

지금까지 이런 식으로 우주 이야기가 전해진 적이 없듯이, 우주 이야기가 가지고 있는 의미와 심지어 성스러움에 대한 느낌도 그 양상과 크기의 정도 모두에서 새로운 어떤 것이다. 이전 이야기들은 우주의 구조와 기능을 영속적인 형식으로 다루는 신화적 이야기들이었다. 이 이야기에서 인간은 우주 변화의 돌이킬 수 없는 역사적 순서에 통합되었다. 우리가 제대로 평가해야 할 중요한 점은, 여기서 말하는 이야기가 본질적으로 무의미한 기계론적 이야기가 아니라 우주가 처음부터 신비스러운 자기 조직 능력을 갖고 있다는 이야기이다. 우주의 이런 능력을 우리가 진지한 어떤 방식으로 체험한다면, 지평선 너머에서 새벽이 번져오는 여명, 언덕에 내리꽂히는 폭풍 속 번개, 혹은 열대우림에서 한밤에 들리는 소리 등, 초기 시대 사람들의 체험이 불러일으킨 경외심보다 훨씬 큰 외경을 불러일으킬 것이 틀림없다. 왜냐하면 이 체험은 이 모든 현상을 출현시킨 우주 이야기에서 나왔기 때문이다. 이 이야기는 결코 지난 수천 년 동안 인간의 모험을 인도하고 활력을 불어넣어주었던 다른 이야기들을 억압하지 않는다. 오히려 이 이야기는 다른 모든 초기 이야기가 새로운 정당성과 더 확장된 역할을 발견할 수 있도록 보다 포괄적인 맥락을 제시해줄 것이다.

●●● 1974년, 히말라야의 레니, 우타르 카르 지역에서의 삼림 벌채에 대한 여성들의 저항, 칩코(Chipko) 운동

13 생태대 The Ecozoic Era

지금까지 우리는 우주 이야기를 더듬어왔다. 즉 태초의 찬란한 불꽃에서 출발하여 은하, 원소들, 지구, 생명체 그리고 인간 존재의 형성을 거쳐 지난 수천 년의 인류 역사 과정에 이르는 이야기를 더듬어왔다. 이런 식의 과거에 대한 설명이 어떻게 현재에 대한 대응과 미래에 대한 지침을 제공하는지 설명하지 않은 채 이 이야기를 마칠 수는 없다.

오직 신화적 비전만이 이를 설명할 수 있다. 우주 그 자체는 과학적 측면뿐만 아니라 신화적 측면을 지닌 이야기로 제시될 수 있기 때문에 신화적 비전이 아니면 이것을 표현해낼 수 없다. 과학은 객체를 다룬다. 이야기는 주체를 다룬다. 모든 존재는 객체와 주체, 두 양식을 동시에 다 가지고 있으므로 어느 양식도 다른 양식 없이 완전하지 않다.

신생대가 종말 단계로 접어든 이유는 진보라는 신화의 왜곡된 측면 때문이다. 진보 신화가 우리가 지금 다루고 있는 진화하는 우주를 새롭게 이해하는 데 긍정적인 측면을 제공하긴 했다. 하지만

이 신화는 그악스럽게 지구의 자원을 약탈하고 지구 생명 체계의 기본적인 기능을 교란시키는 방식으로 이용되었다. 지난 세기 동안 인간은 지구 사건들의 통합적인 역학을 크게 신경 쓰지 않으면서 지구 과정을 광범위하게 지배했다.

자연세계의 운명을 내적인 자발성이 이끌어간다는 생각은 터무니없다고 여겨졌다. 기계론적 양식이 생명 체계의 생물학적 기능에 덧씌워졌다. 자연세계는 인간이 이용하는 '자원'이 되었다. 진보는 지구공동체의 통합된 기능과 번영이 아닌, 인간 이외의 세계에 대한 인간의 통제 정도와 인간에게 나타나는 명백한 이익으로 측정되었다.

지구의 안녕을 감소시킴으로써 인류의 안녕을 성취할 수 있고, 지구총생산 Gross Earth Product을 무시함으로써 국내총생산 Gross Domestic Product을 증가시킬 수 있다는 생각이 이 신화, 즉 경이로운 세계가 가지고 있는 기본적인 결함이었다.

이 '진보'라는 용어 자체가 바로 우주 내부 역학의 서투른 모방 parody이다. 지구를 산업적으로 공격함으로써 성취되는 경이로운 세계, 그것을 향한 진보는 결국 우주의 모든 존재를 가능케 했던 진화 과정을 파괴시킨다. 아주 오랜 시간에 걸친 우주의 다양하고 풍부하며 성공적인 자기-표현은 마치 기적 같은 일로 최근에 와서야 제대로 평가받기 시작했다. 초신성 폭발이 일어나던 때처럼 보다 큰 존재 양식을 출현시킨 파괴의 순간도 있었다. 그러나 이러한 거대한 변형의 사건 속에서, 완전한 우주의 미래 가능성이 그 모양을 갖추었다.

이것은 인간의 이익이라는 전제하에 장엄하고 거대한 자연의 영역을 파괴시키면서 이루어진, 최근 수백 년 동안 우리가 목격하고 있는 상업적이고 산업적인 '진보'와는 완전히 다른 것이다. 이러한 '진보'의 시대가 이제 인류에게 점점 더 많은 고난을 제공하며 종말을 맞고 있다는 것은, 인류가 외부의 다른 세계에 행한 것은 곧 자기 자신의 내부 세계에 행한 것임을 입증하는 최종적인 증거이다. 자연세계의 다양성과 풍성함이 감소할수록 인간 역시 인간을 위한 경제적 자원, 인간의 상상력과 감수성, 그리고 인간의 지적 직관력의 중요한 측면들이 빈약해지고 있음을 스스로 알게 된다.

우리는 우주 전역에 걸쳐 작용하고 있는 신비스러운 힘에 대한 깊은 체험을 하는 것이 점차적으로 어려워지고 있다. 인간 영혼의 고유한 존재성이 시들어가고, 수백 년 동안 인간의 활동을 이끌어 주고 이 활동에 힘을 불어넣었던 자연현상을 체험하도록 하는 접촉이 사라지고 있다. 우주 이야기를 통해 이러한 힘들과 친교를 나누고 의례를 통해 다양한 자연현상과 상호 작용하는 것은 인간 고유의 존재 양식이 갖는 더 큰 차원을 활성화시키는 전통적인 방법이다.

지금 우리는 전체 지구공동체가 참여하는 창조의 새로운 시대로 들어감으로써 황폐한 지구의 치유책을 찾는다. 우리가 **생태대** Ecozoic Era라고 정의하는 이 새로운 시기는 고생대, 중생대 그리고 신생대를 잇는 네 번째 지질학적 시기이다. 고생대, 중생대, 신생대라는 세 개의 용어는 인간이 지구 생물계의 기능을 보다 큰 패턴으로 생각할 수 있도록 해주는, 19세기에 창안된 지질학적 개념이다. 이 개념들은 주관적이고, '신화적'이며, 비록 그 자체는 관찰 가능한 세계에서 발견되지 않지만 그 세계에 기초를 두고 있는 조직화된 표현이다. 우리가 신생대를 끝내고 있으므로, 같은 계열에 있는 네 번째 용어가 필요하다. 이 네 번째 용어를 우리는 등장하고 있는 생태대라고 부른다.

우주가 객체들의 집합체라기보다는 주체들의 친교라는 주장이 생태대의 중심 내용이다. 존재 그 자체는 각각의 존재가 우주에 있는 다른 모든 존재와 맺는 친교로부터 도출되어 그것에 의해 유지된다. 우리는 지구가 하나의 생명체처럼 기능한다고 말할 수도 있다. 여기서 생명체라는 개념은 하나의 은유적 표현으로 이해해야 한다. 왜냐하면 지구는 나무나 새와 같은 생명체가 단순히 확대된 것이 아니기 때문이다. 그러나 지구 기능의 통일성과 다른 생명 존재 기능의 통일성 사이에는 어떤 유사점이 있으므로, 행성 지구의 내부 일치성과 통합적 기능을 묘사하는 데 '유기체적인organic'이라는 용어를 사용하는 것은 정당하다. 실로 지구는 그 기능이 하나의 단일체처럼 통합되어 있어서 지구의 모든 국면은 이 공동체의 다른 구성원에게서 일어나는 모든 일의 영향을 받는다.

생명체와 같은 이러한 특질 때문에 지구는 조각난 파편 상태로 생존할 수 없다. 이것이 등장하고 있는 생태대의 가장 중요한 양상 중 하나이다. 지구의 통합된 기능은 보존되어야만 한다. 지구의 안녕은 이 행성 공동체 모든 구성원의 안녕이 이루어지기 위한 조건이다. 지구의 경제적 생존 능력을 보존하는 일이 경제의 첫 번째 법칙이 되어야 한다. 행성 지구의 건강을 보존하는 일은 의료 전문계의 첫 번째 중요한 일이 되어야 한다. 일차적인 신의 계시로서 자연세계를 보존하는 일은 종교의 기본적인 관심사가 되어야 한다. 지구의 기능이나 구조의 어떤 단계에 해를 끼치는 착취로 인간이 이익을 얻을 수 있다는 생각은 어리석은 것이다. 지구의 안녕이 최우선이다. 인간의 안녕은 여기서 파생된다.

자연공동체의 다양한 구성원이 서로를 양육하는 것이 사실이며, 한 존재의 죽음이 다른 존재의 생명이 되는 것이 사실이라면, 이것은 결국 대립이 아니라 친밀한 관계이다. 이 과정의 전체 균형은 보존되어야 한다. 받는 것이 있으면 주는 것이 있어야 한다. 호혜 互惠, reciprocity가 없으면 지구는 생존할 수 없다. 이러한 과정을 이해하지 못한 것이, 바로 신생대 후기에 인간이라는 구성 요소가 지구 파괴를 초래한 이유들 가운데 하나이다. 인간은 서로 주고받는 고유한 유기적 과정과 소생의 리듬에 따라 땅을 양육하지 않고도 자신이 땅에 의해 양육될 수 있다고 생각했다. 몇몇 지역에서 탄소원을 대처할 방법을 찾지 못하여 대기 중 화학 원소가 지구 생태계와 적절한 기후 형성에 도움을 주게 되었을 때, 인간은 석유화학산업을 통해 세계의 유전에서 석유를 개발할 수 있다고 생각했다.

이러한 호혜의 결핍은 인간 이외의 세계를, 친교를 나누어야 할 주체로 보는 대신 착취를 하기 위한 객체로 취급했기 때문에 생겨난 것이다. 이것은 특히 토양 문제에 있어서 심각했다. 땅과 인간 모두에게 궁극적인 이익을 가져오기 위해서라면 인간은 땅이 가지고 있는 생명 원리 the life principles in the soil 와 친교를 나누어야만 한다. 땅은 생명체를 생존하게 해주는 마법이 일어나는 신비의 공간이다. 이와 마찬가지로 인간과 동물 세계 사이에는 친밀한 관계가 있다. 이는 우리가 조상으로 공경하는, 동물에 대한 토템 전통이 있는 부족민들로부터 우리에게 내려온 것이다.

지구공동체의 다양한 구성원과 주체로서 친교를 나누는 이러한 감정은 인간 역사의 초기부터 알려져왔다. 구석기시대의 인간들도 이것을 알고 있었다. 이것이 그들이 동물, 특히 그들이 의존하는 동물의 그림을 그린 이유이다. 이 그림들의 미학적 특징은 당시 전체 세계가 기본적으로 친교를 경험하고 있었음을 분명하게 말해준다.

만일 사물들에 유용한 차원이 있다면, 이 차원들은 상호 호혜적인 것이 되어야만 했다. 때로는 주는 것과 받는 것이 동일한 순서나 동일한 개체 사이에서 이루어지지 않아도 그 순환은 완성되어야 했다. 이 순환은 존재들이 서로를 존중함으로써, 또 생존을 위해 상호 의존함으로써 보증되었다.

이러한 친밀한 관계는 생명 세계를 넘어 다양한 자연현상으로 확장되었다. 이 확장은 우주가 자연세계에서 기능함으로써, 특히 계절의 변화, 비와 바람, 천둥과 번개, 바다의 큰 파도, 별들과 다른 모든 천체에서 기능함으로써 이루어졌다. 모든 존재는 존재의 원초적 신비를 함께 공유하고 있는 이 거대한 세계의 단일한 울타리 안에 존재했다. 초기 문명들에서 우주의 질서는 일관성 있게 인간 사회 안에서 체험되었고, 인간의 사회 질서는 우주적 질서라는 차원에서 이해되었다. 이것이 사물들의 단일한 우주 질서와의 차이점이었다.

미래를 생태대라고 부르기로 할 때 우리는 새로운 맥락에서 인간 인식의 초기 양식의 부활에 유의하게 된다. 이 새로운 배후의 맥락은 우리가 최근에 우주를 비가역적 변천의 연속 과정으로 경험하면서 생겨났다. 옛날 사람들에게 우주의 움직임이 단순히 영원히 반복되는 계절이나 천체의 순환이었다면, 우리는 우주가 순환적으로 기능을 하는 양식뿐만 아니라 비가역적이고 연계적인 변형의 양식도 가지고 있음을 경험한다. 빛의 현상에 대한 파동과 입자 이론이 하나의 해석으로 축소될 수 없는 것과 마찬가지로 이 두 가지 양식은 단일한 설명으로 모아질 수 없는, 다르지만 상호 보완하는 이해 양식이다.

그러나 우주의 움직임을 끊임없이 반복되는 계절의 순환으로 여겼던 초기 이해에서 벗어나 비가역적 변천의 연속 과정으로 이해하는 일은, 어떻게 우주가 생겨나고 더 큰 표현의 패턴 안에서 기능하는지에 대하여 초기 이해에 몰두하던 이들이 극복하기에는 너무 버거운 것이었다.

　이러한 두 가지 이해 양식은 유아의 시야와 비교할 만하다. 유아는 우주를 자각할 때 분명히 깊은 통찰 없이 사물들을 단순한 확장으로, 즉 외견만으로 인지한다. 어느 정도 시간이 지난 다음에야 유아는 다른 차원들을 인식하게 된다. 우리 역시 역사의 초창기에는 어떤 특정한 공간적 관점에서 우주를 인식한 것처럼 보인다. 이러한 맥락에서 시간은 끊임없이 반복되는 계절의 순환 양식으로 움직인다. 루크레티우스가 같은 것은 영원히 같다고 말한 것처럼, 끊임없는 과정 속에서 존재하게 된 것들은 다시 태어나기 위해 소멸한다.

　이런 인식의 틀 안에서는 스스로 생성하는 우주의 연속된 변천 과정은 우리에게 유용하지 않다. 연속된 변환의 틀에서 우주를 처음 인식했던 사람들이 이 발견을 순전히 기계론적으로, 의미 없이, 심지어 순전히 무작위적인 과정으로 우리에게 알려주는 바람에 이 어려움은 더욱 커졌다. 우주, 밤하늘의 별들, 새벽과 일몰, 광활한 바다, 멀리 보이는 산맥들, 꽃이 만발한 초원, 가을바람 속으로 날아오르는 매, 이 모든 것이 갑자기 무한한 수의 원자와 원자보다 작은 소립자들의 순전히 우연한 조합으로 환원되어버렸다.

　지금까지 우주를 인식하면서 경험했던 모든 것이 인간 영혼을 고양시킨다는 사실을 인식하지 못했던 인간에게 우주를 태초부터 정신적-영적 차원을 지닌 존재로 이해하는, 이 새로운 창발적 우주 생성 이야기가 깊은 변화를 불러일으킨다는 것은 그리 놀랄 일이 아니다. 우리는 지금 인간이 단순히 주변의 모든 존재와 관련을 맺고 있는 것이 아니라 우주에 있는 모든 존재, 특히 행성 지구에 있는 생명체들과 가까운 친척 관계라는 데 놀라고 있다. 인간이 낮은 수준으로 내려가는 것이 아니라, 말하자면 다른 존재들이 높은 수준에서 인식되는 것이다. 우주의 생명체들과 인간은 상호 친밀한 관계를 통해 무한히 확장된다.

우주를 바라보는 이 새로운 관점을 통해 우리는 지구가 단 한 번 주어진 선물이라는 중요하고 새로운 사실을 깨닫는다. 지구는 실제로 끊임없이 반복되지만, 어느 한계 안에서 그러하다. 정확히 이러한 한계가 무엇인지 우리는 알지 못한다. 하지만 지구가 지닌 그 한계가 무엇이든 그것은 매우 중요하다. 이 태양계 안에 지구와 같은 행성은 존재하지 않는다. 우리는 우주 안에서 지구와 같은 다른 행성을 알지 못한다.

비극적인 일은 우리가 지금 고의적으로 행성 지구의 경외할 만한 광채를 소멸시키고 있다는 사실이다. 우리는 지구 전체에서 가장 화려한 생명 체계인 열대우림을 매일 초당 1에이커씩 파괴하고 있다. 해마다 우리는 오클라호마 주 크기의 열대우림을 파괴하고 있다. 지구 전역에 걸쳐 인간은 현존하는 생명체들을 소멸시킬 뿐만 아니라 보다 정교한 형태로 생명체 안에 들어 있는 생명의 순환 조건을 파괴하고 있다.

우리는 자살, 동족 살해, 대량 학살 등을 저질렀고, 그다음 지구의 생명계를 죽이고 지구 자체를 죽이지는 않지만 심각한 붕괴를 가져오는 생물종의 학살 biocide 과 지구 학살 geocide 로 옮겨 왔다. 또 지구에 대해 단순한 물리적 공격을 하면서 석유화학산업으로 지구의 화학적 균형을 교란시키고, 유전공학으로 지구 생명체의 유전자 구성을 이상하게 조작하고, 핵산업으로 지구에 방사능 물질을 폐기하는 상황으로 옮겨 왔다.

생물학자 윌슨 E. O. Wilson 의 주장에 따르면, 우리 인간은 40억 년 전 생명이 처음 시작된 이후 '지구에 있는 생명체의 다양성과 풍부함에 가장 거대한 곤경'을 초래하고 있다고 한다. 저명한 또 다른 생물학자인 파울 에를리히 Paul Ehrlich 의 평가에 따르면, 우리는 대략 해마다 1만여 종의 생물종을 멸종시키고 있다. 또 다른 생물학자인 피터 레이븐 Peter Raven 은 우리가 우리 세계를 죽여가고 있는 것일 수도 있다고 지적했다.

지구가 우리에게 단 한 번 주어진 선물이라는 사실을 인간이 제대로 이해하기는 힘들다. 지구가 쉽게 회복하는 강한 재생력을 가지고 있다 해도 지구에는 한계가 있고 재생시킬 수 없는 측면이 분명히 있다. 이를테면 반복되는 지구의 계절조차도 사라질 수 있으며, 동물종과 식물종도 마찬가지다. 하나의 생물종이 멸종해버리면 그것을 부활시킬 수 있는 힘을 우리는 지구 어디에서도 찾을 수 없다. 엔트로피의 법칙은 무서운 법칙이다.

미래의 지구가 과거와 다르게 기능할 것이라는 점은 이미 분명해졌다. 미래에 지구의 복잡한 전체 생명 체계는 인간의 영향을 포괄적으로 받을 것이다. 찬란한 신생대는 인간의 영향과는 무관하게 출현했지만, 생태대의 거의 모든 국면은 인간을 끌어들일 것이다. 인간은 풀잎 하나 만들지 못하지만, 풀잎을 수용하고 보호하고 양육할지의 여부는 인간에게 달려 있다. 멀지 않은 미래를 위해 인간-지구 관계에 있어서 세 가지 주요한 개념은 수용, 보호, 양육이다.

주어진 사물의 질서를 수용하는 일은 생명공동체의 다른 구성원들보다 인간에게 더욱 복잡한 문제이다. 왜냐하면 분명히 인간은 우주와 지구, 지구의 더 적절한 기능 방식과 만물의 보다 큰 맥락 안에서 인간 자신의 역할에 대해 더 비판적으로 성찰할 수 있기 때문이다. 그러나 다른 존재들과 마찬가지로 인간 존재도 종種들이나 개인의 어떤 바람직한 행동 때문에 주어지거나 획득할 수 있는 것이 아니다. 순수한 수용의 조건은 존재하게 된 그 주체에 의해서가 아니라 지구적 사건들의 보다 광범위한 과정에 의해서 결정된다. 이것은 인간 개체가 태어난 더 큰 맥락 안에 있는 개인에 의해, 사회에 의해, 그리고 종들에 의해 그 존재가 수용됨을 뜻한다.

인간에게 있어서 실존은 큰 기쁨을 누릴 가능성을 주기도 하지만, 생존에 대한 끊임없는 육체적이고 정신적인 걱정들을 가져온다. 우리는 숨을 쉬고, 물을 마시며, 밤하늘의 별을 보고, 새벽에 눈을 뜨거나 저녁의 일몰을 벗 삼으면서 만족을 느끼기도 한다. 지빠귀의 노래나 복숭아의 맛과 같은 자연현상에 기뻐하기도 한다.

아이와 부모, 그리고 사람들과 포옹하면서 서로 충만함을 나누기도 한다. 민속 음악을 노래하고 위대한 작곡가의 음악, 시각예술과 행위예술, 춤과 종교 의례를 노래하기도 한다. 내면의 영적 체험도 할 수 있다. 그러나 이 모든 것에도 불구하고 우리는 서구 정신에서 인간 조건에 대한 숨겨진 깊은 분노라 부를 수 있는 것을 발견한다. 물론 여기에는 견뎌내야 할 보다 일상적인 고통이 있다. 우리는 여름의 더위와 겨울의 추위, 풍요와 결핍의 시기, 그리고 인간관계에서 실망할 때도 있다. 또한 개인적으로 견뎌야 하는 매우 아픈 고통과 다른 이들의 고통도 있다. 결국 생명을 위해 우리가 치러야 할 대가가 죽음이라는 사실을 발견한다.

이러한 모든 이유로 인해 실존에 대한 비애감 pathos 은 커져간다. 그러나 만일 실존에 순전히 기쁨만 있고 치러야 할 대가가 없다면, 그리고 죽음이 삶의 조건이 아니라면, 실존 전체는 하찮아질 것이다. 위험과 죽음은 모험을 위한 조건이며, 모험이 없는 삶은 지루한 경험이 될 수 있다. 평범한 실존은 우주의 구조와 기능에 의해 수용되지 못할 것이다.

그런데 이런 지루한 실존 양식이 바로 정확하게 신생대 말기에 창안되었던 것이다. 자연세계를 기계론적으로 지배할 수 있는 새로운 기술을 습득함으로써, 우리는 원수들로부터 우리 자신을 보호할 수 있고, 엄청난 양의 식량을 생산하여 세계 어느 곳으로든 운송할 수 있으며, 지구 전역에서 즉시 통신할 수 있고, 심지어 인공 장치의 도움으로 죽음을 늦출 수 있는 힘을 발견했다. 이 모든 지식과 그에 상응하는 기술을 통해 우리는 인간이 통제하는 보다 덜 위협적인 세계, 과거의 버거웠던 자연의 도전이 제거된 세계를 창조했다. 이로써 사물에 대한 자연적 조건으로부터 우리 자신을 보호하는 과정에서 자연을 유린하는 결과를 낳았다. 우리는 우리 실존의 가장 즐겁고 창조적인 많은 측면을 상실했다. 세계를 객체들의 집합체로 간주하여 지배함으로써 안전을 얻었지만, 주체들과 친밀한 관계를 맺는 능력을 상실했다. 우리는 지구 곳곳에 흩어져 있는 자연계에 존재하는 모든 동료의 목소리를 더 이상 듣지 못한다. 또한 우리가 찾던 만족을 실제로 얻었는지도 확실하지 않다.

자동차, 고속도로, 주차장, 쇼핑몰, 발전소, 핵무기 공장, 공장식 축산 농장, 화학 공장들, 백 층짜리 건물들, 끝없는 교통량, 소란스러운 인구들, 거대도시, 허물어져가는 아파트가 있는 이 새로운 세계는 인간이 대처하려고 했던 자연적인 조건보다 우리에게 더 큰 고통이 되었다. 우리는 화학물질에 찌든 세계에 살고 있다. 이것은 생명을 주는 조건이 아니다. 죽음이 아니면 손상이 있는 조건이다. 인간은 이제 창조적으로 사용할 수 있다고 믿는, 어떤 능력으로도 대처하기 힘든 끝없는 쓰레기 속에서 살고 있다. 우리의 시야는 대기오염 때문에 심하게 손상되었다. 우리는 더 이상 예전처럼 분명하게 별들을 보지 못한다.

그러나 바로 거기서, 특히 이 모든 과정의 결과로서 나온 결핍을 채울 능력이 대부분 차단된 상태에서 이러한 종류의 실존에 대한 신화가 생겨났다. 결국 우리는 궁극적으로 지구를 지배하게 될 것이고 지구는 우리 인간의 필요와 목적을 위해 봉사하게 될 것이므로, 이것이 전체 지구를 위한 창조적인 존재 양식으로 가는 길이라는 어떤 성취감과 돌이킬 수 없는 신념이 그 안에 들어 있다. 과학과 기술은 우리가 만들고 있는 어떤 병적인 결과에 대해서도 치유책을 제시할 능력이 있는 것처럼 보인다. 우리에게는 유전공학과 같은 특별한 능력도 있다.

우리의 약탈적 산업사회에서 새롭게 개발된 이 신화는 생태대로의 진입이 아닌 기술대Technozoic era라고 부를 수 있는 만물의 질서에 대한 더 큰 통제를 형성함으로써 신생대에서 벗어나려고 노력한다. 아마도 오늘날 산업사회의 보다 많은 분야가 생태대보다는 기술대를 지향하는 듯하다. 현대의 전체를 지배하는, 거대 경제를 통한 협력 구축은 확실히 기술대에 전념한다.

이렇게 볼 때 생태대가 존재하려면 상업적 - 산업적 신화에 대항하는 신화가 일깨워져야 함은 분명하다. 미래는 이 두 세력 사이의 긴장으로 묘사될 수 있다. 20세기의 지배적인 정치 - 사회적 주제가 자본주의와 사회주의, 민주주의적 자유와 사회주의적 책임 사이에 있었다면, 가까운 미래의 지배적인 문제는 분명히 기업가와 생태주의자 사이의 긴장이 될 것이다. 이것은 약탈을 계속하려는 자와 진정으로 자연세계를 보존하려는 자, 기계론과 유기체론, 객체들의 집합으로서의 세계와 주체들의 친교로서의 세계, 실재와 가치에 대한 인간중심주의와 생명중심주의 기준 사이에 있다.

생태대를 향한 포괄적인 헌신만이 오늘날 기술대를 위한 상업적-산업적 기관들의 신비에 가까운 헌신에 효과적으로 맞설 수 있다. 신생대를 벗어나고 있는 이 전환의 국면에서 특별히 지구의 성스러운 차원을 의식하도록 일깨울 필요가 있다. 위기에 처해 있는 것은 단순히 경제적인 자원이 아니라 존재 자체의 의미이기 때문이다. 궁극적으로 성스러운 세계의 생존이 중요하다. 이것이 사라져버린다면 의미의 세계는 정말로 재로 변해 사라질 것이다. 우리는 달과 같은 환경에서 살아가게 될 것이다. 광활하게 펼쳐진 황량한 달에서 성스러움에 대한 우리 인식은 겨우 달의 풍경을 반영할 뿐이다. 우리의 상상력은 달처럼 황폐해질 것이며, 감각도 달처럼 무뎌지고, 지성도 달처럼 텅 비어버릴 것이다. 우리의 내면 세계를 바꾸지 않고서는 외부 세계를 바꿀 수 없다. 황폐해진 지구는 인간의 심연 속에 반영될 것이다.

지구 위에서 서로의 삶을 향상시키는 인간 존재의 확립, 그것을 도와주는 일이 생태대의 포괄적인 목적이다. 분명히 이 일은 즉시 실현될 수는 없다. 그러나 어떤 방법을 통해서든, 수용 가능한 한계 안에서 이 목적이 실현되지 않으면 인간의 존재 양식은 점차 퇴화할 것이다. 인간과 지구 모두가 겪는 이 퇴화는 우리가 다루고 있는 직접적인 악이다. 향상 또는 퇴화는 공동의 체험이 될 것이다. 우리는 공동운명체이다. 단순히 인간 공동의 운명이 아니라 지구공동체의 모든 구성원이 공유한 공동 운명이다.

생태대의 당면 목표는 단순히 지금 일어나고 있는 지구 약탈을 감소시키는 일이 아니다. 그보다는 오히려 이런 지독한 행위를 낳게 한 사고방식을 바꾸는 일이다. 우리가 오염되지 않은 공기, 물, 토양 그리고 지구 생명 체계의 통합 공동체에서 생존하기 위해 필요한 일차적인 기초를 인식하지 못한다면, 대기의 화학 조성을 계속 바꾸려고 고집한다면, 우리가 태어난 신생대의 번영을 가져온 좋은 기후와 생명을 주는 계절의 순환에 악영향을 끼치기 시작한다면, 우리는 깊은 문화적 병리 현상 cultural pathology에 빠져 있다고 보아야 할 것이다. 특히 우리가 생명과 생존에 관련된 문제들을 몇몇 개인이나 기업의 이익, 상업적 이윤을 위해 헐값에 넘기는 것은 특히 가슴 아픈 일이다.

모든 역사 단계에서 기본이 되는 의무는 스스로 생겨나 유지하며 변천의 단계를 계속하는 우주 창조 과정의 통합성을 유지하는 일이다. 이 통합성을 의미심장한 방법으로 변화시키거나 또는 포괄적인 맥락에서 지구의 기능 방식을 우리가 이해한다는 가정 아래 이 과정을 통제하려고 하는 것은 너무나 어리석은 일이다. 이 변환의 연속 과정은 매우 신비로워서 우리 스스로, 또는 우리에게 익숙한 의식 형태로는 이를 포괄적으로 이해하지 못한다.

그러나 인간의 이해 양식은 이 창조 과정 안으로 진입해야만 한다는 독특한 책임감을 느끼게 했다. 우주의 기원이나 운명 또는 우주의 어떤 특정 국면에 대한 폭넓은 지식은 없지만, 우리는 우주가 스스로 들려주는 이야기, 즉 처음에 우주가 어떻게 생겨났는지, 또 우리 앞에 펼쳐진 놀라운 하늘 세계와 지리, 생물 그리고 인간의 출현을 통해 보여준 지구의 거대한 장관을 이끌어낸 그 변환의 과정이 어떠했는지에 대해서는 이해하고 반응할 수 있는 능력이 있다.

지구 위의 다른 모든 존재와 마찬가지로 우리는 인간의 정체성을 제공하는 인간 고유의 이해력과 평가 능력 안에서 그 과정에 들어가도록 요청받고 있다. 이 과정에 들어가서, 이 과정을 존중하고, 이 과정을 실존과 의미를 위한 성스러운 맥락으로 수용하기를 요청받으며, 이 과정에 폭력적으로 개입하거나 중요한 표현 양식을 갖는 과정 그 자체를 손상시키는 통제를 시도하지 말 것을 요청받는다.

개별 인간에서부터 모든 직업과 인간 조직, 모든 방식의 사회적-정치적 공동체에 이르기까지 인간의 모든 수준에서 광범위한 책임 문제가 발생한다. 왜냐하면 인간은 생명 그 자체, 행성 지구, 하나의 종으로서의 인간 실존에 부여된 역할에 책임이 있기 때문이다. 20세기 말을 거쳐 21세기가 시작되는 시점에 와 있는 지금 우리의 책임을 다하는 길은 신생대의 폐허로부터 실존으로 등장하고 있는 생태대의 출현을 돕는 것이다.

지난 2세기 동안 과학과 기술을 통해 지구를 통제하기 시작하면서, 인간은 확실한 성공을 거두기에는 인간 능력을 넘어서는 책임을 떠맡게 되었다. 그러나 인간이 지구 생태계의 기능에 너무 많이 개입했기 때문에, 이 행성 지구와 전체 생명계를 우리가 만들어놓은 파멸과 독성의 상태에 두고 그냥 떠날 수는 없다.

우선 인간은 지금까지 해왔던 방식을 버리고 지구 생명-체계에 기계론적 부담을 지우려는 노력을 중단해야 한다. 그렇게 하면 우리의 과학적 인식을 초월해나가면서 마치 조율을 하듯 자연세계의 소리에 귀 기울이게 될지도 모른다. 그러나 과학적 방법이 아무리 유용하다 해도, 지구 생명 체계에서 만물의 과정을 궁극적으로 결정하는 그 자발성들을 다룰 수는 없다. 이 과정을 이해하려면 과학을 넘어서는 어떤 것, 또는 생물학자 바바라 맥클린톡 Barbara McClintock의 전기 『생명체의 느낌 A Feeling for the Organism』에서 제시된 것과 같은 새로운 형태의 과학이 필요하다.

우리는 자연세계로부터의 탈출이 아니라 자연세계와 관계를 맺는 우리 자신의 고유한 본능적 감성에 따라야 한다. 지구 전역에서 일어나는 다양한 운동들을 볼 때, 인간이 지구를 포기하지 않았다는 사실은 점점 더 분명해진다. 여기서 대략 제시된 방향은 전 인간공동체에서 일어나는 모든 진지한 생태운동의 과제이다. 이와 같은 많은 운동이 우리의 사회 제도 안에서 이미 기능하고 있다.

오늘날 우리가 처한 곤경에 대한 깊은 인식은 1948년에 출판된 알도 레오폴드 Aldo Leopold의 저서 『모래 군의 열두 달 A Sand County Almanac』에 실린 '땅의 윤리 A Land Ethic'라는 글에서 시작되었다. 같은 해에 페어필드 오즈번 Fairfield Osborn은 『우리의 약탈당하는 행성 Our Plundered Planet』이란 책을 출판했다. 이 두 권의 책은 지구 생물계에 DDT 공격을 가함으로써 발생하는 결과들을 담아 1962년 출간된 레이첼 카슨Rachel Carson의 책 『침묵의 봄 Silent Spring』보다 몇 년 앞서 출판되었다. 이에 과학 사회와 상업 사회가 격앙된 목소리를 냈다. 그즈음 해마다 수천 개의 새로운 화학물질이 지구의 기능에 미치는 충격에 대해서는 전혀 관심을 기울이지 않은 채 석유화학산업이 막 태동하고 있었다.

이 시기 내내 공기와 물이 심하게 오염되면서 인간 복지와 관련된 심각한 문제들이 발생하고 있음이 점점 더 분명해졌다. 1970년에 깨끗한 대기법Clean Air Act이 미국 의회를 통과하면서, 이 문제에 대해 정부 측의 책임 있는 행동이 요구된다는 사실이 충분히 증명되었다. 곧이어 늘 지구와 지구에서 순환하는 공기와 물에 대하여 국가를 넘어서는 해결책이 필요하다는 사실도 분명해졌다.

1972년 국제연합의 후원으로 스톡홀름 회의에서 이 문제를 진지하게 다루기 시작했다. 당시 세계 그 어디에도 환경보호 기관은 없었다. 이 회의 이후 대부분의 국가에는 환경보호 관련 기관들이 설립되었고, 더 나아가 유엔환경계획United Nations Environmental Program이라는 보다 중요한 기관이 세워졌다.

같은 해 로마 클럽Club of Rome의 특출한 보고서 『성장의 한계 Limits to Growth』라는 훌륭한 연구 결과가 발표되었다. 이 보고서는 시스템 분석이라는 새로운 학문을 이용한 최초의 포괄적인 발표였다. 이 발표는 당시 벌어지고 있던 무한한 진보와 그에 따른 지구의 빈곤화라는 어리석은 짓에 대하여 통렬한 공격을 담고 있었다.

이것은 과학과 상업주의 세력으로부터 격렬한 비판을 받았다. 대부분의 비판은 이 연구의 주요 핵심을 파악하지 못했고, 결국 소비 양식, 재무 financial affairs, 인구 문제, 그 밖의 모든 것이 기하급수적으로 증가하는 어리석음을 낳았다.

1980년 7백 명이 넘는 과학자와 백 개가 넘는 국가에서 모인 전문가들이 지구 생태계의 안녕과 분리된 채 인간의 안녕을 얻을 방법이 없음을 지적하면서 세계 보존과 개발 전략 A World Strategy for Conservation and Development을 발전시켰다.

1982년 국제연합은 인간과 다른 생명체 사이의 친밀한 관계와 필요한 거주 환경에 대해 모든 생명체의 타고난 권리를 분명하게 밝힌 세계자연헌장 World Charter for Nature을 승인했다.

1983년 국제연합 총회에서 정해진 세계환경개발위원회 World Commission on Environment and Development는 1987년에 『우리 공동의 미래 Our Common Future』라는 제목의 보고서를 제출했다. 이 보고서는 인간이 다룰 수 있는 능력 범위를 넘어서는 절박한 위기를 피하기 위해 인간공동체가 취해야 할 미래의 행동 방향과 함께 현재의 인간-지구 관계의 상태를 요약하려고 노력했다. 이 보고서의 탁월한 업적은 현재의 위협에 대한 해법이 어떤 한 나라의 생존이 될 수 없다는 주장이었다. 왜냐하면 우리에게는 분리된 미래가 있는 것이 아니라 전체 국가들과 보다 큰 지구공동체의 공통된 운명, 공유된 미래만이 있기 때문이라는 것이다.

인간이 지구에 끼친 이와 같은 광범위한 손상의 근본 원인이 서구 문명에 있다는 사실을 인정하기란 너무나 어려워서, 일반적으로 서구 사회는 일종의 충격과 거부의 상태, 이와 같은 상황이 실제 상황임을 믿지 않으려는 상태에 빠져 있다. 인간이 지구공동체의 영광이며 왕이라는 확신에서 벗어나 우리가 이 공동체에서 가장 파괴적이고 위험한 구성원이라는 것을 자각하지 못한다. 이러한 부정은 어떤 형태든 중독addiction에 빠진 사람이 보여주는 첫 번째 태도이다. 실체와 가치의 판단 기준이 되어버린 상업적-산업적 진보에 대한 서구 세계의 중독은 지구 위의 다양한 민족과 문화 전역에 만연된 태도가 되어가고 있다.

이 모든 현실 상황을 알리려는 노력은 대체로 큰 반대에 부딪힌다. 대부분 이 반대는 우리의 산업 문화에 있는 종교, 교육, 직업 제도를 추종하기 때문에 생긴다. 문화 형태를 결정하는 이 중요 요소들은 우리가 직면하고 있는 파국의 상황에 큰 관심을 표명하지 않는다.

일반적으로 부정의 상황에서 그러하듯이, 엄청난 충격과 붕괴 때문에 갑자기 우리가 죽음과 중독된 행위 중 하나를 선택해야 할 상황에 직면할 때에야 그 치유책이 나타날 것 같다. 이 경우 이 임박한 붕괴는 훨씬 더 엄청나게 큰 규모이며 보다 분명한 결과를 가져올 것이다. 우리가 당면한 이 위기는 단순히 인간의 붕괴가 아니라 지구 생물-체계의 붕괴이며, 사실 어떻게 보면 지구 자체의 붕괴이다.

이 말은 지구의 보다 기본적인 생명 체계가 더 멸종 위기에 있다는 뜻이 아니다. 이 기초 생태계, 즉 작은 생명체들은 곤충류, 설치류, 식물, 그리고 많은 나무와 동물과 마찬가지로 분명히 계속 존재할 터이고, 아마 더 번성할 것이다. 여기서 말하고자 하는 것은 예측 가능한 미래에, 또는 인간이 이해할 수 있는 역사적 단계나 생물적 단계에서 오늘날 표현되는 지구의 조건이 심각하게 황폐할 것이라는 점이다. 물과 공기와 토양의 오염은 열대우림의 약화와 생물종의 감소와 함께 상당한 기간 동안 지속될 수 있다.

그러나 우리 앞에 놓인 이 난관들을 과소평가하려는 경향이 인간 의식의 근본 변화를 가로막는 가장 큰 장애물이다. 이 근본 변화는 생태대의 창조적 국면으로 진입하기 위해 반드시 필요하다. 이 변화는, 다르지만 결국은 같은 것인 새로운 종교 전통을 요구한다. 우리가 우주를 새롭게 감지하는 일은 그 자체가 계시 체험의 일종이다. 오늘날 인간은 인간에게 알려져 있는 종교 표현들을 넘어 초종교적 시대 meta-religious age로 가고 있다. 이것이 모든 종교를 위한 새로운 포괄적 배경이 될 것이다.

생태대는 인간의 광범위한 합의를 필요로 하며 전 지구적 규모의 프로그램에 대한 지원을 필요로 한다. 전체 지구는 공동의 것으로 이해될 것이다. 이미 지구 위에 있는 대기, 바다, 우주 공간은 보편적인 공동 영역으로 인지되고 있다. 또한 전체 지구적 관점에서 보는 생물학적 영역도 있다.

인간의 모든 직업은 지구공동체의 통합된 기능에서 그 원형과 기본 원천을 인식할 필요가 있다. 자연세계는 그 자체로 일차적인 경제 실체이며, 일차적인 교육가이며, 일차적인 통치자이며, 일차적인 기술자이며, 일차적인 치유자이며, 일차적으로 성스러운 현존이며, 일차적인 도덕적 가치이다.

경제학에서 볼 때 인간 경제가 지구 경제에서 파생되었다는 사실은 분명하다. 되돌릴 수 없는 지구총생산의 감소를 통해 국내총생산을 증가시키고 이를 축하하는 일은 경제학적으로 어리석은 짓이다. 우리의 소비 형태가 지구의 지속 가능한 생산성의 범위를 넘어설 때 우리는 그저 지구공동체를 파멸로 몰고 갈 것이다. 인간 경제가 생존할 수 있는 유일한 방법은 지구 경제와의 통합이다.

교육은 교정하기에는 이미 늦었지만, 미래에는 많은 변화가 있으리라 기대할 수 있다. 교육은 우주, 행성 지구와 생태계, 그리고 의식에 대한 모든 이야기를 하나의 이야기로 알고, 그 이야기 안에서 인간의 역할을 인식하는 일로 정의될 수 있을 것이다. 인간 개개인이 이 큰 의미의 형태 안에서 자신들의 적절한 역할을 완수할 수 있는 능력을 제공하는 일이 교육의 근본 목적이 되어야 한다. 그 이야기의 전체 맥락을 이해할 때에만 우리는 위대한 우주 이야기 안에서 우리의 역할을 이해할 수 있다.

통치 체제에 있어서 우리는 한정된 민주주의에서 더 포괄적인 생명주의 biocracy로 넘어가고 있다. 단순히 이 대륙에 있는 인간만이 아니라 지리적 구조와 지구의 기능, 지구에 흩어져 살아가고 있는 다양한 생명 체계를 포함하는 전체 북아메리카 공동체를 위한 헌법을 우리는 상상할 수 있다. 어떤 거대 프로젝트가 환경에 영향을 미치기 전에 국가 간의 환경적 결합에 대한 요구가 법적 차원에서 시작되었다. 국가들이 직면한 과제들 중 가장 중요한 것은 국가 간의 상호 관계에 대한 규정이었다. 특히 보다 산업화된 북쪽 국가들이 덜 산업화된 남쪽 국가들을 착취하고 있다는 사실이 현재 가장 참고해야 할 내용이다. 이것은 일반적으로 인간 진보에 부정적일 뿐 아니라 인간사회의 완전한 파괴를 초래한다.

  기술 분야에서는 인간 활동이 자신을 포함한 생태계의 자연 기능과 조화를 이룰 때 가장 효과적이고 지속적임을 알기 시작했다. 인간 기술은 지구의 뛰어난 기술을 배워야 한다. 엽관식물의 수송 체계, 광합성의 에너지 변환, 물과 무기물의 효율적인 순환, 유전 정보의 교환 체계는 대단한 능력과 절묘함을 가진 기술적 모델이다. 지금 우리에게 필요한 것은 지구의 기술과 조화를 이루고, 오늘날의 농업, 에너지, 건축 작업들이 지구 기능과 통합된 관계 안에서 수행되도록 해주는 생물 중심적인 인간 기술이다.

  의학 분야에서는 지구 생태계의 안녕이 인간의 안녕을 위한 전제 조건임을 알기 시작했다. 우리가 알고 있는 모든 의료 과학에도 불구하고 우리는 병든 지구에서 건강한 인간으로 존재할 수 없다. 인간이 지구가 흡수하고 변환시킬 수 있는 것보다 많은 독소를 계속 만드는 한, 지구공동체의 구성원들은 병들어갈 것이다. 인간의 건강은 지구의 건강을 기본으로 해서 파생되는 것이다. 지구의 건강이 일차적이다.

종교는 기본적인 성스러운 공동체가 우주 자체임을 제대로 평가하기 시작했다. 보다 직접적인 관점에서 보면, 성스러운 공동체는 지구공동체다. 인간공동체는 보다 광대한 지구공동체에 참여함으로써 성스러워진다.

윤리 문제에서 우리는 자살, 동족 살해, 대량 학살을 넘어 최근까지 우리 문명 전통에서 인식되지 않았던 생명 학살과 지구 학살을 악에 포함시킴으로써 윤리적 감수성을 확장시키고 있다.

무엇보다도 미래에는 여성의 역할이 이 모든 영역을 넘어서서 다른 어떤 영역보다 더 포괄적인 기능을 하게 될 것이다. 오늘날 우주와 행성 지구의 맥락에서 인간 모험의 가장 기본적인 차원을 해석할 수 있는 여성의 능력을 깨닫는 일이 필요하다. 가족, 출산, 양육은 언제나 인간사의 핵심이 될 것이다. 그러나 여성 자신과 인간-지구 모험의 더 큰 운명을 위해서 특별히 새로운 활동 영역이 요구된다. 우리는 인간 실존의 모든 국면에서 여성이 제공하는 이 특별한 통찰 없이는 아무 일도 할 수 없다.

인구 증가를 억제하고, 심지어 인구 감소를 고려해야 할 필요성 때문에 전체 인간 조건은 가장 기본적인 한 측면에서 아주 분명하게 변화되었다. 이 변화 때문에 대부분의 전통 문명에서 단호하게 거부되었던 여성의 사회 참여가 새롭게 가능해졌다. 여성주의와 생태여성주의 같은 운동의 등장으로 이미 대부분의 산업국가에서 모든 기본 직업과 사회 제도가 바뀌었다. 여성의 사회 참여가 세계 전역에서 늘어나고 여성들이 오랫동안 견뎌왔던 억압에서 해방되어 새로운 개인적 성취를 얻으면서 새로운 에너지가 지구 전역에서 분명하게 감지될 것이다. 그 결과가 정확히 무엇인지 알지 못한다 해도 이 에너지가 창조와 치유의 힘이 될 것이라고 희망할 이유는 있다.

언어에 대해 말하자면, 우리는 너무 인간중심적 언어를 가지고 있다. 우리에게는 지구중심적 언어가 필요하다. 우리가 보다 분명하게 새로운 비전을 규명해감에 따라 새로운 생태대의 사전이 점점 형태를 갖추어가고 있다. 언어에서 명사로 사용되는 모든 단어—사회, 선과 악, 자유, 정의, 교양, 진보와 같은 단어들이 변환되고 있다. 이 모든 단어는 자연세계의 다양한 존재와 그들의 자유, 그들의 권리, 지구 기능에서 그들의 역할을 포함하기 위해 확장될 필요가 있다.

우리가 가지고 있는 신생대의 사전은 이 새로운 시대에 존재하는 실존의 실체를 적절하게 다룰 수 없다. 우리는 생태대 사전이 필요하다.

다양한 존재들의 언어는 인간의 형식적인 말과 글을 넘어선다. 각각의 모든 존재에게는 생태계에서 유전 부호를 통해 주어진, 생명체 세계에서 일반적인 고유 언어가 있다. 그러나 각각의 개별 존재는 언어를 매우 창조적으로 사용한다. 인간은 인간 언어 이외의 주변 세계 비인간 언어에 점점 더 민감해지고 있다. 우리는 산의 언어, 강의 언어, 나무의 언어, 새와 동물과 곤충들의 언어뿐만 아니라 하늘에 있는 별들의 언어까지도 배우고 있다. 지금까지 시인이나 신비주의자들만 향유했던 이런 언어들을 통한 이해와 의사소통은 매우 중요하다. 왜냐하면 너무나 많은 생명체가 우주에 있는 다른 존재들과 결합되어 살아가고 있기 때문이다.

한 가지 뜻만 있는 언어, 문자 언어, 과학 언어, 객관적 언어에만 쏟았던 노력으로부터 시적이며 상징적 의미가 풍부하고 여러 의미가 있는 언어로의 변화는 언어학적으로 가장 중요한 변화들 가운데 하나이다. 각각의 실체가 갖는 다각적 측면 때문에 이러한 변화가 필요하다. 과학 연구에서 과학 언어는 유용하지만, 만일 이 언어가 사물의 진정한 실체를 설명하는 유일한 방식으로 수용되면 전체 인간 과정을 설명하는 데 방해가 될 수 있다. 사물 주체의 심연으로 들어가기 위해, 질적인 차이와 모든 실체의 다각적인 의미를 이해하기 위해 보다 상징적인 언어가 필요하다.

실제로 우리가 쓰는 모든 기본 단어는 은유적으로 사용되어 다양한 뜻을 갖는 용어들이다. 이 사실은 이 다양한 의미 사이에 질적인 차이가 있음을 뜻한다. 지구는 하나의 유기체이므로 모두가 하나같이 동일한 것이 아니다. 모든 유기체가 그러하듯 지구는 고도로 분화된 통합체이다. 따라서 그것을 구성하는 **생태 지역** bioregion의 모든 구성원은 각기 고유한 통합 방식을 지니고 있고, 지구에서 자신의 통합 방식을 유지하며 안녕을 얻고자 한다면 그것을 깨닫고 반응해야 하는 특별한 역할 또한 지니고 있다.

과학과 인문학, 사업과 종교, 예술과 과학 등 그 모든 학문 분야는 상호간의 고립을 극복하기 시작했다. 비록 각각의 구별되는 역할은 늘 인지될 필요가 있지만, 미래에 이들은 서로 더 통합된 성격을 가질 것이다. 모든 인간의 직업과 사회조직은 지구의 기본 기능뿐만 아니라 인간의 전체 과정을 지배하는 단 하나의 이야기에 비추어 평가될 필요가 있다.

우리는 인간 도시의 구조와 기능도 다시 생각하기 시작했다. 도시의 근본 요소로 자동차를 받아들이는 압력에 저항해야 한다. 이미 도시는 하수구를 통해 흐르던 냇물이 땅 위로 흐를 수 있도록 다시 디자인되고 있다. 우리의 도시는 사람뿐만 아니라 다른 생물체들도 거주하는 공간이 되어가고 있다. 우리는 그 지역에 적합한 다양한 동물과 새들에게 식량을 제공하기 시작했다.

이 지역에 적합한 다양한 생명체, 개울에 사는 물고기와 꽃 피는 식물, 동물들이 우리 공동의 거주지를 나누지 못할 이유가 없다. 인간은 이 단일한 생명공동체에서 다른 생명체들을 배제시킴으로써 인간 주거지의 화려함을 훼손시킨다. 사물들은 서로서로 거리를 유지할 필요가 있다. 그렇다고 이 필요성이 공동체 자체의 타고난 활력과 모든 구성원에게 해를 끼치지 않는다면 생명체의 다양성이 감소되어도 괜찮다는 의미는 아니다.

처음에 인간은 단지 자신의 한정된 영역에만 관심을 가졌다. 인간은 생명의 중요한 능력에서 자신의 한정된 통제 영역으로 철수했다. 인간들은 공동체적 자기, 행성 지구와 우리 존재의 보다 큰 자기를 구성하는 전체 자연 질서와 인간 사이의 관계를 무시하면서 개별적인 자기를 발전시켰다.

인간은 스스로를 생물종으로 여기지 않는다. 인간이 인간을 생물종의 하나로 여기기 시작하기 전에는, 이 새로운 생물학적 시대에 인간 조절의 완전한 중요성을 제대로 평가하지 못할 것이다. 우리는 인간을 국가, 문화, 종족, 국제 조직, 심지어 지구적 인간공동체로 생각했지만, 이러한 것들은 어느 것 하나도 인간을 생물종들 가운데 하나의 종으로 생각하는 것보다 더 정확하게 오늘날 인간-지구의 문제를 명확하게 밝히지 못한다.

우리는 종들 사이의 경제와 종들 사이의 안녕, 종들 사이의 교육, 종들 사이의 통치, 종들 사이의 종교 양식, 종들 사이의 윤리 기준이 필요하다. 인간 이야기를 더 큰 생명 이야기와 더 큰 지구 이야기에 통합된 이야기로 생각하기 전까지 우리는 생태대에 완전히 들어가지 못할 것이다. 그런 상태에서 우리는 생태대의 통치를 가질 수 없다.

우리가 여기서 이야기하고 있는 우주 이야기의 더 큰 양식과 함께 생태대의 마지막 완성은 시공간의 곡률과 관련이 있어야 한다. 이 곡률의 본성은 우주가 탄생할 때 나온 태초의 찬란한 불꽃과 밀접한 관계가 있다. 이 곡률이 조금만 더 컸어도 우주는 순식간에 거대한 블랙홀로 붕괴되었을 것이며, 이 곡률이 조금만 더 작았어도 우주는 폭발하여 죽은 입자들로 흩어졌을 것이다. 우주는 처음 출현하는 순간에 그 거대한 차원을 형성했다. 팽창하던 태초의 에너지 덕분에 우주는 붕괴되지 않았으며, 중력의 끌어당김은 모든 요소를 지탱시켜주면서 우주가 번성하도록 해주었다. 그래서 우주의 곡률은 다양한 구성원의 결합성이 유지될 수 있을 만큼 닫혀 있으면서도, 계속된 창조를 허락할 만큼 충분히 열려 있다.

이 힘들의 균형은 지구에게 특별한 성질을 부여했다. 지구의 고유한 중력, 끌어당김은 지구를 결합시켰다. 그 결과로 생성된, 지구 내부의 핵 에너지와 결합된 내부 압력은 지구를 균형 잡힌 교란 운동 상태로 유지시켰다. 그렇게 해서 지구의 끊임없는 변환이 일어났다. 이 균형 잡힌 교란 운동이 다른 행성에서는 생기지 않았기 때문에 다른 행성에서는 지구에서 출현한 것과 같은 생명체들이 출현할 수 없었다.

인간이 미친 영향 때문에 산업시대에 이 균형은 심각하게 무너졌고, 지구는 탈진 상태가 되었다고 할 수 있다. 행성 지구에 대한 산업적 약탈이 지구를 중독시켰다. 이제 지구는 스스로를 창조적으로 관리할 수 있는 한계를 넘어섰다. 지구는 화석연료의 연소로 공기 중으로 쏟아져 나오는 화학 찌꺼기들을 적절하게 처리할 수 없다. 이 화석연료는 지구가 지구의 생명 체계를 확장하는 데 필요한 화학 균형을 유지하기 위해 오랜 세월 동안 저장해두었던 것들이다.

생태대가 궁극적으로 추구하는 것은 창조적인 균형을 이룰 수 있도록 지구상에서의 인간 활동을 지구 전역에서 작동하는 다른 힘에 맞추는 alignment 것이다. 우주의 곡률, 지구의 곡률, 그리고 인간의 곡률이 다시 한번 적절한 관계를 맺는다면, 지구는 지구적 경험의 완성인 축제의 경험에 도달할 것이다.

에필로그 : 경축

생태대 출현은 자연세계 안으로 몰입하여 무아경에 빠질 것을 요구한다. 히말라야 산맥이나 메인 주의 해안, 태평양 군도, 사하라 사막, 그린란드 빙하, 아마존의 열대우림, 극지방의 설원, 중미의 초원 지대, 혹은 그 어느 곳이든 우리가 바라보는 곳마다 자연 스스로 만들어내는 또 다른 환상적인 표상으로 경이롭게 존재하는 자연세계로의 무아경無我境을 생태대는 필요로 한다. 광대한 지구, 먼 하늘, 꽃 피는 식물과 나무들, 그리고 우리 주변에 있는 모든 다양한 생명체, 즉 나비와 파랑새들, 시베리아 호랑이와 열대의 침팬지들, 돌고래와 바다표범과 거대한 흰긴수염고래 등을 우리는 모두 필요로 한다. 우리는 우주 안에서 지구같이 그렇게 멋진 자기-표현력을 가진 다른 행성을 알지 못한다. 특히 열대우림에서, 수없이 많은 종류의 꽃 피는 식물과 형형색색의 곤충, 그리고 온갖 종류의 살아 있는 생물체의 완전한 스펙트럼, 생명의 풍요로움을 찾아볼 수 있다. 모든 것은 다른 모든 것을 위해 존재한다. 자연계가 그러한 생명의 풍요로움을 갖고 있지 않았다면, 인간의 정신과 상상력이 얼마나 감퇴되었을 것인지 추측할 수 있다.

이 모든 것이 단지 존재의 고정된 배경은 아니다. 우주를 표현하는 단 하나의 단어를 선택해야 한다면, 그것은 아마 '경축'이라고 할 수 있을 것이다. 경축에는 존재와 생명과 의식에 대한 축하, 색깔과 소리에 대한 축하, 특히 하늘을 비행하고 바다를 헤엄치는 그 움직임들에 대한 축하, 짝짓기 의식과 어린 새끼를 돌보는 보살핌에 대한 축하 등이 있다. 그러나 여기에는 삶과 죽음에 대한 비애감과 먹고 먹히는 것에 대한 비애감 또한 함께 존재한다. 풍요와 빈곤의 각 단계와 함께하는 수권水圈의 순환, 그리고 무상한 존재의 기쁜 순간과 비극적 순간 또한 존재한다.

우리는 이 지구공동체에 소속되어 있다. 우리는 이 지구의 장엄한 자기표현 안에서 한몫을 하고 있다. 이것이 20세기 후반에 생태학적 통합을 지향하는 운동들 안에 함의되어 있다. 또한 보다 복합적인 문화를 지향했던 초기의 우리 노력뿐만 아니라 다양한 부족 문화에서 행했던 초기 시도들 안에서도 명료하게 밝혀진 이상理想이기도 하다. 인간의 상황은 초기 시대와는 분명히 다르게 변화되어왔지만, 인간은 인간을 둘러싸고 있는 생명공동체와 상호 증진적인 존재를 지향하도록 여전히 유전적으로 부호화되어 있다.

우리는 한 무리의 종달새를 보고 '지저귀는 종달새의 즐거움'이라고 표현함으로써 자기 존재의 기쁨을 표현하는 노래와 비상飛上을 함의한다. 그와 같이 우주를, 다양한 형태를 지닌, 연속적인 단 하나의 축제와 같은 사건으로 간주할 수 있다. 종달새들이 견뎌낸 고통조차 자연세계에 공명하는 종달새들의 노래를 손상시킬 수는 없기 때문이다.

그와 같이, 다양한 구성 요소를 가진 하나의 공동체로서의 우주는 존재한다는 기쁨과 즐거움으로 울려 퍼진다. 그런데 한편으로 우리는 자연세계의 희생적 차원도 경험한다. 한 나무의 모든 잎새는 떨어지고, 수백만 개 중 단 몇 개의 종자만이 성숙, 성장한다. 창발하는 우주는, 발전된 존재 양식을 향해 그리고 상호적으로 더욱 친밀한 현존을 향해 박차를 가하는, 존재와 소멸의 정교한 연속 과정이다. 우리 주위의 모든 것은 거대한 축제의 경험 속으로 흡수되는 것처럼 보인다. 존재의 보다 실용적인 목적이 무엇이든 축제는 어디에나 만연해 있다. 축제는 개체의 표현 양식뿐만 아니라 전체 우주 과정의 웅장함 속에도 있는 것으로 보인다. 이보다 더 크게 보는 관점은, 이 우주적인 축제를 존재라는 현상의 경이로운 특성을 표현하는 우주 기도서 liturgy 로 간주하는 것이다.

이렇게 놀라운 우주의 측면은 전체 우주 질서를 통해 질적으로 각기 다른 표현 양식에서 찾아볼 수 있으며, 특히 행성 지구에서 더욱 그러하다. 이 경험에 참여하여 독특한 방식으로 자신을 반영하면서, 우주 그 자체라는 보다 포괄적인 통합체와 '결속된' 관계를 맺고 있지 않은 존재는 단 하나도 없다. 이러한 축제의 배경이라는 맥락 안에서 우리는 우리 자신, 우주라는 이 축제 공동체의 인간 구성 요소를 다시 보게 된다. 우리 자신에게 주어진 특별한 역할은, 이 전체 공동체를 성찰하고 스스로 그 특별한 의식적인 자기 인식 안에 있는 그 가장 깊은 신비를 경축할 수 있도록 하는 것이다. 인류의 다양한 단계들, 즉 초기 부족 형태에서 시작해 보다 복합적인 문명을 구성하기까지 이 경축의 경험은 끊임없이 '성스러움'이라는 개념과 연계되어왔다. 우리는 이것을 유라시아와 아메리카 세계의 복합적인 문명은 물론 오스트레일리아 원주민들에게서도 찾아볼 수 있다. 특히 아메리카 원주민들은 그들을 둘러싼 자연세계의 전체 존재와 단일한 공동체에 참여한다는 감각이 두드러진다. 그들이 북을 치는 것은 지구 자체의 리듬을 두들기는 것으로 경험되었다. 그들의 춤은 그 지역에 서식하는 다양한 동물 가족과 연계되어 있다. 이것은 마니토우Manitou, 오렌다Orenda, 혹은 와칸탄카Wakan Tanka의 신성한 영역 속에서 포착되었다. 우리는 특히 이것을 아메리카 인디언 블랙 엘크Black Elk의 무아경 체험에서 찾아볼 수 있다. 여기서 블랙 엘크는 환상의 말에 대해 이렇게 노래한다. "처녀들이 춤을 춘다. 주변을 빙 둘러선 말들, 나무의 잎새들과 풀들, 언덕들과 계곡들, 강과 연못과 시내의 물들, 네 다리 달린 짐승들, 두 다리 달린 짐승들, 그리고 하늘의 날개 달린 짐승들 모두가 말의 노래 음악에 맞춰 춤을 춘다."

우리는 보다 고급화된 문명들 중 가장 훌륭한 것으로, 자연현상에서 관찰되는 리듬감 있는 변형과 정교하게 조화된 체계를 중국에서 찾아볼 수 있다. 중국의 『예기禮記』는 황제가 자신과 궁정의 전체적인 기능을 행함에 있어서 주변 세계와 인간사를 통합하고 있음을 보여준다. 궁중 음악, 의상의 색상, 거주 장소, 감정적 무드, 이 모든 것은 우주의 우주론적 구조들, 그리고 그 변천의 계절적 연속 과정과 조화를 이루어야 했다. 오직 이 맥락에서만 인간과 사회질서, 그리고 예술적 창작성에 효과적인 권위를 가질 수 있었다. 우리는 인간이 자연세계와 갖는 이 친밀함에 대한 고차원적 표현을 12세기 중국의 상 왕조 풍경화에서 찾아볼 수 있다.

건축에 있어서 특히 인간의 구조물은 그 물리적 표명에서 끊임없이 우주의 신비한 힘들과 조율되어야 했다. 지리적 방향은 태양이 어디서 떠오르느냐에 따라 정해졌다. 남북과 동서라는 각각의 방향은 단순하게 상보적인 차이점만 있는 것이 아니라 오히려 질적으로 서로 달랐다. 별들의 이러한 천상적 힘은 상당히 직접적인 방식으로 인간사를 결정하는 것으로 이해되었다.

중대한 인간사를 잘 준비하기 위해 특히 인도 사람들은 길하게 간주되는 별들의 정렬, 즉 별자리를 엄수하도록 했다. 위대한 아쉬마베다Ashmaveda 희생 제단에서 전체 우주는, 우주적 영역과 인간적 영역을 하나의 기능적 합일체로 결속시켜주는 어떤 사람, 즉 전륜성왕cakravartin으로서의 봉헌을 위한 적절한 환경인 것으로 묘사되었다.

불교 세계에서 우주는, 부처라는 자연의 만연적 현실체로서 존재하고 지속된다. 부처라는 이 자연 실체는 전체 우주 질서 전반에 걸쳐 존재한다. 특히 불교의 화엄Kegon 전통에서 이 우주적 현존은 인간이 그 자신의 정체성과 성취감을 획득하는 맥락으로 특히 명료하게 식별되었다.

아레오파고스 aereopagite 의 디오니시우스는, 즉 그리스 철학의 절정기 신플라톤주의와 기독교의 신비 전통은 다음과 같이 가르쳤다. "그 기원의 통일성 때문에 모든 것은 '우정'이라는 친밀함 안에 함께 결속되어 있다." 이러한 친밀함은, 다양한 사물이 각각 별개로 존재하는 것이 아니라 분리될 수 없고 영속적인 통일성으로 결속된 하나의 포괄적인 합일성 안에 존재함을 지적하기 위해 '우주 universe'라는 말을 사용하는 것을 정당화시킨다.

현대의 역사적인 역할은, 자연의 힘들과 인간을 통합시켜 이러한 상태 속에서 인간이 현재 나아가야 할 현실화의 형태를 조율하는 것이다. 이러한 조율의 가장 일관적인 표현은 아마도 구석기시대에 그 기원을 두고 있으며 신석기를 거쳐 고대문명에 이를 때까지 지속되어온 재생의 경축, 즉 아직까지도 지구상의 많은 곳, 특히 온대의 자연세계에서 발생하는 봄날의 번창함과 관계하여 종종 벌어지는 재생 의식 속에서 찾아볼 수 있다.

인간의 활동과 우주적 과정을 연합시킨 초기 기도서들과 현재의 기도서 사이의 한 가지 차이점은, 우주의 펼쳐짐 속에서 위대했던 역사적인 순간들을 경축하느냐 하지 않느냐에 있다. 지금까지는 초신성 내파와 같은 엄청나게 중요성을 지닌 사건들이 경축되어야 할 순간으로 제대로 평가되지 못했다. 그러나 1세대 별들의 이러한 내파가 행성 지구와 지구 생명체의 창발을 가능케 한 원소들의 원형을 제공해주었다. 이러한 폭발의 순간들은 물리적 변천의 순간일 뿐만 아니라 정신적이고 심리적인 변천의 순간을 구성한다. 이러한 순간의 완전한 의미를 충분히 우리가 평가할 수 있을 때, 비로소 우리는 적절한 방식으로 우주 이야기를 말할 수 있다. 우주의 원자적 성분으로부터 보다 복합적인 구조가 창발한 것 역시 우주의 모든 구조가 전반적으로 보다 분화된 때였다. 모든 탄생의 순간과 마찬가지로, 이 순간 역시 신성한 측면을 지니고 있다.

엄청난 중요성을 지닌 또 하나의 순간은 약 30억 년 전 광합성 작용이 시작한 때이다. 이 시기는 세포들이 태양 에너지를 유기생물체를 지탱할 수 있는 화합물로 바꾸는 능력을 지니고 나타난 시기이다. 이 순간 또다시 정신적이고 심리적인 특성을 갖는 에너지가 방출되었다.

광합성 이후, 가장 위대한 순간들 중 하나는 나무가 등장한 때다. 처음에는 침엽수가 등장했고, 그다음 태양 에너지를 이용하여 보다 진보된 삶에 필요한 특별한 힘을 지닌 활엽수들이 등장했다.

그 후 약 1억 년 전 꽃이 등장했다. 꽃과 씨앗들은 조그만 덩어리 형태로 에너지를 만들어줄 수 있는 단백질 농축물을 지닌 채 등장했다. 이 조그만 덩어리 형태는 동물들이 생명 유지를 위해 먹이를 먹는 데 과다한 시간을 보낼 필요가 없도록 재빨리 소비될 수 있었다. 꽃들의 혁명에는 이와 같은 유용성의 측면 이외에도 주기적으로 경축을 하게 하는 현저하게 심리적인 진보가 함께 따랐다.

인간에게 살아 있는 세계에서의 이와 같은 진보는 적절한 경축의 형태와 통합될 필요가 있다. 왜냐하면 이런 변천들은 각각 심리적으로나 신체적으로 인간의 구조와 기능에 영향을 끼치기 때문이다. 인간은 이 변천의 연속 과정 안에서만 존재한다.

우주와 행성 지구로 하여금 지금 현재의 순간뿐만 아니라 오늘의 이 순간이 이루어질 수 있도록 해준 전체 역사 과정에 대하여 스스로 성찰하고 경축할 수 있는 것은 인간만이 지닌 특별한 능력이다.

하늘을 나는 새들의 비행飛行을 우리가 제대로 평가할 수 있다면, 새들의 비상飛上과 노래가 최초로 나타난 그 변천의 순간을 목격하고 경축한다는 것이 얼마나 더 심오할 것인가. 우리 인간의 인식을 통해, 다양한 그 모든 표명체에서 특별한 기쁨과 함께 전체 우주는 그 자체로 우리에게 다가온다. 음악과 예술, 무용과 시, 그리고 종교적 의례 안에서 경축할 수 있는 우리 능력은 전통적으로 가장 고차원적인 인간의 성취 형태를 갖게 해주었다.

오늘날까지도 우리는 이 거대한 우주 이야기를 제대로 경축하지 못하고 있다. 그러나 이것은 우주에 대한 우리의 과학적 탐구가 이루어낸 위대한 업적이다. 우주 이야기를 경축하기 시작하면, 우리는 과학자들이 연구에 빠져든 그 매력, 즉 과학적 탐구의 상세한 모든 내용이 그처럼 중요한 이유를 이해하게 될 것이다.

이 새로운 존재의 맥락 안으로 몰입하지 않고서는, 인간공동체가 지구의 소생을 위해 필요로 하는 정신적 에너지를 얻게 될 것 같지 않다.

이러한 무아경은 자연세계와의 밀접한 친교로부터 일어나는 것이다. 이것이 모든 자연적 존재 형태 안에 있는 궁극적인 주체성과 자발성을 제대로 평가할 수 있는 인간의 능력이다. 생명의 보다 광범위한 공동체 속으로 들어갈 수 있는 인간의 능력을 새로이 발견하고 있다. 이것은 신석기시대 이래 어떤 적절한 방법으로도 우리가 경험해보지 못한 그 무엇이다. 이 새로운 경험은 우리 존재의 보다 광범위한 차원들을 활성화할 수 있도록 도와준다. 실로 존재의 보다 넓은 공동체로부터 분리된 우리의 개별 존재는 공空, emptiness이다. 우리의 개별적 자기는 그 가장 완전한 자기실현을 우리의 가족 자기, 우리의 공동체 자기, 우리의 종 자기, 우리의 지구적 자기, 그리고 궁극적으로는 우리의 우주적 자기 안에서 찾게 된다.

결국 이야기는 단 하나, 우주 이야기뿐이다. 모든 존재 형태는 이 포괄적인 이야기와 통합되어 있다. 다른 모든 것 없이는 그 어떤 것도 자기 자신일 수 없다. 지구에 존재하는 모든 것의 모양과 정체성을 부여한 변천의 전체적인 연속 과정 안에서, 지구공동체의 각 구성원은 자기만의 독특한 역할을 가지고 있다.

역자 후기

토마스 베리는 문화사학자 cultural historian 의 관점에서 역사 해석 방법론을 사용하여 우주의 역사와 지구의 역사 그리고 인간의 역사를 통찰한 후, 현대의 생태계 위기에 대한 진단을 내리고 미래에 대한 비전과 그 비전을 실현하기 위한 구체적인 방법을 제안한다.

베리의 출발점은 비틀어진 양태의 지구-인간 관계이다. 베리는 우리 시대의 지배적인 인간중심적·기계론적 세계관이 초래한 지구 생태계 파괴라는 현실로부터 출발해, 자연 생태계 질서의 교란뿐만 아니라 자연과 친교를 나누지 못하는 인간 감성에 나타난 자폐증 autism 이라는 실태를 보고한다. 베리는 생태계 위기 실태보다 인간이 영적 에너지 자체를 파멸시켜 신생대를 파국으로 치닫게 하고 있는 것을 보다 심각하게 생각한다. 결과적으로 우리 시대의 생태계 위기는 우리가 비전을 제공하는 이야기를 상실했기 때문으로 보고, 구체적으로 그 원인을 종교와 과학과 역사의 맥락에서 찾아낸다. 베리는 과학 산업문명의 진보라는 신화, 지구에 대한 종교적 경외심의 상실, 인간중심주의와 가부장제라는 인간 역사를 생태계 위기의 원인으로 파악한다.*

베리가 제시하는 대안은 **생태대**, 즉 상호 증진적인 방식으로 인간이 지구에 존재하게 될 시대로의 도약이다. 베리는 **지구공동체**의 생존 가능한 상황을 확립하기 위해 생태대로의 이동이 필연적으로 요구되고 있으며, 전全 지구적 생명공동체의 완성만이 그 모든 것을 나타나게 한 신비스러운 힘에 대한 존경의 표시라고 말한다. 베리는 생태대라는 미래 실현을 위해 새로운 우주 이야기·생태 지역주의·생태 영성이 필수적인 요소이며, 그중에서도 가장 필요한 것은 생태대에 대한 비전, 즉 '우주 이야기'라고 강조한다. 그래서 지구를 재생시킬 수 있는 생태대 신화로서 과학과 **종교**와 역사를 통합한 '우주 이야기'를 우리에게 제안하는 것이다.**

베리가 제안하는 새로운 '우주 이야기'는 우주와 지구와 인간에 대한 단순한 이야기가 아니라, 생태대 실현을 위한 비전이다. 모든 실재 속에서 영靈의 현존을 감지해내는 종교적 감성과 현대 과학적 통찰력을 담아 우주 역사를 해석하는 '우주 이야기'만이 인류가 생태대로 나아가기 위해 필요한 가치를 제공할 것이라는 게 베리의 주장이다. 베리는 우주/지구에 대한 매혹을 다시 불러일으킬 수 있다면 지구를 파괴하려는 인간 행위로부터 지구를 구할 수 있

---

* Thomas Berry, *The Dream of the Earth*, San Francisco : Sierra Clubs, 1988(『지구의 꿈』, 맹영선 옮김, 대화문화아카데미, 2013).

** Brian Swimme and Thomas Berry, *The Universe Story : From the Primordial Flaring Forth to the Ecozoic Era-A Celebration the Unfolding of the Cosmos*, San Francisco : Harper Collins, 1992(이 책) 참조.

다고 생각하고 '우주 이야기'를 제안하는 것이다.

생태대 실현은 저절로 되는 것이 아니라 인간의 주도로 이루어야 하는 '위대한 과업The Great Work'이다. 그 과업은 바로 "공유된 이야기와 꿈을 체험함으로써, 시간적 전개라는 맥락 안에서, 생명 체계들의 공동체 안에서, 비판적 반성과 함께, 종種의 수준에서 인간을 재창조하는 것"이다. 우리는 종種의 수준에서 인간을 재창조해야 하며, 이것은 지구 안에서의 우리 인간의 역할을 재고할 것을 암시한다.*

브라이언 스웜과 토마스 베리가 우리에게 들려주는 '우주 이야기'는 생태계 위기를 말하기 위해 의도적으로 각색한 것이다. '우주 이야기'는 모든 사물이 어떻게 존재하게 되었는지, 그 궁극적 신비를 다루고 있는 우주 진화에 대한 서사시이다. '우주 이야기'를 통해 우리는 138억 년의 우주 역사와 46억 년의 지구 역사를 통해 우리 자신이 우주에 가장 늦게 등장한 존재임을 인식하게 된다. '우주 이야기'에서 우주적 사건들을 각색함으로써 내린 결론은, 바로 우리 시대의 생태계 위기 상황이다. 우리 앞에 놓인 이 비극은 실제 상황이다.

'우주 이야기'의 복잡하고 난해한 진화 사건들을 읽다 보면 마음이 정말 심란해진다. "우주 진화의 그 힘겨운 작은 발걸음들, 거의

---

* Thomas Berry, *The Great Work : Our Way into the Future*, Random House, Inc, 2000 (『위대한 과업』, 이영숙 옮김, 대화문화아카데미, 2008) 참조.

기적에 가까운 오류들의 발생, 그리고 그 사건들의 주인공들이 살아남기 위해 벌이는 투쟁들이 인간의 무시無視와 무지無知에 의해 파괴되어 아무것도 남지 않는 일이 과연 일어날까?" 베리는 '우주 이야기'를 구성하는 각각의 사건 배후에서 이렇게 묻고 있다. '우주 이야기', 즉 우주의 출현 과정, 지구의 탄생, 지구에서 무생물의 생물로의 진화, 인간 의식의 진화와 인류 문명 등을 읽어보면, 우리는 우주와 지구와 인간이 창조적 · 비가역적 · 비반복적인 과정의 한 부분들로서 단 일회적 사건이라는 것을 알 수 있다. 우리 우주는 단 한 차례의 화려한 축제인 것이다.

'우주 이야기'는 생태대에 대한 이야기, 즉 생태계 위기에 대한 베리의 제안이며 묘사적 서술이기도 하다. 베리는 '우주 이야기'가 생태학적 세계관으로의 변화를 유도하고, 우주공동체와 생명공동체 배후에 존재하는 신비스러운 힘에 대한 경외심을 발생시킬 것으로 판단했다. 따라서 베리는 생태대 실현을 위해 우주론의 패러다임 전환을 주장하고, 과학적 우주론과 종교적 우주론을 통합한 새로운 우주론을 문화적(역사적) 이야기의 형태로 제안한다. 베리가 이렇게 종합적 진술을 시도하는 이유는 인간과 인간 그리고 인간과 지구(우주/자연)와의 새로운 관계를 확립하기 위한 정신적 · 영적 자원들을 불러일으키기 위함이다. 이것이 베리가 제안하는 '우주 이야기'의 목적이다. 베리는 신神에 대한 관점을 일관성 있게 하는 신학적이고 진화적인 우주론이 과학적으로 조명되고 문화적으로 이야기되어야만 생태계의 황폐화를 막을 수 있으며, 이러한 종류의 우주론만이 문화적 이야기 안에 종교적 이야기를 넣을 수 있다고 생각했다. 우주라는 거대한 맥락 안에서 생태계 위기 문제를 논의하는 베리는, 지구를 착취하고 있는 인간 존재에 대한 인식을 근본적으로 재고할 것을 요구한다. 무엇보다도 지구를 신성한 공동체로 간주하며, 지구에 대한 경외심 회복을 강조한다. "인간은 순환하는 우주와 일체감을 느껴야 그것과 교감을 나눌 수 있다. 지구와 우주의 모든 현상은 인간이라는 종種을 통해서 그 자체와 존재의 궁극적 신비가 특별히 고양된 양식으로 경축된다"는 진술에서 파악되는 것처럼, 베리는 생태계 위기의 정치적·경제적·사회적 측면보다 종교적·정신적 차원을 보다 근본적인 것으로 본다. 영적 존재인 인간에게는 정신적 차원에서의 변화, 즉 회심conversion이 더욱 중요하다고 생각하는 베리는, 우리 시대의 심각한 환경 문제는 인간-지구 관계에 대한 신학적 반성의 결여에 있는 것으로 본다.*

'우주 이야기'는 우리 인간에게 새로운 문명을 시작할 것을 강력히 요청한다. 과학기술에 의한 산업문명으로부터 생태대로의 이행은 저절로 되는 것이 아니므로, 여러 가지 면에서 인류 문명의 커다란 전환은 불가피하다. 베리는 인간의 각성과 책임을 촉구한다. 현대의 생태계 위기를 신생대에서 생태대로 비약할 수 있는 기회로 보고, 생태대로 비약하기 위해 인간이 주도적인 역할을 맡아야

---

* Thomas Berry and Thomas Clarke, *Befriending Earth : A Theology of Reconciliation Between Humans and the Earth*, ed. Stephen Dunn and Anne Lonergan, Mystic, Conneticut : Twenty-Third Publications, 3th, 1992(『신생대를 넘어 생태대로』, 김준우 옮김, 에코조익, 2006) 참조

한다고 주장한다. '우주 이야기'에는 '지구/우주가 앞으로 어떻게 발전할 것인가'에 대한 인류의 책임이 포함되어 있다.

'우주 이야기'에서 베리가 가장 관심을 갖는 근본적인 문제는 인간-지구 관계이다. '우주 이야기'는 새로운 차원의 일, 즉 자연세계에 대한 인간의 지배적인 태도를 변화시키는 일을 하려고 한다. "인간은 이 이야기를 하라는 명을 받았고, 모든 행위와 태도가 변하는 생태대를 살아야 한다는 명을 받았다"고 베리는 말한다. 또 "생태대는 저절로 주어지는 미래가 아니라 어떤 희생이 따르더라도 꼭 실현해야 하는 인류의 과제이며 비전"이라고 말한다. 21세기를 사는 우리의 특별한 역할은 생태대가 출현할 수 있도록 관리하는 것이며, 이 역할은 "우리가 선택하는 것이 아니라 우리에게 주어진 것"이다. 우리는 이 역사적 과업을 위해 "우리 힘을 능가하는 어떤 힘에 의해 선택되어 바로 이 시공간 속의 존재로 던져진 것"이다.

베리의 생태 사상은 생태대로 나아가기 위한 거시적이고 통합적인 안목을 우리에게 제공해준다는 점에서 분명 하나의 대안임에 틀림없다. 나는 베리의 새로운 '우주 이야기'가 우주에 대한 경외심과 통찰력을 제공한다는 점에서 충분한 가치가 있으며, 생태대 실현을 위한 비전을 제시해줄 수 있다고 생각한다.

『우주 이야기』를 만나고 거의 15년이 지났다. 15년 전에 비하면 이제 생태신학뿐만 아니라 토마스 베리를 아는 사람도 많아졌다.

특히 2006년 김준우 목사님이 번역한 『신생대를 넘어 생태대로』와 2008년 이영숙 교수님이 번역한 『위대한 과업』 덕분에 베리의 생태 사상이 조금씩 사람들에게 알려지기 시작했다. 그리고 마침내 베리가 생태대 실현을 위해 제안한 가장 중요한 도구, 새로운 『우주 이야기』의 번역이 필요한 때가 된 것은 당연한 일인 것 같다. 그러나 1992년에 출판된 책을 2010년에 번역, 출판한다는 것은 정말 너무 늦은 일이고 답답한 일이다.

2009년 봄 노무현 전前 대통령이 우리 곁을 떠나던 날 『위대한 과업』을 출판했던 '대화문화아카데미'로부터 『우주 이야기』 번역 제안을 받았고, 의무감 때문에 그 일을 맡기로 했다. 10여 년 전 해놓았던 초벌 번역을 다시 읽으면서 번역의 많은 부분을 수정했지만, 원문은 손을 대지 않는 것이 낫겠다는 생각을 했다. 그래서 가능한 한 변화된 과학적 사실조차 그대로 두었다. 왜냐하면 과학적 사실보다는 『우주 이야기』 전체 맥락이 보다 중요하다고 생각했기 때문이다.

이제 겨우 숙제를 대충 끝냈다. 『우주 이야기』를 너무 평범하게 만들어놓은 것은 아닌가 심히 걱정이 되기는 하지만, "모든 것에는 다 때가 있다"는 코헬렛의 말씀대로 이제 더 이상 『우주 이야기』를 내 품에 품고만 있어서는 안 될 것 같아 이렇게 서툰 번역본을 내놓는다.

번역문에 상당히 많은 문제가 있을 것으로 생각된다. 만일 제대로 이해하지 못해서 잘못 번역한 것이 발견되면, 대화문화아카데미로 연락해주기 바란다. 사실 제대로 완역하려면 아마도 앞으로 5년은 족히 더 필요하지 않을까 싶지만, 이 책의 출판이 더 늦어지면 안 될 것 같은 조급한 마음에 서둘러 숙제를 끝내기로 했다.

   이 책의 번역에 정말 많은 분들의 도움이 있었다. 무엇보다 우선 15년 전 내게 『우주 이야기』를 처음 건네주었던 이재돈 신부님에게 진심으로 감사드린다. 서강대학교 신학대학원에서 생태신학을 함께 공부했던 동지들, 계속 끊임없이 내게 공부할 것을 요구하는 '천지인' 공부 모임과 지리산 묵계 영성공부 모임 동지들에게도 깊은 감사를 드린다. 정신적 지주셨던 돌아가신 부모님과 너그러운 이해심으로 나를 지켜보고 있는 내 형제자매에게, 특히 둘도 없는 친구인 맹제영 신부님에게 깊은 감사를 드린다. 마지막으로 『우주 이야기』의 번역 출판을 위해 애를 많이 쓰신 대화문화아카데미에 진심으로 감사를 드린다.

2010년 8월

맹영선

시대표

태초의 찬란한 불꽃

1백50억 년 전　우주는 엄청난 신비 에너지로 탄생했다.
　　　　　　　태초의 우주 활동은 중력 작용, 강한 핵 작용, 약한 핵 작용 그리고 전자기적 상호작용에 의하여 전개되었다.
　　　　　　　1백만 분의 1초가 지나기 전, 입자들은 안정화되었다.
　　　　　　　최초의 핵은 태초의 몇 분 내에 형성되었다.
　　　　　　　우주가 투명해졌기 때문에, 수소와 헬륨이 출현했다.
　　　　　　　은하계의 씨가 뿌려졌다.

은하계와 초신성

1백억~　　　　우주는 은하 성운으로 분해되었다.
1백30억 년 전　태초의 별들이 나타났다.
　　　　　　　최초의 원소들이 별들 안에서 만들어졌다.
　　　　　　　최초의 초신성은 2세대 및 3세대 별들을 등장하게 했다.
　　　　　　　거대한 은하계는 보다 작은 은하들을 삼킴으로써 진화했다.

---

* 여기 나오는 모든 연대(年代)는 대략적인 것이며, 대부분 니겔 칼더(Nigel Calder)가 쓴 시대표를 참고로 했다.

태양계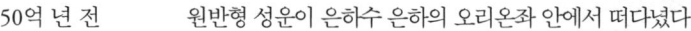

50억 년 전	원반형 성운이 은하수 은하의 오리온좌 안에서 떠다녔다.
46억 년 전	티아마트의 초신성이 진행되었다.
45억 년 전	태양이 탄생했다.
44억5천만 년 전	행성들이 형성되었다.
	지구는 대기, 대양 및 대륙을 낳았다.
30억 년 전	달과 수성의 지질학적 활동이 동결되었다.
10억 년 전	화성의 지질학적 활동이 동결되었다.

살아 있는 지구(시생대, Archean Eon)

40억 년 전	최초의 원핵세포 생물인 아리에스Aries가 출현했다.
39억 년 전	프로메티오Promethio는 광합성을 발명했다.
25억 년 전	대륙이 안정화되었다.
23억 년 전	1차 빙하기가 시작되었다.
20억 년 전	프로스페로Prospero는 산소를 취급하는 것을 배우고 번창했다.

진핵세포(원생대, Proterozoic Eon)

20억 년 전	최초의 진핵세포 생물 바이캥글라Vikengla가 등장했다.
10억 년 전	크로노스Kronos는 종속영양을 발견했다.
10억 년 전	사포Sappho는 유성생식을 창조했다.
7억 년 전	최초의 다세포 동물인 아르고스Argos가 등장했다.
6억 년 전	중간 우주가 해파리, 바다조름, 편형동물 등의 형태로 등장했다.
5억7천만 년 전	캠브리안 멸종으로 80~90퍼센트의 생물종이 제거되었다.

식물과 동물(현생대, Phanerozoic Eon)

고생대(Paleozoic era)

캠브리아기(Cambrian)

5억5천만 년 전   삼엽충, 대합조개 및 달팽이에 의해 껍질이 창조되었다.

오르도비스기(Ordovician)

5억1천만 년 전   척추동물이 등장했다.

4억4천만 년 전   고생대 제2기, 오르도비스기의 지각 대변동이 있었다.

실루리아기(Silurian)

4억2천5백만 년 전 턱뼈가 있는 어류 Jawed fishes 가 등장했다.

4억2천5백만 년 전 카파네우스 Capaneus 가 육상으로 진출했다.

4억1천5백만 년 전 지느러미가 발달했다.

데본기(Devonian)

3억9천5백만 년 전 곤충이 등장했다.

3억8천만 년 전   폐를 가진 어류가 등장했다.

3억7천만 년 전   데본기 지각 대변동이 있었다.

최초의 나무인 석송나무 lycopods 에 의하여 목질 세포가 창조되었다.

척추동물이 육상으로 진출했다.

수륙 양서류가 등장했다.

석탄기(Carboniferous)

3억5천만 년 전   침엽수에 의한 구과 Land-worthy seeds 가 등장했다.

3억3천만 년 전   날개 있는 곤충들이 등장했다.

3억1천3백만 년 전 파충류가 나타났다.
　　　　　　　　　육지에 훌륭하게 적응한 알을 만들었다.

이첩기(Permian)

2억5천6백만 년 전 수궁류, 온혈 파충류가 등장했다.
2억4천5백만 년 전 페름기 멸종으로 모든 생물종의 75~95퍼센트가 제거되었다.

중생대(Mesozoic era)
삼첩기(Triassic)

2억3천5백만 년 전 공룡이 등장하고 꽃들이 피어났다.
2억2천만 년 전　　판게아 Pangaea 가 완성되었다.
2억1천6백만 년 전 최초의 포유동물이 등장했다.
2억1천만 년 전　　대서양이 탄생했고, 판게아가 붕괴되었다.

주라기(Jurassic)

1억5천만 년 전　　조류가 등장했다.

백악기(Cretaceous)

1억2천5백만 년 전 유대류 포유동물이 등장했다.
1억1천4백만 년 전 태반류 포유동물이 등장했다.
7천만 년 전　　　　그 현장에 영장류가 등장했다.
6천7백만 년 전　　백악기의 멸종이 있었다.

신생대(Cenozoic era)
팔레오세(Paleocene)

5천5백만 년 전　　설치류, 박쥐들, 초기 고래들, 초기 원숭이들, 초기의 말들이 등장했다.

에오세(Eocene)

4천만 년 전	다양한 포유동물 목目이 완성되었다.
3천7백만 년 전	우주의 충돌로 에오세 대변동이 일어났다.

올리고세(Oligocene)

3천6백만 년 전	원숭이들이 등장했다.
3천5백만 년 전	초기 고양이들과 개들이 등장했다.
3천만 년 전	최초의 유인원이 등장했다.
2천5백만 년 전	모든 시대를 통틀어 고래들이 가장 큰 바다 동물이 되었다. 육식동물이 바다로 진출해 바다표범이 되었다.

마이오세(Miocene)

2천4백만 년 전	풀이 육지를 뒤덮었다.
2천만 년 전	원숭이들과 유인원이 분리되었다.
1천9백만 년 전	초기 영양들이 등장했다.
1천5백만 년 전	우주의 충돌이 있었고, 마이오세 대변동 Miocene catastrophe이 있었다.
1천2백만 년 전	긴팔원숭이들이 등장했다.
1천1백만 년 전	목축 동물이 급증했다.
1천만 년 전	오랑우탄들이 등장했다.
9백만 년 전	고릴라들이 등장했다.
8백만 년 전	현대의 고양이들이 등장했다.
7백만 년 전	코끼리들이 등장했다.
6백만 년 전	현대의 개들이 등장했다.

플라이오세(선신세, Pliocene)

5백만 년 전	침팬지와 원인, 즉 남아프리카 원인Austrlophithecus afa-rensis이 등장했다.
4백50만 년 전	현대의 낙타들, 곰들 그리고 돼지들이 등장했다.
4백만 년 전	개코원숭이들이 등장했다.
3백70만 년 전	현대의 말들이 등장했다.
3백50만 년 전	초기의 소들이 등장했다.
3백30만 년 전	근세 빙하기가 시작되었다.
2백60만 년 전	최초의 인간들, 즉 호모 하빌리스Homo habilis가 등장했다.
1백80만 년 전	현대의 큰고양이들, 들소, 양, 멧돼지들이 등장했다.

플라이스토세(홍적세, Pleistocene)

1백50만 년 전	사냥꾼들, 즉 호모 에렉투스Homo erectus가 등장했다.
1백만 년 전	포유동물이 절정을 이루었다.
73만 년 전	우주가 충돌했고, 그 결과 플라이스토세 대변동Pleisto-cene catastrophe이 있었다.
70만 년 전	갈색 곰들이 등장했다.
65만 년 전	늑대들이 등장했다.
50만 년 전	라마들이 등장했다.
30만 년 전	태초의 이성적 인간, 즉 원시 호모 사피엔스Archaic Homo sapiens가 등장했다.
20만 년 전	동굴 곰들, 염소들, 현대의 소들이 등장했다.
15만 년 전	털이 있는 맘모스가 등장했다.
12만 년 전	살쾡이들이 등장했다.
7만 2천 년 전	북극곰들이 등장했다.

인간의 출현(Human Emergence)

구석기 초기(Lower Paleolithic)

2백60만 년 전	최초의 인간들, 즉 호모 하빌리스가 등장했다. 석기 도구가 완성되었다.
1백50만 년 전	직립원인(호모 에렉투스)이 등장했다. 사냥이 이루어졌다.
50만 년 전	의복, 오두막, 불과 손도끼가 완성되었다.
20만 년 전	원시 호모 사피엔스 Archaic Homo sapiens 가 등장했다.

구석기 중기(Middle Paleolithic)

10만 년 전	제례를 갖춘 매장이 이루어졌다.

석기 말기(Upper Paleolithic)

4만 년 전	현대의 호모 사피엔스 Modern Homo sapiens 가 등장했다. 그들은 언어를 사용했고 오스트레일리아를 점유했다.
3만 5천 년 전	현대 호모 사피엔스가 아메리카를 점유했다.

오리냑 문화기(Aurignacian)

3만 2천 년 전	악기가 완성되었다.

그라베트 문화기(Gravettian)

2만 년 전	창들, 활과 화살들이 만들어졌다.

마들렌 문화기(Magdalenian, 구석기시대 최종기)

1만 8천 년 전	동굴 벽화가 그려졌다.

신석기 촌락(Neolithic Village)

1만 2천 년 전	개들을 길들였다.
1만 7백 년 전	중동에서 양과 염소들을 길들였다.
1만 6백 년 전	중동 지역에서 정착 생활이 이루어졌다. 밀과 보리를 경작했다.
1만 년 전	북아메리카에서 개들을 길들였다.
9천 년 전	동남아시아에서 정착 생활이 이루어졌고, 쌀을 재배했다. 물소들과 돼지들과 닭들을 길들였다. 채색 도기 문화가 생겨났다.
8천8백 년 전	중동에서 소를 길들였다.
8천5백 년 전	아메리카에서의 정착 생활이 이루어졌고, 옥수수와 호박, 고추와 콩을 경작했다. 중동에서 직조를 시작했다.
8천 년 전	중동에서 관개 시설이 시작되었다. 에리고 인구가 2천 명에 달했다.
7천5백 년 전	하수나 Hassuna 문화가 생겨났다. 중국 북쪽에서 기장 농사를 지었다.
7천 년 전	차탈 휘윅의 인구가 5천 명에 달했다.
6천4백 년 전	동부 유럽에서 말들을 길들였다.
5천3백 년 전	안데스의 도기가 만들어졌다.
5천 년 전	초기 유럽인이 정착 생활을 시작했다. 안데스에서 조롱박, 호박, 면실, 아마란스 그리고 퀴넌을 재배했다. 중동에서 낙타와 당나귀를 길들였다. 인도에서 코끼리를 길들였다.
4천5백 년 전	안데스에서 땅콩을 재배했다.
3천5백 년 전	전 세계 인구가 5백만~1천만 명 정도에 달했다.

고전 문명(Classical Civilizations)

기원전 3500년	메소포타미아의 수메르 문명이 시작되었다.
	바퀴와 설형문자 楔形文字가 발명되었다.
기원전 3300년	장기 전쟁이 있었다.
기원전 3000년	이집트에서 나일 문명이 발생하여 기술의 진보를 이루었다.
기원전 2800년	인더스 강변의 인더스 계곡 문명이 발생했다.
기원전 2100년	크레테의 미노아 문명이 발생했다.
기원전 2000년	유럽의 거석 구조가 완성되었다.
기원전 1700년	팔레스티나 지역의 초기 알파벳이 창조되었다.
	산스크리트 언어와 아리안-베다인들이 인도로 진입했다.
기원전 1525년	중국 북부에 상 왕조가 세워졌다.
기원전 1200년	그리스에서 정착 생활이 시작되었다.
	이집트로부터 이스라엘 대탈출이 있었다.
	일신교를 믿었다.
기원전 1100년	아메리카 중부에서 올멕 문명이 발생했다.
기원전 700년	유랑 시인 호머가 활동했다.
기원전 628년	조로아스터가 활동했다.
기원전 600년	그리스 철학이 시작되었다.
기원전 560년	중국에서 공자가, 인도에서 부처가 활동했다.
기원전 550년	페르시아 제국 시대가 열렸다.
기원전 509년	로마 공화정이 창설되었다.
기원전 450년	철학자 소크라테스, 플라톤, 아리스토텔레스가 활동했다.
기원전 327년	알렉산더가 인더스 계곡을 침략했다.

기원전 260년	아소카에 의해 인도가 통일되었다.
기원전 221년	진시황제에 의해 중국이 통일되었다.
기원전 150년	장건 Chang Ch'ien이 박트리아로 가는 경로를 개척했다.
기원전 31년	아우구스투스 시저의 통치하에 로마 제국이 번창했다.
기원전 4년	예수가 탄생했다.
서기 64년	중국에 불교가 전파되었다.
서기 100년	전 세계 인구가 3억에 달했다.
서기 300년	고대 마야 문명이 꽃을 피웠다.
서기 410년	로마제국이 멸망했다.
서기 650년	무슬림 제국이 건국되었다.
서기 732년	무슬림의 유럽 진출이 프랑스의 뿌와띠에 Poitiers에서 저지되었다.
서기 800년	유럽의 카롤링 왕조에 의한 르네상스로 중세 문명이 시작되었다.
서기 900년	톨텍 제국이 건설되었다.
서기 925년	아라비아 숫자가 발명되었다.
서기 1000년	이슬람 과학이 번창했다.
서기 1095년	십자군 원정이 시작되었다.
서기 1115년	나침반이 발명되었다.
서기 1200년	잉카 제국이 번창했다.
서기 1211년	칭기즈칸 치하의 몽고 제국이 시작되었다.
서기 1271년	마르코 폴로가 여행을 시작했다.
서기 1320년	아즈텍 제국의 역사가 시작되었다.
서기 1325년	이븐 바투타 Ibn Battuta가 여행을 시작했다.
서기 1347년	흑사병으로 유럽 인구가 격감했다.
서기 1433년	정화 Cheng Ho가 페르시아만을 거쳐 인도양으로의 여행을 끝마쳤다.

서기 1453년	콘스탄티노플이 터키에 함락되었다.
서기 1492년	콜럼버스가 아메리카로 항해했다.
서기 1500년	전 세계 인구가 4억~5억 명에 달했다.
서기 1607년	북아메리카 제임스 타운에 영국인의 정착이 시작됐다.

국가의 번성(Rise of nations)

서기 1600년	영국이 동인도회사를 설립했다.
서기 1623년	일본이 쇄국 정책을 폈다.
서기 1757년	영국이 인도를 지배했다.
서기 1763년	유럽 열강들이 식민지 세계를 나누었다.
서기 1776년	아메리카에서 독립전쟁이 발발했다.
서기 1789년	프랑스 혁명이 일어났다.
서기 1841년	아편 전쟁으로 중국에 다섯 개의 무역항이 설립되었다.
서기 1854년	페리는 일본으로 하여금 강제로 서방에 무역을 개방하도록 했다.
서기 1884년	유럽 열강은 아프리카를 유럽 식민지들로 나누었다.
서기 1914년	제1차 세계대전이 발발했다.
서기 1917년	공산주의가 러시아를 지배했다.
서기 1919년	국제연맹이 창설되었다.
서기 1939년	제2차 세계대전이 발발했다.
서기 1945년	최초의 원자폭탄이 히로시마에 투하되었다. UN이 설립되었다.
서기 1982년	세계자연헌장 World Charter for Nature이 선포되었다.
서기 1991년	소련이 와해되었다.
서기 1992년	환경과 개발에 대한 UN 회의가 개최되었다.

현대의 계시(The Modern revelation)

서기 1543년 코페르니쿠스가 혁명적인 지동설을 주장했다.

서기 1609년 요하네스 케플러가 태양 주변을 도는 행성들의 타원형 운동을 발견했다.

서기 1609년 갈릴레이 갈릴레오가 자연현상 관측에 있어서 정밀한 측정을 효과적으로 사용함으로써 경험적 관측 형태를 확립했다.

서기 1620년 프란시스 베이컨이 현대 과학의 실용주의 지향을 촉진했다.

서기 1637년 르네 데카르트가 자연세계를 취급하는 수학적 양식을 확립하고, 자연세계를 물리적 세계와 정신세계라는 완전히 다른 두 개의 영역으로 분리했다.

서기 1687년 아이작 뉴턴이 현대적 관점으로 우주를 설명했다.

서기 1749년 조르주-루이 뷔퐁이 지구의 나이를 재고했다.

서기 1750년 까롤루스 린네가 현대적인 생물 분류학의 체계를 마련했다.

서기 1755년 임마누엘 칸트가 태양계와 천체 형성에 대한 이론을 제안했다.

서기 1795년 제임스 허튼이 지구의 지질 형성과 생명을 시간을 거슬러 추적해볼 수 있음을 발견했다.

서기 1809년 장-밥티스트 라마르크가 생명의 하위 형태로부터 고등 형태로의 진화적 단계를 추적했다.

서기 1827년 바론 조르주 뀌비에는 동물 분류를 위한 기초를 확립했다.

서기 1830년 찰스 라일 경은 지구의 구조를 묘사했다.

서기 1859년 찰스 다윈은 자연선택에 대한 그의 이론을 출판하고,

	생명의 진화에 대한 우리의 이해를 변화시켰다.
서기 1905년	알베르트 아인슈타인은 시간, 공간, 운동, 물질과 에너지에 대한 우리의 기본적 이해를 변화시켰다.
서기 1927년	베르너 하이젠베르크는 우리의 지식 개념을 원자 수준에서 변화시켰다.
서기 1929년	에드윈 허블은 우리가 팽창하는 우주에 살고 있다는 증거를 제공했다.
서기 1950년	한스 베테는 별들이 어떻게 진화했는지 설명했다.
서기 1962년	레이첼 카슨은 현대의 살충제가 자연세계에 미치는 영향을 폭로했다.
서기 1965년	로버트 윌슨과 아르노 펜지어스는 우주의 기원에 대한 증거를 발견했다.

용어 설명

ㄱ

감수분열에 의한 생식 meiotic sex 유전적으로 새로운 한 주체(자손)를 형성하기 위해 일반적으로 두 양친이 요구되는 유성생식. 유성생식은 두 개의 사건에 의해 특징지어지는데, 즉 성세포 또는 배우자와 함께 하나가 되는 유전자 결합(수정)과 감수분열이다. 감수분열은 유전 물질(염색체)이 반으로(두 번) 나뉘어 네 개의 세포로 되는 특별한 종류의 세포핵 분열을 수반한다. 인간에게서 이들 성세포는 난자와 정자로 알려져 있다. 유전자의 분리 segregation, 교차 crossing over 및 재분류 reassortment가 일어나고, 그 결과 감수분열에 의하여 생산된 각 세포는 독특한 유전 정보를 갖는다.

강한 핵 작용 strong nuclear interaction 양성자와 중성자 사이의 다른 모든 힘을 잃게 하는 짧은 범위의 상호작용.

개체발생 ontogeny 단일 유기체의 생주기; 개체의 생물학적인 발달.

거시우주 macrocosm 대규모의, 우리 머리 위에서 아치형을 이루고 있는 시공간의 연속체; 대우주.

게놈 genome 관련된 유전자들로 이루어진, 유기체의 완전한 염색체 한 조(반수체 haploid).

공생관계 symbiotic relationship 두 종류의 유기체가 친밀하게 같이 살아가는 관계, 특히 이러한 연합이 상호 이익이 있는 경우.

ㄴ

냉흑체 cold dark matter 단지 그 중력 효과를 통해서만 알 수 있는, 우주의 대부분을 차지하는 빛이 없는 물질.

뉴클레오타이드 nucleotides 핵산의 기본 골격.

ㄷ

다양한 공간과 시간의 곡률 curvature in the space-time manifold 일반 상대성 이론에 따라 공간과 시간은 물질의 인접한 곳에서 휘어진다. 물질의 농도가 크면 클수록 그 곡률은 커진다.

대사 경로 metabolic pathways 생명체 조직에서 단순한 유기 분자들로부터 보다 복잡한 유기화합물이 합성되거나 또는 종종 에너지 발생을 수반하면서 복잡한 유기화합물들이 분해되는 현상.

데옥시리보뉴클레인산 DNA, deoxyribonucleic acid DNA 세포핵에서 발견되는 분자. 유전 형질을 운반하는 구조체인 염색체의 주요 성분이다.

동위원소 isotopes 원자핵의 중성자 수가, 같은 원소의 다른 원자들과 차이가 나는 원소의 원자; 동위원소는 원자번호는 같지만 원자량이 다르다. 몇몇 동위원소는 불안정하며 방사능을 방출한다.

ㄹ

레플리콘 replicon 활성화되었을 때, 한 단위로서 복제되는 핵산의 특별한 서열.

ㅁ

문 phyla 관계가 있고 유사한 종류의 생물분류학적 분류. 계界, kingdom 아래에 있고, 강綱, class 위에 있다.

물리학, 양자물리학과 고전물리학 physics, quantum and physics 물리학은 물질과 에너지, 그리고 그들 사이의 관계를 연구하는 전통적인 과학의

한 분야이다. 현대물리학 이론은 세분되어 양자quanta로 불리는 미세하고 작은 물질이 갖는 에너지와 몇몇 다른 물리적 성질들을 다룬다. 양자 이론과 상대성 이론이 현대물리학의 이론적인 기초를 형성한다. 양자 이론에 대한 최초의 기고는, 1900년 막스 플랑크의 흑체 복사blackbody radiation에 대한 설명이다. 1905년 알베르트 아인슈타인은 광전기 효과를 설명하기 위해, 빛의 방사 그 자체 또한 양자화되어 광양자나 광자를 구성하고 그것들이 입자처럼 행동한다고 제안했다. 1913년 닐 보어는 원자 구조와 원자 스펙트럼atomic spectra을 설명하기 위해 양자 이론을 사용했다. 고전물리학은 20세기 이전에 인식되었던 잘 발전된 전통적 학문이다. 고전물리학은 운동과 운동을 야기하는 힘에 관한 연구인 역학mechanics, 음에 관한 연구인 음향학acoustics, 빛에 대한 연구인 광학optics, 열과 다른 형태의 에너지 사이의 관계에 관한 연구인 열역학thermodynamics 그리고 전기학과 자기학 등으로 세분된다. 대부분의 고전물리학은 정상적인 조건에서 관찰되는 물질과 에너지에 관심을 두는 반면, 현대물리학은 대부분 보다 극단적인 조건하에서 관찰되는 물질과 에너지의 작용에 관심을 가지고 있다. 현대물리학에는 저온물리학과 핵물리학 등이 있다.

미세우주 microcosm 축소형의 소규모 우주, 주로 유기체, 세포, 분자, 원자, 아원자 입자(양자, 전자 등) 등이 포함된다.

밀도 있는 팔 density arms 나선형 은하계 안에서 팔을 만들어내는 충격파 shock waves.

ㅂ

바이옴 biome 극빙, 툰드라, 타이가, 온대 삼림, 사바나, 사막, 열대와 같은 주로 기후 조건에 따라 구분되는 식물과 동물에 관련된 몇몇 중요한 생물의 군집 단위. 군락. 생물군계.

바이캥글라 Vikengla 최초의 진핵세포eukaryotic cell, 진보된 모든 생명체 형태의 조상. 이 복잡한 세포는 바이킹 계통과 앵글라 계통 사이의 공생관계로부터 진화했다.*

바이킹 Viking 다른 생명체의 세포 안으로 파고 들어가 그들의 내부 물질을 소비하고 기생하면서 생존하는 것을 터득한 프로스페로 계열의 한 형태. 유럽의 중세기, 바이킹은 영국(동시에 앵글라Engla라고도 불렸다)을 공격하여 결국 그 선각자들이 침투함으로써 그 섬 안에 영구적으로 정착했다(P. Cousineau가 제안, 바이캥글라의 각주 참조).

발전하는 우주 developmental universe 150억 년 동안의 진화 과정을 통해 존재로 나타난 우주.

배우자 gamete 자신과 반대의 성을 갖는 다른 배우자와 접합, 즉 수정되는 핵을 갖는 반수체의 생식세포. 수정된 세포, 즉 접합체zygote는 새로운 이배체diploid로 발전되거나 또는 어떤 종에서는 반수체의 체세포를 형성하는 감수분열을 하기도 한다.

별의 핵융합 stellar nucleosynthesis 별의 중심이 가열되어, 열에 의한 핵융합 반응이 점화되어 수소가 헬륨으로 전환되는 과정. 유사한 방법으로, 헬륨으로부터 철에 이르는 모든 원소가 창조된다.

블랙홀 black holes 붕괴되는 커다란 별의 마지막 단계, 그 자신의 중력장이 너무나 커서 자신의 광자조차 탈출하지 못하게 잡고 있다. 그 지평선을

---

* 우주 이야기에서 주요 행위자는 그들과 우리의 친교에 따라 다음과 같이 세 그룹으로 분류된다. 첫 번째 그룹은 우리에게 잘 알려진 행위자들이다. 예로서 탄소, 은하수 은하, 태양, 지구, 어류, 공룡, 포유류, 구석기시대의 인간, 산업사회 등이다. 두 번째 그룹의 행위자들은 잘 알려져 있지는 않지만 쉽게 확인할 수 있는 것들로서, 태초의 찬란한 불꽃의 추진력, 왜성들, 원핵세포들, 진핵세포들, 호모 하빌리스, 신석기 촌락의 사람들 등이다. 세 번째 그룹의 행위자들은 그들이 최근에 인간의식에 등장했다는 단순한 이유만으로 전혀 알려져 있지도 않고 쉽게 확인할 수도 없는 것들이다. 대부분 과학 문헌에서조차 그들은 이름을 갖고 있지 않다. 이 세 번째 그룹에 관하여, 우리는 몇몇 고대의 명칭, 전체적으로 다른 목적으로 창조된 고대의 명칭을 끌어내어 우주 이야기를 진행시켰다. 그러나 그 이름들은 이미 새롭게 발견된 이들에게 적합한 느낌과 의미를 어느 정도 갖고 있다. 편의상 우리는 여기에 그들의 목록을 실을 수 있다.: 티아마트, 아리에스, 프로스페로, 프로메티오, 바이킹, 앵글라, 바이캥글라, 크로노스, 사포, 트리스탄, 이졸데, 카파네우스, 아르고스 등.

지나면 어느 것도 빠져나올 수 없게 되는 공간의 영역을 말한다.
비평형 상태 nonequilibrium state 자유 에너지가 존재하는 체계. 자발적인 변화가 가능한 체계.

ㅅ

사포 Sappho 두 개의 상보적인 유전 정보 짝을 수반하는 성적 접합. 즉, 감수분열 유성생식에 관여한 최초의 진핵세포. 기원전 600년에 출생한 저명한 작가의 이름에서 유래했으며, 아름답고 사랑스러운 그녀의 시는 그녀에게 열 번째 뮤즈Muse라는 명성을 얻게 했다(바이캥글라의 각주 참조).
생태대 Ecozoic 신생대 다음에 출현하고 있는 생명의 시기. 근본적으로 인간과 지구의 관계를 상호-증진시키는 것으로 특징지어진다. 이 단어는 현생대를 고생대, 중생대와 신생대로 분류하는 과학 전통으로부터 유래한다.
세포의 세포질 cellular cytoplasm 세포에서 핵의 외부에 존재하는 세포 원형질.
소립자들 elementary particles 우주를 구성하는 가장 기초적인 입자로 추측되는 소량의 물질. 우주의 기본적인 상호작용, 즉 중력 작용과 전자기력 작용 그리고 강한 핵 작용과 약한 핵 작용에 따른 그들의 행동양식에 의해 네 종류로 분류된다. 모든 입자가 중력을 경험한다. 전자기력은 전하가 없는 광자에 의해 전달되기는 하지만, 오직 전하를 띤 입자에 의해서만 경험된다. 약한 핵 작용과 강한 핵 작용은 원자 수준에서만 작용한다.
네 종류의 입자 중에서 가장 작은 것은 광자를 포함한 질량이 없는 보손 bosons, 8종류의 글루온 gluons과 가상의 중력자 graviton이다. 경입자 lepton 종류에는 12개의 입자가 있는데, 즉 전자 electron, 양전자 positron, 양뮤온 muons과 음뮤온, 타우온 tauon과 그 반입자 antiparticle 그리고 이들 각각의 입자들에 결합된 중성미자 neutrino 또는 반중성미자 antineutrino가 그것이다. 보손과 경입자들은 강하게 상호 작용하지 않는다. 경입자들보다 더 무거운 중간자들 meson class은 핵을 서로 유지하게 하는 접착제이며, 가장 큰 입자 종류는 중입자baryons 종이다. 가장 가벼운 입자 종류는 양성자proton 와 중성자neutron이고, 가장 무거운 입자 종류는 중핵자hyperons이다. 중입자baryons와 중간자mesons들은 서로 강하게 작용하며, 때때로 함께 강입자hadrons로 간주된다. 다른 입자들을 구성하는 이들 강입자들은, 지금까지 쿼크quarks로 불리는 가설적인 기본 입자들보다 더 기본적인 입자로 간주되고 있다.

시조 primogenial 가족, 종족 등의 최초 조상.

ㅇ

아르고스 Argos 통일성 있는 자기-조절체계에 의해 지배되는, 이전의 자율적인 독립 세포들의 군집으로 등장한 최초의 다세포 동물. 그리스 신화에서 아르고스는 그 몸 전체가 눈으로 덮여 있는 존재를 말한다(바이캥글라의 각주 참조).

아리에스 Aries 약 40억 년 전, 지구의 원시 바다에서 출현한 최초의 생명체. 최초의 원핵세포. 이집트 신화에서 원시 바다로부터 나타난 천둥 번개, 즉 현실화된 순간의 창조적 영혼에 대해 사용되는 명칭(바이캥글라의 각주 참조).

아미노산 amino acids 모든 생명체에 필수적인 단백질을 이루기 위해 폴리펩티드 사슬로 연결되어 있는 25종류의 유기 분자 화합물들.

알고리즘 algorithm 어떤 일을 하기 위한 방법의 정확한 절차 과정. 보통 컴퓨터에서 알고리즘은 특별한 문제를 해결하기 위한 절차 과정이나 명령 체계를 말한다.

앵글라 Engla 바이킹 세포의 공격에 의해 고통을 받았던 커다란 원핵세포(바이캥글라의 각주 참조).

약한 핵 작용 weak nuclear interaction 전자기보다 수천 배 약한 저 에너지 현상이 특징인 방사능 붕괴와 같은 짧은 범위의 상호작용.

양자 quantum 물리학 참조.

양자역학 quantum mechanics   1920년대부터 발전된 물질 입자의 운동에 대한 양자 이론의 응용.

에피좀 episome   세포의 생명에 필수적이지 않은 작은 유전적 요소 또는 DNA 단위. 이것은 소실될 수도 있으며, 전이되기도 하고 독립적으로 복제될 수도 있다.

엔트로피 entropy   물리학적 체계의 무질서 또는 무질서도의 측정치: 자발적인 변화로 진행되는 체계의 무능력 척도.

열역학 제2법칙 second law of thermodynamics   어떤 과정이든지 한 체계와 그 주위의 엔트로피는 절대로 감소하지 않는다는 법칙.

염색체 DNA chromosomal DNA   세포핵에서 발견된 유전형질의 구조적 운반자. 염색체 chromosomes 는 단백질과 핵산으로 구성되어 있다.

유전자 gene   유전의 기능 단위; 보통 폴리펩티드와 같이 부호화 된 DNA 분자 내의 뉴클레오티드 서열.

원핵세포 prokaryotes   지구 최초의 생명 형태인 핵이 없는 단세포 유기체(박테리아). 원핵세포는 약 20억 년 동안 우세했으며 아직도 지구공동체의 대부분을 차지하고 있다.

의식적인 자기-각성 conscious self-awareness   어떤 목적을 달성하기 위한 도구로서 자신의 외부 환경을 이용하고 개조하는 능력뿐만 아니라 경이로움과 경축의 감각에 의해 특징지어지는 인간의 이해 능력.

이졸데 Iseult   사포에 의해 창조된 생식세포 sexual gamete cell 이며, 주위 환경에 있는 물에 자신의 추진력을 보냈다. 최초의 반수체 난세포. 켈트 신화에서, 이졸데는 기사 트리스탄과 희망 없는 사랑에 빠진 아일랜드의 공주이다(P. Cousineau가 제안, 바이캥글라의 각주 참조).

이온화된 ionized   한 개 또는 그 이상의 전자를 잃거나 얻은 원자 또는 분자로, 전기적 전하를 띠게 된다.

일반 상대성 원리 theory of general relativity   시간과 공간의 휘어짐에 의해 야기되는 운동과 중력의 역학이 같다는 아인슈타인 Einstein 의 이론.

ㅈ

자기-조직 체계 self-organizing system 스스로 시공간 구조의 진화를 조절하는 체계. 생성과 소멸 과정 중에 스스로를 조절하여 균형을 이룸.

전자기적 상호작용 electromagnetic interaction 전기적 전하와 유사한 반발력과 인력 등의 넓은 범위의 힘에 관계되는 상호작용.

중간 우주 mesocosm 미세우주와 거시우주가 결합되어 나타난 우주의 한 층으로 중간체 우주 또는 중간 우주.

중력 작용 gravitational interaction 모든 원소 입자 사이의 광범위한 인력으로서 그 자체를 분명히 나타내는 상호작용.

지구공동체 Earth Community 대기권, 수권, 지권, 생물권과 정신권을 포함한 지구의 구성물들, 개체들 및 그 과정에 복합적으로 상호 작용하는 모든 것.

진핵생물 eukaryote 막으로 싸인 핵, 그 막에 결합된 소기관들, 그리고 DNA가 특별한 단백질과 결합한 염색체 chromosomes 를 갖는 세포로 이루어져 있다.

ㅋ

카파네우스 Capaneus 바다에서 기어올라 육지에 살게 된 최초의 존재. 중력장에서 서 있을 수 있는 구조를 창조한 식물. 그리스 신화에서 카파네우스는 모든 한계를 극복할 준비가 된 두려움 없는—심지어 천국조차도—전사이다(바이캥글라의 각주 참조).

크로노스 Kronos 자신의 살아 있는 이웃들을 삼킴으로써 번창한 최초의 창조물. 종속영양을 발견한 진핵세포. 고대의 그리스 전통에서 이 이름은 살아 있는 자기 자식들을 산 채로 삼킨 존재를 뜻한다(바이캥글라의 각주 참조).

ㅌ

트리스탄 Tristan 최초의 정자세포(이졸데와 바이캥글라의 각주 참조).

티아마트 Tiamat 50억 년 전 초신성으로 태양, 지구, 수성, 목성과 그 외 다른 행성들을 형성하게 한 원소를 만들어준 별. 이 이름은 중동의 우주론으로부터 취해졌다. 세계는 신적 존재인 티아마트로부터 만들어진 것으로 상상되었다. 티아마트의 몸은 분할되어 티아마트의 반은 하늘이 되고, 반은 땅이 되었다(바이캥글라의 각주 참조).

ㅍ

포도당 glucose 과일, 꿀, 혈액에서 발견되는 백색의 결정성 당류. 포도당은 동물 대사의 주요한 에너지원이다.

표현형 phenotype 총체적인 유기체의 명백한 특징, 그 유전형질과 그 환경에서 초래되는 해부학적이고 심리학적인 특성을 포함한다.

프로메티오 Promethio 최초로 태양으로부터 에너지를 취하여 번창했던 생명체. 광합성 과정을 창조했던 원핵세포. 그리스 우주론에서, 하늘에서 불을 훔쳐 지구 동료들에게 이익을 주었던 프로메테우스 Prometheus 로부터 유래된 명칭(바이캥글라의 각주 참조).

프로스페로 Prospero 산소를 창조적으로 다룰 수 있었던 최초의 생명체. 셰익스피어의 『템페스트 Tempest』에서, 프로스페로는 그의 적들과 노획물들을 평온하고 창조적으로 재생 변화시킨다(바이캥글라의 각주 참조).

플라스마 plasma 별의 내부와 별과 별 사이의 가스에 존재하는 거의 같은 수의 양이온과 음이온을 함유한 완전히 이온화된 가스.

플라스미드 plasmid 어떤 박테리아에서 염색체 외부에 존재하는, 스스로를 복제할 수 있는 작은 DNA를 함유한 세포질 요소; 플라스미드는 다른 박테리아에 삽입되어 유전형질을 변화시킬 수 있기 때문에, DNA 재조합 recombinant 기술에 사용된다.

ㅎ

핵산 nucleic acids 모든 생명 세포에서 발견되는 유기화합물. 유전적 정보가 저장되어 있고 전달될 수 있다. DNA와 RNA 두 형태가 있다. 보통 단백질과 결합된 긴 사슬로 존재한다.

핵종 nuclides 원자 핵의 성질, 즉 중성자 수, 양성자 수와 핵의 에너지 상태에 의하여 특징지어지는 특별한 원자 형태.

호모 사피엔스 Homo sapiens 30만 년 전으로 거슬러 올라가 유일하게 생존했던 인간 종.

호모 에렉투스 Homo erectus 150만 년 전부터 30만 년 전까지 존재했던 인간 종.

호모 하빌리스 Homo habilis 260만 년 전 아프리카에 등장했던 최초의 인간 종.

효소 enzyme 어떤 특정한 화학 반응을 개시하거나 반응 속도를 빠르게 하는 데 유기 촉매로서 작용하는, 식물 및 동물 세포에서 형성되는 다양한 형태의 단백질.

후성적인 epigenentic 어떤 시간과 공간 안에서 우주의 구조가 야기되고, 우주와 상호 작용하여 진화되며, 만일 비평형 과정이면 안정화된 후 파괴되고 붕괴되는 방법.

1. 태초의 찬란한 불꽃 Primordial Flaring Forth

Alfven, Hannes. *Worlds-Antiworlds; Antimatter in Cosmology.* San Francisco: Freeman, 1966. A cosmological model that differs from the Big Bang cosmology assumed in our account.

Borner, Gerhard. *The Early Universe: Facts and Fiction.* New York: Springer-Verlag, 1988. A technical treatise on the overlap between elementary particle physics and mathematical cosmology.

Chaisson, Eric. *The Life Era: Cosmic Selection and Conscious Evolution.* Illustrated by Lola Judith Chaisson. 1st ed. New York: Atlantic Monthly Press, 1987. An astrophysicist's brilliant popular account of the three macrotransitions of the universe: energy to matter: matter to life; life to mind.

Cornell, James, ed. *Bubbles, Voids, and Bumps in Time: The New Cosmology.* New York: Cambridge University Press, 1989. Readable summaries of contemporary cosmological research by leaders in the field.

Davies, Paul. *Superforce: The Search for a Grand Unified Theory of Nature.* New York: Simon and Schuster, 1984.

Herbert, Nick. *Quantum Reality: Beyond the New Physics.* Garden City, NY: Anchor Press/Doubleday, 1985. The best overview of the various philosophical interpretations of quantum physics.

Jastrow, Robert. *Until the Sun Dies.* 1st ed. New York: Norton, 1977. One of the first popular accounts of the story of the universe from the Big Bang to today.

Kafatos, M., and Nadeau, R. *The Conscious Universe: Part and Whole in Modern Physical Theory.* New York: Springer-Verlag, 1990. A discussion of Bell's theorem and the implications of nonlocality.

Lederman, Leon M., and Schramm, David N. *From Quarks to the Cosmos: Tools of Discovery.* New York: Scientific American Library (distributed by Freeman), 1989. Two of America's foremost scientists team up.

Lemaitre, Georges. *The Primeval Atom, an Essay on Cosmogony.* Preface by Ferdinand Gonseth, foreword to the English edition by Henry Norris Russell. Translated by Betty H. and Serge A. Korff. New York: Van Nostrand, 1950. Another alternative cosmological model.

Leslie, John, ed. *Physical Cosmology and Philosophy.* New York: Macmillan, 1990. This book asks scientists and philosophers the controversial questions such as "Was there a Big Bang?" "Was life inevitable in our universe?"

Pagels, Heinz R. *The Cosmic Code: Quantum Physics as the Language of Nature.* New York: Bantam Books, 1983. A Popular introduction to the basics of modern physics.

Peat, F. David. *Supperstrings and the Search for the Theory of Everything.* Chicago: Contemporary Books, 1988. The contemporary quest for a theory that unifies the four fundamental interactions of the physical universe.

Peat, F. David. *Einstein's Moon: Bell's Theorem and the Curious Quest for Quantum Reality.* Chicago: Contemporary Books, 1990.

Reeves, Hubert. *Atoms of Silence: An Exploration of Cosmic Evolution.* Translated by Ruth A. Lewis and John S. Lewis. Cambridge, MA: Massachusetts Institute of Technology, 1984.

Serway, Raymond A., Moses, Clement J., and Moyer, Curt A. *Modern Physics*. Philadelphia: Saunders College Publishing, 1989. A technical introduction to the basics of modern physics.

Silk, Joseph. *The Big Bang: The Creation and Evolution of the Universe*. Foreword by Dennis Sciama. San Francisco: Freeman, 1980. A comprehensive treatment of all the major topics in cosmology today, written by a researcher in the field, suitable for the first-year college student.

Tryon, Edward. "Is the Universe a Vacuum Fluctuation?" Nature 246: 396~397. First reflections on the birth of the universe from the perspective of quantum physics and Heisenberg's principle.

Weinberg, Steven. *The First Three Minutes: A Modern View of the Origin of the Universe*. Updated ed. New York: Basic Books, 1988. Still the best popular treatment of the origin of the universe, by a researcher in the field.

2. 은하들 Galaxies

Baade, Walter. *Evolution of Stars and Galaxies*. Edited by Cecilia Payne-Gaposchkin. Cambridge, MA: Harvard University Press, 1963.

Bok, Bart Jan, and Bok, Priscilla F. *The Milky Way*. 5th ed. Cambridge, MA: Harvard University Press, 1981.

Campbell, Jeremy. *Grammatical Man: Information, Entropy, Language, and Life*. New York: Simon and Schuster, 1982. Popular introduction to the theories of entropy and information.

Dyson, Freeman. "Energy in the Universe." *Scientific American*, September 1971. Dyson on the density waves and shock waves igniting star birth.

Ferris, Timothy. *Galaxies.* Photographs selected by Timothy Ferris; illustrations by Sarah Landry. New York: Harrison House(distributed by Crown), 1987. **Beautiful photographs of every kind of galaxy.**

Heisenberg, Werner. *Philosophical Problems of Quantum Physics.* Translated by F. C. Hayes. Woodbridge, CT:Ox Bow Press, 1979.

Heisenberg, Werner. *Physics and Philosophy: The Revolution in Modern Science.* New York: Harper & Row, 1962.

Kron, Richard G., ed. *Evolution of the Universe of Galaxies.* Presented at the Edwin Hubble Centennial Symposium, University of California at Berkeley, 1989, and the Astronomical Scociety of the Pacific, San Francisco, 1990. **Recent technical symposium on the origin and structure of galaxies.**

Misner, Charles W., Thorne, Kip. S., and Wheeler, John A. *Gravitation.* San Francisco: Freeman, 1973. **Advanced treatise on Einstein's theory of gravitation.**

Mitton, Simon. *Exploring the Galaxies.* New York: Scribner's, 1976.

Morrison, Philip, and Morrison, Phylis. *Powers of Ten: A book About the Relative Size of Things in the Universe and the Effect of Adding Another Zero.* Redding, CT: Scientific American Library(distributed by Freeman, San Francisco), 1982(also in video). **A visual journey from the quark through the mesocosm into the galaxies and large-scale structures of space-time.**

Shapley, Harlow. *Galaxies.* 3rd ed. Revised by Paul W. Hodge. Cambridge, MA: Harvard University Press, 1972. **Popular introduction by one of the pioneers in twentieth-century astronomy.**

Whitehead, Alfred North. *Science and the Modern World.* Cheap ed. Cambridge, England: Cambridge University Press, 1953. **Critique of modern science's overemphasis on reductionism and mechanism.**

3. 초신성 Supernovas

Barrow, John D., and Silk, Joseph. *The Left Hand of Creation: The Origin and Evolution of the Expanding Universe.* Boston: Unwin Paperbacks, 1983. A wide-ranging collection of original reflections on the universe.

Clayton, P. *Principles of Stellar Evolution and Nucleosynthesis.* Chicago: University of Chicago Press, 1983. Advanced treatise.

Davies, P. C .W. *The Accidental Universe.* New York: Cambridge University Press, 1982. A mathematical introduction to cosmic coincidences, including the subtle relationships enabling supernovas to exist, suitable for college science students.

Goldsmith, Donald. *Supernova! The Exploding Star of 1987.* 1st ed. New York: St. Martin's Press, 1989.

Kippenhahn, Rudolf. *100 Billion Suns: The Birth, Life, and Death of the Stars.* Translated by Jean Steinberg. New York: Basic Books, 1983. Popular account by a researcher in the field.

Marschall, Laurence A. *The Supernova Story.* New York: Plenum Press, 1988. Readable introduction to supernovae in general and Supernova 1987A in particular.

Murdin, Paul. *End in Fire: The Supernova in the Large Magellanic Cloud.* New York: Cambridge University Press, 1990.

Murdin, Paul, and Murdin, Lesley. *Supernovae.* Rev. ed. New York: Cambridge University Press, 1985.

4. 태양 Sun

Bonner, John Tyler. *Morphogenesis: An Essay on Development.* New York,

Atheneum, 1963. Accessible introduction.

Dermott, S. F., ed. *The Origin of the Solar System*. Chichester, NY: Wiley, 1978.

Hatsopoulos, George N., and Keenan, Joseph H. *Principles of General Thermodynamics*. Malabar, FL: Krieger, 1965. **Advanced treatise covering the second law of thermodynamics, nonequilibrium systems, and information theory.**

Hawking, Stephen W. *A Brief History of Time: From the Big Bang to Black Holes*. Introduction by Carl Sagan; illustrations by Ron Miller. London: Bantam, 1988. **Brilliant sections on black holes by the world's most famous cosmologist.**

Jantsch, Erich. *The Self-Organizing Universe: Scientific and Human Implications of the Emerging Paradigm of Evolution*. 1st ed. New York: Pergamon Press, 1980. **The best comprehensive treatment of the change in cosmological orientation arising out of Prigogine's work in autopoietic systems.**

Jantsch, Erich. ed. *The Evolutionary Vision: Toward a Unifying Paradigm of Physical, Biological, and Sociocultural Evolution*. Boulder, CO: Westview Press, 1981.

Jantsch, Erich, and Waddington, Conrad, eds. *Evolution and Consciousness: Human Systems in Transition*. Reading. MA: Addison-Wesley, 1976.

Laszlo, Ervin. Evolution: *The Grand Synthesis*. Foreword by Jonas Salk. Boston: New Science Library, 1987. **From the systems perspective.**

Miller, James Grier. *Living Systems*. New York: McGraw-Hill, 1978. **The standard treatise on systems science.**

Nitecki, Matthew H., ed. *Evolutionary Progress*. Chicago: University of Chicago Press, 1988: **Distinguished scientists grappling with the question of progress in the universe.**

Prigogine, Ilya. *From Being to Becoming: Time and Complexity in the Physcial Sciences*. San Francisco: Freeman, 1980.

Prigogine, Ilya, and Nicolis, Gregoire. *Self-Organization in Non-Equilibrium Systems*. New York: Wiley-Interscience, 1977. **Seminal works in the dynmamics of self-organization.**

Thompson, D'Arcy Wentworth. *On Growth and Form*. Abridged ed. Edited by John Tyler onner. Cambridge, England: Cambridge University Press, 1969. **Highly original foundational work on the emergence and development of form.**

Wood, John A. *The Solar system*. Englewood Cliffs, NJ: Prentice-Hall, 1979.

5. 살아 있는 지구 Living Earth

Bateson, Gregory. *Mind and Nature: A Necessary Unity*. New York: Bantam Books, 1988. **A cybernetic account that treats biological evolution and ecosystemic interactions as mental processes.**

Calder, Nigel. *The Restless Earth: A Report on the New Geology*. New York: Penguin Books, 1972.

Calder, Nigel. *The Life Game*. New York: Viking, 1973. **Evolution and the new biology**

Calder, Nigel. *Timescale: An Atlas of the Fourth Dimension*. New York: Viking, 1983. **In addition to summarizing valuable information on early Earth, provides an excellent and concise account of the entire evolutionary story. We have for the most part based our dating on the chronology of Timescale.**

Cotterill, Rodney. *The Cambridge Guide to the Material World*. New York: Cambridge University Press, 1985. **Beautiful photographs to** accompany text on Earth's material structures.

Eigen, Mangred. "Self-Organization of Matter and the Evolution of Biological Macromolecules," *Naturwissenschaften* 58:465~523. Application of concepts of autopoiesis to the evolutionary process leading to life.

Jastrow, Robbert. *Red Giants and White Dwarfs: Man's Descent from the Stars.* Rev. ed. New York: Harper & Row, 1971. Popular account of the origin and development of solar system, with chapters on Mars and Jupiter.

Lovelock, James E. *Gaia: A New Look at Life on Earth.* New York: Oxford University Press, 1979. The first scientific formulation of the hypothesis that Earth is a living system.

Margulis, Lynn, and Sagan, Dorian. *Microcosmos: Four Billion Years of Evolution from Our Microbial Ancestors.* Foreword by Lewis Thomas. 1st Touchstone ed. New York: Simon and Schuster, 1986. Brilliant account of the age of bacteria, including all major creative developments.

Miller, Stanley L., and Orgel, Leslie E. *The Origins of Life on the Earth.* Englewood Cliffs, NJ: Prentice-Hall, 1974. Summary statement by two leading researchers.

Oparin, Aleksandr Ivanovich. *The Origin of Life.* Translated with annotations by Sergius Morgulis, 2nd ed. New York: Dover Publications, 1953. The first modern scientific account of the origin of life.

Smith, David G., ed. *The Cambridge Encyclopedia of Earth Sciences.* New York: Crown, 1981. Comprehensive treatment of the physical structures of Earth.

Stolz, John, ed. *Structure of Phototrophic Prokaryotes.* Boca Raton, FL: CRC Press, 1991.

Woese, C. R., and Fox, G. E. *Proceedings of the National Academy of Sciences*

74(1977): 5088. The fundamental division of living things traces to molecular evolution.

6. 진핵생물 Eukaryotes

Curtis, Helena. *Biology.* 3rd ed. New York: Worth Publishers, 1979. One of the best college textbooks covering all major topics in biology.

Dott, Robert H., and Batten, Lyman. *Evolution of the Earth.* 4th ed. New York: McGraw-Hill, 1988. The standard treatise.

Eigen, M., and Schuster, P. *The Hypercycle: A Principle of Natural Self-Organization.* New York: Springer-Verlag, 1979. The process used by the early Earth for building up complexity, including multicellularity.

Laszlo, Ervin. *The Systems View of the World: The Natural Philosophy of the New Developments in the Sciences.* New York: G. Braziller, 1972.

Lovelock, J. E. *The Ages of Gaia: A Biography of Our Living Earth.* 1st ed. New York: Norton, 1988. A new biography of Earth, told from the perspective that Earth is a living system.

Margulis, Lynn. *Origin of Eukaryotic Cells: Evidence and Research Implications for a Theroy of the Origin and Evolution of Microbial, Plant, and Animal Cells on the Precambrian Earth.* New Haven, CT: Yale University Press, 1970.

Margulis, Lynn. *Symbiosis in Cell Evolution: Life and Its Environment on the Early Earth.* San Francisco: Freeman, 1981. The new understanding of symbiosis in cellular evolution by a leading researcher.

Margulis, Lynn, ed. *Handbook of Protoctista: Structure, Cultivation, Habitats, and Life Histories of the Eukaryotic Microorganisms and Their Descendents Exclusive of Animals, Plants, and Fungi.* Boston: Jones and Bartlett, 1990.

Margulis, Lynn, and Sagan, Dorian. *Origins of Sex: Three Billion Years of Genetic Recombination.* New Haven, CT: Yale University Press, 1986.

Margulis, Lynn, and Schwartz, Karlene V. *Five Kingdoms : An Illustrated Guide to the Phyla of Life on Earth.* 2nd ed. New York: Freeman, 1988. In addition to plants and animals, the authors give due attention to the three other kingdoms : fungi, protists, and bacteria.

Monod, Jacques. *Chance and Necessity.* New York: Vintage Books, 1971. p. 126.

Raup, David M., and Stanley, Steven M. *Principles of Paleontology.* 2nd ed. San Francisco: Freeman, 1978.

Sahtouris, Elisabet. *Gaia: The Human Journey from Chaos to Cosmos.* New York: Pocket Books, 1989. A philosopher looks at the Gaia hypothesis and its implications.

7. 식물과 동물들 Plants and Animals

Birch, Charles, and Cobb, John B. *The Liberation of Life: From the Cell to the Community.* New York: Cambridge University Press, 1981. A biologist and a philosopher's account in which the subjectivity of an organism receives full attention.

Calvin, William H. *The River That Flows Uphill: A Journey from the Big Bang to the Big Brain.* New York: Macmillan, 1986. A fascinating popular account of the evolutionary story, told by a neuroscientist as he rafts down the Grand Canyon.

Cobb, John, and Griffin, David, eds. *Mind in Nature: Essays on the Interface of Science and Philosophy.* Contributions by Charles Birch et al.

Washington, DC: University Press of America, 1977.

Darwin, Charles. *The Origin of Species by Means of Natural Selection: or, The Preservation of Favoured Races in the Struggle for Life.* New foreword by George Gaylord Simpson. New York: Collier Books, 1962. **After a century of mining, this work still yields treasures.**

Dobzhansky, Theodosius Grigorievich. *Genetics and the Origin of Species.* 3rd ed., rev. New York: Columbia University Press, 1964. **By one of the founders of the synthetic theory.**

Ehrlich, Paul R., Ehrlich, Anne H., and Hodren, John P. *Ecoscience: Population, Resources, Environment.* 3rd ed. San Francisco: Freeman, 1977. **Comprehensive treatise.**

Eldredge, Niles. *Macroevolutionary Dynamics: Species, Niches, and Adaptive Peaks.* New York: McGraw-Hill, 1989.

Futuyma, Douglas J. *Evolutionary Biology.* 2nd ed. Sunderland, MA: Sinauer Associates, 1986. **With excellent references to the contemporary literature.**

Ghiselin, Michael T. *The Triumph of the Darwinian Method.* Chicago: University of Chicago Press, 1969. **An explication of Darwin's life work by a prominent biologist and philosopher of biology.**

Gould, Stephen Jay. *Wonderful Life: The Burgess Shale and the Nature of History.* 1st ed. New York: Norton, 1989. **A leading paleontolgist recounts the discovery of some of the most significant fossils of the twentieth century.**

Hull, David L. *The Metaphysics of Evolution.* Albany: State University of New York Press, 1989. **Summary statement by one of the foremost philosophers of biology.**

Mayr, Ernst. *The Growth of Biological Thought: Diversity, Evolution, and Inheritance.* Cambridge, MA. Belknap Press, 1982. **Comprehensive** treatise by a master biologist.

Monod, Jacques. *Change and Necessity: An Essay on the Natural Philosophy of Modern Biology.* Translated by Austryn Wainhouse. New York: Vintage Books, 1971. Philosophical reflections by a major figure in twentieth-century biology.

Ruse, Michael. *Philosophy of Biology Today.* Albany: State University of New York Press, 1988. While physics dominated the philosophy of science during the nineteenth and early twentieth centuries, biology now makes its claim as the central science of our time. This volume is a guidebook to some of the best thinking in philosophy of biology.

Simpson, George Gaylord. *The Meaning of Evolution: A Study of the History of Life and of Its Significance for Man.* Rev. ed. New Haven, CT: Yale University Press, 1967.

Stanley, Steven M. *Earth and Life Through Time.* 2nd ed. New York: Freeman, 1989. The first comprehensive account of the history of Earth that combines the ecological and evolutionary perspectives.

Stanley, Steven M. *Extinction.* New York: Scientific American Library (distributed by Freeman), 1987. The contours of the major extinctions over the last billion years.

Wilson, Edward Osborne. *Sociobiology: The New Synthesis.* Cambridge, MA: Belknap Press of Harvard University Press, 1975.

8. 인간의 출현 Human Emergence

Brown, Michael H. *The Search for Eve.* New York: Harper & Row, 1990. Popular summary of the present data.

Campbell, Bernard G. *Humankind Emerging.* 5th ed. Boston: Scott,

Foresman, 1988. A scholarly presentation of the evolutionary sequence leading to Homo sapiens.

Eliade, Mircea. *Shamanism: Archaic Techniques of Ecstasy.* Translated by Willard R. Trask. Rev. and en. Red. Princeton, NJ: Princeton University Press, 1974. The classic work on the shamanic rapport with the spirit powers of the universe.

Grim, John A. *The Shaman: Patterns of Siberian and Ojibway Healing.* Norman, OK: University of Oklahoma Press, 1984. Explains the functional role of cosmology in indigenous tribal rituals.

Hawkes, Jacquetta. *Prehistory.* History of Mankind Series: Cultural and Scientific Development, vol. 1, part 1. New York: Harper & Row, 1963. A brilliant overview of the geological context as well as the physical and cultural phases of early human development.

Johanson, Donald, and Edey, Maitland. *Lucy: The Beginning of Humankind.* New York: Warner Books, 1982. A firsthand report on one of the most remarkable hominid discoveries and her place in the larger pattern of human development.

Pfeiffer, John E. *The Creative Explosion: An Inquiry Into the Origins of Art and Religion.* 1st ed. New York: Harper & Row, 1982. A detailed study of the spiritual-religious experience of early humans.

Stanley, Steven M. *The New Evolutionary Timetable.* New York: Basic Books, 1981.

White, Randall. *Dark Caves, Bright Visions: Life in Ice Age Europe.* New York: Norton, 1986. Comprehensive and well-presented account of Upper Paleolithic art, with excellent photographs.

9. 신석기 촌락 Neolithic Village

Eisler, Riane. *The Chalice and the Blade: Our History Our Future.* San Francisco: Harper & Row, 1987. The human situation in Neolithic times, with special attention given to the social roles women occupied, and the implications for gender relations in our time.

Eliade, Mircea. *The Myth of the Eternal Return; or Cosmos and History.* Translated by Willard R. Trask. Princeton, NJ: Princeton University Press, 1974. The basic myth of the universe as the context for human self-discovery.

Gimbutas, Marija Alseikaite. *The Civilization of the Goddess: The World of Old Europe.* Edited by Joan Marler. San Francisco: Harper San Francisco, 1991. A remarkable new interpretation of the early Neolithic, the role of women, and the change of social orientation from a feminine emphasis to a masculine emphasis based on archeological research.

Hadingham, Evan. *Early Man and the Cosmos.* Norman: University of Oklahoma Press, 1984. A brief but impressive and very clear survey of early human presence to cosmic powers.

Levy, Gertrude Rachel. *The Gate of Horn: A Study of the Religious Conceptions of the Stone Age and Their Influence upon European Thought.* New York: Book Collectors Society, 1948; London: Faber, 1963. The earliest and still valid study of the religious mystique of the cave art of the late Paleolithic and early Neolithic.

Mellart, James. *The Neolithic of the Near East.* New York: Scribner's, 1975. A reassessment of the Neolithic in Asia Minor based on excavations principally at Çatal Hüyük.

Spretnak, Charlene. *Lost Goddesses of Early Greece: A Collection of Pre-*

Helenic Myths. Berkeley, CA: Moon Books, 1978. A small collection of the myths of feminine deities in the pre-Aryan period of early Greece.

10. 고전 문명들 Classical Civilizations

Ali, Syed Ameer. *The Spirit of Islam.* London: Christophers, 1922. A critical self-analysis and effort at self-identification from within Islam itself, early in the twentieth century.

Carrasco, David. *Quetzalcoatl and the Irony of Empire: Myths and Prophecies in the Aztec Tradition.* Chicago: University of Chicago Press, 1982.

Curtin, Philip D., et al. *African History.* Boston: Little, Brown, 1978. A reliable account of Africa throughout the period dominated by the Eurasian civilizations.

Dawson, Christopher. *Religion and Culture.* New York: Sheed & Ward, 1948. The finest and still among the most impressive of the twentieth-century scholars to insist on the primacy of the religious dynamism in the interpretation of cultural development.

De Bary, William T., Chan, Wing-tsit, and Watson, Barton, eds. *Sources of Chinese Tradition.* New York: Columbia University Press, 1960; De Bary, William T., Tsunoda, Ryusaku, and Keene, Donald, eds. Sources of Japanese Tradition. New York: Columbia University Press, 1958; De Bary, William T., et. al., eds. Sources of Indian Tradition. New York: Columbia University Press, 1958. The finest collection of source materials available in English on these three traditions, with clearly written explanations of the texts chosen.

Driver, Harold E., ed. *The Americas on the Eve of Discovery.* Englewood Cliffs, NJ: Prentice-Hall, 1964. A very readable essay for understanding this historical moment in the context of the indigenous peoples.

Frankfort, Henri. *Before Philosophy, the Intellectual Adventure of Ancient Man : An Essay on Speculative Thought in the Ancient Near East.* Baltimore, MD: Penguin Books, 1966.

Helms, Mary W. *Middle America: A Culture History of Heartland and Frontiers.* Washington, DC: University Press of America, 1975.

Holt, P. M., et al., eds. *The Cambridge History of Islam.* Vol. 1A. Cambridge: Cambridge University Press, 1970.

Khaldoun, Ibn. *The Muqaddimah: an Introduction to History.* 3 vols. 2nd ed. Original Arabic text, 1396. Translated into English by Franz Rosenthal. Princeton, NJ: Princeton University Press, 1967. **One of the monumental works of historical interpretation from within Islam.**

Las Casas, Bartolome de. *History of the Indes.* Translated and edited by André M. Collard. New York: Harper, 1971. Originally published as *Tyrannies et cruautez des Espagnols, perpetrees e's Indes Occidentales,* 1579. **The first and still the most forceful protest against the violence done to the indigenous peoples of the Americas by the Spanish invaders.**

Leon-Portilla, Miguel. *Native Meso-American Spirituality.* New York: Paulist Press, 1980.

McNeill, William Hardy. *The Rise of the West: A History of the Human Community.* Drawings by Bela Petheo. Chicago: University of Chicago Press, 1963. **The best available single-volume presentation of human history and the dominance of the West in recent centuries.**

McNeill, William Hardy. *Plaques and Peoples.* 1st ed. Garden City, NY: Anchor Press/Doubleday, 1976. **A unique and extremely valuable explanation of the influence of disease on human history.**

Mumford, Lewis. *The City in History: Its Origins, Its Transformations, and Its Prospects.* 1st ed. New York: Harcourt, Brace and World, 1961. A masterful survey of the structure and functioning of cities from classical to modern times in the West.

Needham, Joseph. *Science and Civilization in China*. 6 vols. Cambridge, England: Cambridge University Press, 1954~1988. A comprehensive account of science and technology in China in association with Chinese philosophical interpretation of the universe.

Oliver, Roland, and Fage, J. D., eds. *The Cambridge History of Africa*. 8 vols. New York: Cambridge University Press, 1975~1986. A comprehensive source for information on the course of African history from its beginning to modern times.

Radhakrishnan, Sarvepalli, et al., eds. *The Cultural Heritage of India*. 2nd ed. 4 vols. Calcutta: The Ramakrishna Mission, Institute of Culture, 1958~?. A basic study by Indian scholars.

Steward, Julian Haynes, ed. *Handbook of South American Indians*. Smithonian Institution Bulletin Series, 7 vols. New York. Cooper Square Publishers, 1963~.

Sullivan, Lawrence Eugene. *Icanchu's Drum: An Orientation to Meaning in South American Religions*. New York: Macmillan, 1988. The first comprehensive treatment of the rich indigenous consciousness of the South American continent.

Tedlock, Barbara. *Time and the Highland Maya*. Albuquerque: University of New Mexico, 1982. A look at the sense of time in this most classical of Meso-American civilizations.

Watt, W. M. *Influence of Islam on Medieval Europe*. Edinburgh: Edinburgh University Press, 1972.

Wooley, Sir Leonard. *The Beginnings of Civilization*. History of Mankind Series, vol. 1: Cultural and Scientific Development, part 2. New York: Harper & Row, 1965. A basic source for interpreting the civilizations of the Near East and Egypt.

11. 국가의 번성 Rise of Nations

Bull, Hedley, and Watson, Adam, eds. *The Expansion of International Society.* Oxford: Clarendon ety. Oxfo84. The tendency of modern societies to articulate themselves as nations and join in the complex of international bonds.

Burckhardt, Jacob. *Force and Freedom: Reflections on History.* New York: Pantheon Books, 1943. A special study by the most impressive eighteenth-century historian of culture. Deals extensively with Europe in the eighteenth and nineteenth centuries C.E.

Freund, Bill. *The Making of Contemporary Africa: The Development of African Society Since 1800.* Bloomington: Indiana University Press, 1984. An overview of modern developments in nineteenth-and twentieth-century Africa.

Hayes, Carlton J. H. *Nationalism: A Religion.* The first American historian to focus his work so clearly on nationalism, both its nature and its consequences.

Kohn, Hans. *The Idea of Nationalism.* New York: Harper & Row, 1962. A brief presentation on the functioning of nationalism.

Lach, Donald. *Asia in the Making of Europe.* 3 vols. Chicago: University of Chicago Press. An invaluable resource for study of the influence of Asia on European civilization from 1500 to 1800 C.E.

Lenski, Gerhard, and Lenski, Jean. *Human Societies: An Introduction to Macrosociology.* 4th ed. New York: McGraw-Hill, 1982.

Pakenham, Thomas. *The Scramble for Africa, 1876~1912.* 1st U.S. ed. New

York: Random House, 1991. An account of the sudden European interest in Africa and the competition for occupying the various territories.

Spengler, Oswald. *The Decline of the West.* Authorized translation with notes by Charles Francis Atkinson. New York: Alfred A. Knopf, 1980. The first and most powerfully reasoned presentation of western culture having passed its creative phase and entering into a period of decline.

Sykes, Sir Percy. *A History of Exploration: From the Earliest Times to the Present Day.* 3rd ed. London: Routledge and Kegan Paul, 1949.

Voegelin, Eric. *From Enlightenment to Revolution.* Edited by John H. Hallowell. Durham, NC: Duke University Press, 1975. A masterful presentation of the intellectual and social forces at work in Europe in the seventeenth and eighteenth centuries.

12. 현대의 계시 The Modern Revelation

Bergson, Henri. *Creative Evolution.* Originally published as Evolution creatrice in 1907. Translated by Arthur Mitchell. Westport, CT: Greenwood Press, 1975. A basic work for understanding the emergent universe.

Koyre, Alexandre. *From the Closed World to the Infinite Universe.* Baltimore, MD: Johns Hopkins Press, 1957. The dramatic story of the transition out of the medieval worldview.

Mason, Stephen Finney. *A History of the Sciences.* New rev. ed. New York: Collier Books, 1968. A useful summary of modern scientific development.

Mayr, Ernst. *The Growth of Biological Thought: Diversity, Evolution, and Inheritance.* Cambridge, MA: The Belknap Press of Harvard University

Press, 1982. An outstanding presentation of modern biological interpretation.

Merton, Robert K. Science, *Technology and Society in Seventeenth-Century England*. Atlantic Highlands, NJ: Humanities Press, 1978. A thorough sociological survey.

Pais, Abraham. *"Subtle is the Lord—": The Science and the Life of Albert Einstein*. New York: Oxford University Press, 1982. Both the life and the thought of this great figure in twentieth-century scientific development.

Segre, Emilio. *From X-rays to Quarks: Modern Physicists and Their Discoveries*. San Francisco: Freeman, 1980.

Teilhard de Chardin, Pierre. *The Phenomenon of Man*. Originally published as Le Phenomenon humain by Editions du Seuil, Paris. Translated by Bernard Wall. New York: Harper & Row, 1959. A narrative of the emergent universe that assumes it had a psychic as well as a physical dimension from the beginning.

Toulmin, Stephen Edelston. *The Return to Cosmology: Postmodern Science and the Theology of Nature*. Berkeley: University of California press, 1982. A leading philosopher of modern science identifies the significance in our times of the rebirth of cosmology.

Toulmin, Stephen, and Goodfield, June. *The Discovery of Time*. Chicago: University of Chicago Press, 1965.

Whitehead, Alfred North. *Process and Reality: An Essay in Cosmology*. Corrected ed., edited by David Ray Griffin, Donald W. Sherburne. New York: Free Press, 1929. A comprehensive metaphysics taking into account twentieth-century physics.

13. 생태대 The Ecozoic Era

Bertell, Rosalie. *No Immediate Danger: Prognosis for a Radioactive Earth.* Toronto: Women's Educational Press, 1985.

Berry, Thomas. *The Dream of the Earth.* San Francisco: Sierra Club Books, 1988. Essays toward a new mode of human presence on the Earth that would be mutually enhancing.

Carson, Rachel. *Silent Spring.* Twenty-fifth anniversary ed. Boston: Houghton Mifflin, 1987. The first startling presentation of the chemical poisoning of the land with DDT and its consequences.

Daly, Herman E. *Economics, Ecology, Ethics: Essays Toward a Steay-State Economy.* Edited by Herman E. Daly. San Francisco: Freeman, 1980. A new vision of economic balance with the natural world.

Diamond, Irene and Gloria Feman Orenstein. *Reweaving the World: The Emergence of Ecofeminism.* San Francisco: Sierra Club Books, 1990.

Ellul, Jacques. *The Technological Society.* Translated by John Wilkinson. Introduction by Robert K. Merton. 1st American ed. New York: Knopf, 1964. A powerful critique of mechanistic technologies and their deleterious influences on the human dimension of life.

Gore, Al. *Earth in the Balance: Ecology and the Human Spirit.* New York: Houghton Mifflin, 1992. Possibly the finest analysis by any american political personality since World War II of our disastrous economic and ecological impasse, with hope and guidance for the future.

Fox, Matthew. *Original Blessing.* Santa Fe: Bear and Company, 1986. A basic corrective for the excessive Christian emphasis on original sin and redemption.

Griffin, Susan. *Women and Nature: The Roaring Inside Her.* New York: Harper & Row, 1978. One of the earliest and most basic studies of this subject.

Henderson, Hazel. *Paradigms in Progress: Life Beyond Economics.* Indianapolis: Knowledge systems Incorporated, 1991. A view of possibilities before us by an economist fully aware of the ecological difficulties of the late twentieth century.

Hyams, Edward. *Soil and Civilization.* New York: State Mutual Books, 1980. A valuable survey of human societies and their effect on the environment. All civilizations from their origins have put considerable stress on the natural systems.

Leopold, Aldo. *A Sand County Almanac.* New York: Oxford University Press, 1949. The classic essay entitled "A Land Ethic" is found in this book.

Meadows, Donella H. et al. *Limits to Growth: A Report to the Club of Rome's Project on the Predicament of Mankind.* 2nd ed. New York: Universe, 1974.

Merchant, Carolyn. *The Death of Nature: Women, Ecology and the Scientific Revolution.* San Francisco: Harper & Row, 1981. A basic source for understanding the sources of our plundering attitude toward the natural world.

Milbrath, Lester W. *Environmentalists: Vanguard for a New Society.* Albany: State University of New York Press, 1984. A sociological study of the role of environmentalists in shaping the social and political destinies of the human community.

Myers, Norman. *Gaia: An Atlas of Planet Management.* With Uma Rath Nath and Melvin Westlake. 1st ed. Garden City, NY: Anchor Press/ Doubleday, 1984. A most useful reference work on the condition of the planet in the late twentieth century. Exceptionally well illustrated.

Nash, Roderick. *Wilderness and the American Mind.* 3rd ed. New Haven, CT: Yale University Press, 1982. The basic study of the mystique of the wilderness as this is found in America.

Register, Richard. *Ecocity Berkeley: Building Cities for a Healthy Future.* Berkeley: North Atlantic Books, 1987. A realistic program for renewing our cities within their natural environments through a sequence of transformational stages.

Spretnak, Charlene. *States of Grace: The Recovery of Meaning in the Post-Modern World; Reclaiming the Core Teachings, Practices of the Great Wisdom Traditions, and The Well-Being of the Earth Community.* San Francisco: Harper San Francisco, 1991. The modern relevance of ancient traditions.

Worster, Donald. *Nature's Economy: The Roots of Ecology.* Garden City, NY: Anchor Press/Doubleday, 1977. The best source for understanding the historical development of ecological consciousness since the seventeenth century.

Wilson, Edward O. *Biophilia.* Cambridge, MA: Harvard University press, 1984. A superb biologist deals with the human presence to the planet Earth in all the magnificence of its living forms.

Wilson, Edward O. ed. *Biodiversity.* Washington, DC: National Academy Press, 1988. A collection of over fifty essays on biodiversity and its role in the integral functioning of the Earth by distinguished scholars.

우주 이야기

ⓒ 토마스 베리, 브라이언 스윔

1판 1쇄 발행 | 2010년 9월 27일
1판 3쇄 발행 | 2023년 11월 25일

지은이 | 토마스 베리, 브라이언 스윔
옮긴이 | 맹영선
펴낸이 | 박재윤
펴낸곳 | (재)여해와함께 대화출판사
출판등록 | 2006년 5월 24일(제2006-000063호)

주소 | (03003) 서울 종로구 평창6길 35(평창동)
전화 | 02-395-0781
팩시밀리 | 02-395-1093
홈페이지 | www.daemuna.or.kr
페이스북 | www.facebook.com/daemuna.yh
전자우편 | tagung@daemuna.or.kr

ISBN 978-89-85155-31-1 03330
값 16,000원

*이 책 내용의 전부 또는 일부를 재사용하려면
반드시 저작권자와 재단법인 여해와함께 양측의 동의를 받아야 합니다.